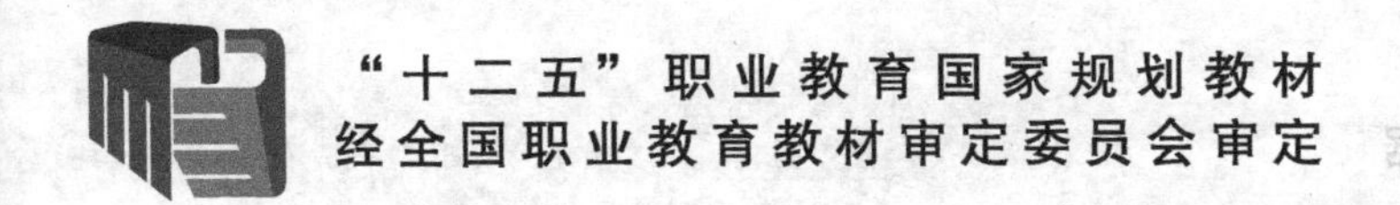

"十二五"职业教育国家规划教材
经全国职业教育教材审定委员会审定

网页设计与制作
立体化教程
(Dreamweaver+Photoshop+Flash CS6版)

张佃龙 孟祥庆 ◎ 主编
王春辉 李彩玲 徐静 ◎ 副主编

人 民 邮 电 出 版 社
北 京

图书在版编目（CIP）数据

网页设计与制作立体化教程 : Dreamweaver+Photoshop+Flash CS6版 / 张佃龙，孟祥庆主编. -- 北京 : 人民邮电出版社，2016.3(2021.7重印)
“十二五”职业教育国家规划教材
ISBN 978-7-115-40824-2

Ⅰ. ①网… Ⅱ. ①张… ②孟… Ⅲ. ①网页制作工具－高等职业教育－教材 Ⅳ. ①TP393.092

中国版本图书馆CIP数据核字(2015)第268238号

内 容 提 要

本书采用项目式教学法，主要讲解网页设计的基本流程，Dreamweaver CS6 的基本操作，编辑页面元素，布局网页页面，使用 CSS+Div 统一页面风格，库、模板、表单和行为的使用方法，制作动态网页效果，Photoshop CS6 的基本操作，使用 Photoshop CS6 处理图像，使用 Flash CS6 制作动画等知识。本书最后还安排了一个综合案例，进一步提高学生对知识的应用能力。

本书每个项目分解成若干任务，每个任务主要由任务目标、相关知识和任务实施 3 个部分组成，然后再进行强化实训。每个项目最后还总结了常见疑难解析，并安排了相应的练习和实训。本书着重于对学生实际应用能力的培养，将职业场景引入课堂教学，因此可以让学生提前进入工作的角色。

本书适合作为职业院校“网页设计”课程的教材，也可作为各类社会培训学校相关专业的教材，同时还可供网页设计者、网页美工人员自学使用。

◆ 主　　编　张佃龙　孟祥庆
副 主 编　王春辉　李彩玲　徐　静
责任编辑　马小霞
责任印制　焦志炜

◆ 人民邮电出版社出版发行　　北京市丰台区成寿寺路 11 号
邮编　100164　　电子邮件　315@ptpress.com.cn
网址　https://www.ptpress.com.cn
涿州市京南印刷厂印刷

◆ 开本：787×1092　1/16
印张：16　　　　2016 年 3 月第 1 版
字数：386 千字　　　　2021 年 7 月河北第 6 次印刷

定价：48.00 元（附光盘）

读者服务热线：(010)81055256　印装质量热线：(010)81055316
反盗版热线：(010)81055315

前 言 PREFACE

随着近年来职业教育课程改革的不断发展，也随着计算机软硬件日新月异的升级，以及教学方式的不断变化，市场上很多教材的软件版本、硬件型号、教学结构等很多方面都已不再适应目前的教授和学习。

有鉴于此，我们认真总结了教材编写经验，用了两三年的时间深入调研各地、各类职业教育学校的教材需求，组织了一批优秀的、具有丰富教学经验和实践经验的作者团队编写了本套教材，力求达到“十二五”职业教育国家规划教材的要求，以帮助各类职业院校快速培养优秀的技能型人才。

本着“工学结合”的原则，我们主要通过教学方法、教学内容和教学资源3个方面体现出本套教材的特色。

教学方法

本书精心设计“情景导入→任务讲解→上机实训→常见疑难解析与拓展→课后练习”5段教学法，将职业场景引入课堂教学，激发学生的学习兴趣；然后在任务的驱动下，实现“做中学，做中教”的教学理念；最后有针对性地解答常见问题，并通过练习全方位帮助学生提升专业技能。

- **情景导入**：以情景对话方式引入项目主题，介绍相关知识点在实际工作中的应用情况及其与前后知识点之间的联系，让学生了解学习这些知识点的必要性和重要性。
- **任务讲解**：以实践为主，强调“应用”。每个任务先指出要做一个什么样的实例，制作的思路是怎样的，需要用到哪些知识点，然后讲解完成该实例必备的基础知识，最后分步骤详细讲解任务的实施过程。讲解过程中穿插有“操作提示”“知识补充”“职业素养”3个小栏目。
- **上机实训**：结合任务讲解的内容和实际工作需要给出操作要求，提供适当的操作思路及步骤提示以供参考，要求学生独立完成操作，充分训练学生的动手能力。
- **常见疑难解析与拓展**：精选出学生在实际操作和学习中经常会遇到的问题并进行答疑解惑，通过拓展知识版块，学生可以深入、综合地了解一些应用知识。
- **课后练习**：结合该项目内容给出难度适中的上机操作题，通过练习，学生可以达到强化、巩固所学知识的目的，温故而知新。

教学内容

本书的教学目标是循序渐进地帮助学生掌握网页设计的相关知识，具体包括掌握Dreamweaver CS6、Photoshop CS6、Flash CS6的相关操作，以及3个软件协同使用完成网页设计的操作流程。全书共11个项目，可分为如下几个方面的内容。

- **项目一**：概述网页设计的基础知识，主要用一个网页案例来认识网站，并介绍网站规划与制作流程。

- **项目二～项目三**：主要讲解Dreamweaver CS6的基本操作和网页基本元素的添加。
- **项目四～项目五**：主要讲解使用表格、框架、CSS+Div进行页面布局的相关知识。
- **项目六**：主要讲解库、模板、表单、行为的使用方法。
- **项目七**：主要讲解动态网页效果的制作方法。
- **项目八～项目九**：主要讲解使用Photoshop CS6进行图片处理的相关知识。
- **项目十**：主要讲解使用Flash CS6制作动画的操作。
- **项目十一**：以一个综合类型的网站为例，从前期规划到效果图制作、动画制作、页面制作的流程来体现网页设计的流程。

教学资源

本书的教学资源包括以下 3 方面的内容。

（1）配套光盘

本书配套光盘中包含图书中实例涉及的素材与效果文件、各项目实训及课后练习的操作演示动画以及模拟试题库 3 个方面的内容。模拟试题库中含有丰富的关于网页设计与制作的相关试题，包括填空题、单项选择题、多项选择题、判断题和操作题等多种题型，读者可自动组合出不同的试卷进行测试。另外，还提供了两套完整模拟试题，以便读者测试和练习。

（2）教学资源包

本书配套精心制作的教学资源包，包括PPT教案和教学教案（备课教案、Word文档），以便老师顺利开展教学工作。

（3）教学扩展包

教学扩展包中包括方便教学的拓展资源以及每年定期更新的拓展案例两个方面的内容。其中拓展资源包含网页设计案例素材、网页设计中网站发布技术等。

特别提醒：上述教学资源包和教学扩展包可访问人民邮电出版社教学服务与资源网（http:// www.ptpedu.com.cn）搜索下载，或者发电子邮件至dxbook@qq.com索取。

本书由张佃龙和孟祥庆任主编，王春辉、李彩玲和徐静任副主编，其中张佃龙编写项目一～项目二，孟祥庆编写项目三～项目五，王春辉编写项目六～项目七，李彩玲编写项目八～项目九，徐静编写项目十～项目十一。虽然编者在编写本书的过程中倾注了大量心血，但百密之中仍有疏漏，恳请广大读者及专家不吝赐教。

编者

2015年12月

目 录 CONTENTS

项目三　编辑网页元素　41

项目四　布局网页页面　63

项目五　使用CSS+Div　81

项目六 库、模板、表单、行为的应用 101

项目七 实现动态网页效果 121

项目八 Photoshop CS6的基本操作 141

项目九 使用Photoshop CS6处理图像 165

项目十　使用Flash CS6制作动画　193

项目十一　综合网站建设　231

PART 1

项目一 网页设计基础

情景导入

阿秀：小白，欢迎来到网络编辑部门，今后的工作将由我带着你一起完成，希望你好好努力，争取早日成为一名合格的网页设计师。

小白：那今后就请阿秀姐多多关照了。

阿秀：这周就先熟悉一下网页设计的基础知识吧，为以后的网页设计打下坚实的基础。

学习目标

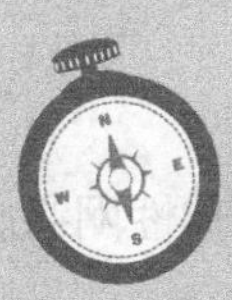

- 了解网页设计中相关术语及概念
- 掌握HTML常用的标记语言
- 掌握一个完整网站设计的基本流程

技能目标

- 掌握网页设计的基础知识
- 掌握网页设计的基本流程
- 能够独立完成一个网站的项目规划

任务一 赏析购物网站首页

随着互联网时代的到来，网络已经完全融入到人们的生活中。在网络中企业和个人通常会通过网站来展示自己。精美的网页设计，对于提升企业和个人形象至关重要。

一、任务目标

本任务将赏析购物类的网站，从而掌握网页设计的基本知识。主要内容包括网站、网页、主页的概念，网页常用术语，常用网页制作软件，HTML标记语言等。通过本任务的学习，可掌握网页设计的基础知识。

二、相关知识

在网页设计前还需要熟悉网站的基本知识，下面分别进行介绍。

（一）网站、网页、主页的概念

网站、网页、主页是网络的基本组成元素，是包含与被包含的关系，具体如下。

- **网站**：在Internet中根据一定规则，使用HTML等工具制作的用于展示特定内容的相关网页集合。通常网站的作用是发布资讯或提供相关服务。
- **网页**：网页是Internet中的页面，在浏览器的地址栏中输入网站地址打开的页面就是网页，网页是构成网站的基本元素，是网站应用平台的载体。网页按表现形式可分为静态网页和动态网页两种类型。静态网页通常使用HTML语言编写，一般没有交互性，其后缀名为.html或.htm；动态网页通常会增加ASP、PHP、JSP等技术，具有较好的交互性，其后缀名为.asp、.php、.jsp。
- **主页**：主页也叫首页或起始页，是用户进入网站后看到的第一个页面，大多数主页的文件名为index、detault\main加上扩展名。

（二）网页常用术语

网页设计有其专业的常用术语，如Internet、WWW、浏览器、URL、IP地址、域名、HTTP、FTP、站点、发布、超链接、客户机、服务器、导航条等，作为一名网页设计师，必须熟练掌握这些常用术语。下面分别进行介绍。

1. Internet

Internet又名互联网或因特网，是由各种不同类型的计算机网络连接起来的全球性网络。

2. WWW

WWW是World Wide Web（万维网）的缩写，其功能是让Web客户端（常用浏览器）访问Web服务器中的网页。

3. 浏览器

浏览器是将Internet中的文本文档和其他文件翻译成网页的软件。通过浏览器可以快捷地获取Internet中的内容。常用的浏览器有Internet Explorer、Firefox、Chrome等。

4. URL

URL的中文名称是“统一资源定位符”，用于指定通信协议和地址，如“http://www.

baidu.com”就是一个URL，其中，“http://”表示通信协议为超文本传输协议，“www.baidu.com”表示网站名称。

5. IP

网际协议（Internet Protocol，IP）是为计算机网络相互连接进行通信而设计的协议。Internet中的每台计算机都有唯一的IP地址，表示该计算机在Internet中的位置。IP地址实际是由32位的二进制数、4段数字组成，每段8位，各部分用小数点分开。IP地址通常分为5类，常用的有A、B、C3类，具体如下。

- **A类**：前8位表示网络号，后24位表示主机号，有效范围为1.0.0.1~126.255.255.254。
- **B类**：前16位表示网络号，后16位表示主机号，有效范围为128.0.0.1~191.255.255.254。
- **C类**：前24位表示网络号，后8位表示主机号，有效范围为192.0.0.1~222.255.255.254。

6. 域名

域名指网站的名称，任何网站的域名都是全世界唯一的。通常把域名看成网站的网址，如“www.baidu.com”就是百度网的域名。域名由固定的网络域名管理组织进行全球统一管理。域名需向各地的网络管理机构进行申请才能获取。域名的书写格式为机构名.主机名.类别名.地区名。例如，新浪网的域名为www.sina.com.cn，其中“www”为机构名，“sina”为主机名，“com”为类别名，“cn”为地区名。

7. FTP

FTP是文件传输协议。通过这个协议，可以把文件从一个地方传到另外一个地方，从而真正地实现资源共享。

8. 发布

发布指将制作好的网页传到网络上的过程，也称为上传网页。

9. 超链接

超链接是指从一个网页指向一个目标的连接关系，这个目标可以是另一个网页，可以是相同网页的不同位置，也可以是一个图片、一个电子邮件地址、一个文件，甚至是一个程序。在浏览网页时单击超链接就能跳转到相应的页面，图1-1所示的网页中，同时包含文本超链接和图片超链接。

图1-1 超链接

10. 导航条

导航条链接了网页的其他页面，就如同一个网站的路标，只要单击导航条中的超链接就能进入对应的页面。

11. 客户机和服务器

用户浏览网页时，实际是由个人计算机向Internet中的计算机发出请求，Internet中的计算机在接收到请求后响应请求，将需要的内容通过Internet发回个人计算机上。这种发送请求的个人计算机称为客户机或客户端，而Internet中的计算机称为服务器或服务端。

（三）常用网页制作软件

网页中可以包含文本、图像、动画、音乐、视频等元素，这些内容都需要使用专门的软件进行制作，下面分别进行介绍。

1. 图像处理软件——Photoshop

Adobe Photoshop CS6是Adobe公司旗下最为出名的图像处理软件之一，它是集图像扫描、编辑修改、图像制作、广告创意、图像输入与输出于一体的图形图像处理软件，深受广大平面设计人员和网页美工设计师的喜爱。

Photoshop CS6版本采用了最新的“Mercury Graphics Engine”设计开发引擎，其最新的内容识别技术和友善的操作界面可帮助用户更加精准的完成图片编辑。本书涉及图像处理的操作，统一使用Photoshop CS6来进行讲解。图1-2所示为Photoshop CS6操作界面。

图1-2 Photoshop CS6操作界面

2. 动画制作软件——Flash

Adobe Flash CS6是Adobe开发的二维动画软件，主要用于设计和编辑Flash动画。它附带Adobe Flash Player播放器，用于支持Flash动画的播放。

Flash最大的优点在于被大量应用于互联网网页的矢量动画文件格式，全世界97%的网络浏览器都内建Flash播放器，由于它产生出来的SWF影片使用向量运算（Vector Graphics）的方式，因此存储空间较小，更加利于网络传播。本书涉及动画制作的操作，统一使用Flash CS6来进行讲解，如图1-3所示为Flash CS6的操作界面。

3. 网页编辑软件——Dreamweaver

Adobe Dreamweaver CS6是Adobe公司开发的集网页制作和管理网站于一身的所见即所得网页编辑软件，是第一套针对专业网页设计师特别发展的视觉化网页开发工具，利用它可轻而易举地制作出跨越平台限制和浏览器限制的充满动感的网页。Dreamweaver的最大特点就是能够快速创建各种静态、动态网页，除此之外它还是一个出色的网站管理、维护软件。本书涉及网页编辑的操作统一使用Dreamweaver CS6来进行讲解，图1-4所示为Dreamweaver CS6的操作界面。

图1-3 Flash CS6操作界面

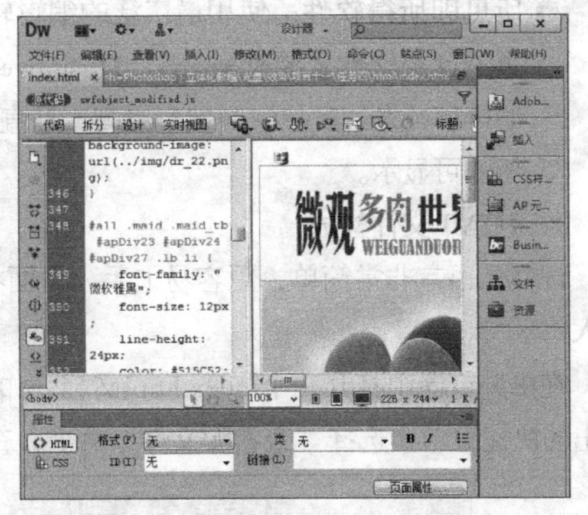

图1-4 Dreamweaver CS6操作界面

（四）HTML标记语言

超文本标记语言（Hypertext Markup Language，HTML），是网页设置的语法基础，是用于描述网页文档的一种标记语言。

1. HTML的概念

HTML是标准通用标记语言下的一个应用，也是一种规范，一种标准，它通过标记符号来标记要显示在网页中的各个部分。网页文件本身是一种文本文件，通过在文本文件中添加标记符，可以告诉浏览器如何显示其中的内容，如文字如何处理，画面如何安排，图片如何显示等。

HTML语言文档制作不复杂，但功能却很强大，支持不同数据格式的文件镶入，包括图片、声音、视频、动画、表单和超链接等内容，这也是它在互联网中盛行的原因之一，其主要特点如下。

- **简易性**：HTML语言版本升级采用超集方式，从而更加灵活方便。
- **可扩展性**：HTML语言的广泛应用带来了加强功能、增加标识符等要求，它采取子类元素的方式，为系统扩展带来保证。
- **平台无关性**：HTML语言是一种标准，对于使用同一标准的浏览器，在查看一份HTML文档时显示是一样的。但是网页浏览器的种类众多，为让不同标准的浏览器用户查看同样显示效果的HTML文档，HTML语言就使用了统一的标准，从而能跨越在各个浏览器平台上进行显示。

2. HTML编辑软件

HTML其实就是文本，它需要浏览器的解释，它的编辑软件大体可以分为3种。

- **基本文本、文档编辑软件**：使用Windows（视窗）自带的记事本或写字板都可以编写，不过保存时需使用.htm或.html作为扩展名，这样方便浏览器直接运行。

- **半所见即所得软件**：这种软件能大大提高开发效率，它可以使制作者在很短的时间内做出主页，且可以学习HTML。这种类型的软件主要有国产软件网页作坊、Amaya（万维网联盟）和HOTDOG热狗等。
- **所见即所得软件**：使用最广泛的编辑软件，完全不懂HTML的知识也可以制作出网页。这类软件主要有Amaya、Dreamweaver。与半所见即所得的软件相比，这类软件的排序开发速度更快，效率更高，且直观表现力更强，对任何地方进行修改只需要刷新即可显示。

3. **HTML文件构成**

HTML语言非常简单，更容易上手，下面将通过打开一个HTML文件来进入HTML的快速入门学习。

在IE浏览器中打开一个index.html文档，如图1-5所示。在网页空白处单击鼠标右键，在弹出的快捷菜单中选择“查看源文件”命令，查看网页HTML源文件，如图1-6所示。

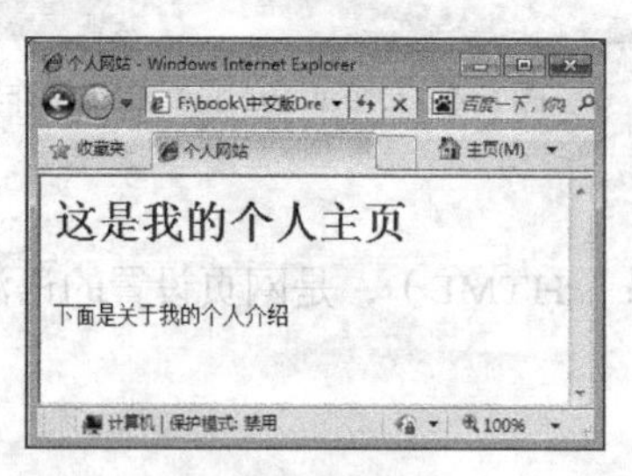

图1-5 浏览网页

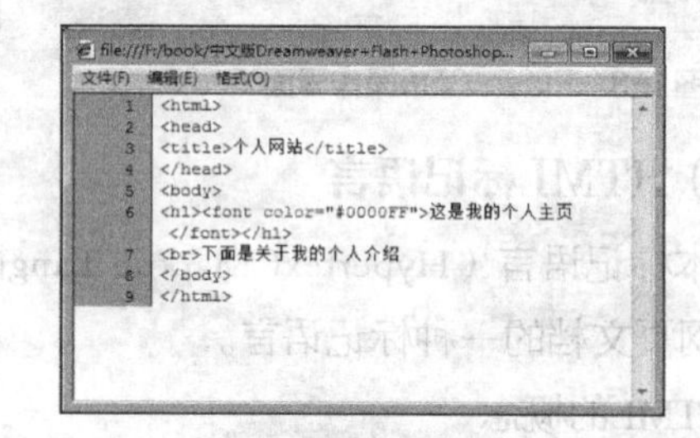

图1-6 查看源文件

一个网页对应一个HTML文件，超文本标记语言文件以.htm或.html为扩展名。可以使用任何能够生成TXT类型源文件的文本编辑软件来产生超文本标记语言文件，只用修改文件名后缀即可。标准的超文本标记语言文件都具有一个基本的整体结构，标记一般都是成对出现（部分标记除外，如
），即超文本标记语言文件的开头<HTML>与结尾</HTML>标志和超文本标记语言的头部与实体两大部分。下面以图1-6中的标注语言为例进行介绍。

（1）头部

<head></head>这两个标记符分别表示头部信息的开始和结尾。头部中包含的标记是页面的标题、序言、说明等内容，它本身不作为内容来显示，但影响网页显示的效果。头部中最常用的标记符是标题标记符和meta标记符，其中标题标记符用于定义网页标题内容的显示。

（2）实体

超文本标记语言正文标记符又称为实体标记<body></body>，网页中显示的实际内容均包含在这两个正文标记符之间。

（3）元素

HTML元素用来标记文本，表示文本的内容，如body、h1、p、title都是HTML元素，还有常见的元素标记，如表1-1所示。

（4）元素的属性

HTML元素可以拥有属性。属性可以扩展HTML元素的功能。比如可以使用一个font属性，使文字变为蓝色，如<font color="#0000FF">。

属性通常由属性名和值成对出现，如color="#0000FF"。上面例子中的font, color就是属性名，#0000FF就是属性值，属性值一般用双引号标记起来。

表 1-1　常见的元素内容标记

名称	标记	示例及说
超链接	<a></a>	<a href="url"> 显示的文字或图片 </a>
表格	<table>，行为 <tr>，单元格为 <td>	<table><tr><td> 行 </td></tr></table>
列表	<list>，列表为 <ul>，项为 <li>	<list><ul><li> 项目 </li><ul></list>
表单	<form></form>	<form><input type="submit" value=" 提　交 "></form>
图片	<img>	<img src = "/images/ smile.jpg" alt=" 个人照片 ">
字体	<font></font>	<font color="#0000FF"> 这是我的个人主页 </font>

三、任务实施

随着网上购物的普及，购物类网站的网页设计也发生着变化，其中典型的就是界面更加丰富多样化，内容功能也更加强大。图1-7所示为一个购物类型的网站首页。

- **从页面内容上看：**该网站是一个典型的购物网站。
- **从页面布局上看：**该页面可分为三行四列，即页面开始位置到导航位置为一行，页面最下方的注明等内容为一行，中间一行则被划分为四列，用于放置网页的主要内容等。
- **从表现形式上：**在网页banner（横幅广告）处采用大图片来展现这部分内容，吸引购买者眼球，另外通过图片轮显动画效果增加了视觉效果和交互功能。
- **从配色上看：**整个页面颜色非常统一，且对图片都进行了一个主色调处理，背景颜色、文字颜色、商品图片颜色搭配协调。

图1-7　购物类网站首页

任务二 规划“四方好茶网”网站

制作网页前需要先对网站进行整体规划，包括网站风格、主题内容、表现形式等。网站规划有独特的流程，合理地规划网站可以使网站形象更完美、布局更合理、维护更方便。

一、任务目标

本任务将练习规划网站的操作流程。通过本任务的学习，可了解网页设计的相关内容和原则，能够独立完成一个网站的前期策划工作。图1-8所示为商业网站开发流程。

二、相关知识

网站规划前期，了解网页设计包含的内容以及网页设计的一些相关原则是非常有必要的。下面分别进行介绍。

（一）商业网站开发流程

对于专门从事网站开发的公司来说，网站开发是根据客户的需求进行的，主要分为“需求分析阶段”“实现阶段”“发布阶段”3个阶段，每个环节都应有相应的责任人。

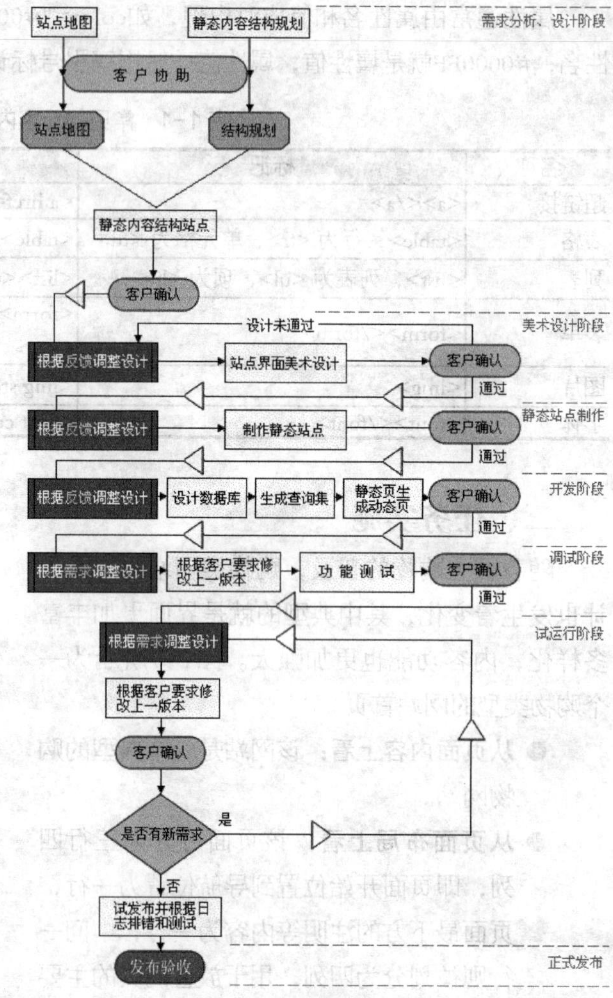

图1-8　商业网站开发流程图

1. 需求分析阶段

在这一阶段，需求分析人员首先设计出站点的结构，然后规划站点所需功能、内容结构页面等，经客户确认后才能进行下一步的操作。在这一过程中，需要与客户紧密合作，认真分析客户提出的需求以减少后期再变更的可能性。

2. 实现阶段

在功能、内容结构页面被确认后，可以将功能、内容结构页面交付给美工人员进行美术设计，随后再让客户通过设计界面进行确认；当客户对美术设计确认以后可以开始为客户制作静态站点。再次对客户进行演示，在此静态站点上直至将界面设计和功能修改到客户满意。随后进行数据库设计和编码开发。

3. 发布阶段

整个网站制作完成后，需要先对网站进行测试，如网页的美观度、易用性、是否有编码错误等。测试通过后即可试运行，试运行阶段编码人员还需根据收集到的日志进行排错、测试，直至最后交付客户使用。

（二）网页设计内容

网页设计内容包括以下几方面。

- **确定网站背景和定位**：确定网站背景是指在网站规划前，需要先对网站环境进行调查分析，包括开展社会环境调查、消费者调查、竞争对手调查、资源调查等。网站定位指在调查的基础上进行进一步的规划，一般是根据调查结果确定网站的服务对象和内容。需要注意的是网站的内容一定要有针对性。
- **确定网站目标**：网站目标是指从总体上为网站建设提供总的框架大纲，网站需要实现的功能等。
- **内容与形象规划**：网站的内容与形象是网站最吸引浏览者的主要因素，与内容相比，多变的形象设计具有更加丰富的表现效果，如网站的风格设计、板式设计、布局设计等。这一过程需要设计师、编辑人员、策划人员的全力合作，才能达到内容与形象的高度统一。
- **推广网站**：网站推广是网页设计过程中必不可少的环节，一个优秀的网站，尤其是商业网站，有效的市场推广是成功的关键因素之一。

（三）网页设计原则

网页设计与其他设计相似，需要内容与形式统一，另外还要遵循以下原则。

- **统一内容与形式**：好的信息内容应当具有编辑合理性与形式的统一性，形式是为内容服务的，而内容需要利用美观的形式才能吸引浏览者的关注。就如同产品与包装的关系，包装对产品销售有着重大的作用。网站类型的不同，其表现风格也不同，通常表现在色彩、构图和版式等方面。如新闻网站设计时采用简洁的色彩和大篇幅的构图，娱乐网站采用丰富的色彩和个性化的排版等。总之，设计时一定要采用美观、科学的色彩搭配和构图原则。
- **风格定位**：确定网站的风格对网页设计具有决定性的作用，网站风格包括内容风格和设计风格。内容风格主要体现在文字的展现方法和表达方法上，设计风格则体现在构图和排版上。如主页风格，通常主页依赖于版式设计、页面色调处理、图文并茂等。这需要设计者具有一定的美术资质和修养。

一个简单的保持网站内部设计风格统一的方法是：保持网页某部分固定不变，如Logo、徽标、商标或导航栏等，或者设计相同风格的图表或图片。通常，上下结构的网站保持导航栏和顶部的Logo等内容固定不变，需要注意的是不能陷入一个固定不变的模式，要在统一的前提下寻找变化，寻找设计风格的衔接和设计元素的多元化。

- **CIS的使用**：CIS设计是企业识别系统，是企业、公司、团体在形象上的整体设计，包括企业理念识别（MI）、企业行为识别（BI）、企业视觉识别（VI）三部分，VI是CIS中的视觉传达系统，对企业形象在各种环境下的应用进行了合理的规定。在网站中，标志、色彩、风格、理念的统一延续性是VI应用的重点。将VI设计应用于网页设计中，是VI设计的延伸，即网站页面的构成元素以VI为核心，并加以延伸和拓展。随着网络的发展，网站成为企业、集团宣传自身形象和传递企业信息的一个重要窗口，因此，VI系统在提高网站质量、树立专业形象等方面起着举足轻重的作用。CIS的使用还包括标准化的Logo和标准化的色彩两部分。

①标准化Logo：为了实现网页的统一形象，常用的方法是统一各个页面的Logo。Logo是网站的标记，网站形象的代表，标准化的Logo是统一网站的第一步，Logo的色彩和样式确定后，一般不轻易更改。Logo一般放在最醒目的位置，如左上角，也叫“网眼”。

②标准化色彩：统一网站色彩使用规范和色调对网站的整体性设计有重要意义，通常对网站色彩的使用有两种情况，一种是规定一个范围的色系，整个网站都套用，通过调整色相的明度来体现网页的层次感；另一种是网站中同级页面的颜色色相相同，不同栏目的子页面采用不同的色系。

三、任务实施

（一）前期策划与内容组织

在制作网站前，需要先对网站进行准确的定位，明确网站的功用。网站的主题与类型确定好后即可开始规划网站的栏目和目录结构，以及页面布局等项目。

1. 确定完整栏目

经过调查分析，“四方好茶网”网站需要建设以下栏目：首页、今日团购、自饮茶品、精选茶具、积分兑换。

2. 设计网站草图

网站草图是指对网站的所有内容进行整理，然后规划一个草图，旨在向客户勾画出需要展示的内容，然后将其交于美工人员，美工人员则根据草图进行效果图设计，四方好茶网站草图如图1-9所示。

网站广告投放区
网站LOGO 四方好茶　　　　搜索区
导航栏：首页、今日团购、自饮茶品、精选茶具、积分换购
网站banner
商品展示区
最新动态
版权信息

图1-9　四方好茶网站草图

3. 规划站点结构

站点结构决定了浏览者如何在网站中浏览，因此，规划站点结构时一定要结构清晰、易于导航，四方好茶网站站点具体规划参见项目二的任务一，这里不再赘述。图1-10所示为网站站点文件层次结构图。

（二）搜集和整理资料

在制作网页前，应先收集要用到的文字资料、图片素材及用于增添页面特效的动画等元素，并将其分类保存在相应的文件夹中。若制作学校网页则需要提供有关学校的文字材料，如学校简介、招生对象说明以及与学校有关的图片等；若制作个人网站，则应收集个人简历、爱好等方面的材料，然后将收集到的素材和资料分类保存，在需要使用时就可以方便地调用了。图1-11所示为素材搜集与分类示意图。

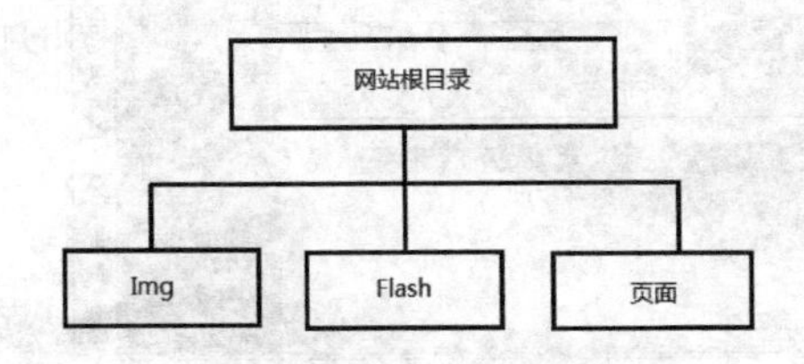

图1-10 四方好茶网站文件层次结构图

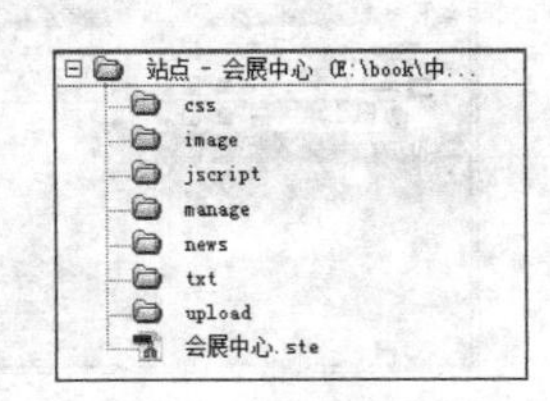

图1-11 素材搜集与分类

（三）网页效果图设计

网页效果图设计与传统的平面设计相同，通常使用Photoshop进行界面设计，利用其图像处理上的优势制作多元化的效果图，最后对图片进行切片并导出为网页。图1-12所示为使用Photoshop CS6设计的网站界面效果图。

图1-12 使用Photoshop CS6设计的网站界面效果图

（四）网页中动画设计

网页中常见的动画通常是使用Flash制作的，如banner和导航等，通常使用图片轮显或遮罩动画等动画效果。图1-13所示为使用Flash CS6设计的网站动画。

图1-13　使用Flash CS6设计的网站动画

（五）网站页面设计制作

网站静态页面的制作通常使用Dreamweaver来完成，其可视化的设计视图使没有编程基础的设计者使用起来得心应手，代码视图中的代码提示等辅助功能让有编程基础的设计者提高了工作效率。图1-14所示为使用Dreamweaver CS6制作的网站页面。

图1-14　使用Dreamweaver CS6制作的网站页面

（六）测试站点

在发布站点前需先对站点进行测试，通常可根据客户端要求和网站大小等进行测试。测试方法通常是将站点移到一个模拟调试服务器上。在测试站点时，应注意以下几点。

- 在创建网站的过程中，由于各站点重新设计、重新调整可能会使指向页面的超级链接被移动或删除。此时可运行超级链接检查报告，测试超级链接是否有断开的情况。
- 监测页面的文件大小以及下载速度。
- 对浏览器兼容性的检查，使页面原来不支持的样式、层和插件等在浏览器中能兼容且功能正常。使用“检查浏览器”功能，自动将访问者重新定向到另外的页面，此方法可解决在较早版本的浏览器中无法运行页面的问题。
- 在不同的浏览器和平台上预览页面，可以查看网页布局、字体大小、颜色和默认浏览器窗口大小等。

（七）发布站点

发布站点前需要在Internet上申请一个主页空间，指定网站或主页在Internet上的位置。发布站点时可使用SharePoint Desiger或Dreamweaver对站点进行发布，也可使用FTP（远程文件传输）软件将文件上传到服务器申请的网址目录下。

（八）更新和维护站点

将站点上传到服务器后，需要每隔一段时间对站点中的某些页面进行更新，保持网站内容的新鲜感以吸引更多的浏览者；还应定期打开浏览器检查页面元素和各种超级链接是否正常，以防止死链接情况的存在；还需要检测后台程序是否被不速之客所篡改或注入，以便进行即时的修正。

实训 规划“果蔬网”网站

【实训要求】

本实训要求为一个水果蔬菜网上购物店规划一个网站，网店中的水果蔬菜是天然无污染的绿色有机食品，另外，网站会定期推出优惠商品，并提供团购优惠，还会教大家一些时令果蔬的制作技巧。要求制作的网页能体现该网站的主要功能，界面设计要符合产品特色。

【实训思路】

根据本实训要求，先搜集相关的图片和文字等资料，然后制作草图送客户确认。本实训的站点规划草图效果如图1-15所示。

【步骤提示】

STEP 1 根据客户提出的要求绘制并修改网站站点基本结构。

STEP 2 绘制草图给客户确认，然后搜集相关的文字、图片资料。

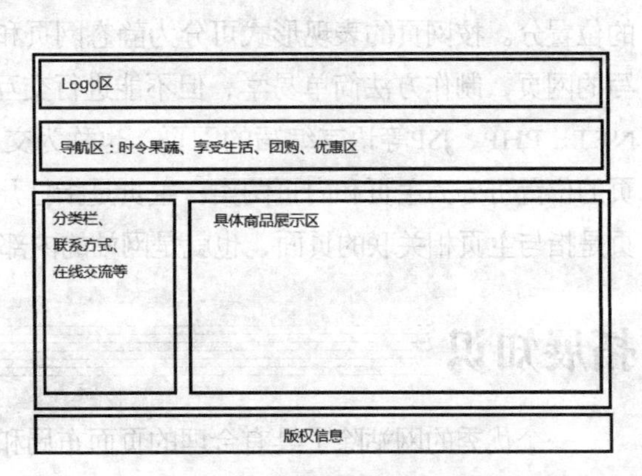

图1-15 “果蔬网”网站草图

常见疑难解析

问：如何才能规划出一个好的商业站点？

答：商业站点规划的内容大致包括“建站目的”“实现方式”“制作工作量”“注明提供的服务”等几个方面。其中明确建站目的很重要，它决定着整个站点建设的主导思想和页面设计时所突出的内容及版面风格。其次是实现方式，这个环节比较灵活，比如同一个内容可以用动态也可以用静态来表现，这需要根据客户的要求来决定。在做规划时，应该主动向客户注明提供的服务种类，如域名注册、主机空间及给予的权限、网站规划、网上推广、主页制作页数、提供的应用程序等。明确了客户意图后，再参考一些国内外优秀的网站设计，从中汲取精华和灵感，并结合当前项目的需要进行规划，这样不仅可以提高效率，而且可以保证站点的专业性和准确性。

问：什么时候对客户预算网站制作费用比较合适？

答：通常在网站草图确定后，网页效果图设计期间就可以先预算网站制作费用、域名与虚拟主机费用以及后期维护和技术支持费用等。

问：如何创建网站？

答：要创建网站，首先应使用Dreamweaver或其他软件在本地计算机中完成整个网站的编辑与测试，然后申请域名（用于访问网站，如“www.baidu.com”）及虚拟主机（用于存放网站内容），并上传网站内容到虚拟主机中，最后申请备案，通过备案后就可以使用域名访问网站了，其流程如图1-16所示。

图1-16　创建网站流程

问：网页主要有哪些类型？

答：在网站中，网页的类型有两种分类方法，一种是按表现形式分，另一种是按网页的位置分。按网页的表现形式可分为静态网页和动态网页两类：静态网页指用HTML语言编写的网页，制作方法简单易学，但不能进行交互，缺乏灵活性；动态网页指使用ASP、ASP.NET、PHP、JSP等语言编写的网页，也称为交互式网页，它可以与浏览者进行交互。按网页的位置可分为主页和内页两类：主页是指打开网站时看到的第一个页面，也称为首页；内页是指与主页相关联的页面，也就是网站的内部页面。

拓展知识

一个优秀的网站除了具有合理的页面布局和友善的用户操作界面外，优美简洁的颜色搭配，适当加入3D动画、视频和有效的推广也是非常重要的。而这些工作也可以借助一些小软件来帮助网页开发人员和推广人员高效地完成，具体介绍如下。

1. **配色软件**

网页色彩的把握是网页制作中的一个重点和难点，好的网页色彩具有视觉舒适性，便于浏览者经常访问。使用一些专门的网页配色软件可以方便地创建网页色彩方案。

用于网页配色的软件较多，常用的有玩转颜色（见图1-17）和网页配色等，另外，某些网站也提供网页配色的功能，如蓝色理想、模板无忧（见图1-18）等。

图1-17 玩转颜色软件

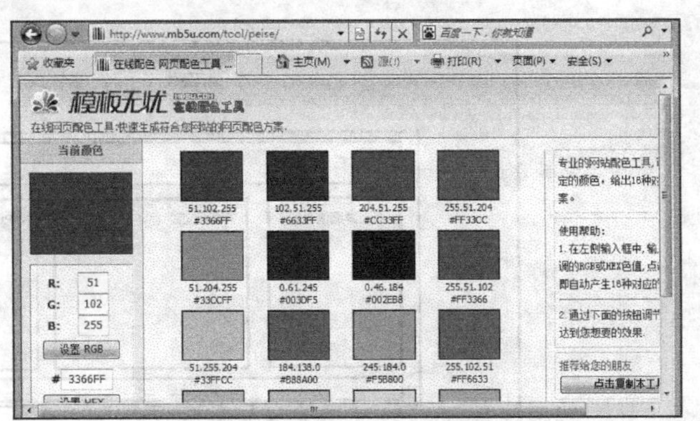

图1-18 模板无忧在线配色工具

2. **网页推广软件**

为了提高网站的访问量，需要进行网站的宣传及推广，网站推广的方式很多，包括电子邮件推广、搜索引擎加注、论坛推广、加入友情链接联盟等。当然借助电子商务师、登录奇兵、网站世界排名提升专家及Active WebTraffic等软件进行网站推广也是必不可少的方式。

网站推广软件，顾名思义，是通过网络软件将网站信息推广到目标受众。具体包括：通过传统的广告、企业形象系统去宣传；通过网络技术的方式，链接网络广告等方式宣传。

3. **网页制作小软件**

制作网页元素的小软件非常多，如用于制作网页特效的有网页特效王，制作3D文字动画的Cool 3D，制作网页按钮的Crystrl Button，编写网页代码的HomeSite，转换网页音频、视频格式的格式工厂以及查看含有Java applet网页的Java虚拟机等。图1-19所示为Crystrl Button的操作界面。

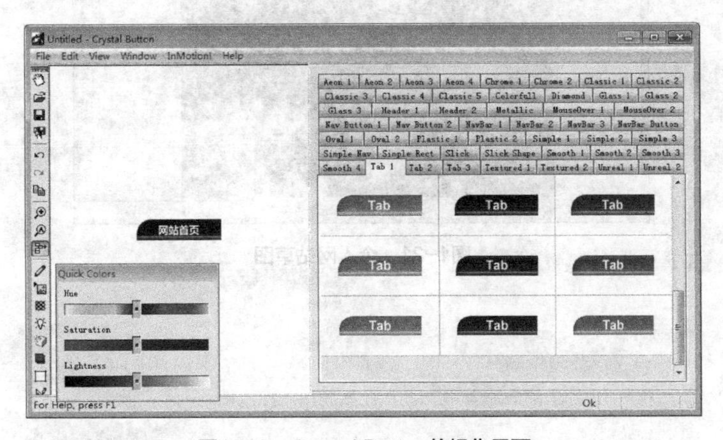

图1-19 Crystrl Button的操作界面

课后练习

（1）简述网站设计的一般流程，并具体介绍各个流程需要注意的事项。

（2）通过网络查阅资料或浏览一些优秀的个人网站，然后根据自己习惯，规划一个个人空间网站。图1-20所示为一个个人网站的规划草图，以供参考。

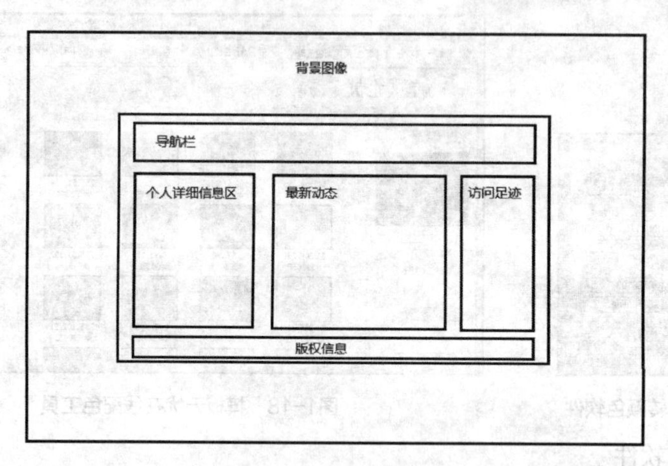

图1-20　个人网站草图

（3）使用记事本作为网页编辑工具，制作一个简单的网页文档，从而对网页制作和HTML进行认识。其中使用已提供在素材中的照片（素材参见：光盘\素材文件\项目一\课后练习\个人照片.jpg），并结合最为基本的HTML元素<Head>和<Body>等知识进行制作，最终效果如图1-21所示（最终效果参见：光盘\效果文件\项目一\课后练习\index.html）。

图1-21　个人网站草图

PART 2

项目二 Dreamweaver CS6的基本操作

情景导入

阿秀：小白，前面的效果草图制作以及网页设计前期准备等你都已经了解了，下面和我一起来制作静态网页页面，你要认真学习。

小白：太好了，接下来我就可以开始制作完整的网页了？

阿秀：别着急，知识要通过慢慢的积累才行，下面先来学习创建站点和在页面中添加文本的方法。

学习目标

- 掌握站点的创建方法
- 熟悉站点的管理方法
- 掌握网页中文本的输入与编辑操作
- 掌握在网页中添加其他元素的操作

技能目标

- 掌握“四方好茶”站点的创建方法
- 掌握“学校简介”页面的制作方法
- 能够完成站点的创建和简单文字页面的编辑操作

任务一　创建“四方好茶”站点

任何网站在制作时都需要先创建站点，并合理地管理这些站点，使其在网站浏览中得到相应的显示。下面介绍在Dreamweaver CS6中创建站点的方法。

一、任务目标

本任务将练习使用Dreamweaver CS6创建“四方好茶”站点，在制作时可以先创建基本站点，然后再创建站点中的文件夹，并合理地管理这些文件夹。本任务制作完成后的“四方好茶”站点结构如图2-1所示。

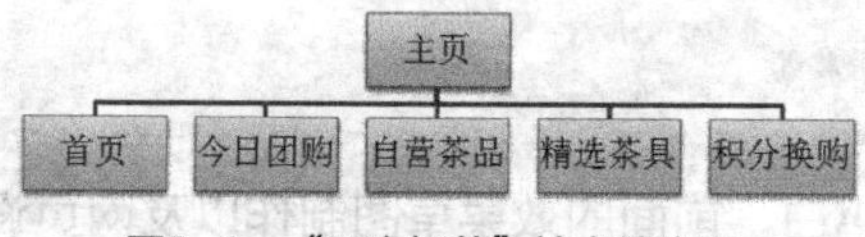

图2-1　“四方好茶”站点结构图

二、相关知识

（一）认识Dreamweaver CS6的操作界面

使用Dreamweaver CS6进行网页设计前，首先需要对其界面有全面的了解，选择【开始】/【所有程序】/【Adobe Dreamweaver CS6】菜单命令即可启动Dreamweaver CS6，如图2-2所示。下面分别介绍Dreamweaver CS6操作界面的各个组成部分。

图2-2　Dreamweaver CS6的操作界面

1. 菜单栏

菜单栏位于标题栏下方，以菜单命令的方式集合了Dreamweaver网页制作的所有命令，单击某个菜单项，在打开的下拉菜单中选择相应的命令即可执行对应的操作。

若将Dreamweaver CS6的工作界面最大化，那么菜单栏将直接与标题栏合并，位于Dreamweaver CS6图标和 设计器 按钮之间，这样的布局也为编辑区提供了更大的操作空间。

2. 文档工具栏

文档工具栏位于菜单栏下方，主要用于显示页面名称、切换视图模式、查看源代码、设置网页标题等操作。Dreamweaver CS6提供了多种查看代码的方式。

- **设计视图**：仅在文档窗口中显示页面的设计界面。在文档工具栏中单击设计按钮即可切换到该视图，如图2-3所示。

图2-3 设计视图

- **代码视图**：仅在文档窗口中显示页面的代码，适合于代码的直接编写。在文档工具栏中单击代码按钮即可切换到该视图，如图2-4所示。

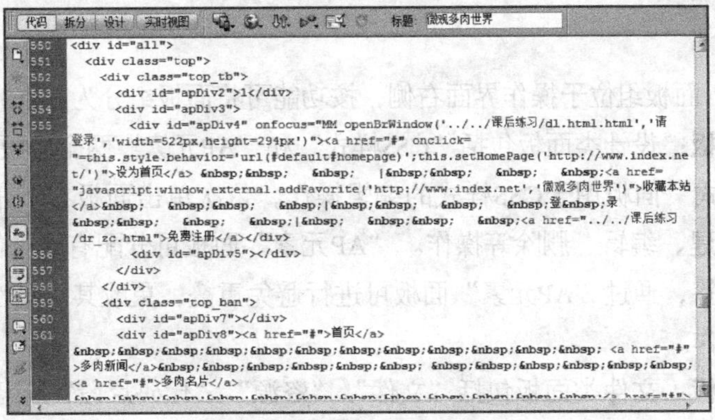

```
代码 拆分 设计 实时视图   标题: 微观多肉世界
550 <div id="all">
551   <div class="top">
552     <div class="top_tb">
553       <div id="apDiv2">1</div>
554       <div id="apDiv3">
555         <div id="apDiv4" onfocus="MM_openBrWindow('../../课后练习/dl.html.html','请登录','width=522px,height=294px')"><a href="#" onclick="=this.style.behavior='url(#default#homepage)';this.setHomePage('http://www.index.net/')">设为首页</a>        |        <a href="javascript:window.external.addFavorite('http://www.index.net','微观多肉世界')">收藏本站</a>        |        登 录        |        <a href="../../课后练习/dr_zc.html">免费注册</a></div>
556         <div id="apDiv5"></div>
557       </div>
558     </div>
559     <div class="top_ban">
560       <div id="apDiv7"></div>
561       <div id="apDiv8"><a href="#">首页</a>             <a href="#">多肉新闻</a>             <a href="#">多肉名片</a>
```

图2-4 代码视图

- **拆分视图**：该视图可在文档窗口中同时显示代码视图和设计视图。在文档工具栏中单击拆分按钮即可切换到该视图，如图2-5所示。

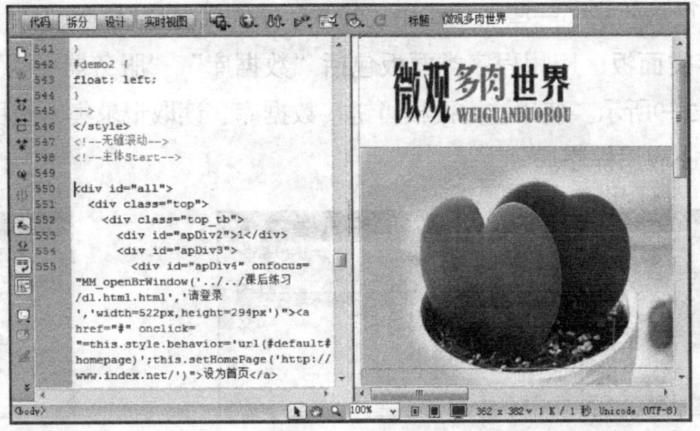

图2-5 拆分视图

● **实时视图**：当切换到该视图模式时，可在页面中显示JavaScript特效。在文档工具栏中单击实时视图按钮即可切换到该视图，如图2-6所示。

图2-6　实时视图

文档工具栏下方的工具栏称为浏览器导航工具栏，与浏览器地址栏的作用相似，主要用于查看网页、停止加载网页、显示主页、输入网页路径。

3. 面板组

默认情况下，面板组位于操作界面右侧，按功能可将面板组分为以下3类。

● **设计类面板**：设计类面板包括“CSS样式”和“AP元素”两个面板，如图2-7所示。“CSS样式”面板用于CSS样式的编辑操作，依次单击面板右下角的按钮，可实现扩展、新建、编辑、删除等操作。“AP元素”面板可分配有绝对位置的DIV或任何HTML标签，通过“AP元素”面板可进行避免重叠，更改其可见性、嵌套或堆叠、选择等操作。

● **文件类面板**：文件类面板包括“文件”“资源”“代码片段”3个面板，如图2-8所示。在“文件”面板中可查看站点、文件或文件夹，用户可更改查看区域大小，也可展开或折叠“文件”面板，当折叠时则以文件列表的形式显示本地站点等内容。“资源”面板可管理当前站点中的资源，显示了文档窗口中相关的站点资源。“代码片段”面板收录了一些非常有用或经常使用的代码片段，以方便用户使用。

● **应用程序类面板**：应用程序类面板包括“数据库”“服务器行为”“绑定”3个面板，如图2-9所示。使用这类面板可链接数据库、读取记录集，使用户能够轻松创建动态的Web应用程序。

图2-7　设计类面板组

图2-8　文件类面板组

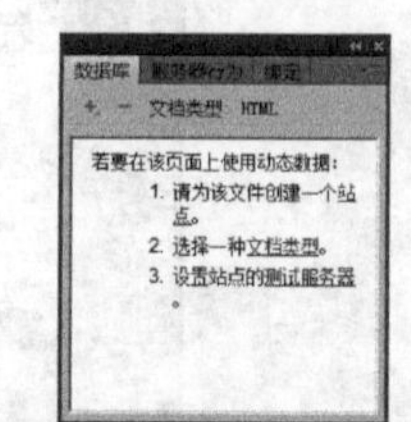

图2-9　应用程序类面板组

Dreamweaver CS6的面板组可操作性强，其中相关操作如下。

- **打开"插入"面板**：选择【窗口】/【插入】菜单命令或按【Ctrl+F2】组合键。
- **展开"插入"面板**：双击插入面板的"插入"标签可展开其中的内容，再次双击可折叠其中的内容。
- **关闭"插入"面板**：在"插入"标签上单击鼠标右键，在弹出的快捷菜单中选择"关闭"命令。
- **切换"插入"栏**：插入面板中默认显示的是"常用"插入栏，如需切换到其他类别，可在展开插入栏后，单击▾按钮，在打开的下拉列表中选择相应的类别。图2-10所示为"常用"插入栏切换为"布局"插入栏的操作。

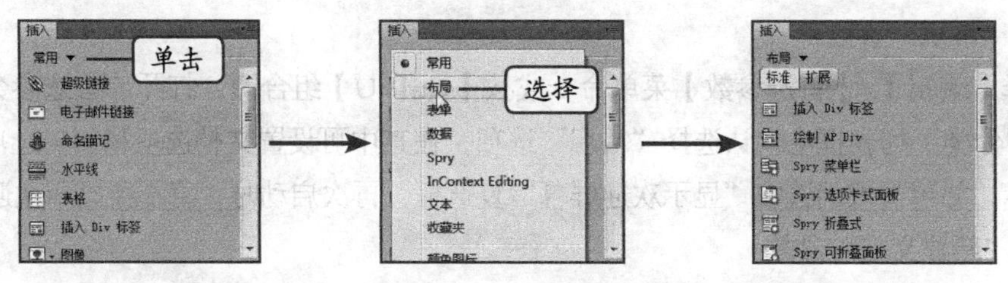

图2-10 切换插入栏

- **切换面板**：当面板组中包含多个标签时，单击相应的标签即可显示对应的面板内容。图2-11所示为单击"AP元素"标签后切换到其他面板的过程。
- **移动面板**：拖曳某个面板标签至该面板组或其他面板组上，当出现蓝色框线后释放鼠标即可移动该面板。图2-12所示为将"代码片段"面板移动到"AP元素"面板右侧的过程。通过此方法可将常用面板组成一个组。

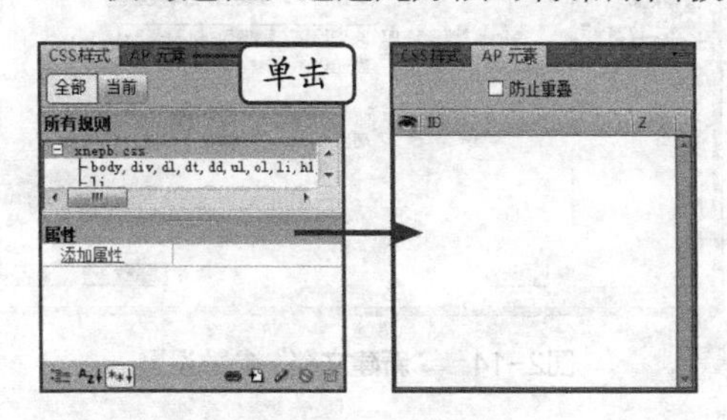

图2-11 切换面板

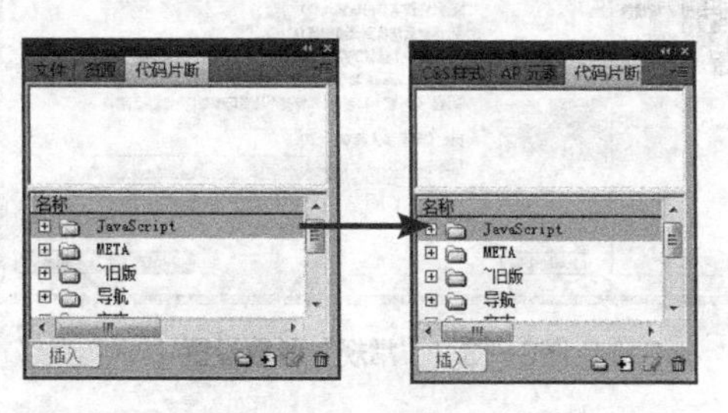

图2-12 移动面板

4. 状态栏

状态栏位于文档编辑区下方，其中各个按钮的作用介绍如下。

- **标签选择器<body>**：显示常用的HTML标签，单击相应标签可以很快地选择编辑区中的某些对象。
- **"选取工具"按钮**：单击该按钮后，可以在设计视图中选择各种对象。
- **"手形工具"按钮**：单击该按钮后，在设计视图中拖曳鼠标可移动整个网页，从而查看未显示出的网页内容。
- **"缩放工具"按钮**：单击该按钮后，在设计视图中单击鼠标可以放大显示设计视图中的内容；按住【Alt】键的同时单击鼠标，可缩小显示设计视图中的内容；若单击并拖曳鼠标，则被绘制的矩形框框住的部分将被放大显示。

- **“设置缩放比率”下拉列表框：**用于设置设计视图的缩放比率。
- **“窗口大小”栏：**显示当前设计视图的尺寸。
- **“文件大小”栏 ：**显示当前网页文件的大小以及下载时需要的时间。

5. **属性面板**

属性面板位于Dreamweaver CS6操作界面的底部，用于查看和设置所选对象的各种属性。

（二）Dreamweaver CS6参数设置

在使用Dreamweaver CS6前可对其工作环境的参数进行相关设置，以提高工作效率，通常会设置“常规”和“新建文档”两个参数，下面分别进行介绍。

1. “常规”参数

选择【编辑】/【首选参数】菜单命令或按【Ctrl+U】组合键，打开“首选参数”对话框，在“分类”列表框中默认选择“常规”选项，在其中可设置文档选项和编辑选项，如图2-13所示，如单击取消选中“显示欢迎屏幕”复选框，再次启动时，将不会显示欢迎界面。

2. “新建文档”参数

在“首选参数”对话框的“分类”列表框中选择“新建文档”选项，右侧将显示相应的设置选项，如设置默认文档的类型和编码等，如图2-14所示。

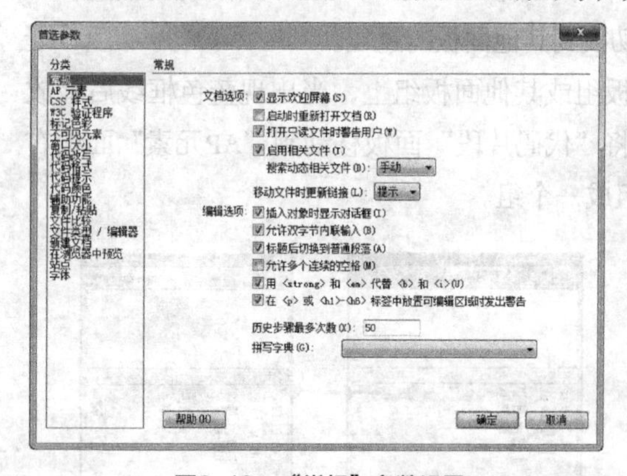

图2-13 “常规”参数设置

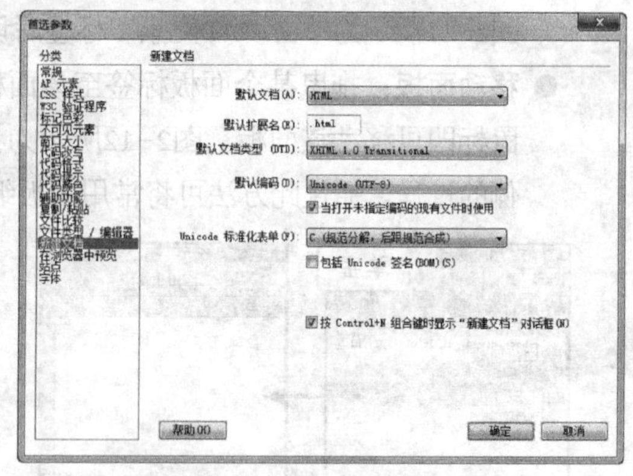

图2-14 “新建文档”参数设置

（三）命名规则

网站内容的分类决定了站点中创建文件夹和文件的个数，通常，网站中每个分支的所有文件统一存放在单独的文件夹中，根据网站的大小，又可进行细分。如果把图书室看作一个站点，每架书柜则相当于文件夹，书柜中的书本则相当于文件。文件夹和文件命名最好遵循以下原则，以便管理和查找。

- **汉语拼音：**根据每个页面的标题或主要内容，提取主要关键字将其拼音作为文件名，如“学校简介”页面文件名为“jianjie.html”。
- **拼音缩写：**根据每个页面的标题或主要内容，提取每个关键字的第一个拼音作为文件名，如“学校简介”页面文件名为“xxjj.html”。

● **英文缩写**：通常适用于专用名词。

● **英文原意**：直接将中文名称进行翻译，这种方法比较准确。

以上4种命名方式也可结合数字和符号组合使用。但要注意，文件名开头不能使用数字和符号等，也最好不要使用中文命名。

（四）更完善的CSS功能

与以前的版本相比，Dreamweaver CS6的CSS功能更加的完善，下面分别讲解各部分的相关知识。

1. 基于流体网格的CSS布局

在Dreamweaver CS6中使用新增的强健流体网格布局可以创建出能应对不同屏幕尺寸的最合适CSS布局。在使用流体网格生成Web页时，布局及其内容会自动适应用户的查看装置，无论台式机、平板电脑或智能手机。选择【文件】/【新建流体网格布局】菜单命令即可创建流体网格布局CSS样式，如图2-15所示。

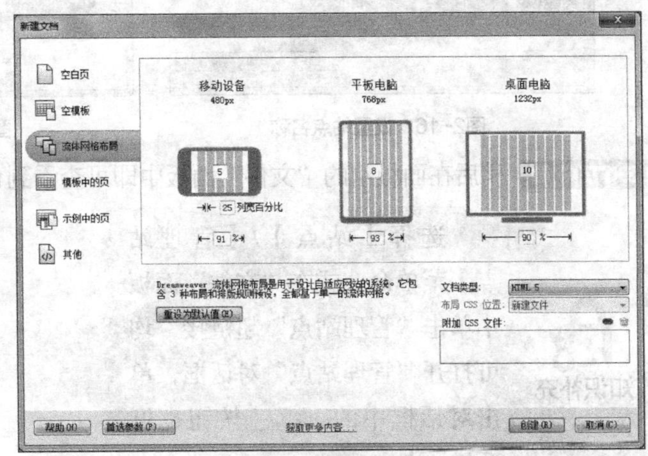

图2-15　创建流体网格布局

2. CSS过渡效果

使用新增的“CSS过渡效果”面板可将平滑属性变化更改应用于基于CSS的页面元素，以响应触发器事件，如悬停、单击。现在可以使用代码支持以及新增的“CSS过渡效果”面板创建CSS过渡效果。选择【图像】/【CSS过渡效果】菜单命令可以打开“CSS过渡效果”面板。

3. 多CSS类选区

现在不可将多个CSS类应用于单个元素。选择一个元素，打开“多类选项”对话框，然后选择所需类。应用多个类型后，Dreamweaver CS6会根据您的选择来创建新的分类，新的分类会从进行CSS选择的其他位置变为可用。

三、任务实施

（一）创建站点

下面以新建“四方好茶”本地站点为例，介绍站点的创建方法，其具体操作如下。

（微课：光盘\微课视频\项目二\创建站点.swf）

STEP 1 选择【站点】/【新建站点】菜单命令，在打开对话框的“站点名称”文本框中输入“sfhc”，单击“本地站点文件夹”文本框右侧的“浏览文件夹”按钮，如图2-16所示。

STEP 2 打开“选择根文件夹”对话框，在“选择”下拉列表框中选择G盘中事先创建好的“xiaoguo”文件夹，单击 选择(S) 按钮，如图2-17所示，返回站点设置对象对话框，单击 保存 按钮。

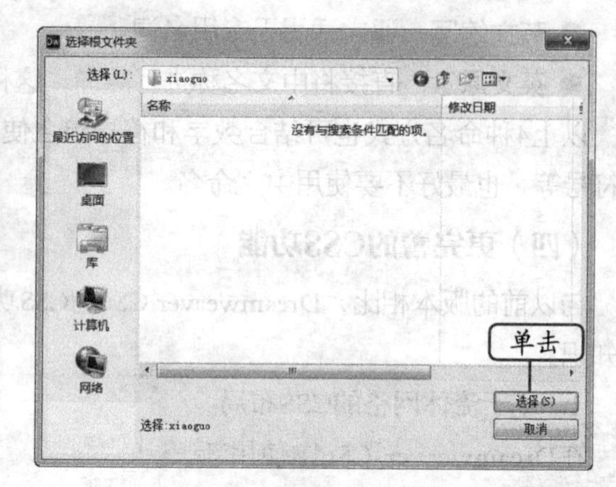

图2-16　设置站点名称　　　　图2-17　设置站点保存位置

STEP 3 稍后在面板组的"文件"面板中即可查看到创建的站点，如图2-18所示。

选择【站点】/【管理站点】菜单命令或在"文件"面板中单击"管理站点"超链接，均可打开"管理站点"对话框，单击对话框中的 新建(N)... 按钮也可新建站点。

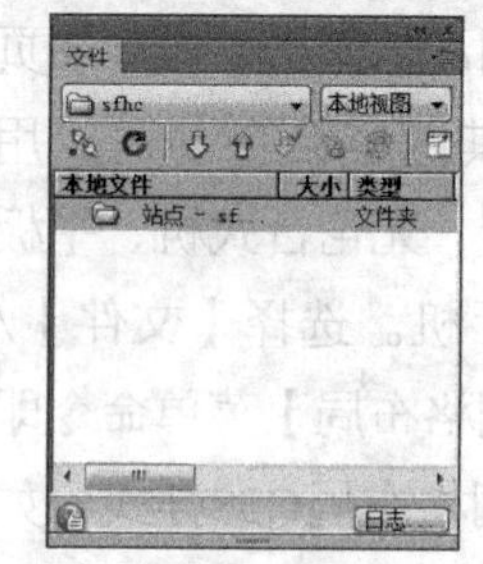

图2-18　创建的站点

（二）编辑站点

编辑站点是指对站点的参数重新进行设置，下面编辑"四方好茶"站点，输入URL地址，其具体操作如下。（微课：光盘\微课视频\项目二\编辑站点.swf）

STEP 1 选择【站点】/【管理站点】菜单命令，打开"管理站点"对话框，在其中的列表框中选择"sfhc"选项，单击"编辑"按钮，如图2-19所示。

STEP 2 在打开的对话框左侧选择"高级设置"选项，在展开的列表中选择"本地信息"选项，在"Web URL"文本框中输入"http://localhost/"，然后单击 保存 按钮，如图2-20所示。

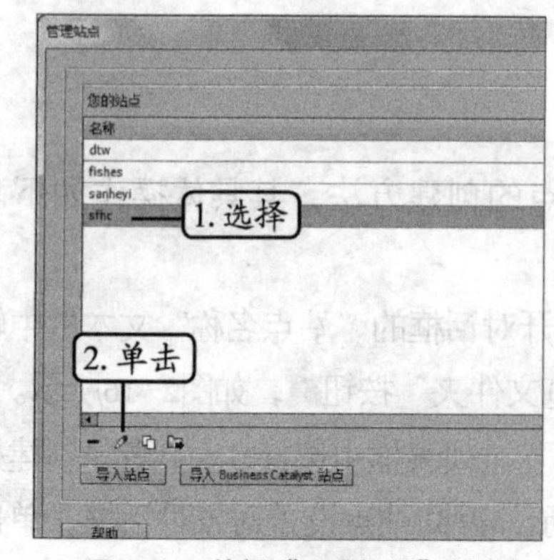

图2-19　编辑"四方好茶"站点

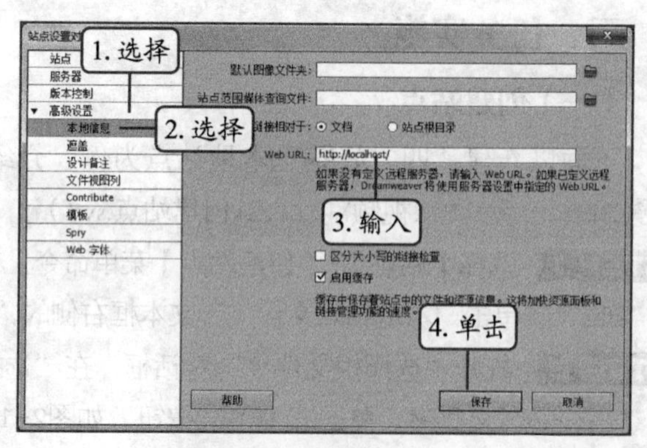

图2-20　设置Web URL

STEP 3 打开提示对话框，单击[确定]按钮确认，如图2-21所示。

操作提示 指定Web URL后，Dreamweaver才能使用测试服务器显示数据并连接到数据库，其中测试服务器的Web URL由域名和Web站点主目录的任意子目录或虚拟目录组成。

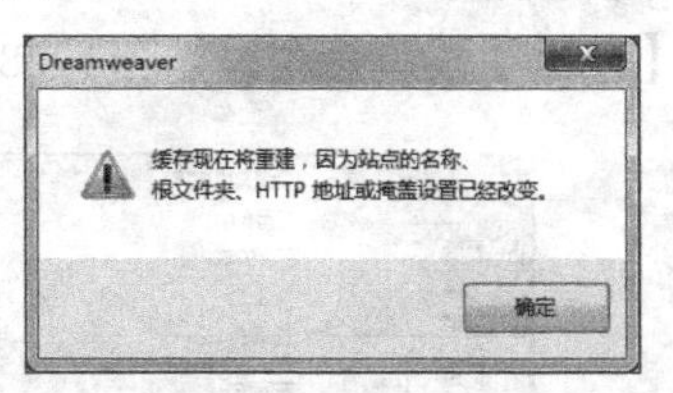

图2-21 确认设置

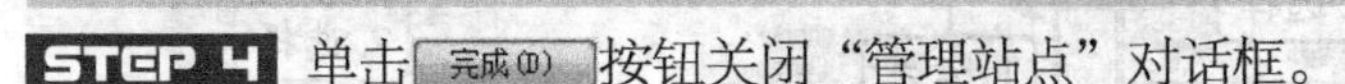

STEP 4 单击[完成(D)]按钮关闭"管理站点"对话框。

知识补充 ①打开"管理站点"对话框，在列表框中选择要删除的站点，单击[删除(R)]按钮，在打开的提示对话框中单击[是(Y)]按钮即可删除站点。

②打开"管理站点"对话框，在列表框中选择需要复制的站点选项，单击[复制(P)]按钮可复制站点，单击[编辑(E)...]按钮可对复制的站点进行编辑。

（三）管理站点和站点文件夹

为了更好地管理网页和素材，下面在"四方好茶"站点中编辑文件和文件夹，其具体操作如下。（微课：光盘\微课视频\项目二\管理站点和站点文件夹.swf）

STEP 1 在"文件"面板的"站点-sfhc"选项上单击鼠标右键，在弹出的快捷菜单中选择"新建文件"命令，如图2-22所示。

STEP 2 此时新建文件的名称呈可编辑状态，输入"index"（首页）后按【Enter】键确认，如图2-23所示。

STEP 3 继续在"站点-sfhc"选项上单击鼠标右键，在弹出的快捷菜单中选择"新建文件夹"命令，如图2-24所示。

STEP 4 将新建的文件夹名称设置为"Sfhctp"后按【Enter】键，如图2-25所示。

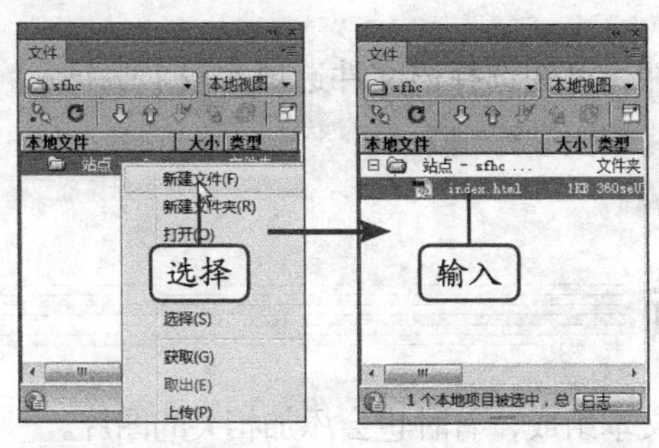

图2-22 新建文件　图2-23 命名文件

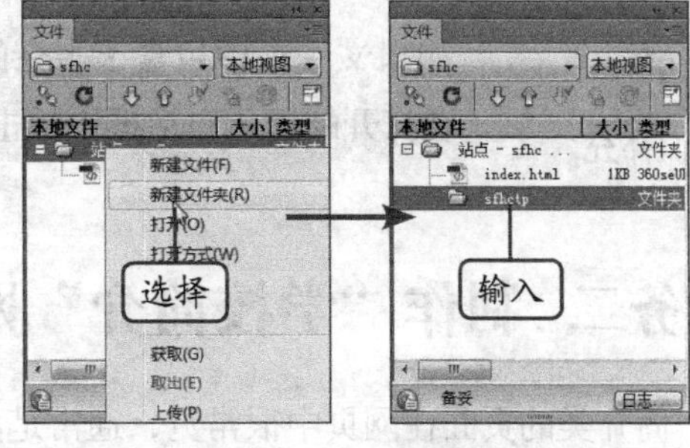

图2-24 新建文件夹　图2-25 命名文件夹

STEP 5 按相同方法在创建的"sfhctp"文件夹上利用鼠标右键菜单创建两个文件和一个文件夹，其中两个文件的名称依次为"cy.html"和"cj.html"，文件夹的名称为"img"，用于存放图片，如图2-26所示。

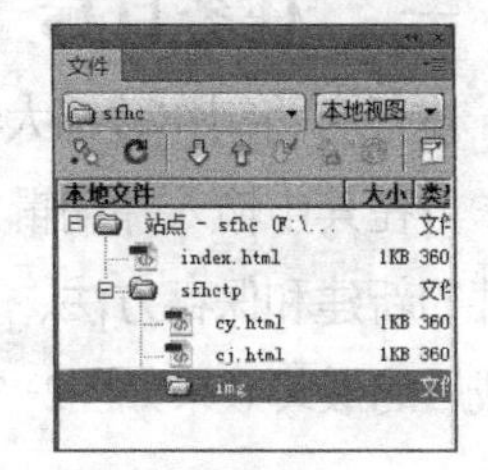

图2-26 创建文件和文件夹

STEP 6 在"sfhctp"文件夹上单击鼠标右键，在弹出的快捷菜单中选择【编辑】/【拷贝】菜单命令，如图2-27所示。

STEP 7 继续在“sfhctp”文件夹上单击鼠标右键，在弹出的快捷菜单中选择【编辑】/【粘贴】菜单命令，如图2-28所示。

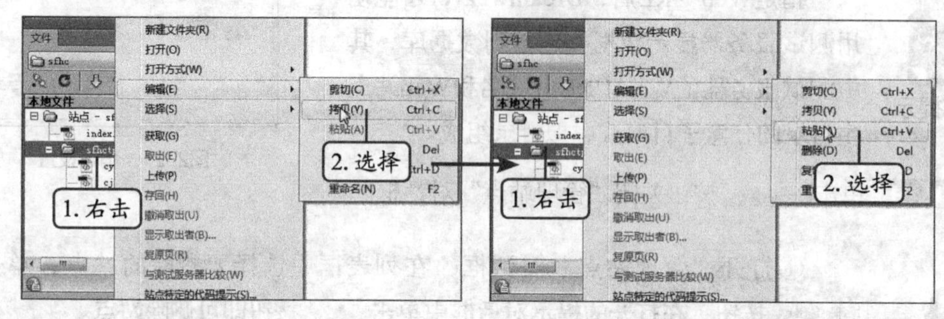

图2-27　复制文件夹　　　　图2-28　粘贴文件夹

STEP 8 在粘贴得到的文件夹上单击鼠标右键，在弹出的快捷菜单中选择【编辑】/【重命名】菜单命令，如图2-29所示。

STEP 9 输入新的名称“jrtg”，按【Enter】键打开“更新文件”对话框，单击 更新(U) 按钮，如图2-30所示。

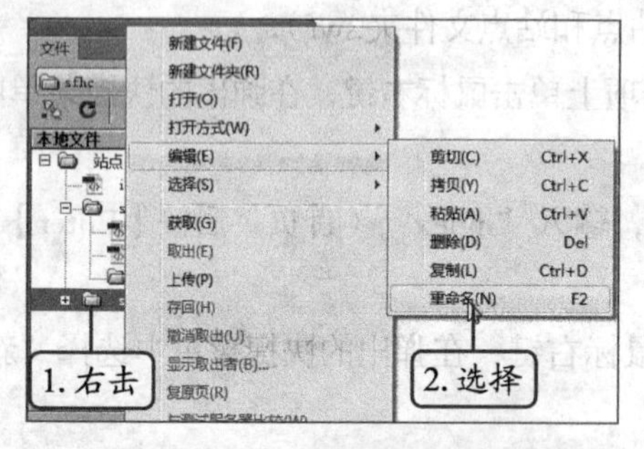

图2-29　重命名文件夹

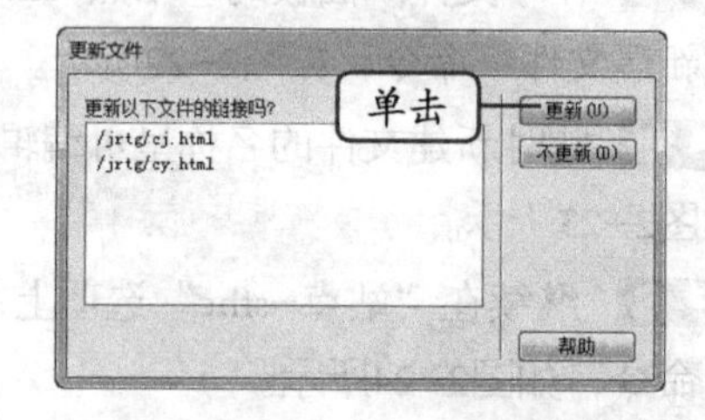

图2-30　更新文件链接

如果文件夹中包含了多余的文件，可在选择该文件选项后按【Delete】键，在打开的提示对话框中单击 是(Y) 按钮进行删除。

任务二　制作“学校简介”网页

简介类的页面在网页中很常见，通常是由纯文本组成，有时也会添加相关的图片。

一、任务目标

本任务将制作蓉锦大学网站中的“学校简介”页面，制作时先新建网页，然后设置页面属性，再在其中输入并编辑文本，最后添加其他的网页元素。通过本任务的学习，可以掌握网页文件的新建和保存方法、页面属性的设置方法以及在网页中添加网页元素的方法。本任务制作完成后的最终效果如图2-31所示。

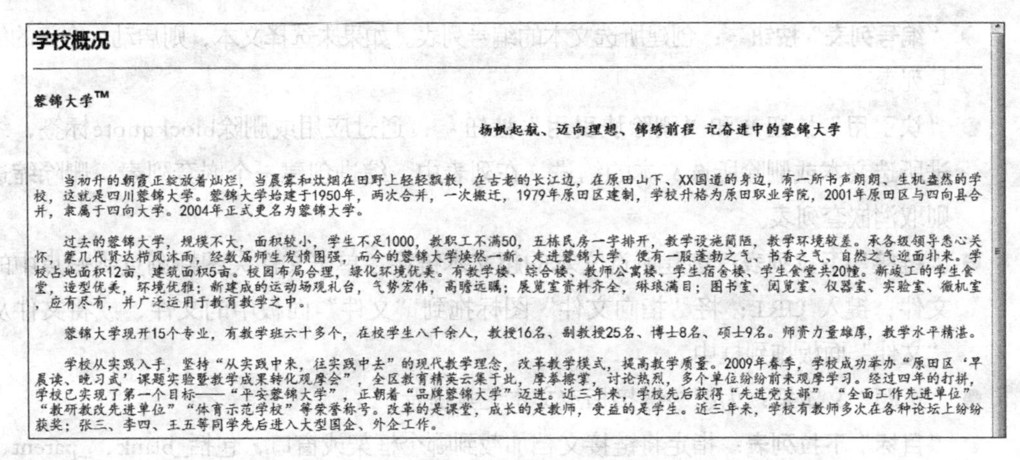

图2-31 “学校简介”页面效果

二、相关知识

Dreamweaver中的文本格式设置与使用标准的字处理程序类似，可以对文本块进行设置默认格式，设置样式，更改所选文本的字体、大小、颜色和对齐方式，或者应用文本样式。

Dreamweaver CS6将HTML属性检查器和CSS属性检查器集成为一个属性检查器，因此在Dreamweaver CS6中可以通过设置HTML和编辑CSS规则两种方式设置文本格式。

（一）设置HTML格式

选择要设置格式的文本，然后在“HTML属性”面板中设置文本样式，如图2-32所示。其中的属性选项作用如下。

图2-32 “HTML”属性面板

- **“格式”下拉列表**：设置所选文本的段落样式。“段落”应用<p> 标签的默认格式，“标题 1”添加 H1 标签等。
- **“ID”下拉列表**：为所选内容分配一个ID。“ID”下拉列表将列出文档的所有未使用的已声明ID。
- **“类”下拉列表**：显示当前应用于所选文本的类样式。如果没有对所选内容应用过任何样式，则下拉列表显示“无 CSS 样式”；如果已对所选内容应用了多个样式，则该下拉列表是空的。
- **“粗体”按钮**![B]：根据“首选参数”对话框的“常规”类别中设置的样式首选参数，将<b> 或<strong>应用于所选文本。
- **“斜体”按钮**![I]：根据“首选参数”对话框的“常规”类别中设置的样式首选参数，将 <i> 或 <em> 应用于所选文本。
- **“项目列表”按钮**![ul]：创建所选文本的项目列表。如果未选择文本，则启动一个新的项目列表。

- **“编号列表”按钮**：创建所选文本的编号列表。如果未选择文本，则启动一个新的编号列表。
- **“块引用”按钮和“删除块引用”按钮**：通过应用或删除blockquote标签，缩进所选文本或删除所选文本的缩进。在列表中，缩进创建一个嵌套列表，删除缩进则取消嵌套列表。
- **“链接”下拉列表**：创建所选文本的超文本链接。单击文件夹图标浏览到站点中的文件；键入 URL；将“指向文件”图标拖到“文件”面板中的文件，或将文件从“文件”面板拖到框中。
- **“标题”文本框**：为超级链接指定文本工具提示。
- **“目标”下拉列表**：指定将链接文档加载到哪个框架或窗口，包括_blank、_parent、_self、_top选项。

（二）编辑CSS规则

编辑CSS规则可以使用两种方式：一种是将鼠标光标放在已应用CSS规则的文本块内部，则将在“目标规则”的下拉列表中显示；另一种从“目标规则”下拉列表中选择一个规则。通过各个选项可对该规则进行更改，如图2–33所示，各选项作用如下。

图2–33 “CSS”属性面板

- **“目标规则”下拉列表**：在对文本应用现有样式的情况下，在页面的文本内部单击时，将会显示影响文本格式的规则。也可以使用“目标规则”下拉列表创建新的 CSS 规则、新的内联样式或将现有类应用于所选文本。
- **编辑规则按钮**：打开目标规则的“CSS规则定义”对话框。如果从“目标规则”下拉列表中选择了“新建CSS规则”选项并单击编辑规则按钮，Dreamweaver则会打开“新建CSS规则定义”对话框。
- **CSS 面板(P)按钮**：打开“CSS 样式”面板并在当前视图中显示目标规则的属性。
- **“字体”下拉列表**：更改目标规则的字体。
- **“大小”下拉列表**：设置目标规则的字体大小。
- **“颜色”色块**：将所选颜色设置为目标规则中的字体颜色，单击颜色框选择Web安全色，或在相邻的文本字段中输入十六进制值（如#FF0000）。
- **“粗体”按钮**：向目标规则添加粗体属性。
- **“斜体”按钮**：向目标规则添加斜体属性。
- **“左对齐、居中对齐”按钮和“右对齐”按钮**：向目标规则添加各个对齐属性。

三、任务实施

（一）新建与保存网页

站点创建好后就可以新建网页进行编辑制作。下面新建蓉锦大学网站的“xuexjj.html”

网页，其具体操作如下。（微课：光盘\微课视频\项目二\新建与保存网页.swf）

STEP 1 选择【文件】/【新建】菜单命令，打开“新建文档”对话框。

STEP 2 在其中可选择需要新建文档的类型，这里保持默认设置，单击 创建(R) 按钮，如图2-34所示。

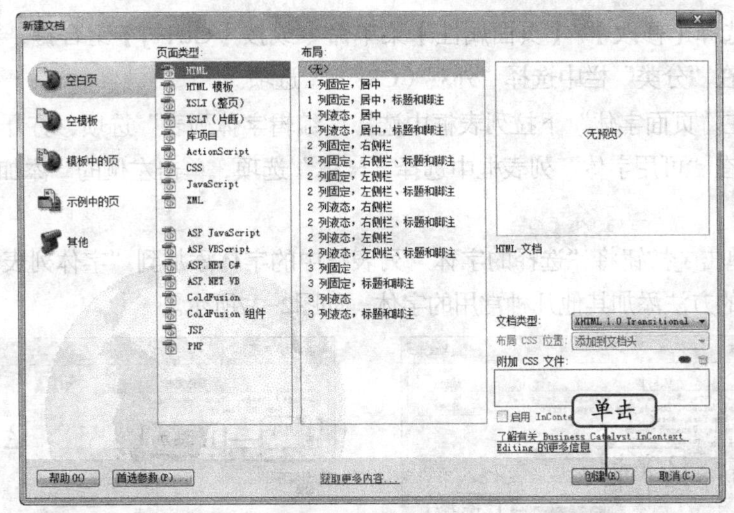

图2-34 新建文档

新建文件还有以下几种方法。

①在“文件”面板上单击鼠标右键，在弹出的快捷菜单中选择“新建文件”命令。

②在“文件”面板上单击按钮，在打开的下拉菜单中选择【文件】/【新建文件】菜单命令。

③在欢迎界面的“新建”栏中单击“HTML”超链接。

STEP 3 选择【文件】/【保存】菜单命令，在打开的“另存为”对话框中选择“xuexgk”文件夹作为保存位置，在“文件名”文本框中输入“xuexjj.html”，单击 保存(S) 按钮，如图2-35所示。

选择【文件】/【另存为】菜单命令也可打开“另存为”对话框进行设置。选择【文件】/【保存全部】菜单命令则可同时保存已打开的所有文档。

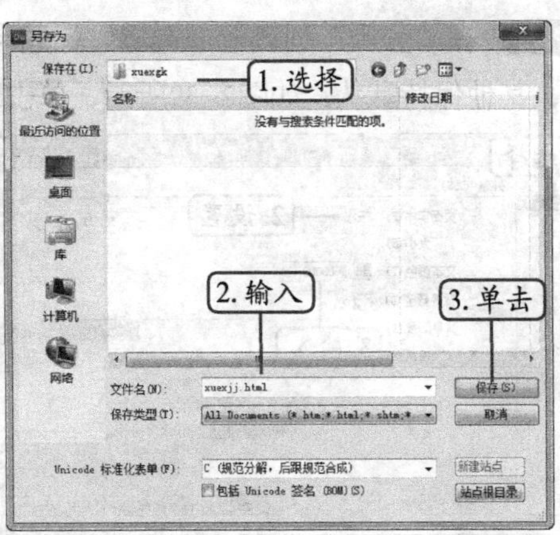

图2-35 保存文档

（二）设置页面属性

创建好网页后，可对其页面属性进行设置，如设置标题和编码属性、页面背景颜色和文本字体大小等，使其更具美观性。下面设置“xuexjj.html”网页的相关属性，其具体操作如下。（微课：光盘\微课视频\项目二\设置页面属性.swf）

STEP 1 选择【修改】/【页面属性】菜单命令或按【Ctrl+J】组合键，打开“页面属性”对话框，在“分类”栏中选择“外观（CSS）”选项。

STEP 2 在“页面字体”下拉列表框中选择“编辑字体列表”选项，打开“编辑字体列表”对话框，在“可用字体”列表框中选择“宋体”选项，单击左侧的“添加”按钮«，如图2-36所示。

STEP 3 单击+按钮将“选择的字体”列表框中的字体添加到“字体列表”列表框中，然后利用相同的方法添加其他几种常用的字体，如图2-37所示。

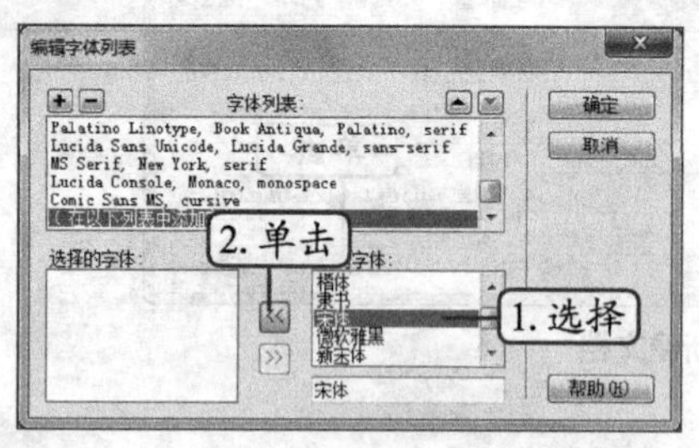

图2-36 添加字体

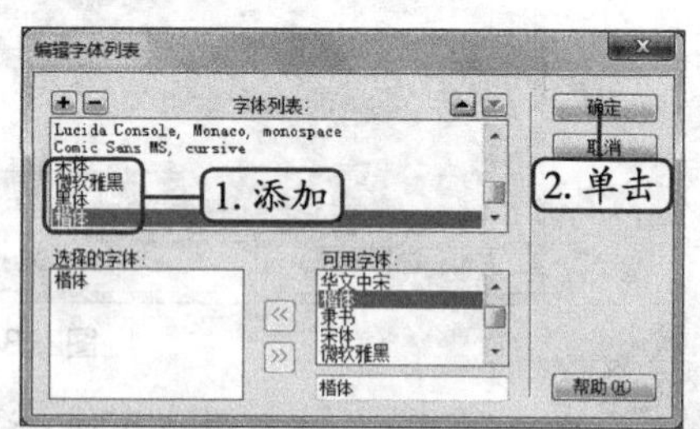

图2-37 选择字体

操作提示

“字体”下拉列表框中的字体是Dreamweaver默认的字体，要想使用计算机中已安装的其他字体，必须按上述方法将其添加到“字体”下拉列表框中。注意，若在“选择的字体”列表框中选择多个字体，单击+按钮添加时会将列表中的所有字体添加为一个选项。

STEP 4 单击 确定 按钮，在“页面字体”下拉列表中选择“宋体”选项，在“文本颜色”文本框中输入“#000000”，如图2-38所示。

STEP 5 在“分类”列表框中选择“标题/编码”选项，在“标题”文本框中输入“学校简介”，其他保持默认，如图2-39所示，单击 确定 按钮应用设置即可。

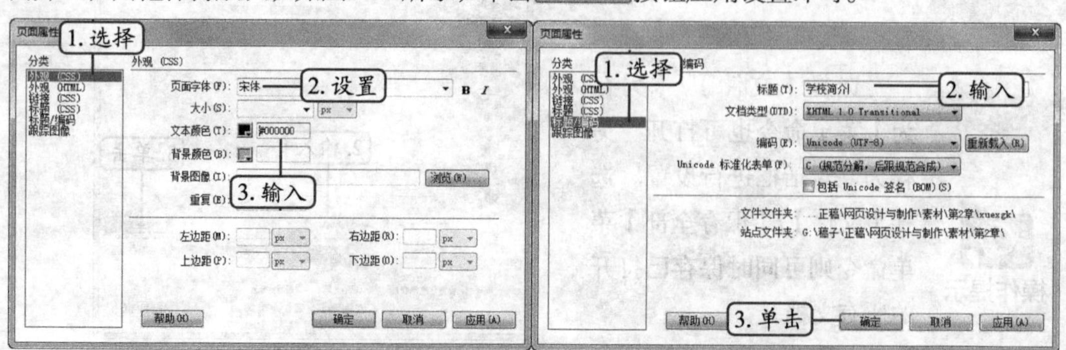

图2-38 设置外观　　图2-39 设置标题

操作提示 在属性面板中单击页面属性...按钮也可以打开“页面属性”对话框进行设置。

（三）输入文本

文本是组成网页最常见的元素之一。下面在“xuexjj.html”网页中添加文本，其具体操作如下。（微课：光盘\微课视频\项目二\输入文本.swf）

STEP 1 在网页开始处单击鼠标定位插入点，切换到需要的输入法并输入文本，如图2-40所示。

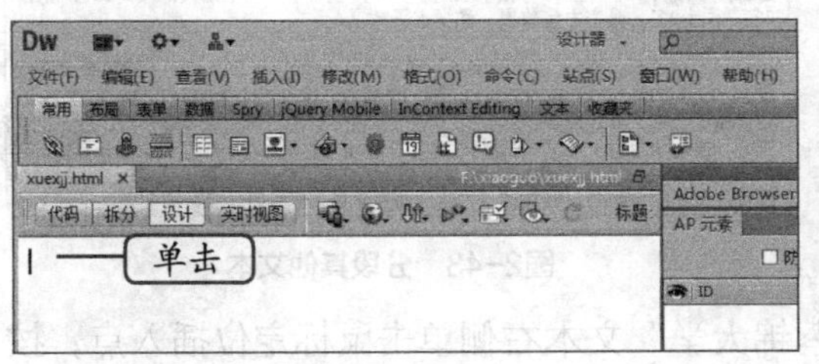

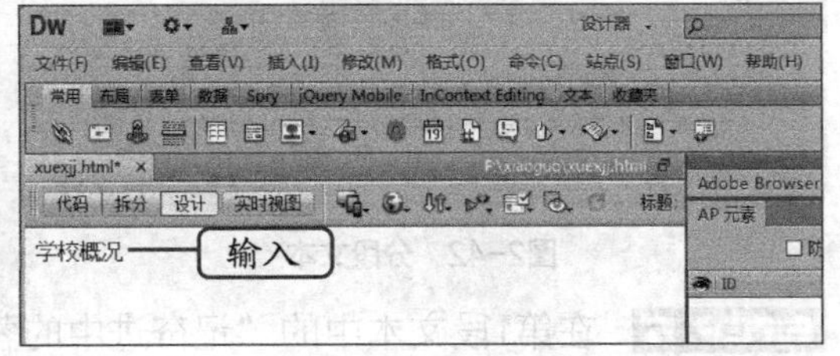

图2-40 直接输入文本

STEP 2 选择【文件】/【导入】菜单命令，在打开的子菜单中选择需要导入文本所在的软件，这里选择“Word文档”选项，打开“导入Word文档”对话框。

STEP 3 在其中选择“学校简介.docx”选项（素材参见：光盘\素材文件\项目二\任务二\学校简介.docx），单击打开(O)按钮即可将该文档中的所有文本导入到Dreamweaver CS6中，如图2-41所示。

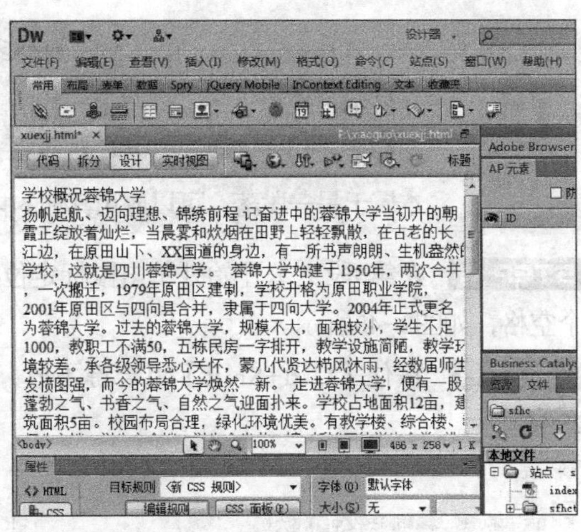

图2-41 导入Word 文档中的文本

操作提示 打开需要导入到网页中的文本文件，按【Ctrl+A】组合键选择其中的所有文本，按【Ctrl+C】组合键执行复制操作，然后在网页中单击定位插入点，按【Ctrl+V】组合键粘贴所复制的文本，这也是导入网页文本的一种方法。

STEP 4 在“学校概况”文本右侧单击鼠标定位插入点，按【Enter】键分段文本，如图2-42所示。

STEP 5 按相同方法将其他文本分成5段，效果如图2-43所示。

学校概况

蓉锦大学
扬帆起航、迈向理想、锦绣前程 记奋进中的蓉锦大学当初升的朝霞正绽放着灿烂，
在田野上轻轻飘散，在古老的长江边，在原田山下、XX国道的身边，有一所书声朗
的学校，这就是四川蓉锦大学。 蓉锦大学始建于1950年，两次合并，一次搬迁，1
制，学校升格为原田职业学院，2001年原田区与四向县合并，隶属于四向大学。20
为蓉锦大学。过去的蓉锦大学，规模不大，面积较小，学生不足1000，教职工不满
字排开，教学设施简陋，教学环境较差。承各级领导悉心关怀，蒙几代贤达栉风沐
生发愤图强，而今的蓉锦大学焕然一新。 走进蓉锦大学，便有一股蓬勃之气、书香
气迎面扑来。学校占地面积12亩，建筑面积5亩。校园布局合理，绿化环境优美。有
楼、教师公寓楼、学生宿舍楼、学生食堂共20幢。新竣工的学生食堂，造型优美，
成的运动场观礼台，气势宏伟，高瞻远瞩；展览室资料齐全，琳琅满目；图书室、
实验室、微机室，应有尽有，并广泛运用于教育教学之中。蓉锦大学现开15个专业
十多个，在校学生八千余人，教授16名、副教授25名、博士8名、硕士9名。师资力量
平精湛。
学校从实践入手，坚持“从实践中来，往实践中去”的现代教学理念，改革教学模式，
量。2009年春季，学校成功举办“原田区‘早晨读、晚习武’课题实验暨教学成果转化
教育精英云集于此，摩拳擦掌，讨论热烈；多个单位纷纷前来观摩学习。经过四年
实现了第一个目标——“平安蓉锦大学”，正朝着“品牌蓉锦大学”迈进。近三年来，学
得“先进党支部”“全面工作先进单位”“教研教改先进单位”“体育示范学校”等荣誉称号
课堂，成长的是教师，受益的是学生。近三年来，学校有教师多次在各种论坛上纷
李四、王五等同学先后进入大型国企、外企工作。发展的是体育，提高的是素质，

图2-42 分段文本

蓉锦大学
扬帆起航、迈向理想、锦绣前程 记奋进中的蓉锦大学当初升的朝霞正绽放着灿烂，
在田野上轻轻飘散，在古老的长江边，在原田山下、XX国道的身边，有一所书声朗
的学校，这就是四川蓉锦大学。 蓉锦大学始建于1950年，两次合并，一次搬迁，1
制，学校升格为原田职业学院，2001年原田区与四向县合并，隶属于四向大学。20
为蓉锦大学。

过去的蓉锦大学，规模不大，面积较小，学生不足1000，教职工不满50，五栋民房
设施简陋，教学环境较差。承各级领导悉心关怀，蒙几代贤达栉风沐雨，经数届师
而今的蓉锦大学焕然一新。 走进蓉锦大学，便有一股蓬勃之气、书香之气、自然之
学校占地面积12亩，建筑面积5亩。校园布局合理，绿化环境优美。有教学楼、综合
楼、学生宿舍楼、学生食堂共20幢。新竣工的学生食堂，造型优美，环境优雅；新建
礼台，气势宏伟，高瞻远瞩；展览室资料齐全，琳琅满目；图书室、阅览室、仪器
室，应有尽有，并广泛运用于教育教学之中。

蓉锦大学现开15个专业，有教学班六十多个，在校学生八千余人，教授16名、副教授
8名、硕士9名。师资力量雄厚，教学水平精湛。

学校从实践入手，坚持“从实践中来，往实践中去”的现代教学理念，改革教学模式，
量。2009年春季，学校成功举办“原田区‘早晨读、晚习武’课题实验暨教学成果转化
教育精英云集于此，摩拳擦掌，讨论热烈；多个单位纷纷前来观摩学习。经过四年
实现了第一个目标——“平安蓉锦大学”，正朝着“品牌蓉锦大学”迈进。近三年来，学
得“先进党支部”“全面工作先进单位”“教研教改先进单位”“体育示范学校”等荣誉称号
课堂，成长的是教师，受益的是学生。近三年来，学校有教师多次在各种论坛上纷

图2-43 分段其他文本

STEP 6 在第1段文本中的“记奋进中的蓉锦大学”文本右侧单击鼠标定位插入点，按【Shift+Enter】组合键换行文本，如图2-44所示。

学校概况

蓉锦大学
扬帆起航、迈向理想、锦绣前程 记奋进中的蓉锦大学
当初升的朝霞正绽放着灿烂，当晨雾和炊烟在田野上轻轻飘散，在古老的长江边，在原田山下、XX国道的身边，有一所
书声朗朗、生机盎然的学校，这就是四川蓉锦大学。 蓉锦大学始建于1950年，两次合并，一次搬迁，1979年原田区建制
学校升格为原田职业学院，2001年原田区与四向县合并，隶属于四向大学。2004年正式更名为蓉锦大学。

图2-44 换行文本

知识补充

在Dreamweaver中，换行与分段是两个相当重要的概念。前者可以将文本换行显示，换行后的文本与上一行的文本同属于一个段落，并只能应用相同的格式和样式；后者同样将文本换行显示，但换行后会增加一个空白行，且换行后的文本属于另一段落，可以应用其他的格式和样式。

STEP 7 在第3段文本开始处单击鼠标定位插入点，按【Ctrl+Shift+空格】组合键插入一个空格，如图2-45所示。

STEP 8 按住【Ctrl+Shift】组合键不放，同时按几次空格键继续插入空格，效果如图2-46所示。

学校概况

蓉锦大学
扬帆起航、迈向理想、锦绣前程 记奋进中的蓉锦大学
当初升的朝霞正绽放着灿烂，当晨雾和炊烟在田野上轻轻飘散，在古老的长江边，在原田山
下、XX国道的身边，有一所书声朗朗、生机盎然的学校，这就是四川蓉锦大学。 蓉锦大学始
建于1950年，两次合并，一次搬迁，1979年原田区建制，学校升格为原田职业学院，2001年原
田区与四向县合并，隶属于四向大学。2004年正式更名为蓉锦大学。

过去的蓉锦大学，规模不大，面积较小，学生不足1000，教职工不满50，五栋民房一字排开，
教学设施简陋，教学环境较差。承各级领导悉心关怀，蒙几代贤达栉风沐雨，经数届师生发
图强，而今的蓉锦大学焕然一新。 走进蓉锦大学，便有一股蓬勃之气、书香之气、自然之气
迎面扑来。学校占地面积12亩，建筑面积5亩。校园布局合理，绿化环境优美。有教学楼、综
楼、教师公寓楼、学生宿舍楼、学生食堂共20幢。新竣工的学生食堂，造型优美，环境优雅；
建成的运动场观礼台，气势宏伟，高瞻远瞩；展览室资料齐全，琳琅满目；图书室、阅览室、
器室、实验室、微机室，应有尽有，并广泛运用于教育教学之中。

图2-45 插入空格

学校概况

蓉锦大学
扬帆起航、迈向理想、锦绣前程 记奋进中的蓉锦大学
当初升的朝霞正绽放着灿烂，当晨雾和炊烟在田野上轻轻飘散，在古老的长江边，在原
田山下、XX国道的身边，有一所书声朗朗、生机盎然的学校，这就是四川蓉锦大学。 蓉锦大
学始建于1950年，两次合并，一次搬迁，1979年原田区建制，学校升格为原田职业学院，
2001年原田区与四向县合并，隶属于四向大学。2004年正式更名为蓉锦大学。

过去的蓉锦大学，规模不大，面积较小，学生不足1000，教职工不满50，五栋民房一字排开，
教学设施简陋，教学环境较差。承各级领导悉心关怀，蒙几代贤达栉风沐雨，经数届师生发
图强，而今的蓉锦大学焕然一新。 走进蓉锦大学，便有一股蓬勃之气、书香之气、自然之气
迎面扑来。学校占地面积12亩，建筑面积5亩。校园布局合理，绿化环境优美。有教学楼、综
楼、教师公寓楼、学生宿舍楼、学生食堂共20幢。新竣工的学生食堂，造型优美，环境优雅；
建成的运动场观礼台，气势宏伟，高瞻远瞩；展览室资料齐全，琳琅满目；图书室、阅览室、
器室、实验室、微机室，应有尽有，并广泛运用于教育教学之中。

图2-46 插入多个空格

STEP 9 选择输入的两个字符长的空格，按【Ctrl+C】组合键复制，将复制的空格依次粘贴到下面分段和换行的文本开始处即可，如图2-47所示。

操作提示

注意，在Dreamweaver中按空格键只可以输入一个空格，但无法连续输入多个空格，若需要输入连续的多个空格，应采用上面的方法来实现，或在“代码”窗口下对应的位置输入“ ”代码，表示一个空格。

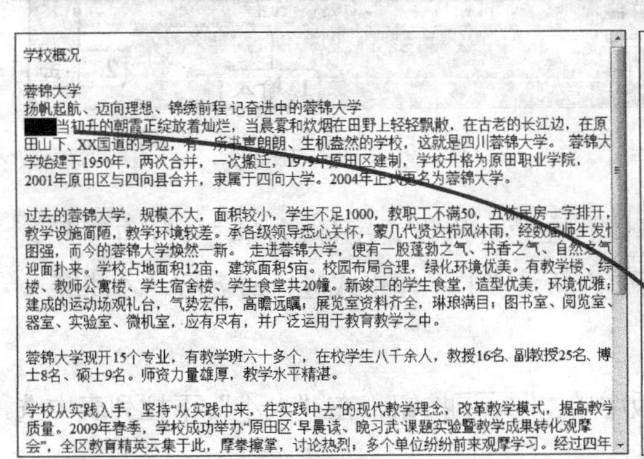

图2-47 复制并粘贴空格

（四）设置文本格式

在Dreamweaver中设置字体格式通常是采用字体设置样式较为丰富的CSS字体格式设置来完成的，下面为“xuexjj.html”网页中的文本设置字体格式，其具体操作如下。（微课：光盘\微课视频\项目二\设置文本格式.swf）

STEP 1 拖曳鼠标选择第1段文本，在“属性”面板中单击CSS按钮，然后在“字体”下拉列表中选择“微软雅黑”选项，如图2-48所示。

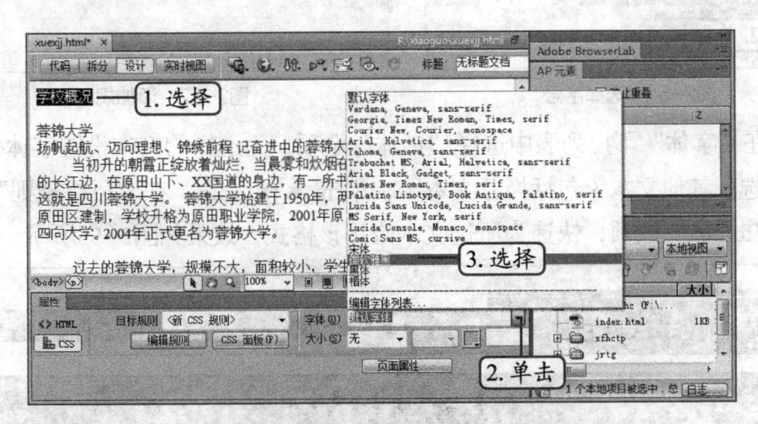

图2-48 选择字体样式

STEP 2 打开“新建 CSS 规则”对话框，在“选择或输入选择器名称”下拉列表中输入“font01”，单击确定按钮，如图2-49所示。

STEP 3 在属性面板的“大小”下拉列表中输入“24”，单击“加粗”按钮B，如图2-50所示。

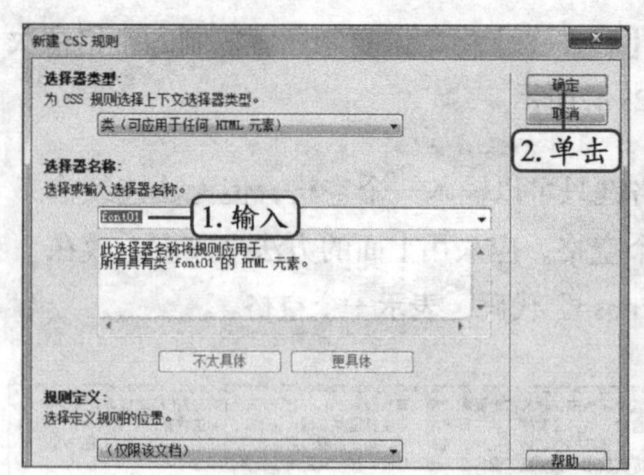

图2-49 添加规则

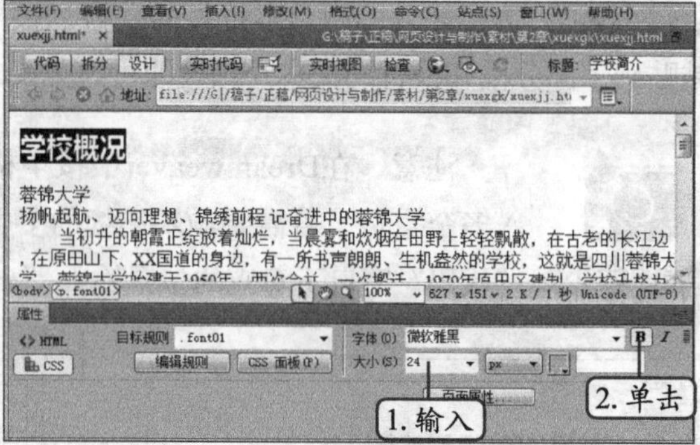

图2-50 设置字号字形

操作提示

利用CSS的字体格式设置字体，在第一次设置字体属性时会自动打开“新建 CSS 规则”对话框，在其中为新设置的字体格式进行命名后，才能继续操作。

STEP 4 选择第2段文本，在“属性”面板中单击 CSS 按钮，在“大小”下拉列表中选择“18”选项，如图2-51所示。

STEP 5 打开“新建CSS规则”对话框，将名称设置为“font02”，单击 确定 按钮，如图2-52所示。

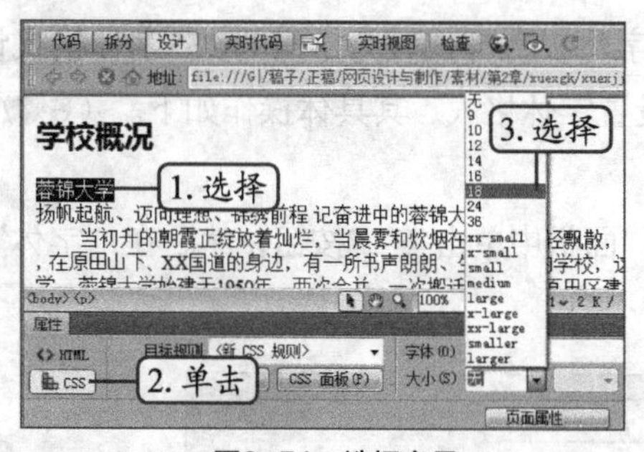

图2-51 选择字号

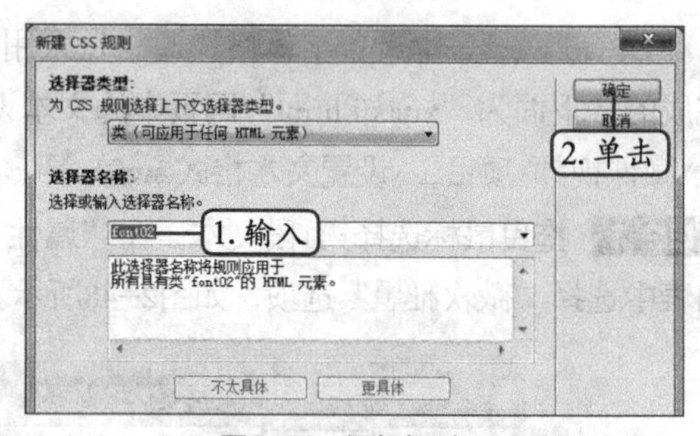

图2-52 添加规则

STEP 6 在“字体”下拉列表中选择“楷体”选项，为选择的文本设置字体格式。

STEP 7 选择其他文本（包括换行文本），单击 CSS 按钮，在“目标规则”下拉列表中选择创建的“font02”选项，快速为所选文本应用该格式，效果如图2-53所示。

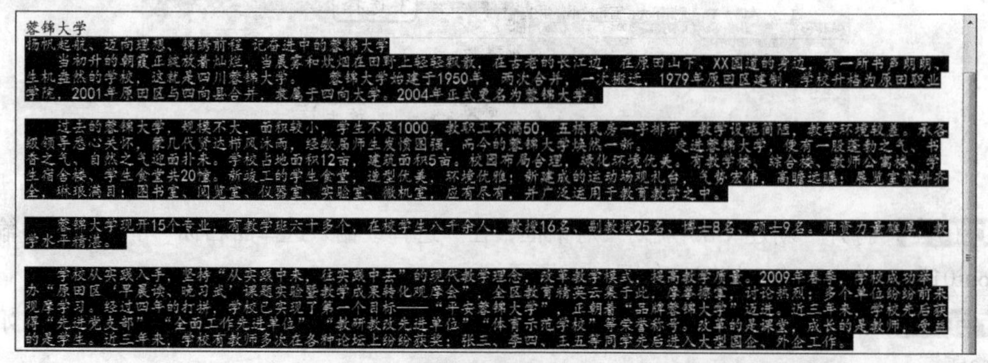

图2-53 应用规则

STEP 8 将插入点定位到第3行的“蓉锦大学”文本后，按【Enter】键分段。

STEP 9 选择第2段文本，单击 HTML 按钮，在“格式”下拉列表中选择“标题1”选项，如图2-54所示。

STEP 10 保持选择状态，在“属性”面板中单击 CSS 按钮，在右侧单击“居中对齐”按钮，打开“新建CSS规则”对话框，将名称设置为“fontbt1”，如图2-55所示。

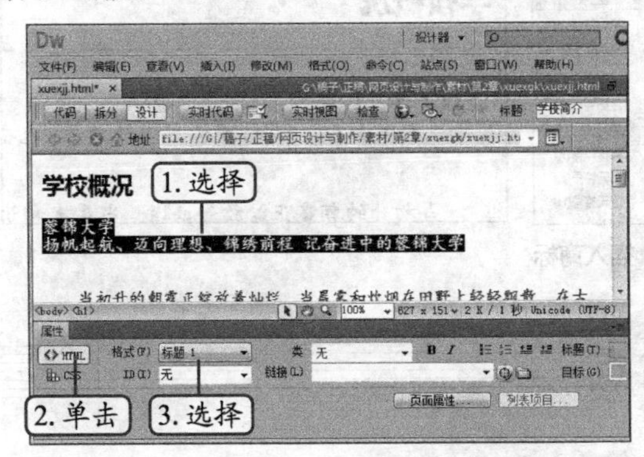

图2-54 设置标题样式

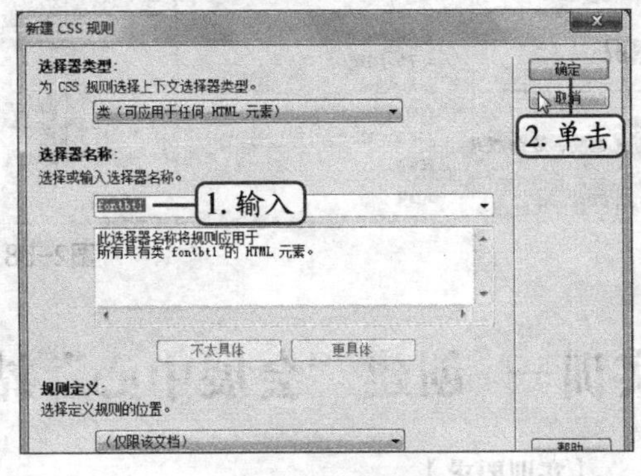

图2-55 新建规则

STEP 11 单击 确定 按钮，设置格式的效果如图2-56所示。

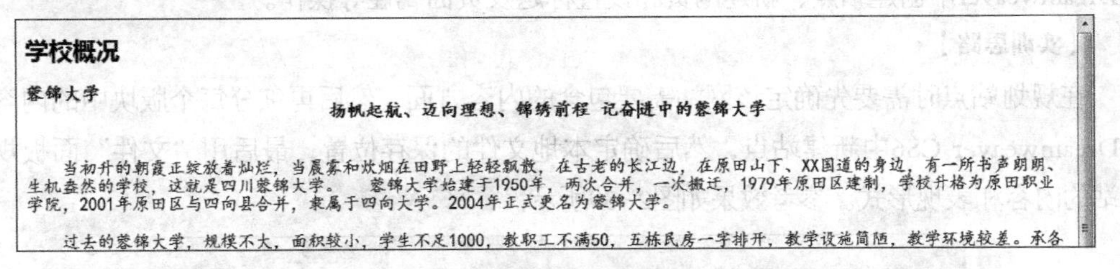

图2-56 设置格式后的效果

（五）插入网页其他元素

网页文本除了包含不同格式的文本，有可能还涉及特殊符号、日期、水平线等元素，下面在“xuexjj.html”网页中练习插入水平线和商标，其具体操作如下。

STEP 1 将插入点定位到“蓉锦大学”文本前面，选择【插入】/【HTML】/【水平线】菜单命令，即可插入一条水平线，如图2-57所示。

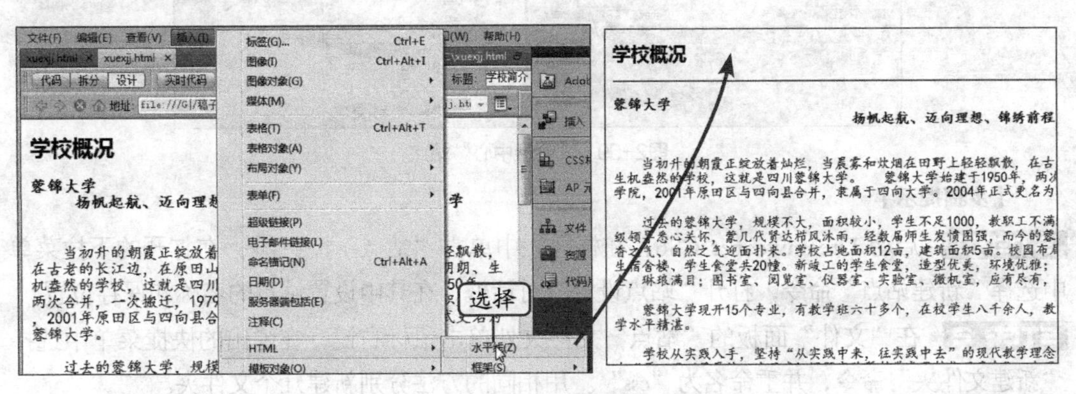

图2-57 插入水平线

STEP 2 将插入点定位到“蓉锦大学”文本后，选择【插入】/【HTML】/【特殊字符】/【商标】菜单命令，即可插入商标字符，并自动应用商标字符的专用格式，效果如图2-58所示，保存网页即可（最终效果参见：光盘\效果文件\项目二\任务二\xuexjj.html）。

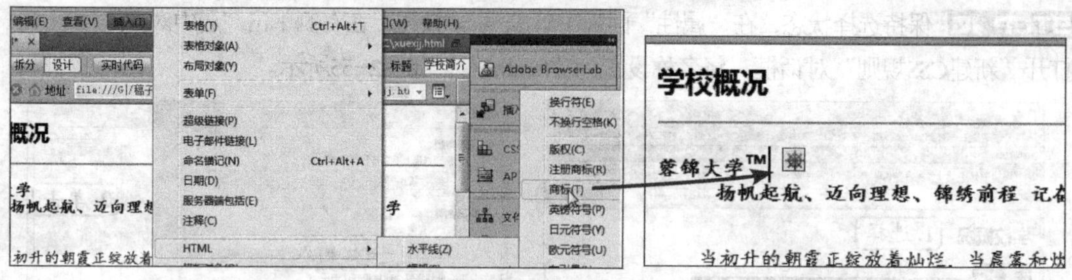

图2-58 插入商标

实训一 创建“会展中心”站点

【实训要求】

本实训要求创建“会展中心”站点并对“index.htm”页面进行属性设置，能够独立完成在Dreamweaver中创建站点、新建网页和设置标题及页面属性等操作。

【实训思路】

在规划站点时需要先确定该网站需要包含的内容方面，然后再细分每个版块中的内容。在Dreamweaver CS6中新建站点，然后确定本地文件的保存位置，最后用“文件”面板规划网站的内容和表现形式。参考效果如图2-59所示。

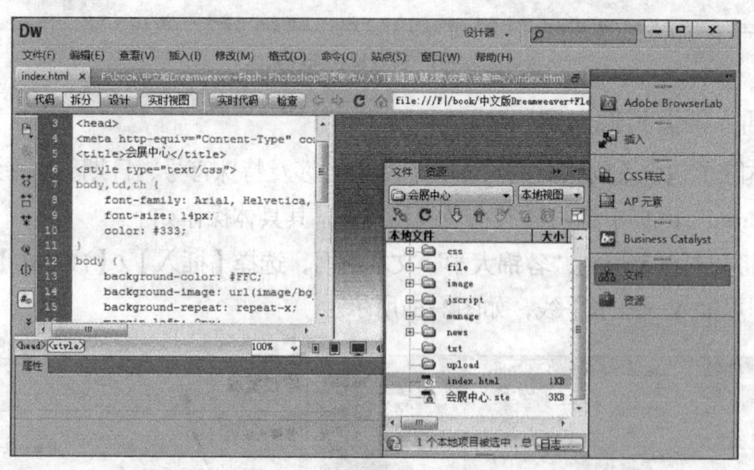

图2-59 “会展中心”站点

【步骤提示】

STEP 1 启动 Dreamweaver CS6，在标题栏中单击“站点”按钮，在打开的下拉菜单中选择“新建站点”命令，打开“站点设置”对话框，在其中设置站点的名称和保存位置。

STEP 2 在“文件”面板的“站点”文件夹处单击鼠标右键，在弹出的快捷菜单中选择“新建文件夹”命令，并重命名为“css”。用相同的方法分别新建几个文件夹。

STEP 3 单击“站点”按钮，在打开的下拉菜单中选择“管理站点”命令，在打开的“站点设置”对话框中选择“会展中心”站点，然后单击按钮，在打开的对话框中更改默认图像文件夹为站点下的“image”文件夹。

STEP 4 选择【文件】/【新建】菜单命令，在打开的“新建文档”对话框中选择空白HTML，创建文档，并另存为“index.htm”。

STEP 5 在“代码”视图中将光标定位到<title>标签，然后在“属性”面板中的“标题”文本框中输入名称“会展中心”，按【Enter】键确认修改。

STEP 6 将“bg_all.jpg”图像文件（素材参见：光盘\素材文件\项目二\实训一\bg_all.jpg）复制到站点目录下的“image”文件夹。将鼠标光标定位到<body>标签处，在“属性”栏中单击 页面属性... 按钮，打开“页面属性”对话框，选择“外观CSS”选项，设置页面字体为“Arial.Helvetica,sans-serif”、大小为“14”，文本颜色为灰色。

STEP 7 设置背景颜色为“#FFC”，背景图像为“bg_all.jpg”，在“重复”下拉列表框中选择“repeat-x”选项，然后分别设置“左边距”“右边距”“上边距”“下边距”均为“0”。

STEP 8 单击 确定 按钮，在<head>标签中添加页面属性样式，具体可参考提供的效果文件，完成后保存文件即可（最终效果参见：光盘\效果文件\项目二\实训一\会展中心\）。

职业素养

“会展中心”网站属于商业网站，从行业上讲，会展业是通过各种形式的会议进行展览、展销，能够带来巨大的经济效益和社会效益的一种经济现象和经济行为。电子资讯和网络技术的发达，加上互联网、视频音频信息及跨媒体的传播和制作越来越专业逼真的水平，日新月异的科技使大部分工业产品和服务信息可以在第一时间通过电子、网络、移动媒体传到商家或客户手里，无须等待各种形式的大型展览会。在信息的发达和观念转变的现代市场，通过网络传播信息是非常有效的手段，因此，制作“会展中心”网站是越来越多商家和客户的第一选择。为满足这一行业的需求，制作专业、美观的网页是从事Web设计或开发人员的必备素质。

实训二 编辑“招生就业概况”网页

【实训要求】

为蓉锦大学的招生就业部分制作一个“招生就业概况”网页，用于介绍学校在招生就业方面的内容，相关文字内容可打开“招生就业概况.txt”素材（素材参见：光盘\素材文件\项目二\实训二\招生就业概况.txt）进行复制，效果如图2-60所示。

【实训思路】

本实训可综合练习在网页中添加文本等网页元素的方法，并掌握设置操作。在操作时可先打开提供的素材文件，然后将其复制到网页中，再进行设置即可。

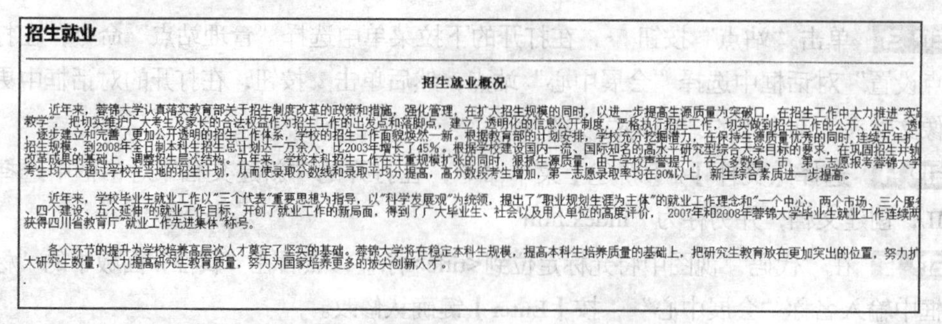
招生就业

招生就业概况

近年来，蓉锦大学认真落实教育部关于招生制度改革的政策和措施，强化管理，在扩大招生规模的同时，以进一步提高生源质量为突破口，在招生工作中大力推进"实
教学"，把切实维护广大考生及家长的合法权益作为招生工作的出发点和落脚点，建立了透明化的信息公开制度，严格执行招生工作，切实做到招生工作的公开、公正、透
，逐步建立和完善了更加公开透明的招生工作体系，学校的招生工作面貌焕然一新。根据教育部的计划安排，学校充分挖掘潜力，在保持生源质量优秀的同时，连续五年扩
招生规模。到2008年全日制本科生招生总计划达一万余人，比2003年增长了45%。根据学校建设国内一流、国际知名的高水平研究型综合大学目标的要求，在巩固招生并轨
改革成果的基础上，调整招生层次结构。五年来，学校本科招生工作在注重规模扩张的同时，狠抓生源质量，由于学校声誉提升，在大多数省、市，第一志愿报考蓉锦大学
考生均大大超过学校在当地的招生计划，从而使录取分数线和录取平均分提高，高分数段考生增加，第一志愿录取率均在90%以上，新生综合素质进一步提高。

近年来，学校毕业生就业工作以"三个代表"重要思想为指导，以"科学发展观"为统领，提出了"职业规划生涯为主体"的就业工作理念和"一个中心、两个市场、三个服
、四个建设、五个延伸"的就业工作目标，开创了就业工作的新局面，得到了广大毕业生、社会以及用人单位的高度评价，2007年和2008年蓉锦大学毕业生就业工作连续两
获得四川省教育厅"就业工作先进集体"称号。

各个环节的提升为学校培养高层次人才奠定了坚实的基础。蓉锦大学将在稳定本科生规模，提高本科生培养质量的基础上，把研究生教育放在更加突出的位置，努力扩
大研究生数量，大力提高研究生教育质量，努力为国家培养更多的拔尖创新人才。

图2-60　招生就业概况网页效果

【步骤提示】

STEP 1 在“zhaosjy”文件夹下新建“zhaosjygk.html”网页。在其中输入“招生就业”文本。

STEP 2 打开提供的“招生就业概况.txt”素材，将其中的文本复制粘贴到网页中。

STEP 3 通过按【Enter】键将其分为4段。

STEP 4 在“属性”面板中单击 HTML 按钮和 CSS 按钮设置字符格式。

STEP 5 将插入点定位到第2行，选择【插入】/【HTML】/【水平线】菜单命令，插入一条水平线，完成本实训的制作（最终效果参见：光盘\效果文件\项目二\实训二\zhaosjygk.html）。

常见疑难解析

问：为什么我的Dreamweaver CS6界面中的应用程序栏中没有“布局”“站点”等按钮呢？

答：在Dreamweaver CS6中选择【窗口】/【应用程序栏】菜单命令即可显示或隐藏应用程序栏。

问：插入了水平线后，“属性”面板中并没有更改水平线颜色的设置参数，有没有什么方法可以实现水平线颜色的更改呢？

答：要想更改水平线颜色，可利用代码视图实现：选择水平线，切换到拆分视图或代码视图，在代码“hr”后按空格键，此时将打开一个列表框，双击其中的“color”选项，在打开的颜色选择器中选择需要的颜色即可。需要注意的是，无论选择了哪种颜色，Dreamweaver设计视图中的水平线颜色是不会发生变化的，只有保存网页后按【F12】键预览才能看到更改的颜色效果。

问：如果需要插入类似“①、②、③…”的特殊符号时，不论是利用键盘输入还是Dreamweaver提供的特殊符号都无法实现，这时该怎么办呢？

答：Dreamweaver中提供的特殊符号是有限的，如果需要输入的特殊符号不在Dreamweaver提供的范围内，可利用中文输入法提供的特殊符号来解决问题。目前任意一款流行的中文输入法都拥有大量的特殊符号。以搜狗拼音输入法为例，只需单击该输入法状态条上的按钮，在打开的下拉菜单中选择“特殊符号”命令即可打开特殊符号界面，在其中

选择需要插入的特殊符号的类型后，即可单击对应的特殊符号按钮进行插入。

拓展知识

1. 创建并设置列表

列表是指具有并列关系或先后顺序的若干段落。当网页中涉及列表的制作时，一般都会为其添加项目符号或编号，使其显得更为专业和美观。具体操作如下。

STEP 1 选择需要设置项目符号或编号的段落，单击“属性”面板中的 HTML 按钮，然后单击“项目列表”按钮。

STEP 2 在需要分段的位置定位插入点，按【Enter】键分段将自动添加项目符号。

STEP 3 在“属性”面板中单击 列表项目... 按钮，均可在打开的“列表属性”对话框中进行设置。图2-61所示为“列表属性”对话框，其中各参数的作用如下。

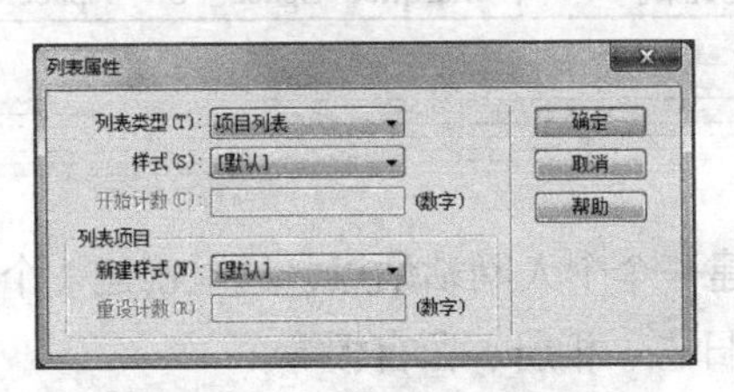

图2-61 “列表属性”对话框

- **“列表类型”下拉列表**：选择类型为项目列表还是编号。
- **“开始计数”文本**：设置编号的起始数字。
- **“样式”下拉列表**：更改项目符号或编号的外观样式。

操作提示

若单击“属性”面板中的“编号”按钮，即可为段落自动添加编号。另外，要想删除项目符号或编号，只需选择对应的段落后，单击“属性”面板中的“项目列表”按钮或“编号”按钮即可。

2. 添加滚动字幕

滚动字幕是一种动态的文本效果，可以使网页增色不少，其具体操作如下。

STEP 1 在网页中输入需要滚动的字幕内容，单击界面上方的 拆分 按钮，在左侧的代码视图中利用【Enter】键在输入的字幕内容前输入“<marquee behavior="alternate" scrollamount="10">”，在滚动文字内容下方输入“</marquee>”。

STEP 2 按【Ctrl+S】组合键保存网页后，按【F12】键预览效果即可，如图2-62所示。

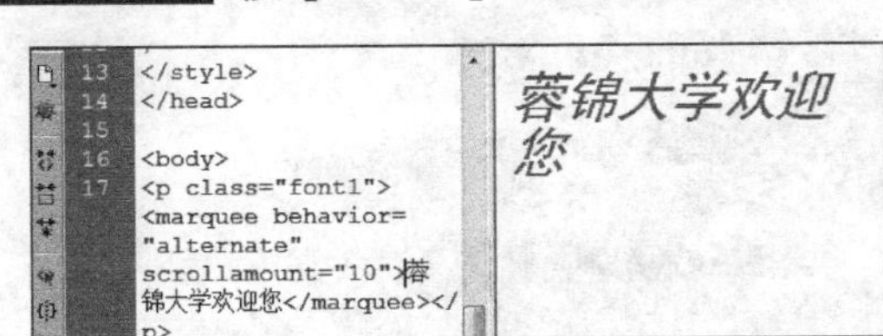

图5-62 滚动字幕效果

使用<marquee>代码来制作滚动字幕时可结合表2-1的属性进行设置，使制作出的滚动字幕更加生动。

表 2-1　<marquee> 代码的作用与对应的代码内容

作用	代码
从右向左滚动	<marquee direction="left">
从左向右滚动	<marquee direction="right">
从上向下滚动	<marquee direction="down">
从下向上滚动	<marquee direction="up">
在规定范围内循环滚动 5 次	<marquee loop="5" width="200" behavior="scroll">
在规定范围内滚动 5 次后停止	<marquee loop="5" width="80%" behavior="slide">
在规定范围内来回滚动 5 次	<marquee loop="5" width="80%" behavior="alternate">
在滚动过程中适当暂停	<marquee scrolldelay="50" scrollamount="20"
在滚动过程中设置文本背景颜色	<marquee height="40" width="80%" bgcolor="#FF0">
设置滚动时与网页上方和左侧的距离	<marquee hspace="50" vspace="50">

课后练习

（1）根据自已喜好创建一个个人网站站点，这里创建一个名为“沐念桥”的个人空间网站站点，主要包括主页、日志、相册、留言板等。

（2）在网页中制作一篇学校简介页面，练习网页中文本的相关操作（素材参见：光盘\效果文件\项目二\课后练习\概况.txt），效果如图2-63所示（最终效果参见：光盘\效果文件\项目二\课后练习\插入文本.html）。

· 学校概况

绵竹中学的前身为紫岩书院，始建于1316年(元延佑三年)，系追念南宋抗金名将张浚(紫岩先生)而由元帝赐名。1907年改办新学，迄今已逾百年历史。

1982年被首批命名为四川省重点中学，1985年被命名为“省文明单位”，2002年升格为国家级示范性普通高中。为国内外各高等院校输送了优秀毕业生近万名，声名远播海内外。与清华附中、华东师大一附中、南京十三中、苏州十中、法国、美国、加拿大、芬兰、澳大利亚等国内外知名学校建立了友好合作关系。

学校现有教职员工213名，专任教师176人，其中特级教师3名，高级教师74名，硕士6名，具有研修生学历的教师46名，四川省骨干教师8名，德阳市学科带头人、骨干教师38名，学校先后获得全国首批青少年体育俱乐部、全国教育网络系统示范单位、全国模范职工小家、四川省教育系统先进集体、省校风示范学校、省现代教育技术示范学校、省实验教学示范学校、省心理健康教育示范学校、省艺术教育特色学校、省德育工作先进单位、省科技教育示范学校、省绿化示范学校、省卫生先进单位、省绿色学校、省模范职工之家等称号。学校被省政府授予教学成果二等奖，在德阳市教学质量评估中，连年获得一等奖。

校园环境优美，具有浓厚的文化氛围，围绕“立身教育”这一核心理念，将六百年书院文化和百年现代教育思想融合、传承，以“立志立身，从来紫岩有高山；实学实行，莫将青史让前贤”的绵中校魂教育学生，形成绵竹中学师生特有的精神气质。教师厚道博识、善教爱生、爱岗敬业、无私奉献；学生品德良好、学风严谨、勇于创造、全面发展。

学校具有敢于争先、敢于创新的精神，探索出一条独特的、具有实效的管理办法和成才机制。经历过地震灾难、沐浴了党恩和全社会爱心关怀下的绵竹中学，一定会迎来更加辉煌的明天!

- 校务公开
- 教育教学
- 德育阵地
- 总务后勤
- 信息平台

图2-63　制作学校简介页面

PART 3

项目三 编辑网页元素

情景导入

阿秀：小白，学习了网页编辑的基本操作后，你已经能够独立创建简单的网页，下面就可以对网页中添加的网页元素进行编辑。

小白：什么是网页元素?

阿秀：就是组成网页的对象，如网页中的图片、链接、文字、音乐、视频、Flash动画等。

小白：那现在就学习吧。

学习目标

- 掌握网页中图片的设置方法
- 掌握超链接的相关操作
- 掌握多媒体文件的添加方法

技能目标

- 掌握“游戏介绍”页面的编辑方法
- 掌握“品牌文化”网页的编辑方法
- 能够完成基本的网页页面的编辑操作

任务一　制作“游戏介绍”页面

介绍类的网页页面通常是动画加文字的表现形式，可以突出所介绍的内容，增加页面的画面感。下面介绍在Dreamweaver CS6中为页面添加各种绚丽元素来美化页面的方法。

一、任务目标

本任务将练习用Dreamweaver CS6制作一个游戏介绍的页面，在制作时可以先插入Flash动画，添加视频插件，然后设置鼠标经过图像的效果，添加装饰图像并进行编辑，最后为页面添加背景音乐。本任务制作完成后的参考效果如图3-1所示。

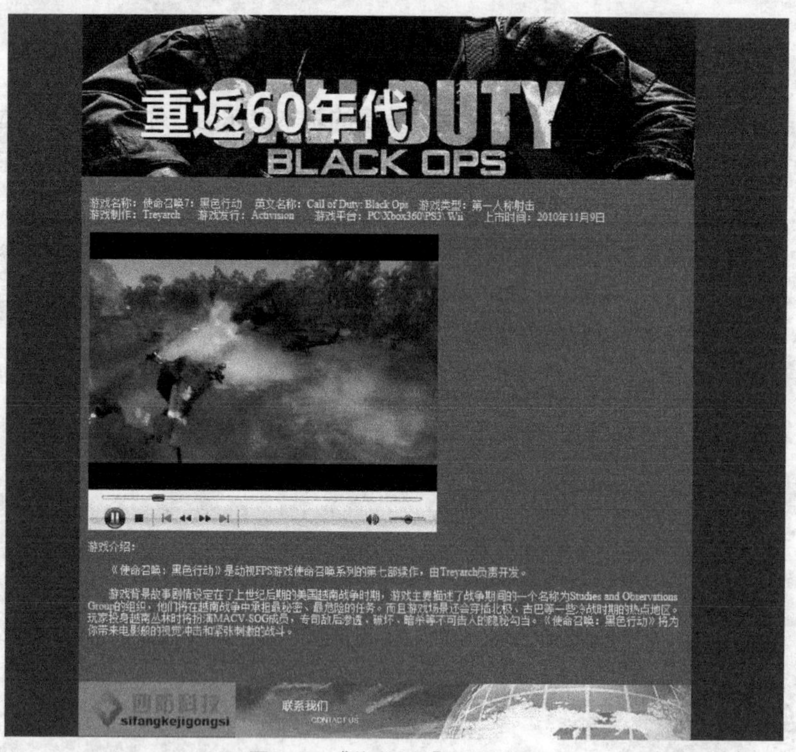

图3-1　“游戏介绍”页面效果

二、相关知识

本任务制作涉及多媒体元素的添加，网页中多媒体元素包括音频、视频、Flash动画、Java小程序等，下面介绍目前网络上可以播放的音频和视频文件格式。

（一）音频文件格式

目前网络中可以播放的音频文件格式主要有以下几种。

- **WAV**：用于保存Wondows平台的音频信息支援，支持多种音频位数、采样频率和声道，是目前计算机中使用较多的音频文件格式。
- **MP3**：MP3就是指MPEG标准中的音频部分，MPEG音频文件的压缩是一种有损压缩，原理是丢失音频中的12kHz～16kHz高音频部分的质量来压缩文件大小。
- **MIDI格式**：是数字音乐接口的英文缩写，MIDI传送的是音符、控制参数等指令，本身不包含波形数据，文件较小，是最适合作为网页背景音乐的文件格式。

（二） 视频文件格式

目前网络中可以播放的视频文件格式主要有以下几种。

- **RM**：该格式可根据不同的网络传输速率制定不同的压缩比率，从而实现低速率在网络上进行影像数据实时传送和播放。用户使用RealPlayer播放器可以在不下载音视频内容的情况下在线播放。
- **AVI**：音视频交错格式的英文缩写。优点是图像质量好，可跨平台使用；缺点是文件过大，压缩标准不统一。
- **MPEG**：VCD、DVD光盘上的视频格式，画质较好，目前有5种压缩标准，分别是MPEG-1、MPEG-2、MPEG-4、MPEG-7、MPEG-21。
- **WMV**：是Microsoft公司推出的一种可流媒体格式，在同等视频质量下，WMV格式的体积非常小，因此很适合在网上播放和传输。
- **SWF**：Flash动画设计软件的专用格式，被广泛用于网页设计和动画制作领域。该格式普及程度高，99%的网络使用者都可读取该文件，前提是浏览器必须安装Adobe Flash Player插件。

三、任务实施

（一）插入Flash动画

网页上常见的动态闪烁的文字和图片等对象基本上都是SWF动画，在Dreamweaver中可以很方便地插入该对象，其具体操作如下。（微课：光盘\微课视频\项目三\插入Flash动画.swf）

STEP 1 启动Dreamweaver CS6后，选择【文件】/【打开】菜单命令或按【Ctrl+O】组合键，打开“打开”对话框，在其中双击“COD7.html”文件（素材参见：光盘\素材文件\项目三\任务一\Sample\COD7.html）将其打开。

STEP 2 将插入点定位在第一个DIV中，选择【插入】/【媒体】/【SWF】菜单命令，打开“选择 SWF”对话框，选择“top.swf”动画文件（素材参见：光盘\素材文件\项目三\任务一\Sample\top.swf），单击 确定 按钮，如图3-2所示。

STEP 3 打开“对象标签辅助功能属性”对话框，单击 确定 按钮，如图3-3所示。

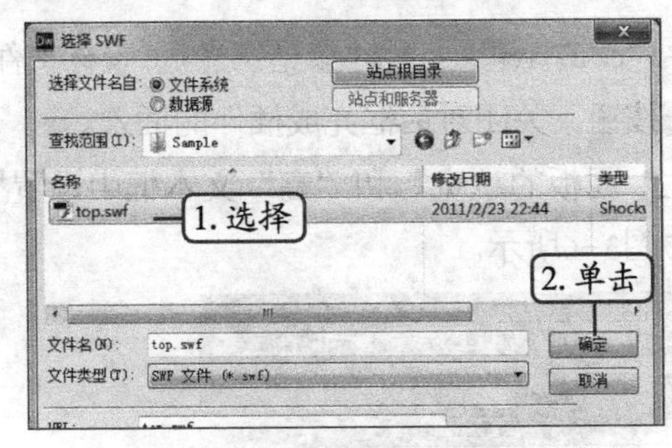

图3-2 选择SWF动画

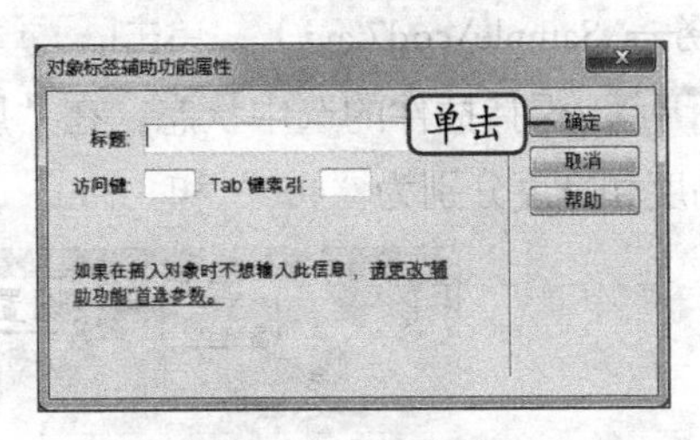

图3-3 设置对象标题

STEP 4 插入SWF动画后，在“属性”面板中单击选中“循环”复选框和“自动播放”复选框，在“Wmode”下拉列表中选择“透明”选项，如图3-4所示。

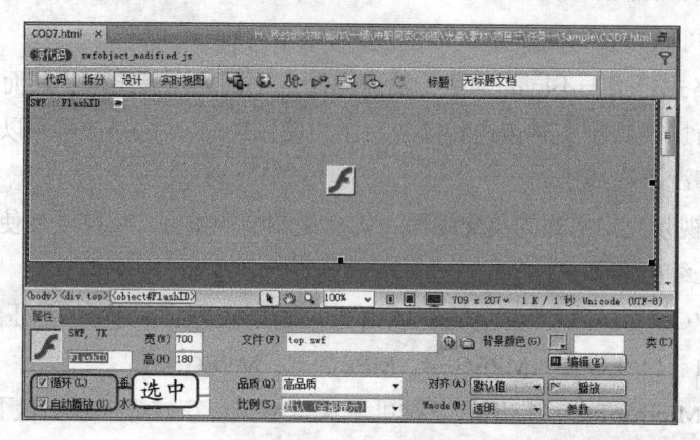

图3-4 设置SWF动画

STEP 5 保存并预览网页，此时将显示出插入的SWF动画效果，如图3-5所示。

图3-5 预览SWF动画

（二）插入插件

使用插件可以扩展Dreamweaver功能，如在网页中插入更多类型的媒体、实现更多效果等。插件有对象类、行为类、组件类和命令类4种类型，本任务主要学习对象类插件，在此简称为插件，其具体操作如下。（微课：光盘\微课视频\项目三\插入插件.swf）

STEP 1 将鼠标定位到“游戏介绍”文本上一段落中，选择【插入】/【媒体】/【插件】菜单命令，打开“选择文件”对话框。

STEP 2 在其中选择需要插入的插件文件“cod7.avi”（素材参见：光盘\素材文件\项目三\任务一\Sample\cod7.avi），单击 确定 按钮，关闭对话框完成插件的插入。

STEP 3 保持插件的选中状态，在“属性”面板的“宽”和“高”文本框中设置插件的显示高度和宽度分别为“400”和“330”，如图3-6所示。

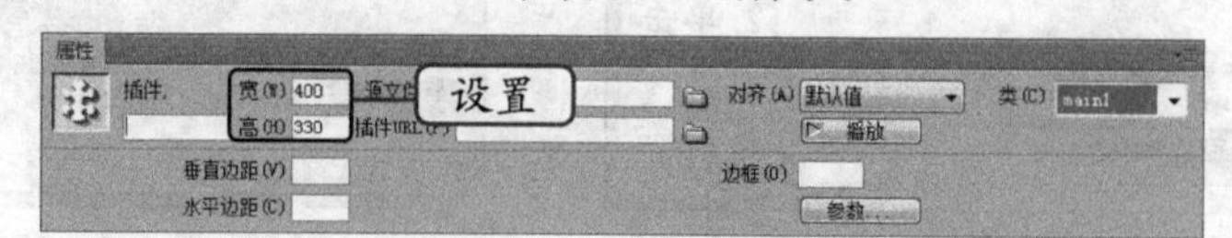

图3-6 设置插件大小

STEP 4 插入的MPEG视频默认只播放一次，如果需要重复播放，则需要进行参数的设置。在“属性”面板中单击[参数...]按钮，在打开的“参数”对话框的“参数”列中输入“loop”，在“值”列中输入“true”，如图3-7所示。

STEP 5 单击[确定]按钮完成插件的设置，保存网页并预览效果，如图3-8所示。该视频播放完后会继续重复播放。

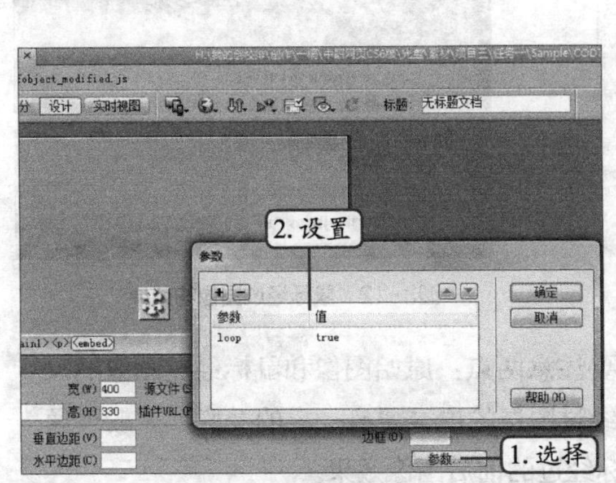

图3-7 设置循环播放

图3-8 预览效果

（三）设置鼠标经过图片

鼠标经过图像是指在浏览网页时，将鼠标指针移动到图像上，会立刻显示出另一种效果，当鼠标指针移出后，图像又恢复为原始图像，其具体操作如下。（微课：光盘\微课视频\项目三\设置鼠标经过图片.swf）

STEP 1 将插入点定位到网页左下角DIV中，选择【插入】/【图像对象】/【鼠标经过对象】菜单命令。

STEP 2 打开“插入鼠标经过图像”对话框，单击“原始图像”文本框右侧的[浏览...]按钮，如图3-9所示。

STEP 3 打开“原始图像：”对话框，选择素材中提供的“logo2.jpg”图像（素材参见：光盘\素材文件\项目三\任务一\Sample\logo2.jpg），单击[确定]按钮，如图3-10所示。

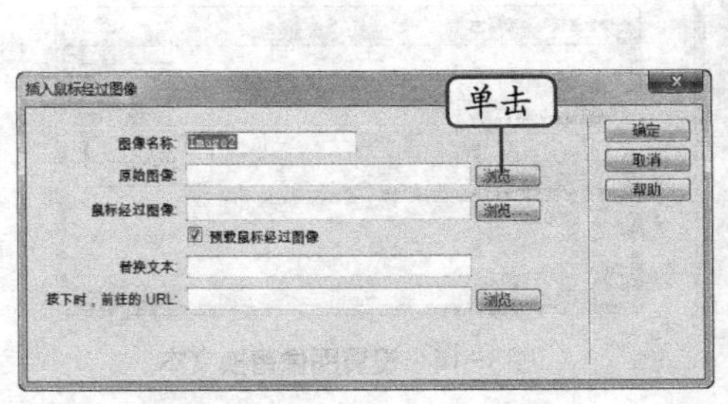

图3-9 浏览图像

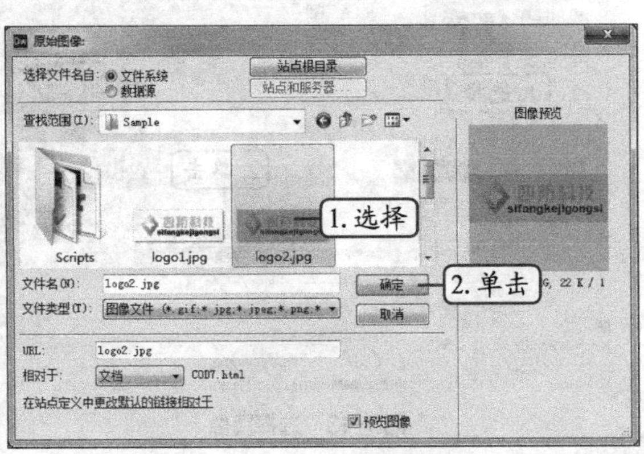

图3-10 选择原始图像

STEP 4 返回“插入鼠标经过图像”对话框，按相同方法将“鼠标经过图像”设置为“logo1.jpg”图像（素材参见：光盘\素材文件\项目三\任务一\Sample\logo1.jpg），单击 确定 按钮，如图3-11所示。

STEP 5 按【Ctrl+S】组合键保存网页，按【F12】键预览网页效果，此时将鼠标指针移至网页下方的图像上，该图像将自动更改为“logo.jpg”图像的效果，如图3-12所示。

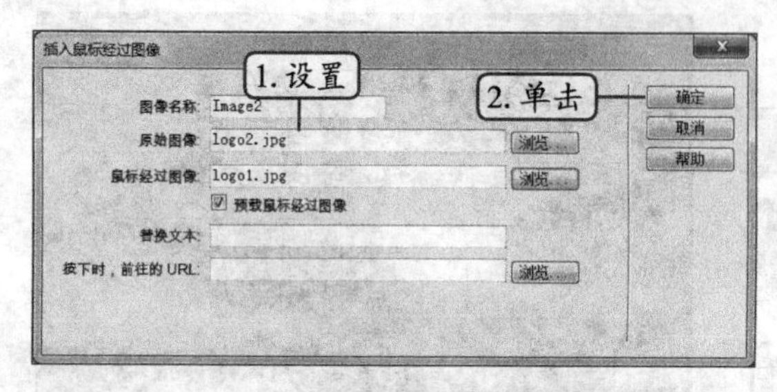

图3-11 设置鼠标经过图像

图3-12 鼠标经过图像的效果

设置鼠标经过图像时，一定要注意两点：原始图像和鼠标经过图像的尺寸应保持一致；原始图像和鼠标经过图像的内容要有一定的关联。一般可通过更改颜色和字体等方式设置鼠标经过的前后图像效果。

（四）插入与编辑图像

下面在“main.html”网页中插入“lx.jpg”图像，其具体操作如下。（微课：光盘\微课视频\项目三\插入与编辑图像.swf）

STEP 1 将鼠标插入点定位到右下角的DIV中，选择【插入】/【图像】菜单命令。

STEP 2 打开“选择图像源文件”对话框，在其中选择提供的素材图片“lx.jpg”（素材参见：光盘\素材文件\项目三\任务一\Sample\lx.jpg），单击 确定 按钮，如图3-13所示。

STEP 3 打开“图像标签辅助功能属性”对话框，在“替换文本”下拉列表框中输入文本，如果图片无法正常显示，将显示该下拉列表中输入的文本内容，这里不输入文字，直接单击 确定 按钮，如图3-14所示。

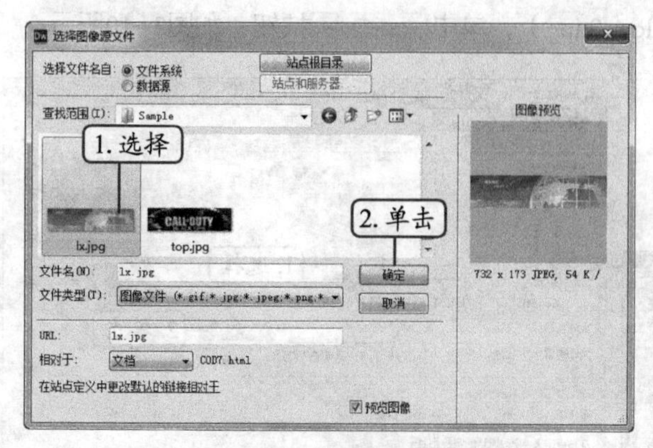

图3-13 选择图像

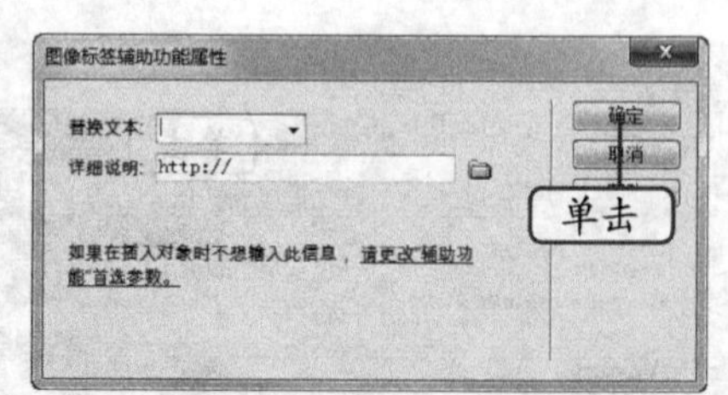

图3-14 设置图像替换文本

操作提示

若用户插入网页中的图片没有位于站点根目录下，将会打开“Dreamweaver”提示对话框，询问是否将图片复制到站点中，以便后期发布可以找到图片，直接单击 是(Y) 按钮即可。

STEP 4 此时选择的图片将插入到插入点所在的位置，效果如图3-15所示。

图3-15 插入网页中的图像

知识补充

插入图像后，在图像上单击鼠标右键，在弹出的快捷菜单中选择“源文件”命令，可快速打开该图像保存位置对应的对话框，在其中可选择其他图片快速替换插入的图片。

STEP 5 通过观察，发现插入的图片大小不能满足需要，因此选择图片，将鼠标移动到右下角，当鼠标指针变为双向箭头时按住【Shift】键拖曳鼠标调整图像尺寸，如图3-16所示。

图3-16 调整图像尺寸

操作提示

相比于拖曳控制点直观地调整图像尺寸而言，若想精确控制图像大小，可在选择图像后，在“属性”面板的“宽”和“高”文本框中输入数字进行调整。但若未按比例输入数字，则可能导致图像变形。

（五）优化图像

当图像的效果在网页中呈现出来的感觉比预期差时，可利用Dreamweaver提供的美化和优化功能对图形做进一步处理，其具体操作如下。（微课：光盘\微课视频\项目三\优化图像.swf）

STEP 1 选择插入的图片，在“属性”面板中单击“亮度和对比度”按钮，在打开的提示对话框中单击 确定(O) 按钮，如图3-17所示。

STEP 2 打开“亮度/对比度”对话框，在“亮度”和“对比度”文本框中分别输入

“37”和“31”，单击 确定 按钮即可，如图3-18所示。

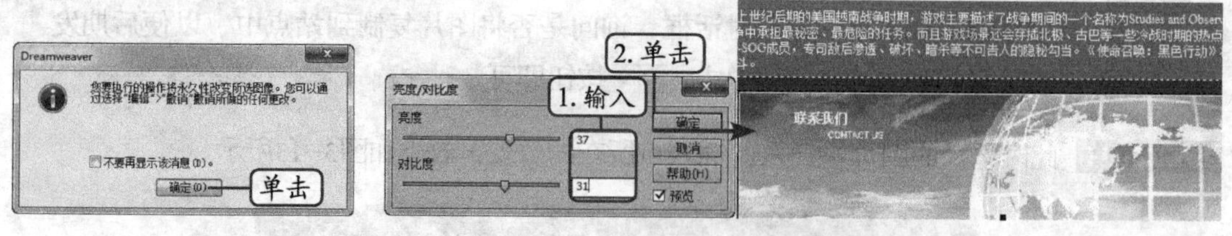

图3-17　确认设置　　　图3-18　调整亮度和对比度

操作提示

在“亮度/对比度”对话框中单击选中“预览”复选框后，更改亮度和对比度的同时会同步显示当前图像的效果，这样可以更加直观地对图像进行调整。另外，拖曳对话框中的滑块也可调整亮度和对比度。

STEP 3 在“属性”面板中单击“锐化”按钮，在打开的提示对话框中单击 确定(O) 按钮，如图3-19所示。

STEP 4 打开“锐化”对话框，在“锐化”文本框中输入“2”，单击 确定 按钮即可，如图3-20所示。

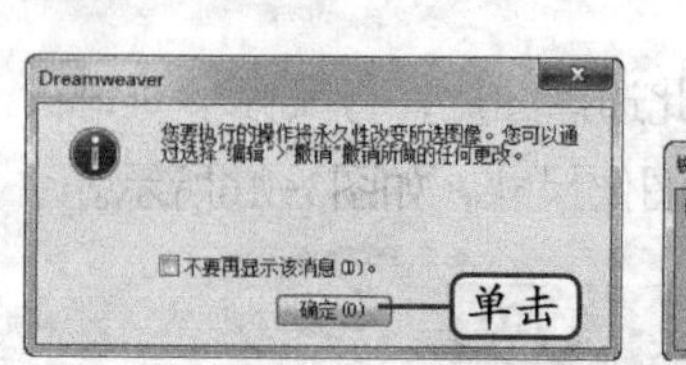

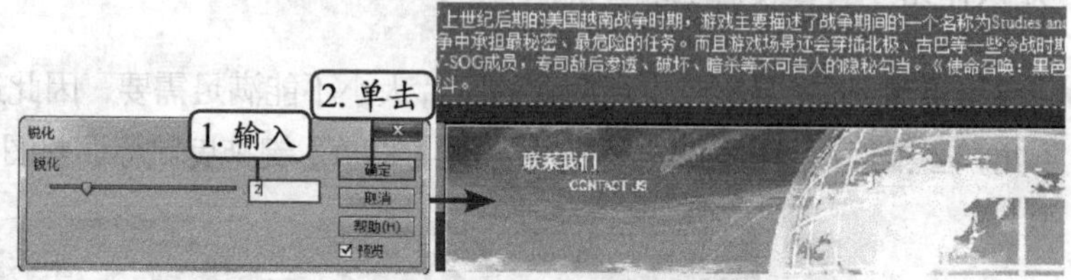

图3-19　确认设置　　　图3-20　调整锐化程度

操作提示

调整图像锐化程度时，只允许输入“0～10”的数字。需要注意的是，锐化程度越高，并不代表图像越清晰，反而只会让图像呈现出更为明显的颗粒感，从而降低了图像的品质。

STEP 5 单击“属性”面板中的“裁剪”按钮，在打开的提示对话框中单击 确定(O) 按钮。

STEP 6 此时图像上将出现裁剪区域，拖曳该区域四周的控制点调整裁剪后保留的图像范围，如图3-21所示。

STEP 7 调整好裁剪范围后按【Enter】键确认裁剪即可，效果如图3-22所示。

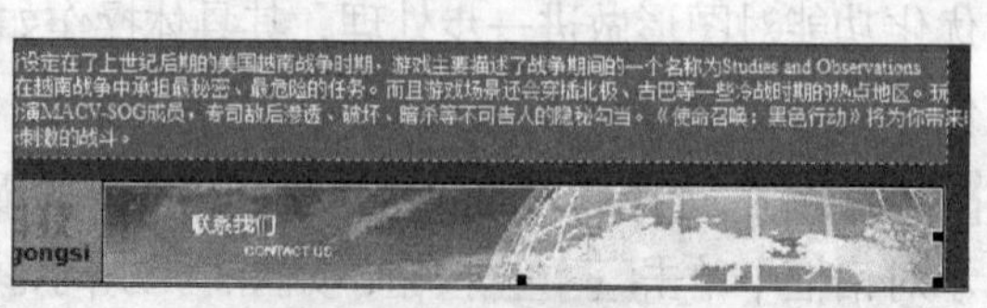

图3-21　调整裁剪范围　　　图3-22　裁剪后的图像效果

STEP 8 单击“属性”面板中的“编辑图像设置”按钮，打开“图像预览”对话框，在“品质”文本框中输入“86”，如图3-23所示。

STEP 9 单击 确定 按钮确认设置，图像效果如图3-24所示。

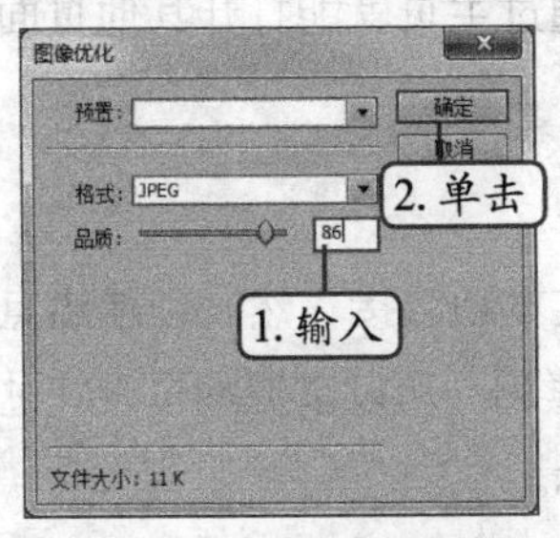

图3-23 调整图像品质

图3-24 优化图像后的效果

（六）添加背景音乐

通过添加背景音乐的方式在网页中添加音乐，可在打开页面时自动播放音乐，同时不会占用页面空间，其具体操作如下。（微课：光盘\微课视频\项目三\添加背景音乐.swf）

STEP 1 选择【插入】/【标签】菜单命令，打开“标签选择器”对话框。

STEP 2 在左侧列表框中双击展开“HTML标签”文件夹，在其下的内容中双击“页面元素”选项，在展开的目录中选择“浏览器特定”选项，然后双击右侧列表框中的“bgsound”选项，如图3-25所示。

STEP 3 打开“标签编辑器 - bgsound”对话框，单击“源”文本框右侧的 浏览... 按钮，在打开的对话框中选择“ye.wma”（素材参见：光盘\素材文件\项目三\任务一\Sample\ye.wma）作为背景音乐文件，在“循环”下拉列表中选择“无限”选项，如图3-26所示，单击 确定 按钮关闭对话框，返回“标签选择器”对话框，单击 关闭(C) 按钮。

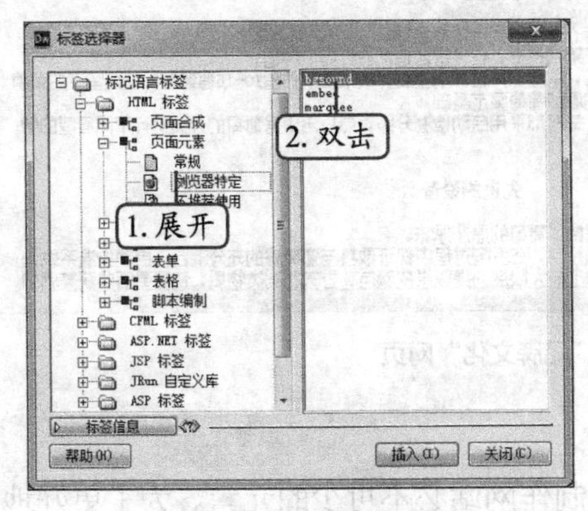

图3-25 选择标签

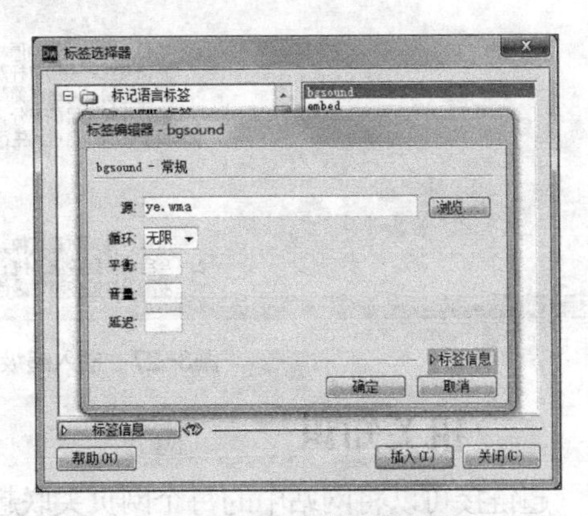

图3-26 设置背景音乐

直接在代码视图中输入“<bgsoundsrc="bgmusic.mp3" loop="-1" />”代码，也可为网页添加“bgmusic.mp3”背景音乐，并无限循环播放。

STEP 4 完成设置后将网页保存即可，按【F12】键即可预览网页（最终效果参见：光盘\效果文件\项目三\任务一\Sample\COD7.html）。

任务二 为“品牌文化”网页插入超链接

本任务主要是为品牌文化相关页面添加超链接，使浏览者通过主页就能打开其他页面，下面具体讲解。

一、任务目标

本任务将为“品牌文化”网页添加超链接，制作时先创建文本超链接，然后创建热点链接，最后创建锚点链接、邮件链接、脚本链接等。通过本任务的学习，可以掌握网页设计过程中各种超链接的创建方法。本任务完成后的最终效果如图3-27所示。

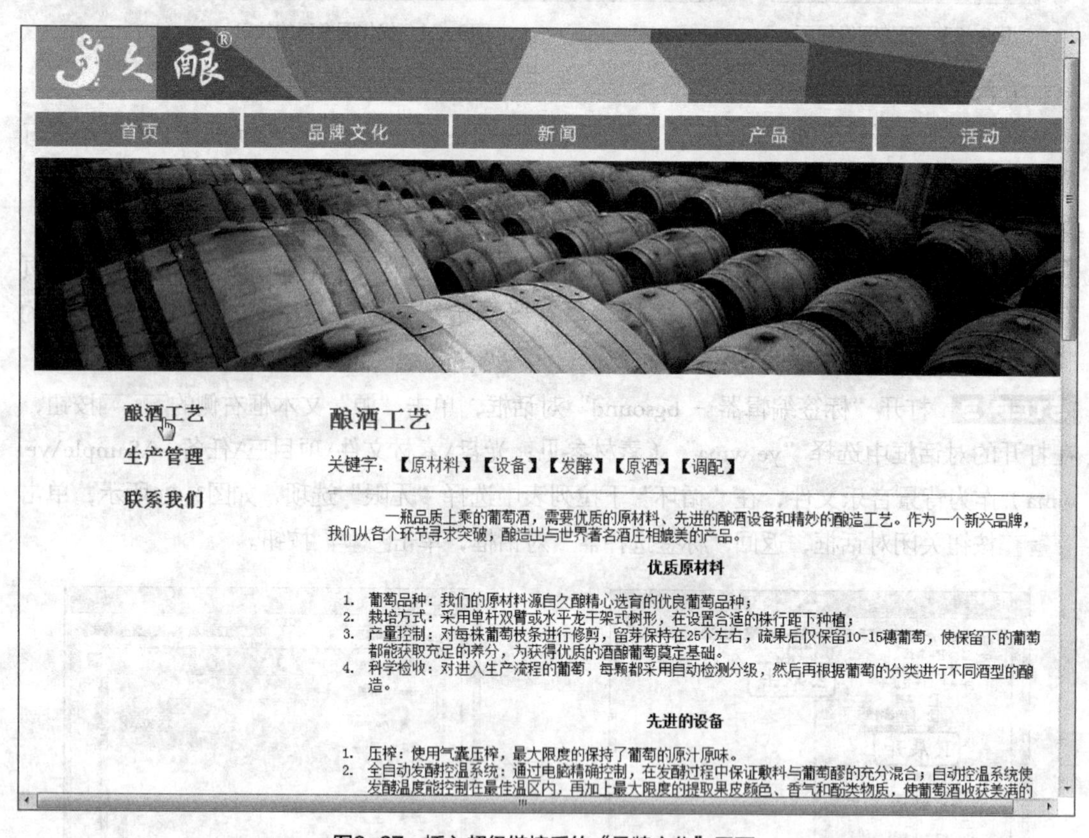

图3-27 插入超级链接后的“品牌文化”网页

二、相关知识

超链接可以将网站中的每个网页关联起来，是制作网站必不可少的元素。为了更好地认识和使用超链接，下面介绍其组成和种类。

（一）超链接的组成

超链接主要由源端点和目标端点两部分组成，有超链接的一端称为超链接的源端点（当鼠标指针停留在上面时会变为☝形状，见图3-28），单击超链接源端点后跳转到的页面所在的地址称为目标端点，即“URL”。

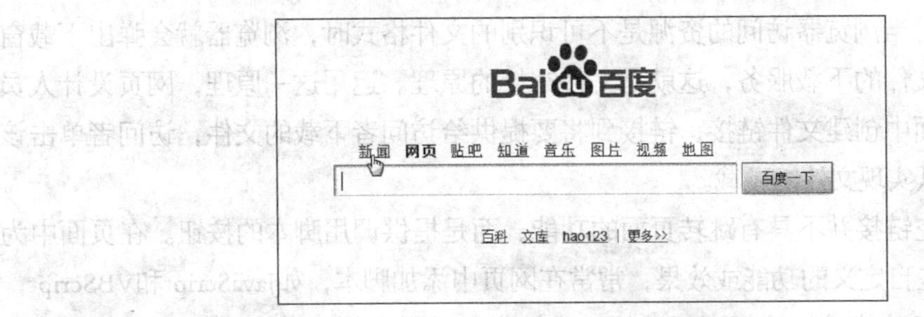

图3-28 鼠标指针移至超链接上的形状

“URL”是英文“Uniform Resource Locator”的缩写，表示“统一资源定位符”，它定义了一种统一的网络资源的寻找方法，所有网络上的资源，如网页、音频、视频、Flash、压缩文件等，均可通过这种方法来访问。

“URL”的基本格式：“访问方案：//服务器：端口/路径/文件#锚记”，例如“http://baike.baidu.com:80/view/10021486.htm#2”，下面分别介绍各个组成部分。

- **访问方案**：用于访问资源的URL方案，这是在客户端程序和服务器之间进行通信的协议。访问方案有多种，如引用Web服务器的方案是超文本协议（HTTP），除此以外，还有文件传输协议（FTP）和邮件传输协议（SMTP）等。
- **服务器**：提供资源的主机地址，可以是IP或域名，如上例中的“baike.baidu.com”。
- **端口**：服务器提供该资源服务的端口，一般使用默认端口，HTTP服务的默认端口是“80”，通常可以省略。当服务器提供该资源服务的端口不是默认端口时，一定要加上端口才能访问。
- **路径**：资源在服务器上的位置，如上例中的“view”说明地址访问的资源在该服务器根目录的“view”文件夹中。
- **文件**：指具体访问的资源名称，如上例中访问的是网页文件“10021486.htm”。
- **锚记**：HTML文档中的命名锚记，主要用于对网页的不同位置进行标记，是可选内容，当网页打开时，窗口将直接呈现锚记所在位置的内容。

（二）超链接的种类

超链接主要有以下几种。

- **相对链接**：这是最常见的一种超链接，它只能链接网站内部的页面或资源，也称内部链接，如“ok.html”链接表示页面“ok.html”和链接所在的页面处于同一个文件夹中；又如“pic/banner.jpg”表明图片“banner.jpg”在创建链接的页面所处文件夹的“pic”文件夹中。一般来讲，网页的导航区域基本上都是相对链接。
- **绝对链接**：与相对链接对应的是绝对链接，绝对链接是一种严格的寻址标准，包含了通信方案、服务器地址、服务端口等，如“http://baike.baidu.com/img/banner.jpg”，通过它就可以访问“http://baike.baidu.com”网站内部“img”文件夹中的图片“banner.jpg”，因此绝对链接也称为外部链接。网页中涉及的“友情链接”和“合作伙伴”等区域基本上都是绝对链接。

- **文件链接**：当浏览器访问的资源是不可识别的文件格式时，浏览器就会弹出下载窗口提供该文件的下载服务，这就是文件链接的原理。运用这一原理，网页设计人员可以在页面中创建文件链接，链接到将要提供给访问者下载的文件，访问者单击该链接就可以实现文件的下载。
- **空链接**：空链接并不具有跳转页面的功能，而是提供调用脚本的按钮。在页面中为了实现一些自定义的功能或效果，常常在网页中添加脚本，如JavaScript和VBScript，而其中许多功能是与访问者互动的，比较常见的是“设为首页”和“收藏本站”等，它们都需要通过空链接来实现，空链接的地址统一用“#”表示。
- **电子邮件链接**：电子邮件链接提供浏览者快速创建电子邮件的功能，单击此类链接后即可进入电子邮件的创建向导，其最大特点是预先设置好了收件人的邮件地址。
- **锚点链接**：用于跳转到指定的页面位置。适用于当网页内容超出窗口高度，需使用滚动条辅助浏览的情况。使用命名锚记有两个基本过程，即插入命名锚记和链接命名锚记。

代码区中<a>标签代表超链接，通常语法为<a herf="#">，其中#表示超链接的地址。

三、任务实施

（一）插入文本超链接

文本超链接是网页中使用最多的超链接，下面在“ppwh2.html”网页中创建文本超链接，其具体操作如下。（微课：光盘\微课视频\项目三\插入文本超链接.swf）

STEP 1 打开“ppwh2.html”网页（素材参见：光盘\素材文件\项目三\任务二\ppwh2.html），选择“生产管理”文本，单击“属性”面板中的 HTML 按钮，然后单击“链接”文本框右侧的“浏览文件”按钮。

STEP 2 打开“选择文件”对话框，选择“scgl.html”网页文件（素材参见：光盘\素材文件\项目三\任务二\scgl.html），单击 确定 按钮，如图3-29所示。

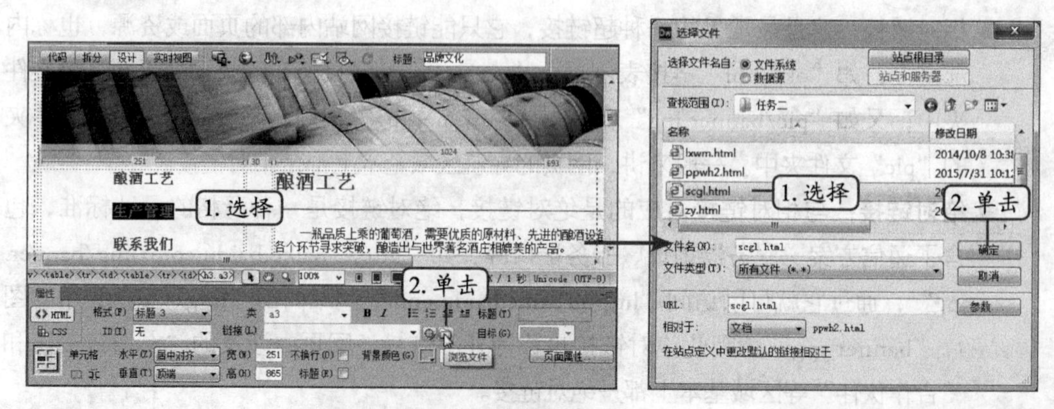

图3-29 指定链接的网页

STEP 3 完成文本超链接的创建，此时“生产管理”文本的格式将呈现超链接文本独有的格式，即“蓝色+下画线”格式，如图3-30所示。

STEP 4 观察发现，默认超链接的下画线样式不符合网站风格，因此需要修改超链接的样式，在“属性”面板中单击 页面属性... 按钮，打开“页面属性”对话框。

STEP 5 在左侧列表中选择“链接（CSS）”选项，在“下画线样式”下拉列表中选择“始终无下画线”选项，如图3-31所示。

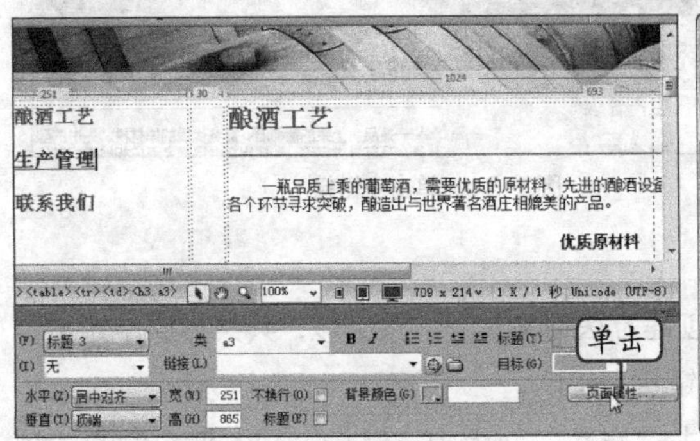

图3-30　完成超链接的创建

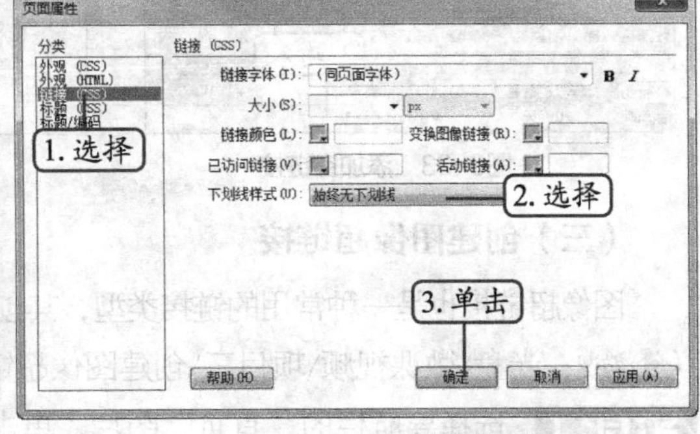

图3-31　修改链接样式

STEP 6 单击 确定 按钮，返回页面查看效果，使用相同的方法为“联系我们”文本创建文本超链接，效果如图3-32所示。

图3-32　完成超链接的创建后的效果

创建超链接时，还可在“属性”面板的“目标”下拉列表中设置链接目标的打开方式，包括“blank”“new”“parent”“self”“top”5个选项。其中，“blank”表示链接目标会在一个新窗口中打开；“new”表示链接将在新建的同一个窗口中打开；“parent”表示如果是嵌套框架，则在父框架中打开；“self”表示在当前窗口或框架中打开，这是默认方式；“top”表示将链接的文档载入整个浏览器窗口，从而删除所有框架。

（二）创建空链接

空链接不产生任何跳转的效果，一般为了统一网页外观，会为当前页面对应的文本或图像添加空链接，其具体操作如下。（微课：光盘\微课视频\项目三\创建空链接.swf）

STEP 1 选择网页上方的“酿酒工艺”文本，在“属性”面板的“链接”文本框中输入“#”，如图3-33所示。

STEP 2 按【Enter】键创建空链接。保存网页设置并预览网页，单击“酿酒工艺”超链接，可发现页面并没有发生任何改变，如图3-34所示。

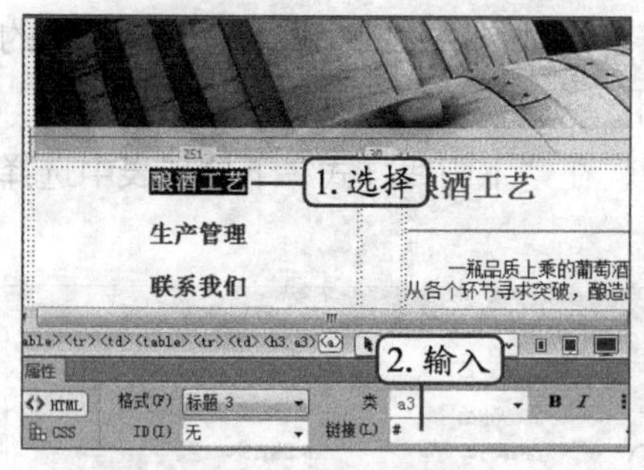

图3-33 添加空链接

图3-34 单击空链接

（三）创建图像超链接

图像超链接也是一种常用的链接类型，其创建方法与文本超链接类似，其具体操作如下。（微课：光盘\微课视频\项目三\创建图像超链接.swf）

STEP 1 选择导航栏的“首页”图片，单击“属性”面板中“链接”文本框右侧的“浏览文件”按钮，如图3-35所示。

STEP 2 打开“选择文件”对话框，选择“zy.html”网页文件（素材参见：光盘\素材文件\项目三\任务二\zy.html），单击确定按钮，如图3-36所示。

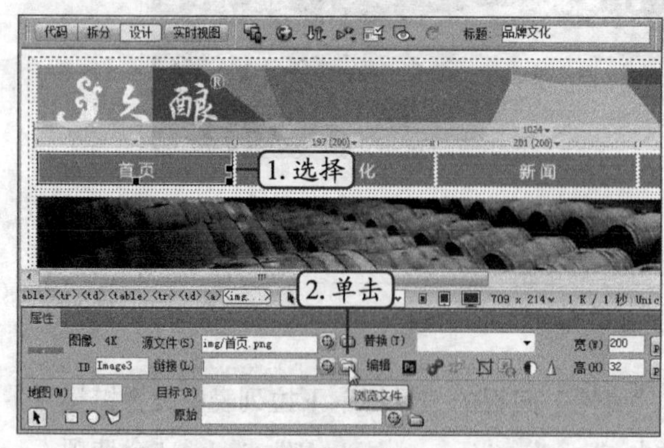

图3-35 选择图像

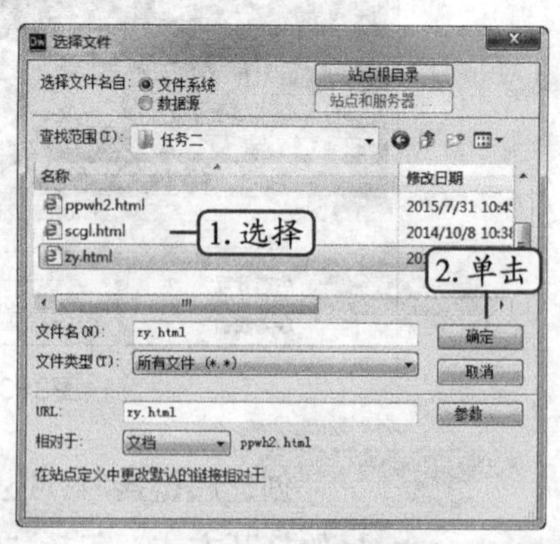

图3-36 指定链接的网页

STEP 3 若链接的对象没有在同一站点中，将打开“Dreamweaver”提示对话框，单击是(Y)按钮，确认将网页文件复制到站点中即可，完成图像超链接的创建。

操作提示

如果知道链接目标所在的具体路径，可直接在“链接”文本框中输入路径内容，然后按【Enter】键快速实现超链接的创建。

（四）创建热点图片超链接

图像热点超链接是一种非常实用的链接工具，它可以将图像中的指定区域设置为超链接对象，从而实现单击图像上的指定区域，跳转到指定页面的功能，其具体操作如下。

（微课：光盘\微课视频\项目三\创建热点图片超链接.swf）

STEP 1 选择网页上方的图像，单击“属性”面板中的“矩形热点工具”按钮。

STEP 2 在图像上的标志区域位置拖曳鼠标绘制热点区域，释放鼠标后单击“属性”面板中“链接”文本框右侧的“浏览文件”按钮，如图3-37所示。

STEP 3 打开“选择文件”对话框，选择“zy.html”网页文件，单击确定按钮，如图3-38所示。

图3-37 创建超链接

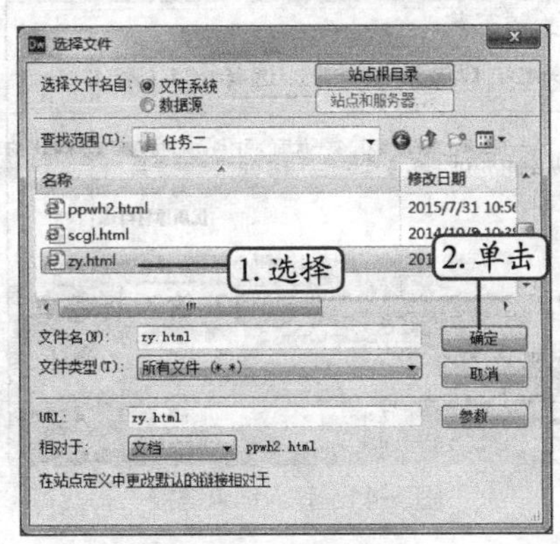

图3-38 选择网页文件

（五）创建锚点超链接

利用锚点超链接可以实现在同一网页中快速定位的效果，这在网页内容较多的情况下非常有用。创建锚点超链接需要插入并命名锚记，然后对锚记进行链接，其具体操作如下。

（微课：光盘\微课视频\项目三\创建锚点链接.swf）

STEP 1 将插入点定位到“酿酒工艺”文本后，按【Enter】键换行，然后输入“关键字：【原材料】【设备】【发酵】【原酒】【调配】”文本。

STEP 2 将插入点定位到“优质原材料”右侧，选择【插入】/【命名锚记】菜单命令，打开“命名锚记”对话框，在“锚记名称”文本框中输入“ycl”文本，如图3-39所示。

STEP 3 单击确定按钮，利用相同的方法，分别为“先进的设备”“优秀的发酵”“纯净原酒”“精细调配”文本命名锚记，效果如图3-40所示。

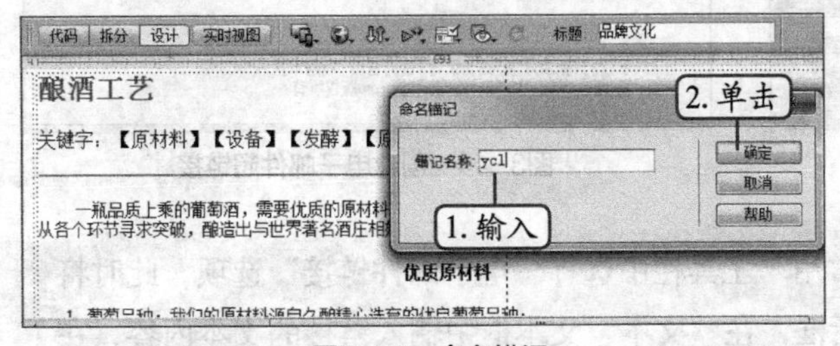

图3-39 命名锚记

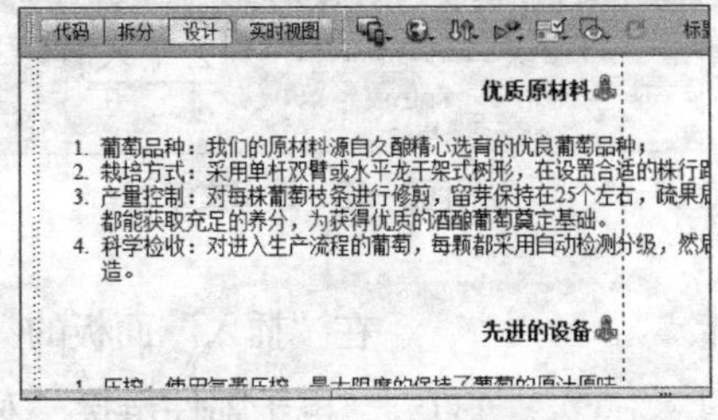

图3-40 命名其他锚记

操作提示

命名锚记时，需要注意锚记名称不能是大写英文字母或中文，且不能以数字开头。

STEP 4 选择网页上方的“原材料”文本，在“属性”面板的“链接”文本框中输入“#ycl”，如图3-41所示。

STEP 5 按【Enter】键确认创建锚点链接，此时该文本也将应用文本超链接的格式。

STEP 6 按相同方法继续为“设备”“发酵”“原酒”“调配”文本创建对应名称的锚点链接，如图3-42所示。

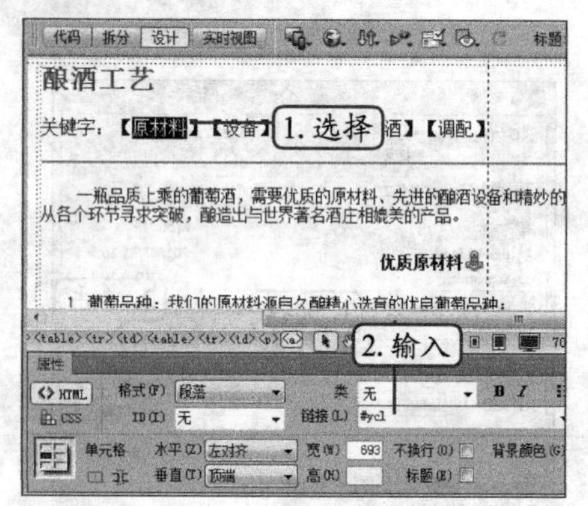

图3-41　输入锚点链接

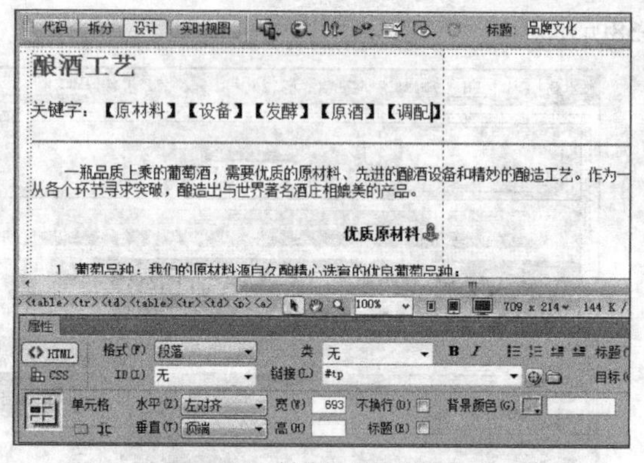

图3-42　创建其他锚点链接

（六）创建电子邮件超链接

在网页中创建电子邮件超链接，可以方便网页浏览者利用电子邮件给网站发送相关邮件，其具体操作如下。（微课：光盘\微课视频\项目三\创建电子邮件超链接.swf）

STEP 1 选择网页下方“站长邮箱”文本，在“属性”面板的“链接”文本框中输入“mailto:jnw.vip@sina.com”，如图3-43所示。

STEP 2 按【Enter】键保存并预览网页，单击“站长邮箱”超链接，如图3-44所示，此时将启动Outlook电子邮件软件（计算机上需安装有此软件），浏览者只需输入邮件内容并发送邮件即可。

图3-43　选择文章

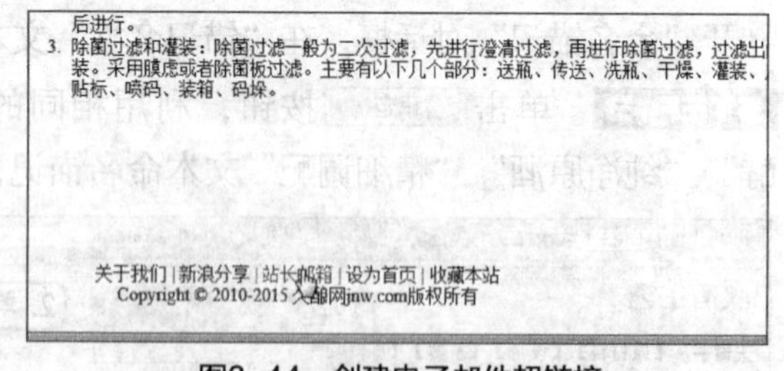

图3-44　创建电子邮件超链接

在“插入”面板的“常用”工具栏中选择“电子邮件链接”选项，此时将打开“电子邮件链接”对话框，在“文本”文本框中输入链接的文本内容，在“电子邮件”文本框中输入邮件地址，单击 确定 按钮即可在当前插入点处为“文本”中的文本创建超链接。需要注意的是，利用对话框创建电子邮件链接时，在“电子邮件”文本框中无须输入“mailto:”，但若直接在“属性”面板的“链接”文本框中输入电子邮件地址时，则必须输入该内容。

（七）创建外部超链接

外部超链接指链接到其他网站的网页中的链接，这类链接需要完整的URL地址，因此需要通过输入的方式来创建，其具体操作如下。（微课：光盘\微课视频\项目三\创建外部超链接.swf）

STEP 1 选择网页下方的“新浪分享”文本，在“属性”面板的“链接”文本框中直接输入“http://www.sina.com.cn/”，如图3-45所示。

STEP 2 完成外部超链接的创建，此时所选文本的格式同样会发生变化，如图3-46所示，保存设置的网页。

图3-45 选择文本并输入地址

图3-46 完成创建

操作提示

创建外部超链接时，若输错一个字符，便无法完成超链接的创建。操作时可先访问需要链接的网页，在地址栏中复制其地址，粘贴到Dreamweaver“属性”面板的“链接”文本框中，即可有效地完成外部超链接的创建。

（八）创建脚本链接

脚本链接的设置较为复杂，但可以实现许多功能，让网页产生更强的互动效果，其具体操作如下。（微课：光盘\微课视频\项目三\创建脚本链接.swf）

STEP 1 选择“收藏本站”文本，在“属性”面板的“链接”文本框中输入“javascript:window.external.addFavorite('http://www.jnw.net','久酿网')”，如图3-47所示。

STEP 2 按【Enter】键创建脚本链接。保存网页设置并预览网页，单击“收藏本站”超链接即可打开“添加到收藏夹”对话框。

操作提示

“收藏本站”脚本代码的内容为“javascript:window.external.addFavorite('http://www.jnw.net','久酿网')”，其前半部分的内容是固定的，后半部分小括号中的前一个对象是需收藏网页的地址，后一个对象是该网页在收藏夹中显示的名称。

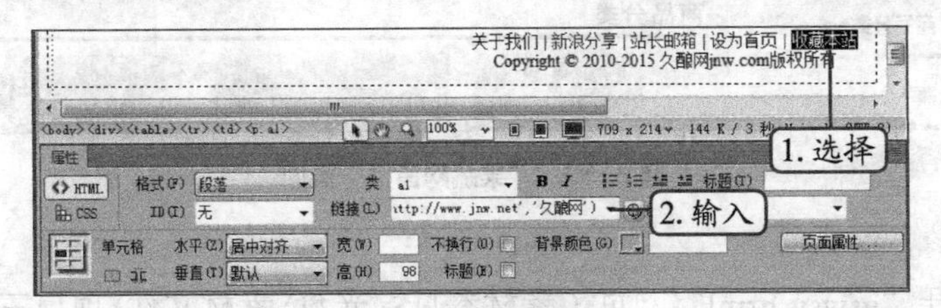

图3-47 设置脚本链接

STEP 3 选择网页下方的“设为首页”文本，在“属性”面板的“链接”文本框中输入

"#"，然后单击工具栏上的 代码 按钮，如图3-48所示。

STEP 4 找到"设为首页"文本左侧的空链接代码""#""，在该代码右侧单击鼠标定位插入点，然后输入空格，输入"设为首页"的脚本代码"onClick="this.style.behavior='url(#default#homepage)';this.setHomePage('http://www.jnw.net/')""，如图3-49所示。

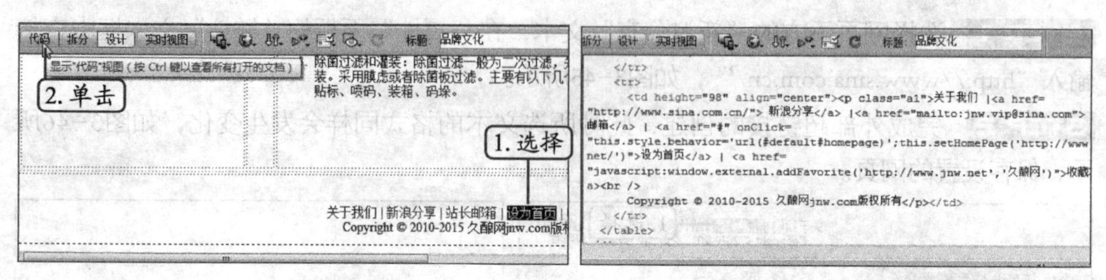

图3-48　创建空连接　　　　图3-49　输入代码

STEP 5 保存网页设置并预览网页，完成本任务的制作（最终效果参见：光盘\效果文件\项目三\任务二\ppwh.html）。

实训一　制作果蔬网首页

【实训要求】

本实训要求根据提供的素材文件来制作果蔬网首页静态页面，要求符合网站的整体风格。

【实训思路】

根据实训要求，在制作时可先向网页添加并编辑图片，然后插入SWF动画即可。本实训的参考效果如图3-50所示。

图3-50　"果蔬网首页"页面

【步骤提示】

STEP 1 打开"gswsy.html"网页（素材参见：光盘\素材文件\项目三\实训一\gswsy.html、img），在相应的位置单击定位插入点，然后选择【插入】/【图像】菜单命令，在打开的对话框中选择需要插入网页中的图片即可。

STEP 2 选择插入网页的图片，然后在“属性”面板中设置图片的尺寸和参数。

STEP 3 在表格中单击定位插入点，选择【插入】/【媒体】/【SWF】菜单命令，在打开的对话框中选择需要插入网页中的动画即可。

STEP 4 通过“属性”面板调整插入的SWF动画尺寸，完成后保存网页即可（最终效果参见：光盘\效果文件\项目三\实训一\gswsy.html）。

实训二 制作“蓉锦大学”首页网页

【实训要求】

为蓉锦大学网站的首页添加相关的超链接，使其页面更加生动。本实训完成后的参考效果如图3-51所示。

【实训思路】

本实训可综合练习在网页中添加各种超链接的方法，掌握这些超链接的添加方法是网页制作者必会的技能。

图3-51 制作“蓉锦大学”首页网页

【步骤提示】

STEP 1 打开素材网页“rjdxsy.html”（素材参见：光盘\素材文件\项目三\实训二\rjdxsy.html、img）。

STEP 2 在其中插入相关的图片，然后选择图片，创建一个空链接。

STEP 3 选择导航栏的文本，创建相关的链接，没有提供网页页面的可先创建一个空链接。

STEP 4 为网页右上角的文本创建对应的脚本链接。

STEP 5 创建其他相关的脚本链接，完成本实训的制作（最终效果参见：光盘\效果文件\项目三\实训二\rjdxsy.html）。

常见疑难解析

问：在使用网页图像时，有什么讲究或需注意的地方？

答：图像应采用GIF、JPG压缩格式，以加快页面下载速度。每幅图像要有本图像的说明文字（即“替换文本”属性），这样如果图像不能正常显示，也可知道图像所在位置代表什么意思。要设置图像的宽度和高度，以免图像不能正常显示时，出现页面混乱现象。不要每页都采用不同的背景图像，以免每次跳转页面时都要花大量时间去下载，采用相同的底色或背景图像还可增加网页的一致性，树立风格。底色或背景图像必须要与文字有一定的对比，方便阅读。

问：制作网页时网页图像的选择一直是最令人头疼的事，关于网页图像的准备和选择有没有好的方法？

答：添加图像前一定要事先有所准备，如需要添加什么样的图像、图像的大小和尺寸是多少，这样将有助于网页布局的规划。若暂没有合适的图像时，可以先使用图像占位符来布局好网页，不至于出现布局凌乱的情况，在进行图像处理时一定要符合占位符的尺寸，太大或太小都会导致页面跳版。

问：为网页添加背景音乐后，浏览网页时将浏览器最小化，为什么无法听到背景音乐？

答：若想听到网页的背景音乐，背景音乐所在网页必须是当前网页，即目录被激活的网页。如想在最小化后仍有背景音乐，可以将音乐插入到Flash动画中，并可设置Flash动画的大小为1px，在网页中插入该Flash动画后，即使最小化浏览器，音乐仍会照常播放。

问：在为文本或图像创建超链接时，“链接”文本框右侧的按钮有什么作用呢？

答：此按钮为“指向文件”按钮，结合“文件”面板使用，会使超链接的创建操作非常直观和简单。首先在Dreamweaver操作界面中显示“文件”面板，并将其拖离出浮动工具栏，然后选择需要创建超链接的对象，在“指向文件”按钮上按住鼠标左键不放，拖曳到“文件”面板中需要链接到的对象上即可轻松实现超链接的创建。

问：在为图像绘制热点区域时，一些圆形或特殊形状的区域如果利用矩形热点工具绘制，不容易得到精确的热点区域，有什么办法可以解决吗？

答：Dreamweaver不仅提供了矩形热点工具，同时还提供了圆形热点工具和多边形热点工具。圆形热点工具用于绘制椭圆和正圆形区域，多边形热点工具则适合绘制不规则区域。使用多边形热点工具时，单击鼠标确定第一个顶点，移动鼠标后再单击则可确定一条边，继续单击下一个位置便能绘制出其他边，最终形成一个不规则形状区域。

问：有时绘制了热点区域后，发现该区域的位置不对，或区域覆盖面有错误，能不能对其进行调整呢？

答：可以。选择图像后，在“属性”面板中将出现指针热点工具，单击该工具对应的按钮，然后选择需要调整的热点区域，在其上按住鼠标左键并拖曳鼠标可调整热点区域的位置，拖曳区域边框上的控制点则可调整热点区域的形状。

问：利用热点工具为图像添加热点区域，“属性”面板中的“地图”文本框有什么作用呢？

答：设置了热点区域的图像就可以视为地图，此时利用“地图”文本框就可以为该图像命名，在进行代码编辑时可以更便于代码的书写。

拓展知识

1. 认识网页常用图像格式

图像的格式众多，但能在网页中使用的格式只有JPGE、GIF、PNG。

- **JEPG图像格式的特点**：支持1670万种颜色，可以设置图像质量，其图像大小由其质量高低决定，质量越高文件越大，质量越低文件越小；是一种有损压缩，在压缩处理过程中，图像的某些细节将被忽略，从而局部变得模糊，但一般非专业人士看不出来；不支持GIF格式的背景透明和交错显示。
- **GIF图像格式的特点**：网页上使用最早、应用最广泛的图像格式，能被所有图像浏览器兼容；是一种无损压缩，在压缩处理过程中不降低图像的品质，而是减少显示色，最多支持256色的显示，不适合于有光晕、渐变色彩等颜色细腻的图片和照片；支持背景透明的功能，便于图像更好地融合到其他背景色中；可存储多张图像，并能动态显示。
- **PNG图像格式的特点**：网络专用图像，具有GIF格式图像和JPEG格式图像的双重优点；是一种无损压缩，压缩技术比GIF优秀；支持的颜色数量达到了1670万种，同时还包括索引色、灰度、真彩色图像；支持Alpha通道透明。

2. 创建文件超链接

文件超链接可以实现网页资源的下载功能，创建方法是选择需要链接的文本，在“属性”面板中单击“链接”文本框右侧的“浏览文件”按钮，在打开的对话框中选择对应的文件选项确认设置即可。

3. 链接检查

网站中网页的数量一般都较多，超链接的数量也就会非常多，在创建超链接时难免会出现创建错误的情况。为了有效地解决这一问题，网站制作的专业人员一般都会使用Dreamweaver中提供的“链接检查器”功能对所有网页的超链接情况进行检查，以便及时排除错误的链接或断掉的链接。其方法为：选择【窗口】/【结果】/【链接检查器】菜单命令，在打开的“链接检查器”面板上的下拉列表框中选择需要检查的对象后，单击左侧的“检查链接”按钮，在打开的下拉列表中选择检查范围即可开始检查超链接情况。若检查出错误链接，直接在其上进行修改即可。

课后练习

（1）打开素材网页（素材参见：光盘\素材文件\项目三\课后练习\gswsy.html、

img\），制作“果蔬网”的团购页面，要求插入的图像适合网页，字体符合网页的整体风格。要求图像适合网页，就需要通过“属性”面板调整图像，果蔬网的风格不用像企业网站严谨，所以可采用一些漂亮的字体来美化。处理后的效果如图3-52所示（最终效果参见：光盘\效果文件\项目三\课后练习\gswsy.html）。

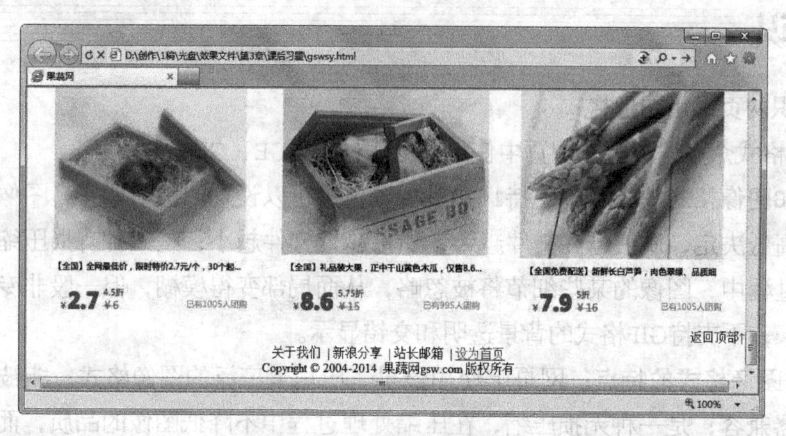

图3-52 “果蔬网”团购页面

（2）在网页中制作个人主页，要求网页有声有色，需要先在网页里添加文本、SWF动画和图像（素材参见：光盘\效果文件\项目三\课后练习\myhome），然后为文本设置超级链接，完成后的参考效果如图3-53所示（最终效果参见：光盘\效果文件\项目三\课后练习\myhome\index.html）。

图3-53 制作个人主页

PART 4

项目四 布局网页页面

情景导入

阿秀：小白，前面已经讲了网页制作的基本方法，但你制作出来的网页页面显得非常凌乱，这样不利于网页管理。

小白：那有什么解决方法呢?

阿秀：在制作网页前，先对页面进行布局，然后再制作其他细节部分。在Dreamweaver中可以使用表格或者框架进行布局设置。

小白：这样啊！你教教我吧。

学习目标

- 掌握在网页中插入和编辑表格的方法
- 掌握框架与框架集在网页中的应用方法

技能目标

- 掌握“花卉推荐”页面的布局方法
- 掌握“后台管理”页面的布局方法
- 能够使用表格或框架完成页面布局

任务一　制作“花卉推荐”网页

表格在工作中多用来统计数据，但在网页制作过程中，表格通常用来对页面进行布局，使用它不仅可以精确定位网页在浏览器中的显示位置，还可以控制页面元素在网页中的精确位置，简化页面布局设计过程。

一、任务目标

本任务将使用表格来制作“花卉推荐”页面，在制作时先在空白网页中插入表格，并根据需求在表格中添加相关内容，再对添加内容的表格进行编辑，最后设置表格的属性。通过本任务可掌握在Dreamweaver CS6中使用表格布局的相关操作。本任务制作完成后的效果如图4-1所示。

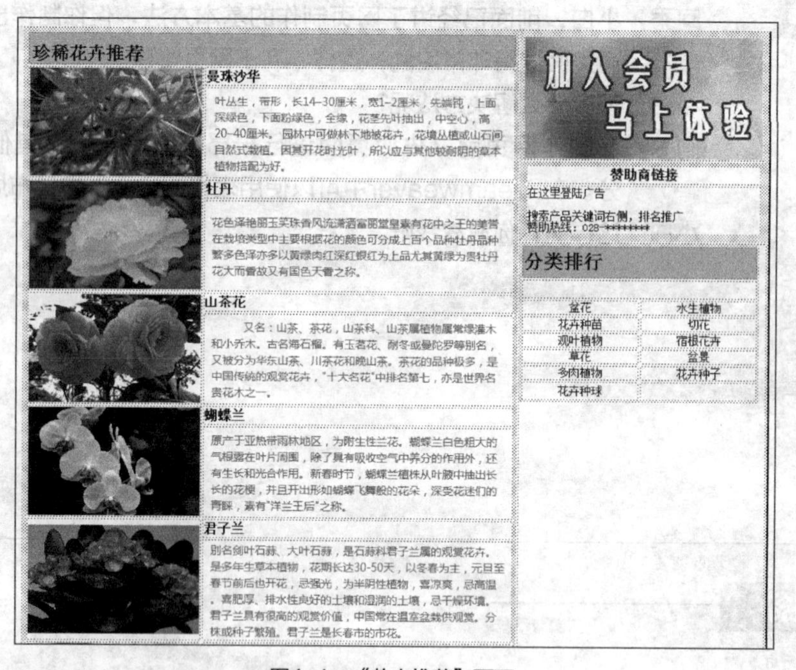

图4-1　“花卉推荐”页面

二、相关知识

本任务制作过程中涉及表格和单元格属性的更改，这些设置可通过“表格”或“单元格”属性面板来完成，下面简单进行介绍。

（一）认识“表格”属性面板

设置表格属性时，首先需要选择整个表格，然后在属性面板中利用各种参数进行设置，如图4-2所示。属性面板部分参数的作用介绍如下。

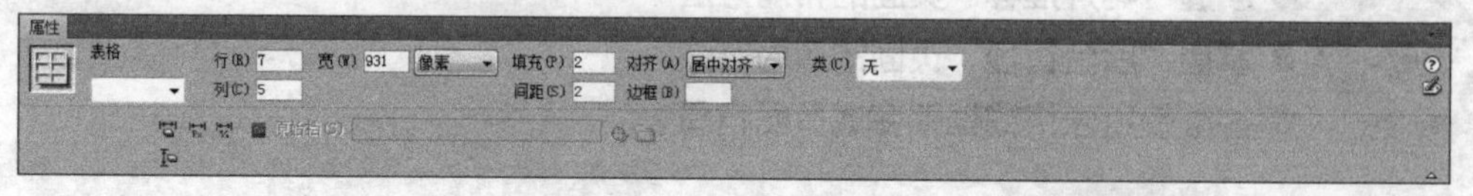

图4-2　“表格”属性面板

- **“行”和“列”文本框**：设置表格的行数和列数。
- **“宽”文本框**：设置表格的宽度，在其后的下拉列表中可选择宽度单位，包括像素和百分比两种。
- **“填充”文本框**：设置单元格边界和单元格内容之间的距离（以像素为单位）。
- **“间距”文本框**：设置相邻单元格之间的距离。
- **“对齐”下拉列表框**：设置表格与同一段中其他网页元素之间的对齐方式。
- **“边框”文本框**：设置边框的粗细。

（二）认识“单元格”属性面板

设置单元格属性时，可先选择单元格或将插入点定位到该单元格中（也可利用【Ctrl】键同时选择多个单元格），然后在属性面板中利用各参数进行设置即可，如图4-3所示。该面板部分参数的作用介绍如下。

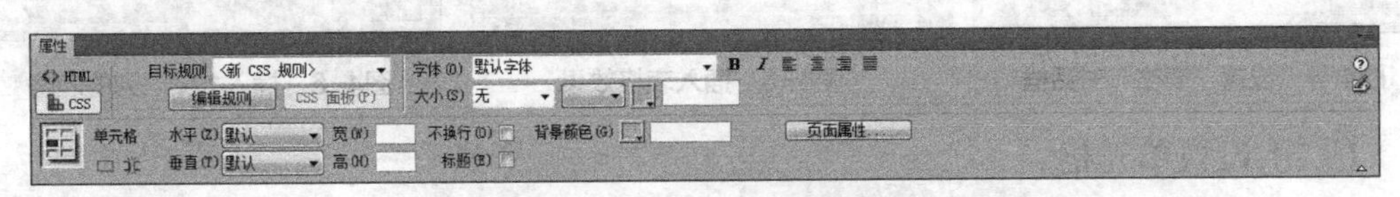

图4-3 “单元格”属性面板

- **“水平”下拉列表**：设置单元格中的内容水平方向上的对齐方式。
- **“垂直”下拉列表**：设置单元格中的内容垂直方向上的对齐方式。
- **“宽”文本框**：设置单元格的宽度，与设置表格宽度的方法相同。
- **“高”文本框**：设置单元格的高度。
- **“不换行”复选框**：单击选中该复选框可防止换行，以使单元格中的所有文本都在同一行中。
- **“标题”复选框**：单击选中该复选框可将所选的单元格的格式设置为表格标题单元格。默认情况下，这种表格标题单元格的内容为粗体并且居中显示。
- **“背景颜色”文本框**：设置单元格的背景颜色。

知识补充

设置表格中的字符格式可在“单元格”属性面板的“CSS”选项卡中进行设置，设置方法与设置网页中的文本格式相同。

三、任务实施

（一）创建表格

创建表格是指在网页中插入普通表格和嵌套表格，其中嵌套表格是指在表格的某个单元格中所插入的表格，其具体操作如下。（微课：光盘\微课视频\项目四\创建表格.swf）

STEP 1 在Dreamweaver CS6中新建一个文档，并将其以“hhtj.html”为名进行保存。

STEP 2 将插入点定位到页面中，然后选择【插入】→【表格】菜单命令，打开“表格”对话框，在其中按照如图4-4所示进行设置。

STEP 3 单击 确定 按钮，文档中将插入一个表格，如图4-5所示。

STEP 4 在第一列单元格中单击定位插入点，然后按【Ctrl+Alt+T】组合键打开“表格”对话框，在其中按照如图4-6所示进行设置，插入一个12行2列的表格。

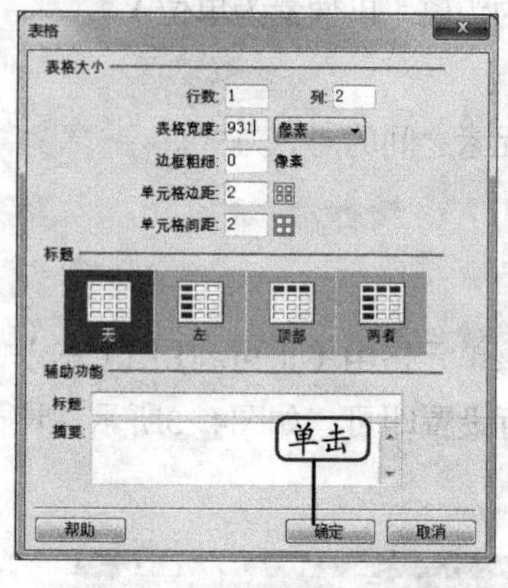

图4-4 设置“表格”对话框

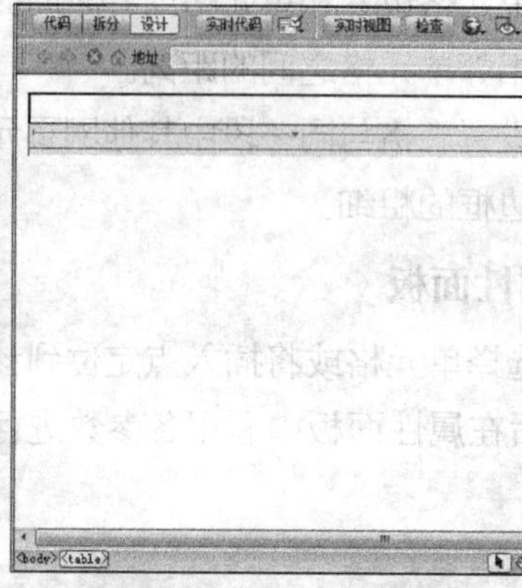
图4-5 插入表格效果

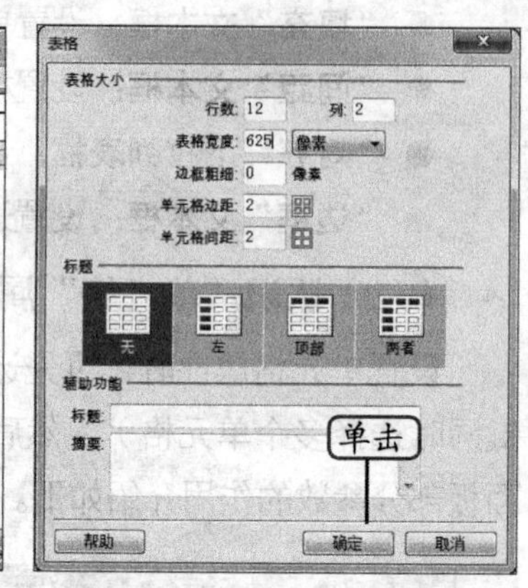

图4-6 插入12行2列的表格

（二）设置单元格

创建的表格若是不能满足用户需要，这时可对表格的结构进行调整，如合并与拆分表格、调整行高和列宽、插入与删除行和列等。通过设置属性，还可以更改表格或单元格的边框粗细、背景颜色、对齐方式等。下面介绍如何设置表格和单元格属性，其具体操作如下。（微课：光盘\微课视频\项目四\设置单元格.swf）

STEP 1 保持单元格的选择状态，然后在“单元格”属性面板的“高度”文本框中输入“260”，设置单元格高为“260像素”。

STEP 2 将插入点定位到该单元格中，在其中插入一个3行1列的表格，如图4-7所示。

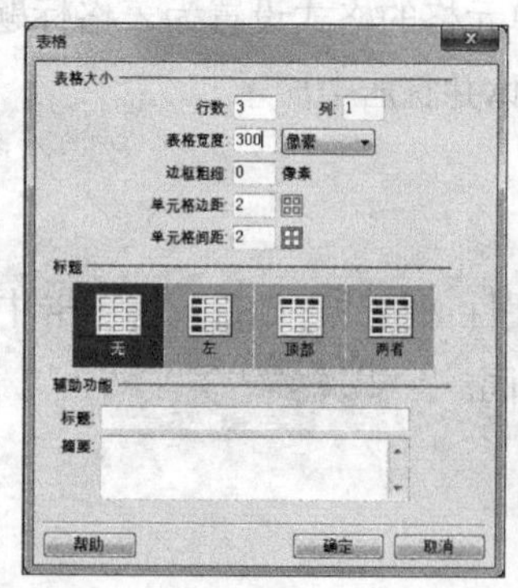
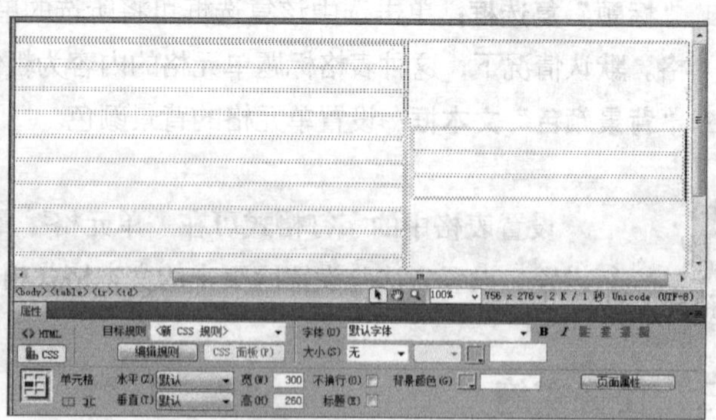
图 4-7 插入 3 行 1 列表格

STEP 3 拖动鼠标选择左侧第一行单元格，在“单元格”属性面板中单击按钮合并单元格，然后单击“背景颜色”色块，设置背景颜色为“#bae0cb”，如图4-8所示。

STEP 4 选择中间单元格，单击鼠标右键，在弹出的快捷菜单中选择【表格】/【拆分单元格】命令，在打开的对话框中将单元格拆分为2行1列。

STEP 5 使用相同的方法分别将该列单元格都拆分为2行1列，效果如图4-9所示。

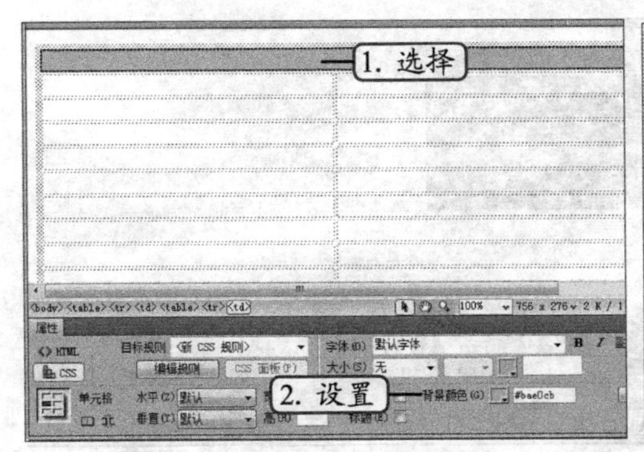

图 4-8 设置单元格背景颜色

图 4-9 拆分其他单元格

STEP 6 在右下角单元格中插入一个8行2列的表格，然后合并第一行和第二行，并设置第一行单元格背景颜色为“#bae0cb”，效果如图4-10所示。

STEP 7 将鼠标移动到表格左上方，单击选择整个表格，在“表格”属性面板中的“对齐”下拉列表中选择“居中对齐”选项，设置表格居中对齐，如图4-11所示。

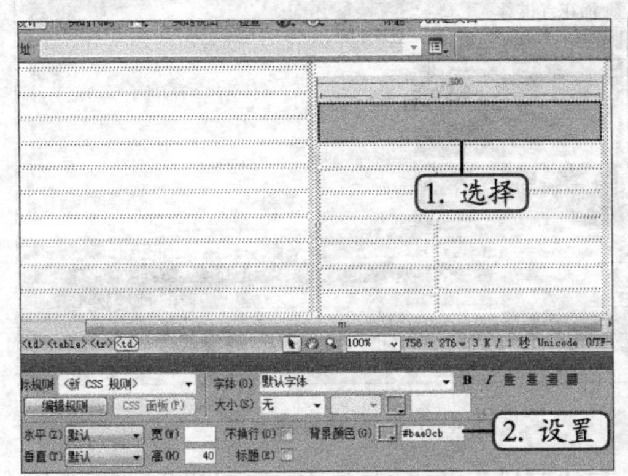

图 4-10 设置单元格背景颜色

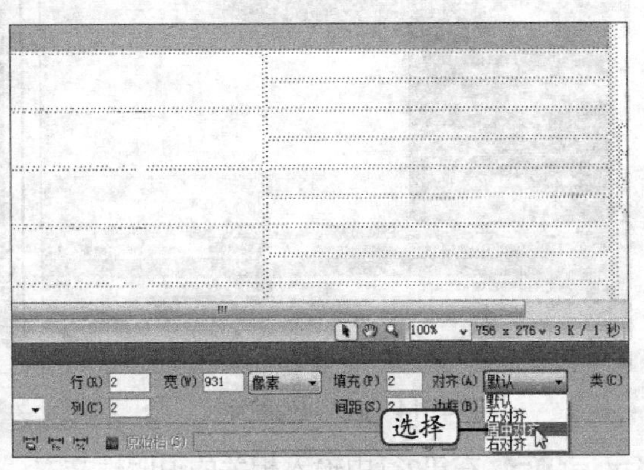

图 4-11 设置表格居中对齐

（三）在表格中添加内容

完成表格的插入与结构调整后，便可在表格的各个单元格中插入或输入需要的内容，其具体操作如下。（微课：光盘\微课视频\项目四\在表格中添加内容.swf）

STEP 1 在左侧第2行单元格中单击定位插入点，选择【插入】→【图像】菜单命令，打开“选择图像源文件”对话框，在其中选择“bah.jpg”图像文件（素材参见：光盘\素材文件\项目四\任务一\bah.jpg），如图4-12所示。

STEP 2 单击 确定 按钮，在打开的对话框中直接单击 确定 按钮，图片将被插入到插入点处。保持图片选择状态，在“图像”属性面板中设置宽和高分别为“221”和“133”，确认后的效果如图4-13所示。

STEP 3 利用相同的方法在该列插入其他图片，并设置宽和高。

STEP 4 将鼠标指针移动到第一列顶端，当其变为向下的黑色箭头时单击，选择该列单元格，按【Ctrl】键取消选择第一行，在“单元格”属性面板中设置“宽”为“222”，如图4-14所示。

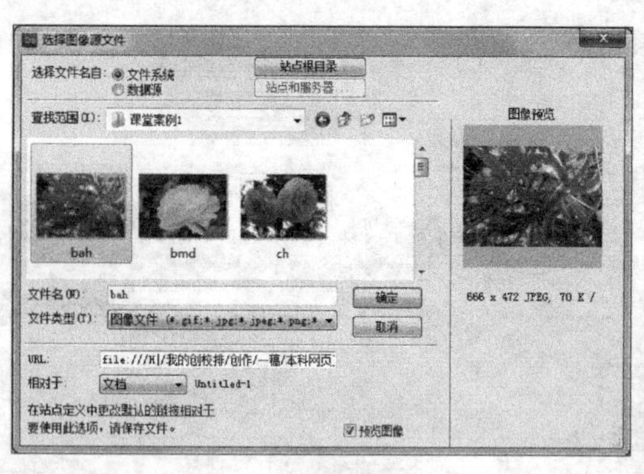

图 4-12　插入图片

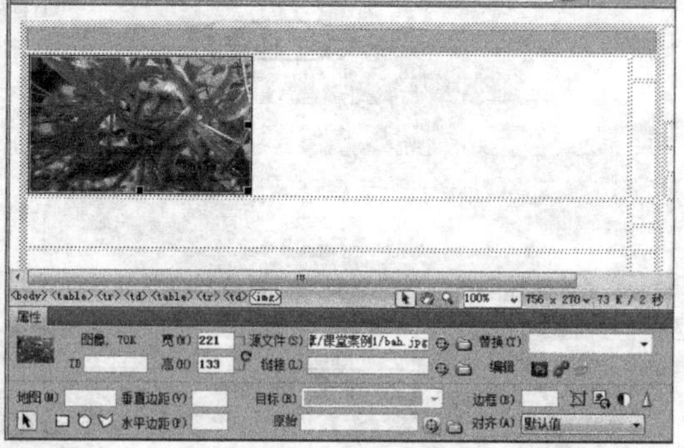

图 4-13　设置图片大小

STEP 5 在第一行单元格中输入“珍稀花卉推荐”文本，并在下面的“属性”面板中应用“标题2”样式，在图片右侧第一个单元格输入花卉名称，应用“标题4”样式，如图4-15所示。

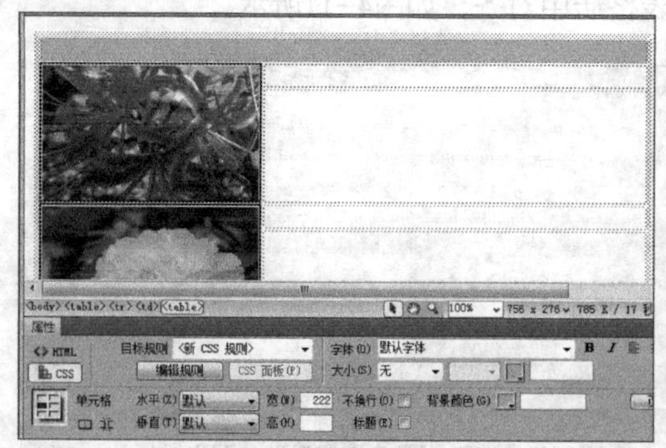

图 4-14　插入其他图片

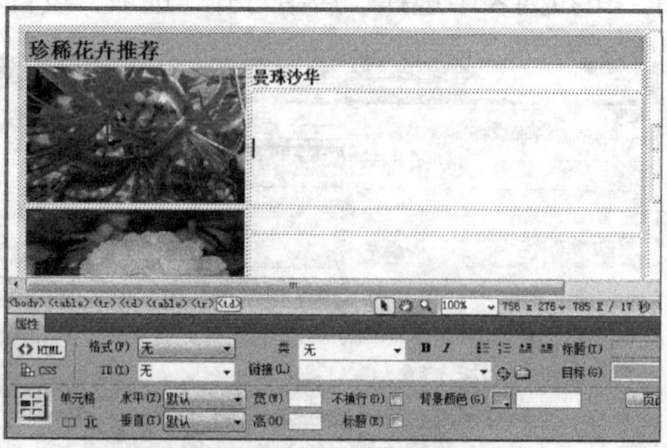

图 4-15　设置标题文本

STEP 6 在第2行中输入相关的说明性文本，在“属性”面板中单击 CSS 按钮，在其中单击 编辑规则 按钮，在打开的对话框中按照如图4-16所示进行设置。

STEP 7 单击 确定 按钮，在打开的对话框中按照如图4-17所示进行设置。

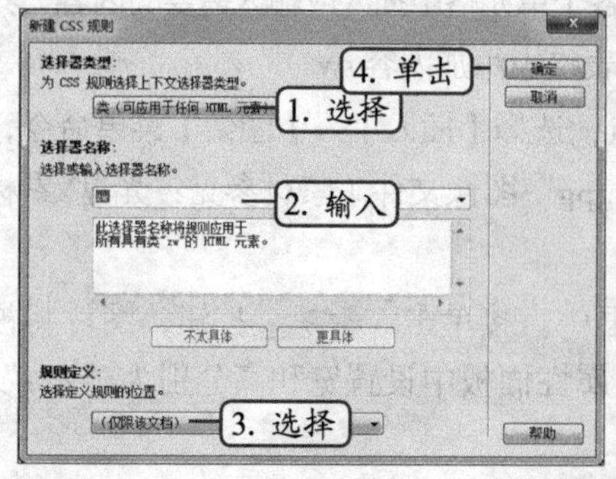

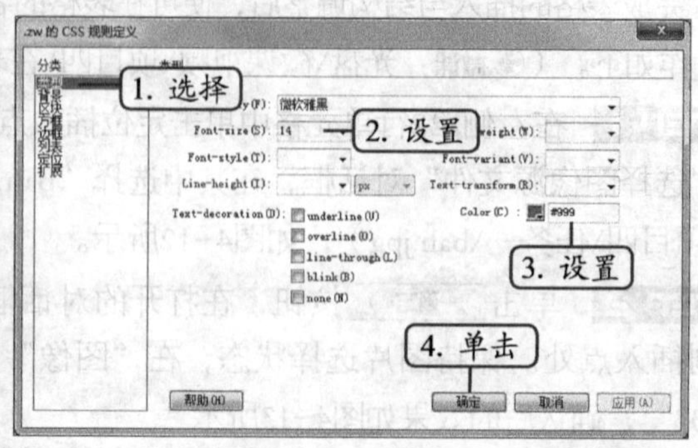

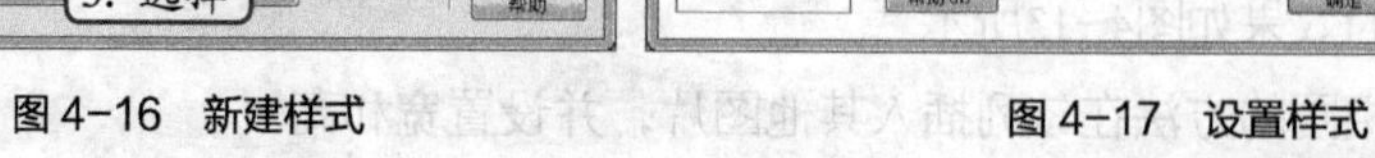

图 4-16　新建样式

图 4-17　设置样式

STEP 8 使用相同的方法为其他单元格输入相应的文本，并应用相应的格式。

STEP 9 在右侧表格的第1行插入“ls.jpg”图片（素材参见：光盘\素材文件\项目四\任务

一\ls.jpg），然后在第2行输入文本，并在“单元格”属性面板中应用“标题4”格式，并设置其水平方向居中显示。

STEP 10 在第3行输入相应的文本，然后选择下一行单元格，在“单元格”属性面板中设置“垂直”对齐为“顶部”，然后在其中输入相应的文本，并分别应用“标题4”和“zw”样式，完成后保存网页，效果如图4-18所示（最终效果参见：光盘\效果文件\项目四\任务一\hhtj.html）。

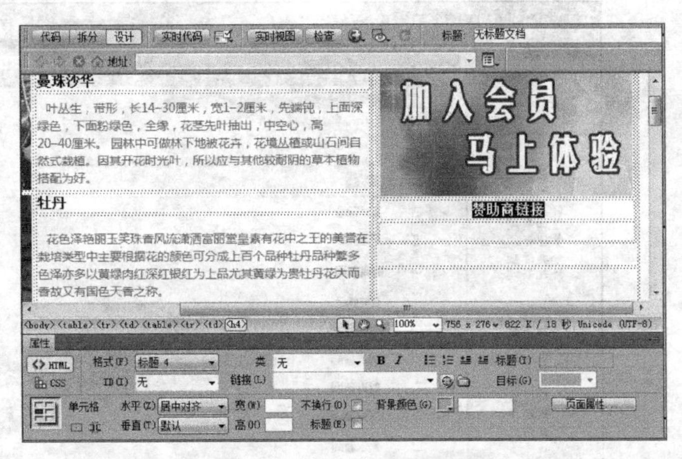

图 4-18 添加右上角的网页元素

任务二 制作“后台管理系统”网页

后台管理系统多用于学校或网站等机构对网页数据的管理，能够登录和管理后台数据的人员一般不多，但需要操作的数据非常多，通常为了方便查看，可采用框架和框架集进行布局。

一、 任务目标

本任务将新建一个空白HTML网页，在该网页中插入框架，根据网页制作的实际情况，对框架进行拆分，并制作各个框架网页，最后在内容框架中链接一个浮动框架。当单击超链接时，显示出浮动框架的内容。通过本任务的学习，可以掌握使用框架和框架集布局的方法。本任务制作完成后的最终效果如图4-19所示。

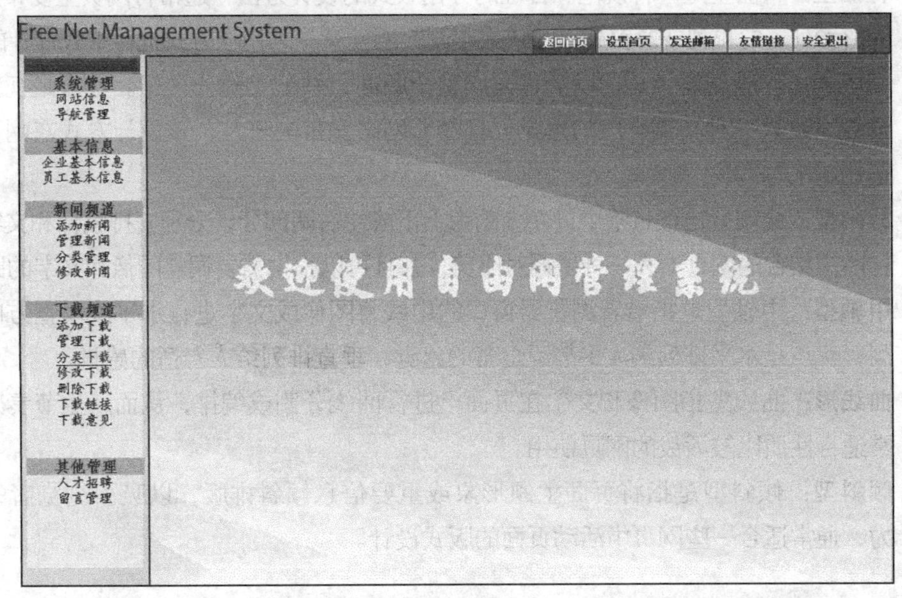

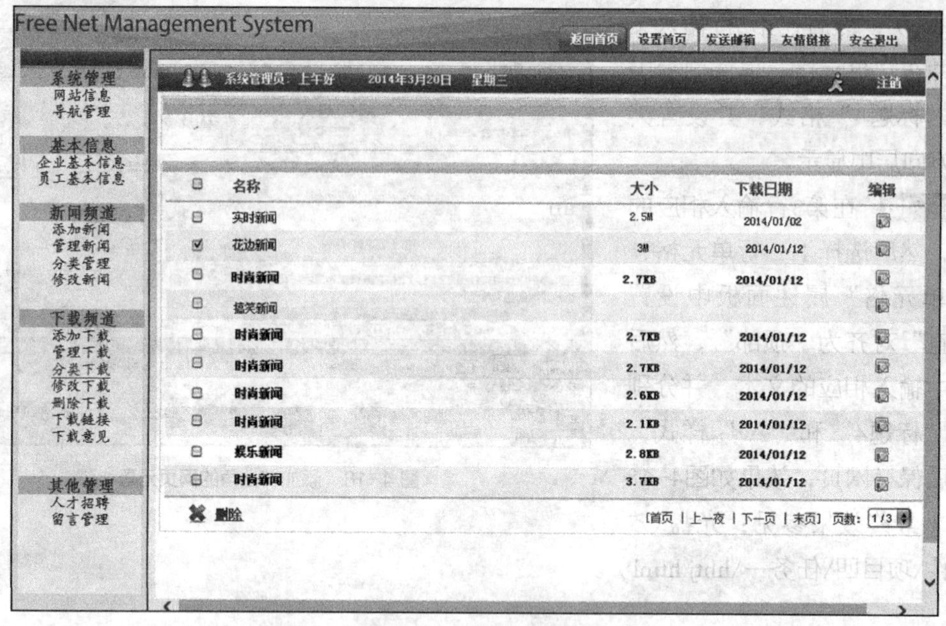

图4-19 后台管理系统

二、相关知识

本任务主要介绍网页布局版式设计的相关内容，下面简单介绍网页设计中相关的版式设计的类型和准则，并对框架进行了解。

（一）版式设计基本类型

合理的版面设计可以使网页效果更加漂亮，目前常见的网页版式设计类型主要有骨骼型、满版型、分割型、中轴型、曲线型、倾斜型、对称型、焦点型、三角型、自由型10种，下面分别简单介绍。

- **骨骼型**：骨骼型是一种规范、合理的分割版式的设计方法，通常将网页主要布局设计为3行2列、3行3列或3行4列，如“果蔬网”网站就是采用该方式进行版式设计的。
- **满版型**：满版型是指页面以图像充满整个版面，并配上部分文字。优点是视觉效果直观、给人一种高端大气的感觉，且随着网络宽带的普及，该设计方式在网页中的运用越来越多。
- **分割型**：分割型是指将整个页面分割为上下或左右两部分，分别安排图像和文字，这样图文结合的网页给人一种协调对比美，并且可以根据需要调整图像和文字的比例。
- **中轴型**：中轴型是指沿着浏览器窗口的中线将图像或文字进行水平或垂直方向的排列，优点是水平排列给人平静、含蓄的感觉，垂直排列给人舒适的感觉。
- **曲线形**：曲线型指图像和文字在页面上进行曲线分割或编排，从而产生节奏感。通常适合性质比较活泼的网页使用。
- **倾斜型**：倾斜型是指将页面主题形象或重要信息倾斜排版，以吸引浏览者的注意力，通常适合一些网页中活动页面的版式设计。

- **对称型**：对称分为绝对对称和相对对称，通常采用相对对称的方法来设计网页版式，可避免页面过于呆板。
- **焦点型**：焦点型版式设计是将对比强烈的图片或文字放在页面中心，使页面具有强烈的视觉效果，通常用于一些房地产类网站的设计。
- **三角型**：将网页中各种视觉元素呈三角形排列，可以是正三角，也可以是倒三角，突出网页主题。
- **自由型**：自由型的版式设计页面较为活泼，没有固定的格式，总体给人轻快、随意、不拘于传统布局方式的感觉。

（二）版式设计准则

进行版式设计时，需要注意版式设计的基本准则，下面总结了一些基本的建议，希望对读者有所帮助。

1. 网页版式

- 保持文件的最小体积，以便快速下载。
- 将重要的信息放在第1个满屏区域。
- 页面长度不要超过3个满屏。
- 设计时要用多个浏览器测试效果。
- 尽量少使用动画效果。

2. 文本

- 对同类型的文本使用相同的设计，重要的元素在视觉上要更加突出。
- 对网页中的文本格式进行设置时不要将所有文字设置为大写。
- 不要大量使用斜体设置。
- 不要将文字格式同时设置为大写、倾斜、加粗。
- 不要随意插入换行符。
- 尽量少使用<H5>、<H6>标签，不设置标题格式为五级或六级。

3. 图像

- 对图像中的文字进行平滑处理。
- 尽量将图像文件大小控制在30KB以下。
- 消除透明图像周围的杂色。
- 不要显示链接图像的蓝色边框线。
- 插入图像时对每个图像都设置替代文本，以便于图像无效时显示替代文本。

4. 美观性

- 避免网页中的所有内容都居中对齐。
- 不要使用太多颜色，选择一两种主色调和一种强调色即可。
- 不要使用复杂的图案平铺背景，容易给人凌乱的感觉。
- 设置有底纹的文字颜色时最好不要设置为黑底白字，尤其是对网页中大量的小文字进行设计时，可以选择一种柔和的颜色来反衬，也可使用底纹色的反色。

5. 主页设计

● 网站的主页要体现站点的标志和主要功能。

● 对导航功能进行层次设计，并提供搜索功能。

● 主页中的文字要精炼或使用一些暗示浏览者浏览其他页面内容的导读。

● 主页中放置的内容应该是网站比较特色的功能板块，以吸引浏览者的点击率。

（三）框架和框架集

下面介绍框架与框架集的相关知识。

1. 认识框架和框架集

框架集与框架其实就是包含与被包含的关系，框架是浏览器窗口中的一个区域，每个框架是一个单独的HTML页面。当一个页面被拆分为多个框架后，系统将自动建立一个框架集，即生成一个新的HTML文件，并在框架集中定义一组框架的布局和属性，包括框架书目、大小、位置、初始显示页面等。框架集只向浏览器提供如何显示一组框架以及框架中的页面显示，框架集本身不会在浏览器中显示。

2. 认识“框架集”和“框架”属性面板

本任务涉及属性面板的相关设置操作，因此需要先认识相关属性面板的参数作用。

选择需设置属性的框架集后，属性面板中出现如图4-20所示的参数。其中部分参数的作用介绍如下。

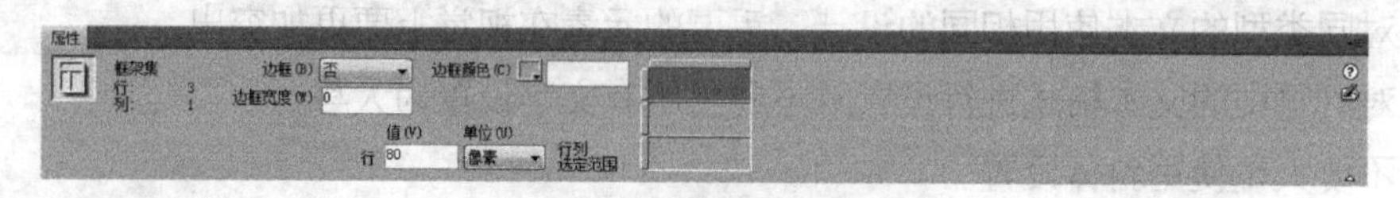

图4-20 “框架集”属性面板

● **“边框”下拉列表**：设置在浏览器中查看网页时是否在框架周围显示边框效果，其中包括“是”“否”“默认值”3种选项，其中“默认值”表示根据浏览器自身设置来确定是否显示边框。

● **“边框颜色”色块**：设置边框的颜色。

● **“边框宽度”文本框**：设置框架集中所有边框的宽度。

● **“行列选定范围”栏**：图框中显示为深灰色部分表示当前选择的框架，浅灰色表示没有被选择的框架，若要调整框架的大小，可在该处选择需要调整的框架，然后在“值”文本框中输入数字。

● **“值”文本框**：指定选择框架的大小。

● **“单位”下拉列表**：设置框架尺寸的单位，可以是像素、百分百等。

选择需设置属性的框架，在属性面板将显示框架的属性设置参数，如图4-21所示。其中部分参数的作用介绍如下。

● **“框架名称”文本框**：设置当前框架文档的名称，框架名称应该是一个单词，也可以使用下画线链接，但必须以字母开头，不能使用连字符、句点、空格、JS中的保留字。需要注意的是，框架名称是要被超链接和脚本引用的，因此必须符合框架的命名规则。

图4-21 “框架名称”属性面板

- **“源文件”文本框**：设置在当前框架中初始显示的网页文件名称和路径。
- **“边框”下拉列表**：设置是否显示框架的边框，需要注意的是，当该选项设置与框架集设置冲突时，此选项设置才会有作用。
- **“滚动”下拉列表**：设置框架显示滚动条的方式，包括“是”“否”“自动”“默认”4个选项。其中“是”表示显示滚动条；“否”表示不显示滚动条；“自动”表示根据窗口大小显示滚动条；“默认”表示根据浏览器自身设置显示滚动条。
- **“不能调整大小”复选框**：单击选中该复选框将不能在浏览器中通过拖曳框架边框来改变框架大小。
- **“边框颜色”文本框**：设置框架边框颜色。
- **“边界宽度”文本框**：设置当前框架中的内容距左右边框的距离。
- **“边界高度”文本框**：设置当前框架中的内容距上下边框的距离。

三、任务实施

（一）创建框架与框架集

利用Dreamweaver提供的框架功能创建框架集是非常方便的操作，下面以创建“对齐上缘”框架集为例进行介绍，其具体操作如下。（微课：光盘\微课视频\项目四\创建框架与框架集.swf）

STEP 1 新建HTML空白网页，并将其保存为“index.html”，将插入点定位到空白位置，选择【插入】/【HTML】/【框架】菜单命令，在打开的子菜单中选择“对齐上缘”命令。

STEP 2 在打开的对话框中保持默认设置后，单击确定按钮，完成框架的创建，如图4-22所示。

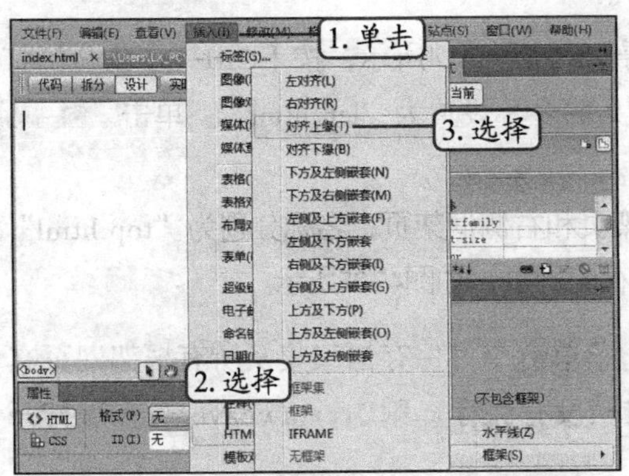

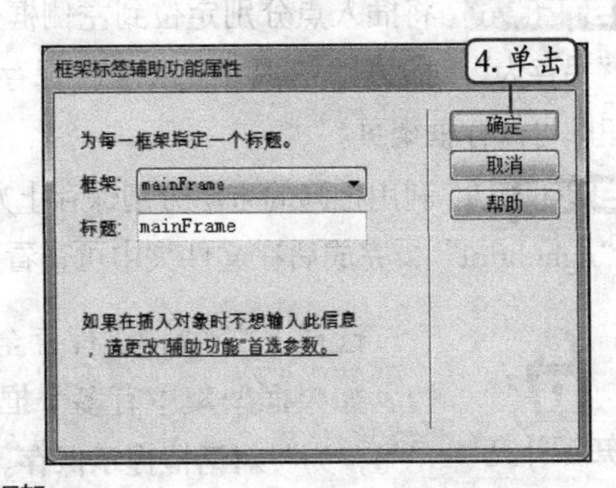

图4-22 创建框架

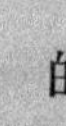

知识补充

还可通过以下方法创建框架和框架集。

①启动Dreamweaver CS6后，选择【文件】/【新建】菜单命令，在打开的对话框的左侧列表框中选择“示例中的页”选项，在“示例文件夹”列表框中选择“框架页”选项，在“示例页”列表框中选择需要创建的框架样式即可。

②新建空白的HTML文档，在“插入”面板的“布局”选项组中单击“框架”列表，在显示的列表中选择需要的框架集样式。

③新建空白的HTML文档，选择【修改】/【框架集】菜单命令，在打开的子菜单中选择相应的框架集样式即可。

STEP 3 按【Shift+F2】组合键，打开“框架”面板，选择mainFrame框架，将鼠标指针移至框架左边框线上，按住鼠标左键拖动边框线至合适的大小，释放鼠标完成拆分框架的操作，如图4-23所示。

操作提示

框架集中的框架是以单独的页面形式存在的，所以对不同位置的框架进行拆分，其框架所在的框架名也有所不同。

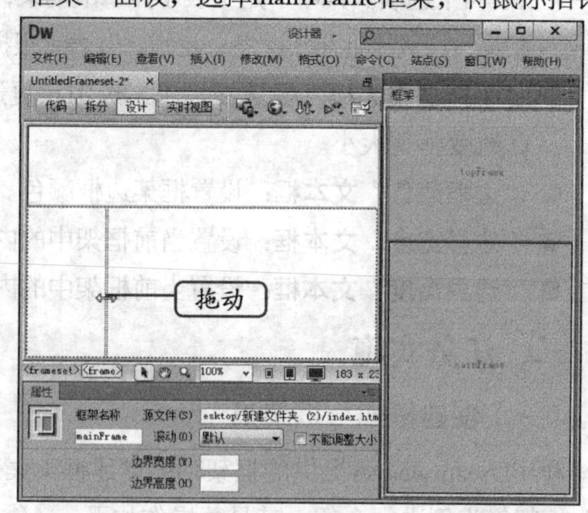

图4-23　拆分框架

（二）保存框架集与框架

保存框架网页和保存普通网页的操作有所不同，可以单独保存某个框架文档，也可以保存整个框架集文档。在保存时，通常先保存框架集网页文档，再保存各个框架网页文档，被保存的当前文档所在的框架或框架集边框将以粗实线显示，其具体操作如下。（微课：光盘\微课视频\项目四\保存框架集与框架.swf）

STEP 1 将插入点分别定位到左侧框架内部，如图4-24所示，按【Ctrl+S】组合键打开“另存为”对话框，在其中选择文件保存位置，将名称设置为“left.html”，单击保存(S)按钮即可保存框架页。

STEP 2 利用相同的方法分别保存上方框架页和右侧框架页，名称分别为“top.html”和“right.html”，完成后在文件夹中可查看到保存的网页，如图4-25所示。

知识补充

选择【文件】/【保存全部】菜单命令可保存框架集及所有框架网页文档。如果框架集中有多个框架文档没有保存，则Dreamweaver会多次打开“另存为”对话框提示保存。

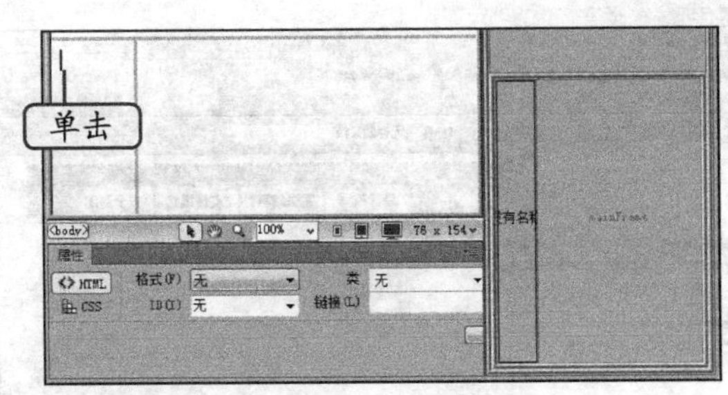

图4-24 定位插入点

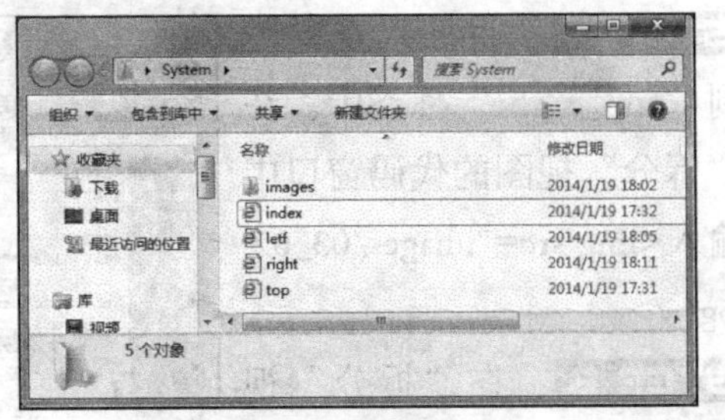

图4-25 保存的框架页

（三）制作框架页

制作框架网页就是为框架集中的各个框架指定显示的网页文件，制作方法与制作普通网页方法相同，其具体操作如下。（微课：光盘\微课视频\项目四\制作框架页.swf）

STEP 1 将插入点定位到top页面，单击拆分按钮，切换到“拆分”视图中，在代码窗口中的<body></body>标签内部输入代码以插入DIV标签，如图4-26所示。

STEP 2 分别为创建的DIV标签创建CSS样式“top_main”和“top_left”，分别设置“top_main”和“top_left”的CSS属性并在代码窗口中进行查看，如图4-27所示。

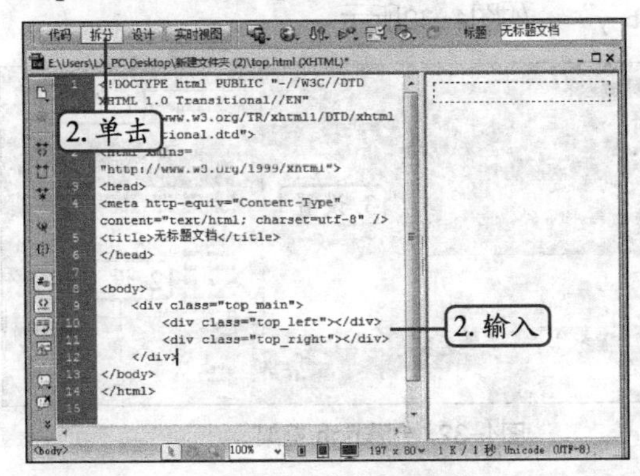

图4-26 插入DIV标签

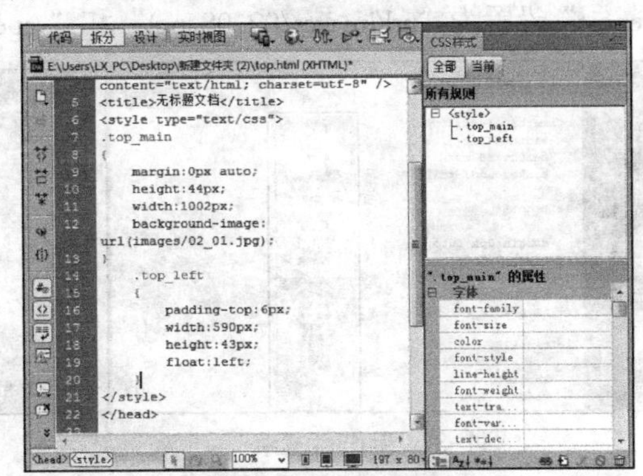

图4-27 制作CSS样式表

STEP 3 将插入点定位到“top_left”标签中，输入文本“Free Net Management System”，选择“top_left”CSS样式，在“CSS样式”面板右下角单击按钮，如图4-28所示。

STEP 4 在打开对话框的“分类”列表框中选择“类型”选项，在右侧窗格中分别将“Font-family”“Font_size”“Color”设置为“Myriad Pro”“26”“#3f6aa3”，如图4-29所示。

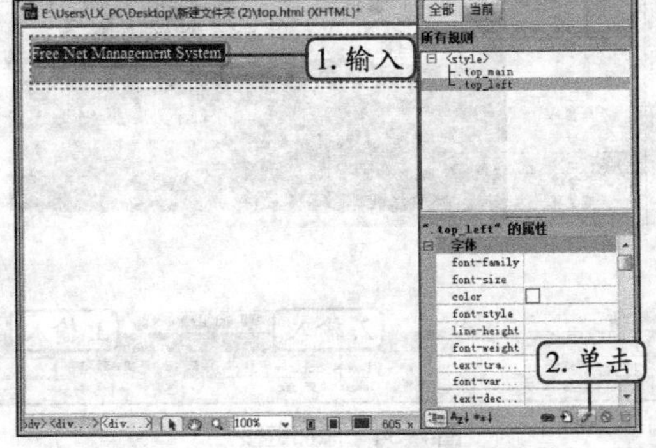

图4-28 修改样式

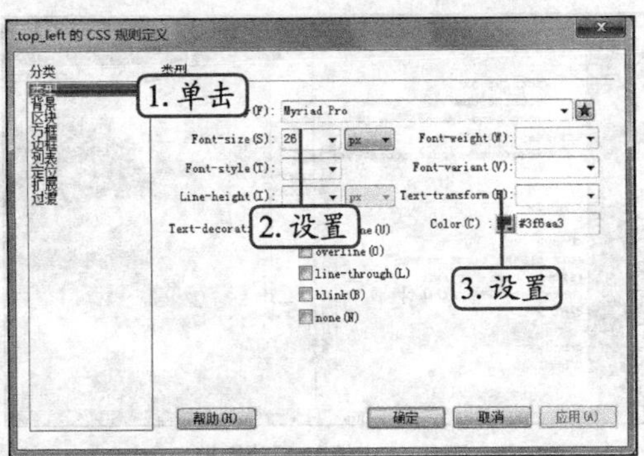

图4-29 编辑CSS样式表

STEP 5 将插入点定位到“top_right”标签中。在“拆分”视图的代码窗口中输入<img src="images/03_02.jpg" />。

STEP 6 在“拆分”视图中的设计窗口中查看其效果。完成top框架的制作，如图4-30所示。

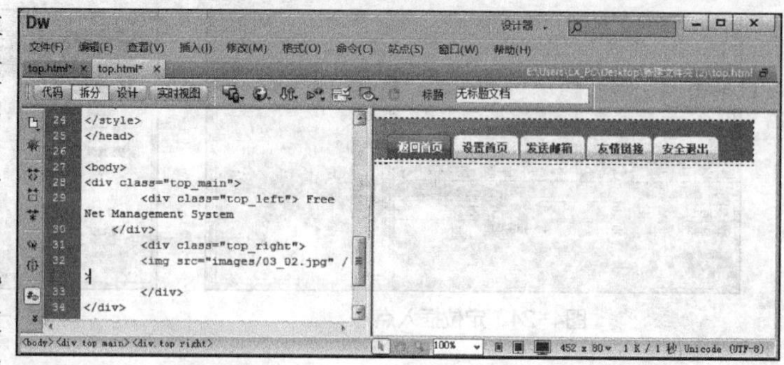

图4-30 编辑标签

STEP 7 将插入点定位到left框架中，使用制作top框架的方法，在left框架中插入DIV标签，为DIV标签插入CSS样式，如图4-31所示。

STEP 8 将插入点定位到right框架中，插入一个DIV标签，并为标签添加CSS样式“right_main”，在“CSS样式”面板中将“方框”选项下的“width”和“height”属性分别设置为“855px”和“590px”，在“背景”选项中分别将“background-image”和“background-repeat”设置为“url(images/02_08.jpg)”和“repeat-y”，如图4-32所示。

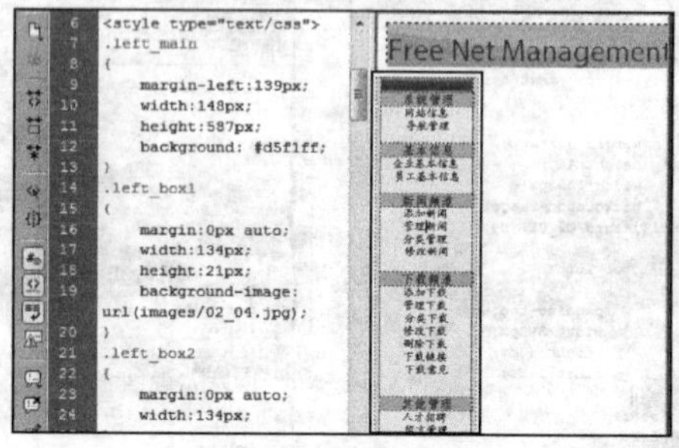

图4-31 制作left框架

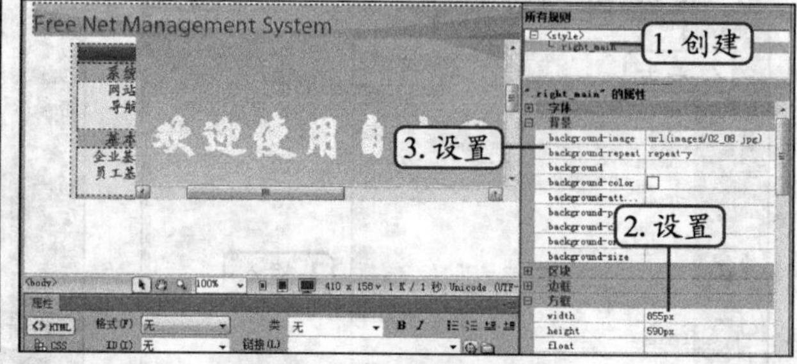

图4-32 制作right框架

STEP 9 在“拆分”视图的“代码”窗口中的“<div class="right_main"></div>”中输入代码“<iframe name="tp" width="855px" height="890"></iframe>”，如图4-33所示。

STEP 10 在left框架中选择“分类下载”文本，在“属性”面板中的“链接”文本框中输入“images/12_05.jpg”，在“目标”文本框中输入“tp”，如图4-34所示，完成后保存文件即可（最终效果参见：光盘\效果文件\项目四\任务二\index.html）。

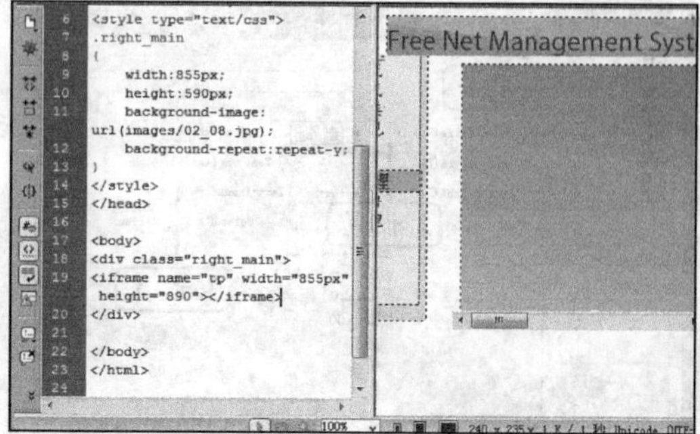

图4-33 添加浮动框架

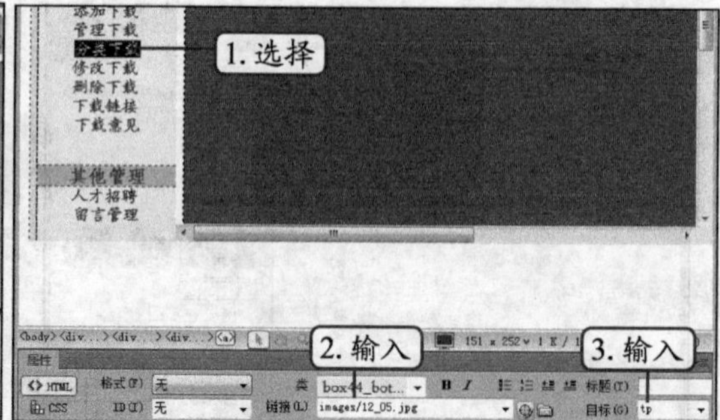

图4-34 添加链接

实训一 制作“2015年日历”页面

【实训要求】

本实训要求制作“2015rili.html”网页，通过该实训，练习表格在网页中的使用方法。

【实训思路】

根据实训要求，首先在空白网页中插入表格，并根据需求在表格中添加相关内容，再对添加内容的表格进行编辑，最后设置表格的属性。本实训的参考效果如图4-35所示。

图 4-35 “2015rili”页面效果

【步骤提示】

STEP 1 创建一个名为“2015rili.html”的网页文件，打开“表格”对话框，在其中设置表格边框。

STEP 2 在表格中选择第一排的2~5个单元格。在“属性”面板中单击“合并所选单元格”按钮。使用同样的方法合并第一排的后两个单元格。

STEP 3 选择第一排的最后一个单元格。在“属性”面板中单击“拆分单元格为行或列”按钮，打开“拆分单元格”对话框。选中“行”单选项，在“行数”数值框中输入“2”，单击确定按钮，完成拆分单元格操作。

STEP 4 在对于的单元格中输入文本，并设置相关的颜色。

STEP 5 在表格中选择第2排的第1个和最后1个单元格。在“CSS”属性面板的“背景颜色”后单击按钮，在打开的颜色面板中选择红色，然后设置其他单元格背景颜色。

STEP 6 选择表格中的所有文本，在默认的“属性”面板中分别将“水平”和“垂直”设置为“居中对齐”和“居中”。选择文本“马到成功”，在默认的“属性”面板中将“格式”设置为“标题1”。

STEP 7 选择整个表格，在“属性”面板中将“边框”设置为“1”，按【Ctrl+S】组合键进行保存（最终效果参见：光盘\效果文件\项目四\实训一\2015rili.html）。

实训二 制作“OA后台管理”网页

【实训要求】

本实训将使用框架结构制作一个“OA后台管理”的主页面，要求能实现OA办公系统的基本功能，便于使用者操作和查看。

【实训思路】

本实训制作过程中，首先需要创建和设置框架集，并链接框架源文件，然后制作框架页，最后保存框架和框架集。本实训完成后的最终效果如图4-36所示。

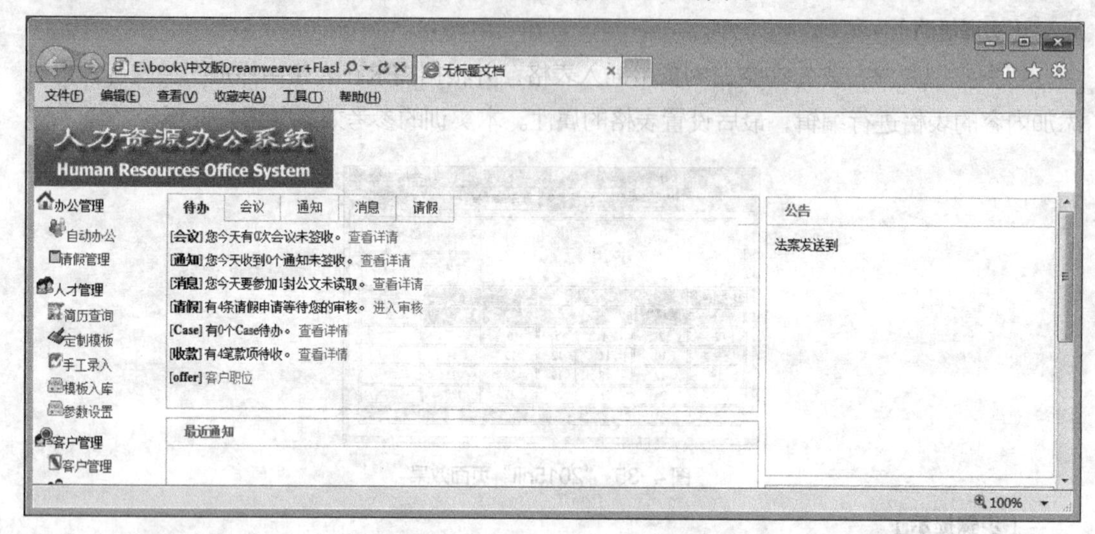

图4-36 “OA后台管理”主页面效果

【步骤提示】

STEP 1 新建空白HTML文档，选择【插入】/【HTML】/【框架】/【上方及左侧嵌套】菜单命令，在打开的“框架标签辅助功能属性”对话框中设置参数。

STEP 2 单击 确定 按钮关闭对话框，创建框架。调整上方和左侧框架的高度和宽度。

STEP 3 在“框架”面板中单击左侧框架缩览图选择框架，然后在“属性”面板中输入或单击按钮选择源文件为“left.htm”（素材参见：光盘\素材文件\项目四\实训二\left.htm），设置左侧网页。

STEP 4 用相同的方法设置右侧框架的源文件为“main.htm”（素材参见：光盘\素材文件\项目四\实训二\main.htm）。

STEP 5 将光标定位到顶端框架网页中，然后插入图片，在“CSS样式”面板中单击“附加样式表”按钮，选择CSS样式文件oa.css（素材参见：光盘\素材文件\项目四\实训二\main_files\oa.css）。

STEP 6 选择【文件】/【保存全部】命令，在打开的“另存为”对话框中保存框架和网页，然后按【F12】键预览网页，完成本实训的制作（最终效果参见：光盘\效果文件\项目四\实训二\oa.html）。

常见疑难解析

问：保存框架时，为什么“文件”菜单中没有“保存框架”选项？

答：在保存框架时，不能选择框架，只能将插入点定位到框架中，才能保存框架，否则只能保存框架页。

问：怎样在框架中打开文件？

答：将光标定位到框架中，选择【文件】/【在框架中打开】菜单命令，在打开的“选择HTML文件”对话框中选择要打开的文件，并可以通过编辑对应的网页文件对框架网页进行修改，修改完成后需要对网页进行重新保存。

问：为什么有时在网页中的某些部分无法显示内容呢？

答：因为在框架结构中需要保证框架页面的存在和正确的路径，比如一个站点在浏览器中显示为包含3个框架的单个页面，则它实际上至少由4个 HTML 文档组成：框架集文件以及3个文档，这3个文档包含最初在这些框架内显示的内容。在 Dreamweaver 中设计使用框架集的页面时，必须保存所有文件，该页面才能在浏览器中正常显示。

拓展知识

1. **选择整个表格**

选择整个表格主要有以下几种方法。

- 单击表格左上角或单击表格中任意一个单元格的边框线。
- 将光标插入点定位到表格内，选择【修改】/【表格】/【选择表格】菜单命令，或单击鼠标右键，在弹出的快捷菜单中选择【表格】/【选择表格】命令。
- 将鼠标光标移动到需要选择的表格内，在表格的上方或下方将出现绿色的标志，单击绿线中的▾按钮，在打开的下拉列表中选择“选择表格”选项。
- 将插入点定位到需要选择的表格内，在文档编辑区左下方单击<table>标签。

2. **选择行或列**

选择表格行或列主要有以下几种方法。

- 将鼠标指针移动到需要选择的行首和列顶，此时鼠标指针将变成黑色箭头形状，单击鼠标，即可选择行或列，按住鼠标左键不放，拖动鼠标可选择连续的行或列。
- 按住鼠标右键从左到右或从上到下拖曳，可选择相应的行或列。
- 将插入点定位到需要选择的行中，单击文档窗口左下角的<tr>标签，可选择行。
- 将插入点定位到表格中，在需要选择的列的绿线标志中单击▾按钮，在打开的下拉列表中选择“选择列”选项。

3. **选择单元格**

选择单元格可分为选择单个单元格、选择相邻单元格和选择不相邻单元格3种，下面分别进行介绍。

- **选择单个单元格**：在需选择的单元格中单击鼠标左键或将插入点定位到单元格中，单击<td>标签。
- **选择相邻单元格**：在开始的单元格中按住鼠标左键并拖曳到最后的单元格，或将插入点定位到开始的单元格中，按住【Shift】键不放单击最后的单元格。

● **选择不相邻单元格**：按住【Ctrl】键的同时单击需要选择的单元格，或在已选择的连续单元格中依次单击不需要选择的单元格。

课后练习

（1）在Dreamweaver CS6中制作“流行服装秀”网页，包括创建框架网页，设置框架及框架集属性，框架及框架集的保存等操作。其最终效果如图4-37所示（最终效果参见：光盘\效果文件\项目四\课后练习\fushi\index.html）。

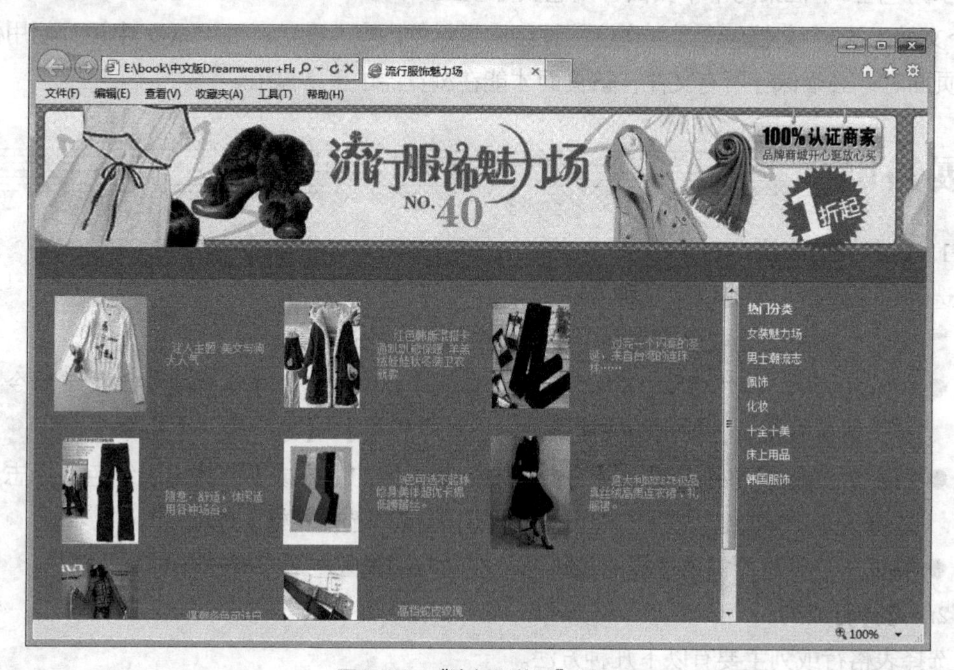

图4-37 “流行服装秀”网页

（2）在Dreamweaver CS6中制作“招聘”网页，主要包括表格的创建合并单元格，在表格中添加文本及图像，创建CSS样式对表格及单元格等对象进行控制等知识。完成后的参考效果如图4-38所示（最终效果参见：光盘\效果文件\项目四\课后练习\zhaopin\zhaopin.html）。

网站编辑（兼职）

四川娱乐科技有限公司　查看公司简介>>

公司行业：互联网/电子商务 计算机软件　公司性质：外资(欧美)

公司规模：150以人　立即申请

发布日期：	2010-1-25	工作地点：	成都	招聘人数：	5
工作年限：	在读学生	学　历：	大专		

职位描述

1、大专或以上学历的(可以是在校生)；自己有电脑，每天上网时间在四小时以上；可保证每周（周一至周五之间）每天有四小时及其以上空闲时间，能够配合公司的工作安排。
2、熟悉手机游戏、手机软件、手机主题、手机图片/铃声/电子书任一或多项手机资源内容，具有良好的信息收集、归纳、整理能力；
3、熟悉网络，熟悉电脑操作，掌握基本网络知识。熟悉Photoshop、Dreamweaver、Frontpage等软件；
4、具备良好的人际关系处理能力和沟通能力；责任心强，工作踏实，能承受较大工作压力，具备团队合作精神；

注：该职位是兼职，不须到公司办公。投递简历请注明所用手机的型号！

电子邮箱：hr@163.com

图4-38 “招聘”网页效果

PART 5

项目五 使用CSS+Div

情景导入

小白：阿秀，做网页时每次都需要设置字体格式很麻烦，有没有精简一点的方法呢?

阿秀：这就是接下来要教你的知识——使用CSS样式控制网页格式，这种方法不仅能统一页面风格，还能提高工作效率，也便于后期修改。

小白：CSS真是太神奇了。

阿秀：当然，CSS的使用丰富了页面样式统一的功能，而Div的使用则丰富了页面效果的设置，现在网页设计中，设计师们通常都是使用CSS+Div来布局和控制页面，这两项操作是网页设计的重点内容，你要认真学习。

学习目标

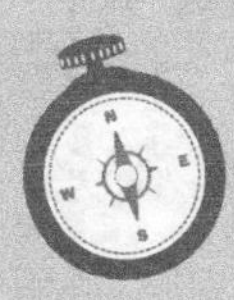

- 掌握CSS样式的创建和使用方法
- 掌握Div的创建和使用方法
- 掌握使用CSS+Div布局网页页面的方法

技能目标

- 掌握使用CSS样式美化“Flower-L.html”页面的方法
- 掌握使用CSS+Div制作“花店”网页的方法
- 能够使用CSS+Div完成页面布局

任务一　美化"Flower_L.html"网页

网页设计中一些比较规则或元素较为统一的页面，可使用CSS样式来控制页面风格，减少重复的工作量。

一、任务目标

本任务将使用CSS样式来美化"Flower_L.html"网页，在制作时先要新建CSS样式，将其应用到该网页上，以达到美化网页的效果。同时，让用户更加熟练地掌握CSS样式的各种属性，以及各属性的作用。通过本任务可掌握CSS样式在网页设计中的相关操作。本任务制作完成后的效果如图5-1所示。

图5-1　"Flower_L.html"网页效果

二、相关知识

本任务制作过程中涉及CSS样式的相关知识，下面对CSS样式进行简单介绍，这对于网页设计中样式的控制来说是非常重要的知识点。

（一）认识CSS样式

CSS样式即层叠样式表，是Cascading Style Sheets的缩写，它是一种用来进行网页风格设计的样式表技术。定义了CSS样式后，就可以把它应用到不同的网页元素中，当修改了CSS样式，所有应用了该样式的网页元素也会自动统一修改。

1. CSS的功能

CSS的功能归纳起来主要有以下几点。

- 灵活控制页面文字的字体、字号、颜色、间距、风格、位置等。
- 可随意设置一个文本块的行高和缩进，并能为其添加三维效果的边框。
- 方便定位网页中的任何元素，设置不同的背景颜色和背景图片。
- 精确控制网页中各种元素的位置。
- 可以为网页中的元素设置各种过滤器，从而产生诸如阴影、模糊、透明等效果（通常这些效果只能在图像处理软件中才能实现）。
- 可以与脚本语言结合，使网页中的元素产生各种动态效果。

2. CSS的特点

CSS的特点主要包括以下几点。

- **使用文件**：CSS提供了许多文字样式和滤镜特效等，不仅便于网页内容的修改，更加提高了下载速度。
- **集中管理样式信息**：将网页中要展现的内容与样式分离，并进行集中管理，便于在需要更改网页外观样式时，HTML文件本身内容不变。
- **将样式分类使用**：多个HTML文件可以同时使用一个CSS样式文件，一个HTML文件也可同时使用多个CSS样式文件。
- **共享样式设定**：将CSS样式保存为单独的文件，可以使多个网页同时使用，避免每个网页重复设置的麻烦。
- **冲突处理**：当文档中使用两种或两种以上样式时，会发生冲突，如果在同一文档中使用两种样式，浏览器将显示出两种样式中除了冲突外的所有属性；如果两种样式互相冲突，则浏览器会显示样式属性；如果存在直接冲突，那么自定义样式表的属性将覆盖HTML标记中的样式属性。

3. CSS的语法规则

CSS样式设置规则由选择器和声明两部分组成。CSS的语法：选择符{属性1：属性1值；属性2：属性2值；…}。其中选择器是表示已设置格式元素的术语，如body、table、tr、ol、p、类名、ID名等。声明则是用于定义样式的属性，通过CSS语法结构可看出，声明由属性和值两部分组成，如图5-2所示的代码中，body为选择器，{}中的内容为声明块。图中代码表示HTML中<body></body>标记内的所有内容外边距为0，内边距为0，字号为12点，字体为宋体，行高为18点，背景颜色为红色。

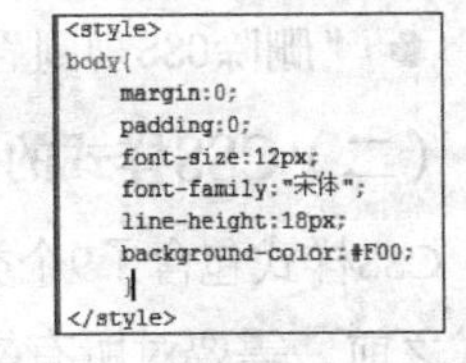

```
<style>
body{
    margin:0;
    padding:0;
    font-size:12px;
    font-family:"宋体";
    line-height:18px;
    background-color:#F00;
}
</style>
```

图5-2 CSS语法

4. CSS类别

在Dreamweaver中，CSS样式有“类CSS样式”“ID CSS样式”“标签CSS样式”“复合内容CSS样式”4种。

- **类CSS样式**：这种样式的CSS可以对任何标签进行样式定义，类CSS样式可以同时应用于多个对象，是最为常用的定义方式。

- **ID CSS样式**：这种CSS样式是针对网页中不同ID名称的对象进行样式定义，它不能应用于多个对象，只能应用到具有该ID名称的对象上。
- **标签CSS样式**：这种CSS样式可对标签进行样式定义，网页所有具有该标签的对象都会自动应用样式。
- **复合内容CSS样式**：这种CSS样式主要对超链接的各种状态效果进行样式定义，设置好样式后，将自动应用到网页中所有创建的超链接对象上。

5. **"CSS样式"面板的用法**

CSS样式的使用离不开"CSS样式"面板，因此在学习CSS样式之前，有必要对"CSS样式"面板的用法有所了解。选择【窗口】/【CSS样式】菜单命令或按【Shift+F11】组合键即可打开"CSS样式"面板，如图5-3所示，其中各参数的作用介绍如下。

- 全部**按钮**：单击该按钮可显示当前网页中所有创建的CSS样式。
- 当前**按钮**：单击该按钮可显示当前选择的CSS样式的详细信息。
- **"所有规则"栏**：显示当前网页中所有创建的CSS样式规则。
- **"属性"栏**：显示当前选择的CSS样式的规则定义信息。
- **"显示类别视图"按钮**：单击该按钮可在"属性"栏中分类显示所有的属性。

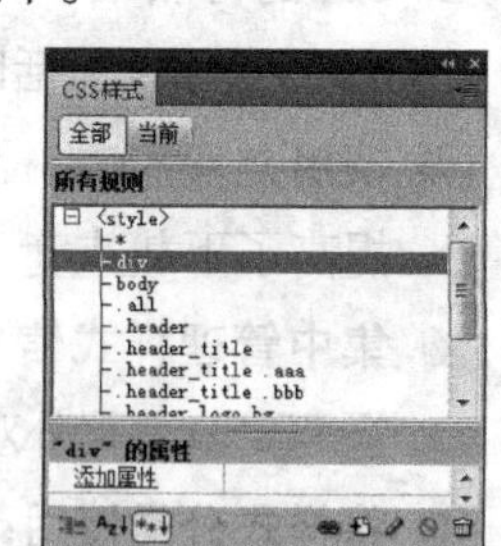

图5-3 "CSS样式"面板

- **"显示列表视图"按钮**：单击该按钮可在"属性"栏中按字母顺序显示所有的属性。
- **"只显示设置属性"按钮**：单击该按钮只显示设定了值的属性。
- **"附加样式表"按钮**：单击该按钮可链接外部CSS文件。
- **"新建CSS规则"按钮**：单击该按钮可新建CSS样式。
- **"编辑样式"按钮**：单击该按钮可编辑选择的CSS样式。
- **"禁用CSS样式规则"按钮**：单击该按钮可禁用或启用"属性"栏中所选的CSS样式的规则。
- **"删除CSS规则"按钮**：单击该按钮可删除选择的CSS样式规则。

（二）CSS样式的各种属性设置

CSS样式包含了9个类别的属性设置，每个类别又涉及许多参数，因此在创建和设置CSS样式之前，需要对所有CSS样式属性的作用做系统了解。双击"CSS样式"面板顶部窗格中的现有规则或属性，即可打开"CSS规则定义"对话框。

1. **设置类型属性**

在"CSS规则定义"对话框左侧的"分类"列表框中选择"类型"选项，可在界面右侧设置CSS类型属性，如图5-4所示，其中各参数的作用介绍如下。

- **"Font-family"下拉列表**：选择需要的字体外观选项。

- **“Font-size”下拉列表：**选择或输入字号来设置文本的字体大小。
- **“Font-weight”下拉列表：**选择或输入数值来设置文本的粗细程度。
- **“Font-style”下拉列表：**设置“normal（正常）”“italic（斜体）”“obliquec（偏斜体）”作为字体样式。

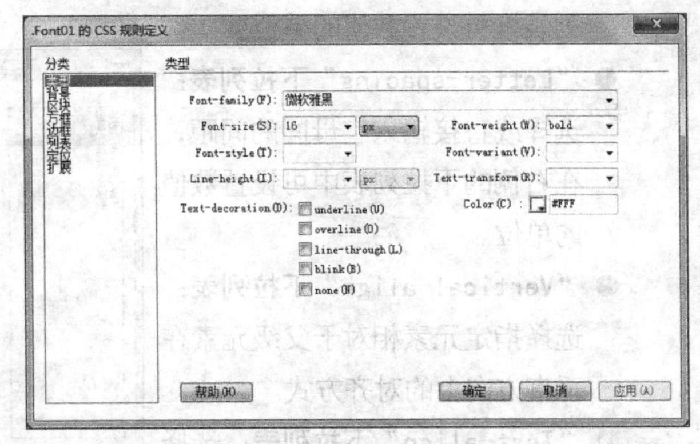

图5-4 设置CSS样式的“类型”规则

- **“Font-variant”下拉列表：**选择文本的变形方式。
- **“Line-height”下拉列表：**选择或输入数值来设置文本的行高。
- **“Text-transform”下拉列表：**选择文本的大小写方式。
- **“Text-decoration”栏：**单击选中相应的复选框可修饰文本效果，如添加下画线、上画线、删除线等。
- **“Color”栏：**单击颜色按钮或在文本框中输入颜色编码设置文本颜色。

2. 设置背景属性

在“CSS规则定义”对话框左侧的“分类”列表框中选择“背景”选项，可在界面右侧设置背景样式，如图5-5所示，其中各参数的作用介绍如下。

- **“Background-color”栏：**单击颜色按钮或在文本框中输入颜色编码设置网页背景颜色。
- **“Background-image”下拉列表：**单击[浏览]按钮，可在打开的对话框中选择背景图像。
- **“Background-repeat”下拉列表：**选择背景图像的重复方式。
- **“Background-attachment”下拉列表：**设置背景图像是固定在原始位置还是随内容滚动。

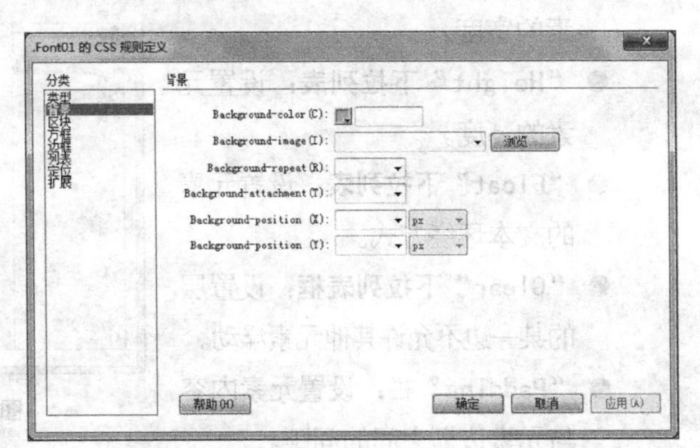

图5-5 设置CSS样式的“背景”规则

- **“Background-position（X）”下拉列表：**设置背景图像相对于对象的水平位置。
- **“Background-position（Y）”下拉列表：**设置背景图像相对于对象的垂直位置。

3. 设置区块属性

在“CSS规则定义”对话框左侧的“分类”列表框中选择“区块”选项，可在界面右侧设置区块样式，如图5-6所示，其中各参数的作用介绍如下。

- **“Word-spacing”下拉列表：**选择或直接输入单词之间的间隔距离，在右侧的下拉列表框可设置数值的单位。

- “Letter-spacing”下拉列表：选择或直接输入字母间的间距，在右侧的下拉列表中可设置数值的单位。
- “Vertical-align”下拉列表：选择指定元素相对于父级元素在垂直方向上的对齐方式。
- “Text-align”下拉列表：选择文本在应用该样式元素中的对齐方式。

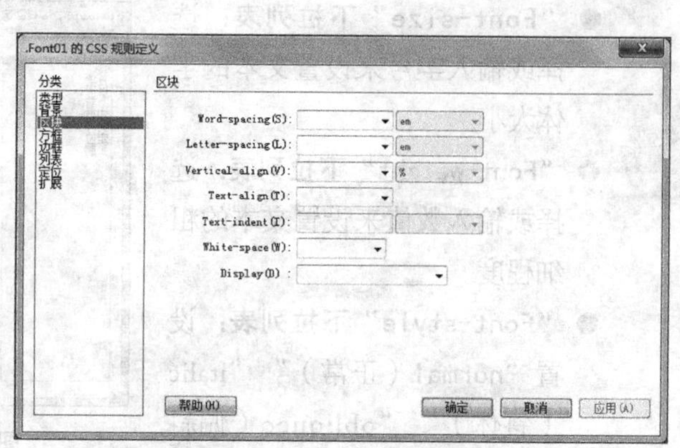

图5-6　设置CSS样式的“区块”规则

- “Text-indent”文本框：通过输入数值设置首行的缩进距离，在右侧的下拉列表框中可设置数值单位。
- “White-space”下拉列表：设置处理空格的方式。
- “Display”下拉列表：指定是否以及如何显示元素。

4. 设置方框属性

在“CSS规则定义”对话框左侧的“分类”列表框中选择“方框”选项，可在界面右侧设置方框样式，如图5-7所示，其中各参数的作用介绍如下。

- “Width”下拉列表：设置元素的宽度。
- “Height”下拉列表：设置元素的高度。
- “Float”下拉列表：设置元素的文本环绕方式。
- “Clear”下拉列表框：设置层的某一边不允许其他元素浮动。
- “Padding”栏：设置元素内容与元素边框之间的间距。

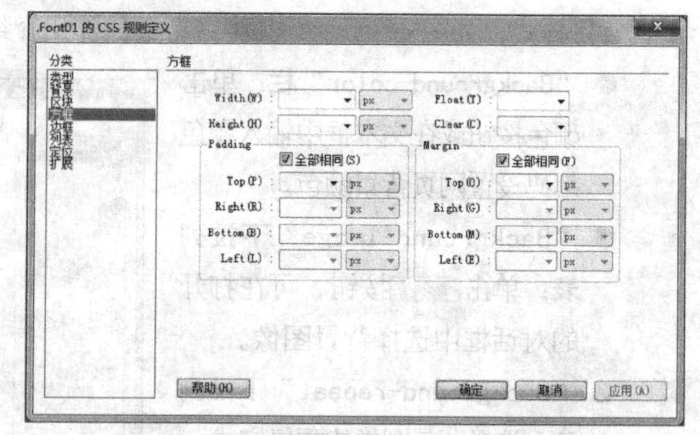

图5-7　设置CSS样式的“方框”规则

- “Margin”栏：设置元素的边框与另一个元素之间的间距。

知识补充

单击撤销选中“全部相同”复选框，可分别设置元素上、下、左、右四周的数值。但如果上、下、左、右的数值都相同，则建议单击选中“全部相同”复选框，通过设置一个方向上的数值，而自动应用其他方向的数值。

5. 设置边框属性

在“CSS规则定义”对话框左侧的“分类”列表框中选择“边框”选项，可在界面右侧设置边框样式，如图5-8所示，其中各参数的作用介绍如下。

● “Style”栏：设置元素上、下、左、右的边框样式。

● “Width”栏：设置元素上、下、左、右的边框宽度。

● “Color”栏：设置元素上、下、左、右的边框颜色。

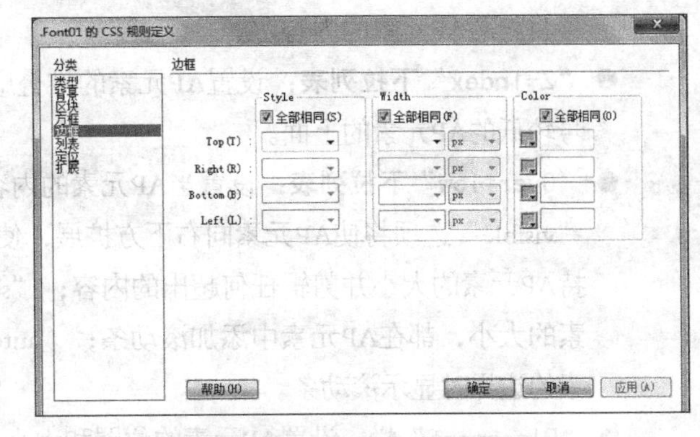

图5-8 设置CSS样式的“边框”规则

6. 设置列表属性

在“CSS规则定义”对话框左侧的“分类”列表框中选择“列表”选项，可在界面右侧设置列表样式，如图5-9所示，其中各参数的作用介绍如下。

● **“List-style-type”下拉列表**：选择无序列表框的项目符号类型及有序列表框的编号类型。

● **“List-style-image”下拉列表**：通过浏览按钮设置作为无序列表框的项目符号的图像。

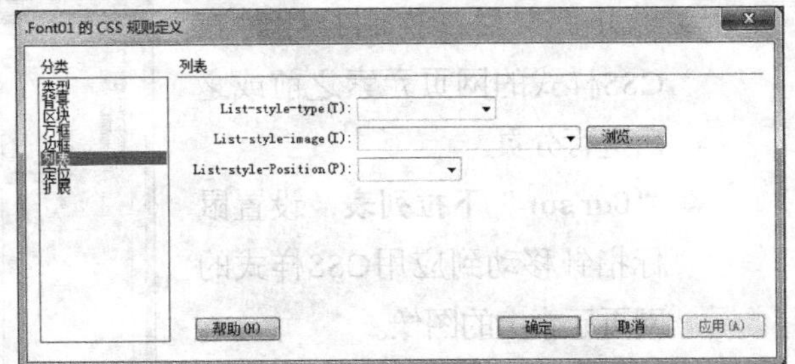

图5-9 设置CSS样式的“列表”规则

● **“List-style-Position”下拉列表**：设置列表框文本是否换行和缩进。其中“inside”选项表示当列表框过长而自动换行时不缩进；“outside”选项表示当列表框过长而自动换行时以缩进方式显示。

7. 设置定位属性

在“CSS规则定义”对话框左侧的“分类”列表框中选择“定位”选项，可在界面右侧设置定位样式，如图5-10所示，其中各参数的作用介绍如下。

● **“Position”下拉列表**：设置定位方式，其中“absolute”选项可使用定位框中输入的坐标相对于页面左上角来放置层；“relative”选项可使用定位框中输入的坐标相对于对象当前位置来放置层；“static”选项可将层放在它在文本流中的位置。

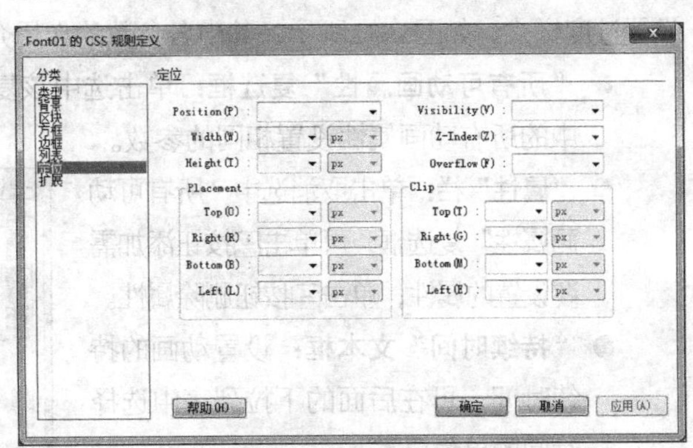

图5-10 设置CSS样式的“定位”规则

● **“Visibility”下拉列表**：设置AP元素的显示方式，其中“inherit”选项表示将继承父AP元素的可见性属性，如果没有父AP元素，默认为可见；“visible”选项将显示AP元素的内容；“hidden”选项将隐藏AP元素的内容。

- **“Z-Index”下拉列表**：设置AP元素的堆叠顺序，其中编号较高的AP元素显示在编号较低的AP元素的上面。
- **“Overflow”下拉列表**：设置当AP元素的内容超出AP元素大小时的处理方式，其中“visible”选项将使AP元素向右下方扩展，使所有内容都可见；“hidden”选项将保持AP元素的大小并剪辑任何超出的内容；“scroll”选项表示不论内容是否超出AP元素的大小，都在AP元素中添加滚动条；“auto”选项表示当AP元素的内容超出AP元素的边界时显示滚动条。
- **“Placement”栏**：设置AP元素的位置和大小。
- **“Clip”栏**：设置AP元素的可见部分。

8. 设置扩展属性

在“CSS规则定义”对话框左侧的“分类”列表框中选择“扩展”选项，可在界面右侧设置扩展样式，如图5-11所示，其中各参数的作用介绍如下。

- **“分页”栏**：控制打印时在CSS样式的网页元素之前或之后进行分页。
- **“Cursor”下拉列表**：设置鼠标指针移动到应用CSS样式的网页元素上的图像。
- **“Filter”下拉列表**：为应用CSS样式的网页元素添加特殊的滤镜效果。

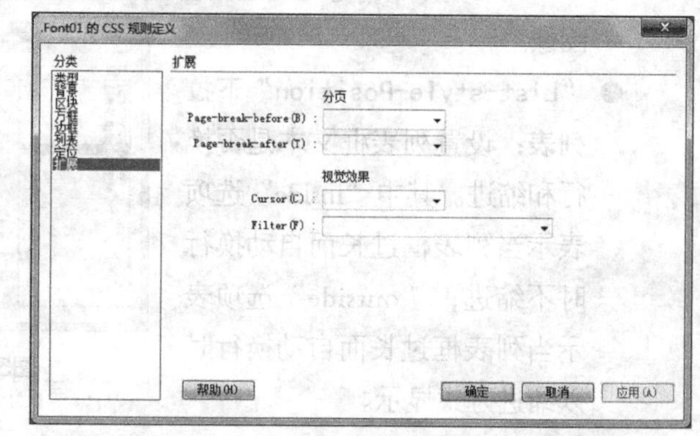

图5-11 设置CSS样式的“扩展”规则

9. 设置过渡属性

在“CSS规则定义”对话框左侧的“分类”列表框中选择“过渡”选项，可在界面右侧设置过度样式，如图5-12所示，其中各参数的作用介绍如下。

- **“所有可动画属性”复选框**：单击选中该复选框，“属性”栏将不可用，并为网页中的所有动画属性设置相同的参数。
- **“属性”栏**：单击取消选中“所有可动画属性”复选框，可单击⊞按钮添加需要设置的属性，单击⊟按钮删除属性。
- **“持续时间”文本框**：设置动画的持续时间，可在后面的下拉列表中选择时间的单位。
- **“延迟”文本框**：设置动画的延迟时间，可在后面的下拉列表中选择时间的单位。

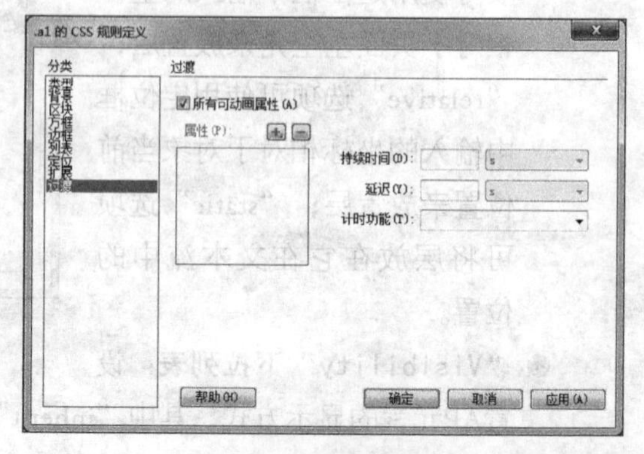

图5-12 设置CSS样式的“过渡”规则

● “计时功能”下拉列表：用于选择需要的计时器。

三、任务实施

（一）创建并应用CSS样式

在Dreamweaver中创建CSS样式的方法有很多，最常用的是通过“CSS样式”面板创建，其具体操作如下。（微课：光盘\微课视频\项目五\创建并应用CSS样式.swf）

STEP 1 打开“Flower_L.html”网页（素材参见：光盘\素材文件\项目五\任务一\Flower_L.html），选择带项目符号的所有文本，按【Shift+F11】组合键打开“CSS样式”面板，在面板右下角单击“新建CSS规则”按钮，打开“新建CSS规则”对话框，如图5-13所示。

STEP 2 在打开对话框的“选择器类型”下拉列表中选择“类（可应用于任何HTML元素）”选项，在“选择器名称”下拉列表中输入“.nav”，如图5-14所示，依次单击确定按钮，返回到“CSS样式”面板中即可查看到新建的.nav样式。

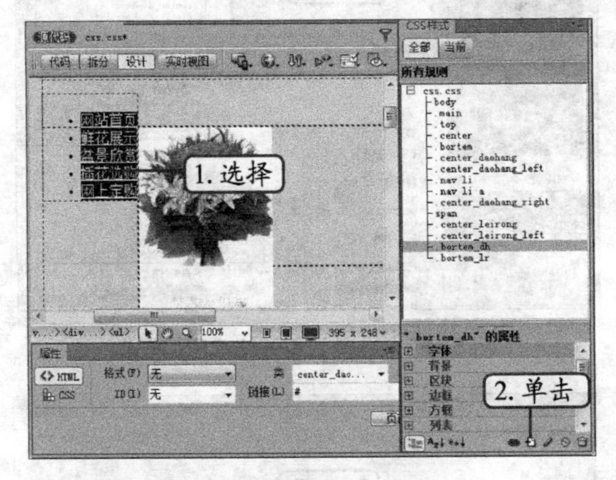

图5-13 准备创建CSS样式

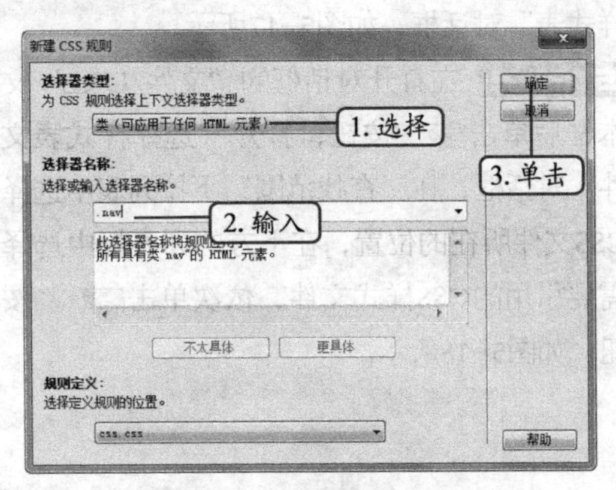

图5-14 创建CSS样式

STEP 3 保持新建的“.nav”样式的选中状态，在“.nav属性”选项卡下展开“方框”选项。在“margin”属性后的文本框中输入属性值“0px”，在“padding”属性后的文本框中输入属性值“0px”，按【Enter】键结束输入，如图5-15所示。

STEP 4 在“所有规则”选项下选择“.nav”样式，单击鼠标右键，在弹出的快捷菜单中选择“应用”命令，便可将创建的CSS样式应用到选择的文本中，如图5-16所示。

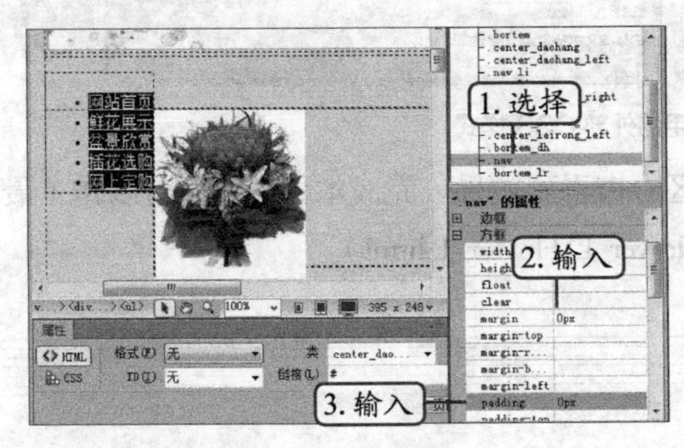

图5-15 设置属性

图5-16 应用创建的CSS样式

STEP 5 选择网页右下角的链接文本，在“属性”面板的“类”下拉列表中选择“.nav”选项，应用该样式。

知识补充

编辑CSS样式时也可以在规则样式对话框中修改编辑，对于CSS样式比较熟悉的人来说，可使用本处所讲的知识直接在“CSS样式”面板中更改属性，这样可以提高工作效率，节省时间。

（二）引用外部样式

当多个网页样式相同时，可以通过链接外部样式的方法快速为当前网页应用其他统一的样式，其具体操作如下。（微课：光盘\微课视频\项目五\引用外部样式.swf）

STEP 1 选择链接下方的所有图片，单击鼠标右键，在弹出的快捷菜单中选择【CSS样式】/【附加样式表】命令，打开“链接外部样式表”对话框，如图5-17所示。

STEP 2 在打开对话框的“文件/URL”文本框后单击浏览按钮，打开“选择样式表文件”对话框，在“查找范围”下拉列表中选择CSS文件所在的位置，在下方的列表框中选择需要引用的CSS样式文件，依次单击确定按钮，如图5-18所示。

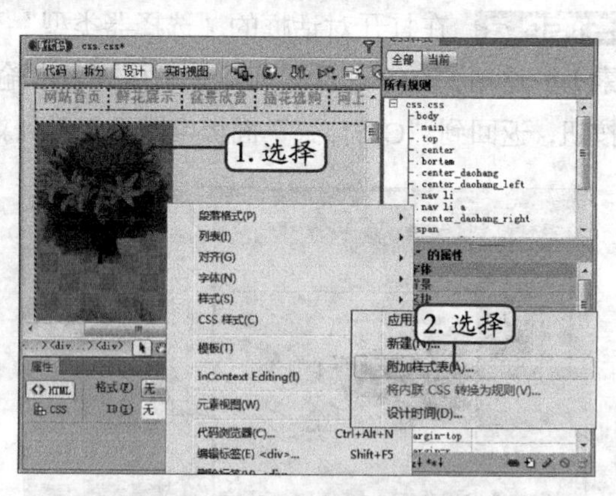

图 5-17 准备引用外部 CSS 样式

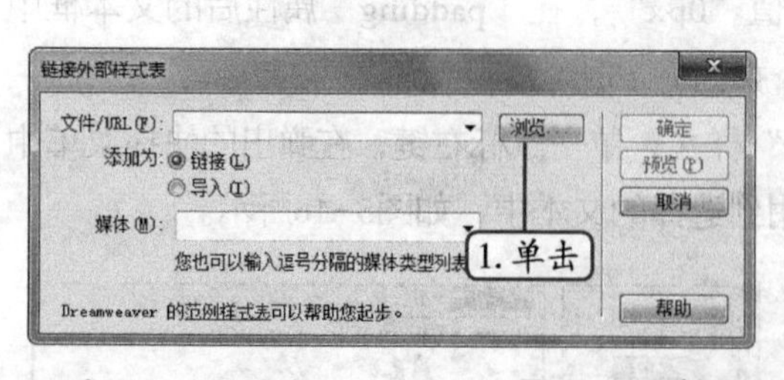

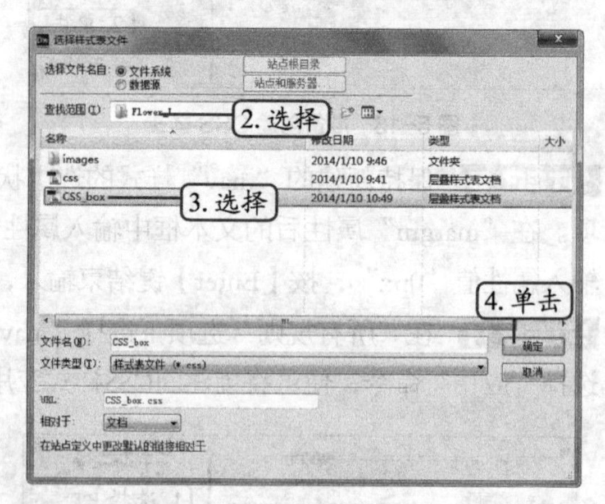

图 5-18 选择要引用的外部 CSS 样式

STEP 3 在应用样式后，即可在网页编辑区中查看到效果。完成本任务的所有制作（最终效果参见：光盘\效果文件\项目五\任务一\Flower_L\Flower_L.html）。

任务二 制作“花店”网页

CSS+Div布局是现在网页设计中常用的布局方式，通过该布局方式可以避免网页结构呆板、样式简单的缺点，下面详细进行讲解。

一、任务目标

本任务将为花店制作网点销售装饰，首先在新建的空白区域插入Div标签进行布局，再使用Div+CSS对插入的标签进行布局，最后对Div标签添加CSS样式，对添加的标签进行定位并设置相应的属性。通过本任务的学习，可以掌握使用CSS+Div统一网页风格的方法。本任务制作完成后的最终效果如图5-19所示。

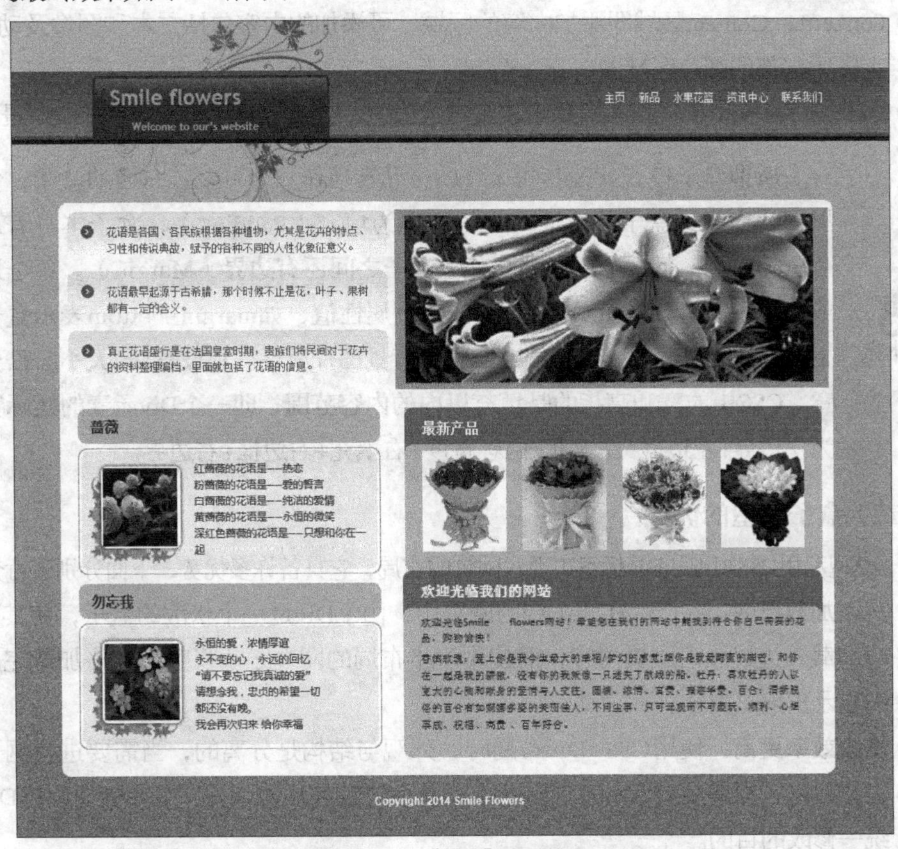

图5-19 “花店”网页效果

二、相关知识

本任务制作涉及Div布局的相关知识，下面进行简单介绍。

（一）认识CSS+Div盒子模式

盒子模型是根据CSS规则中涉及的Margin（边界）、Border（边框）、Padding（填充）、Content（内容）来建立的一种网页布局方法，如图5-20所示即为一个标准的盒子模型结构，左侧为代码，右侧为效果图。

```
<div class="div1">
<img src="file:///H|//tcpg1.png" alt="" width="285" height="261" />
</div>
```

```
.div1{
    height:266px;
    width:290px;
    margin-top:10px;
    margin-right:20px;
    margin-bottom:10px;
    margin-left:20px;
    padding-top:5px;
    padding-right:10px;
    padding-bottom:5px;
    border:10px solid #C00;
    background-color:#6CC;
    }
```

图5-20 CSS+Div布局

代码中相关参数介绍如下。

● **Margin**：Margin区域主要控制盒

子与其他盒子或对象的距离，上图中最外层的右斜线区域便是Margin区域。

- **Border**：Border区域即盒子的边框，这个区域是可见的，因此可对样式、粗细和颜色等属性进行设置，上图中的深色边框便是Border区域。
- **Padding**：Padding区域主要控制内容与盒子边框之间的距离，上图中的左斜线区域便是Padding区域。
- **Content**：Content区域即添加内容的区域，可添加的内容包括文本和图像及动画等。上图中内部的图片区域即Content区域。
- **background-color**：该参数用于设置背景颜色，图中蓝色区域表示盒子的背景颜色。

所谓盒子模式就是将每个HTML元素当作一个可以装东西的盒子，盒子里面的内容到盒子的边框之间的距离为填充（Padding），盒子本身有边框（Border），而盒子边框外与其他盒子之间还有边界（Margin）。每个边框或边距，又可分为上、下、左、右4个属性值，如margin-bottom表示盒子的下边界属性，background-image表示背景图片属性。在设置Div大小时需要注意，CSS中的宽和高指的是填充以内的内容范围，即一个Div元素的实际宽度为左边界+左边框+左填充+内容宽度+右填充+右边框+右边界。

（二）盒子模型的优势

盒子模型利用CSS规则和Div标签实现对网页的布局，它具备许多优势，下面分别进行介绍。

- **页面加载更快**：在CSS+Div布局的网页中，由于Div是一个松散的盒子，使其可以一边加载一边显示出网页内容，而使用表格布局的网页必须将整个表格加载完成后才能显示出网页内容。
- **修改效率更高**：使用CSS+Div布局时，外观与结构是分离的，当需要进行网页外观的修改时，只需要修改CSS规则即可，从而快速实现对应用了该CSS规则的Div进行统一修改的目的。
- **搜索引擎更容易检索**：使用CSS+Div布局时，因其外观与结构是分离的，当搜索引擎进行检索时，可以不用考虑结构而只专注内容，因此更易于检索。
- **站点更容易被访问**：使用CSS+Div布局时，可使站点更容易被各种浏览器和用户访问，如手机和Pad等。

采用盒子模式布局需要注意浏览器的兼容问题。对于IE5.5以前的版本对以盒子对象width为元素的内容、填充和边框三者之和，IE6之后的浏览器版本则按照上面讲解的width计算。这也是导致许多使用CSS+Div布局的网站在浏览器中显示不同的原因。

三、任务实施

（一）插入Div布局

使用CSS+Div进行网页布局前需要先创建Div分割页面，其具体操作如下。（**微课**：光

盘\微课视频\项目五\插入Div布局.swf）

STEP 1 新建一个空白HTML网页文档，将其保存为“flowers.html”，将插入点定位到网页的空白区域中，选择【插入】/【布局对象】/【Div标签】菜单命令，打开“插入Div标签”对话框，如图5-21所示。

STEP 2 在打开对话框的“类”下拉列表中输入“main”，单击新建CSS规则按钮，打开“新建CSS规则”对话框，其他保持默认设置，依次单击确定按钮，返回到网页编辑区，查看插入的第一个Div标签，如图5-22所示。

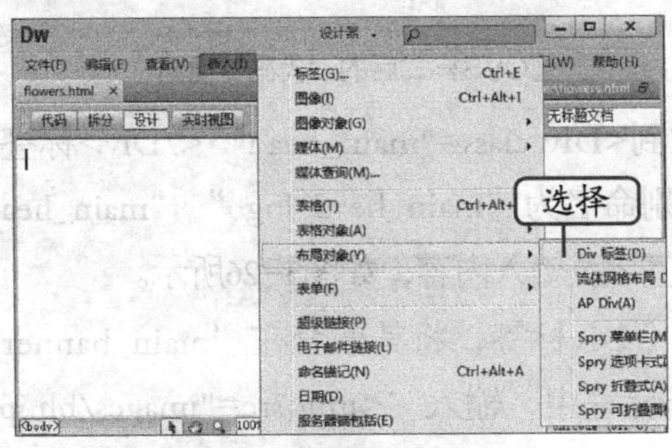

图5-21 插入Div标签

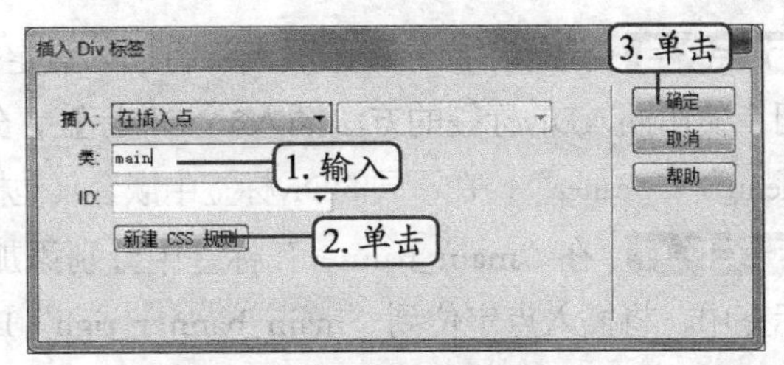

图5-22 设置Div标签

STEP 3 在网页编辑区中，将第一个Div标签中的内容删除，将插入点定位到Div标签中，然后使用相同方法依次插入4个Div标签，并分别命名为“main_head”“main_banner”“main_center”“main_bottom”，切换到“代码”视图查看效果，如图5-23所示。

知识补充

在插入Div标签后，如果没有对其大小进行设置，则在“设计”视图中查看不到效果，并且用户在布局时，完全可以在“代码”视图中进行快速布局，再使用"<!--"和“-->”标签对布局的多个Div标签添加注释，避免Div标签出错。

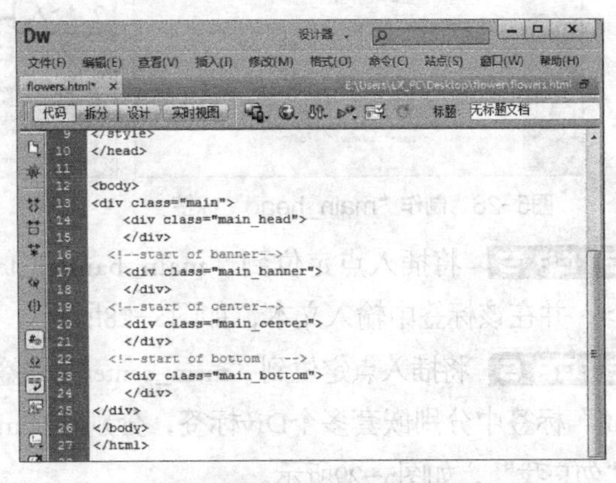

图5-23 添加其他Div标签后的“代码”视图

（二）使用CSS+Div控制页面风格

页面大致布局已完成，下面通过CSS+Div来控制整个页面风格，其具体操作如下。（微课：光盘\微课视频\项目五\使用CSS+Div控制页面风格.swf）

STEP 1 按【Shift+F11】组合键，打开“CSS样式”面板，单击全部按钮，在打开的下拉列表中选择“main”样式，在“CSS样式”的“.main”属性”选项卡下单击⊞按钮，展开“方框”选项，分别将“width”和“margin”的属性设置为“887px”和“auto”，如图5-24所示。

STEP 2 使用相同的方法对其他CSS样式进行编辑，编辑完成后，切换到“代码”视图中，即可查看到所有CSS样式的代码，如图5-25所示。

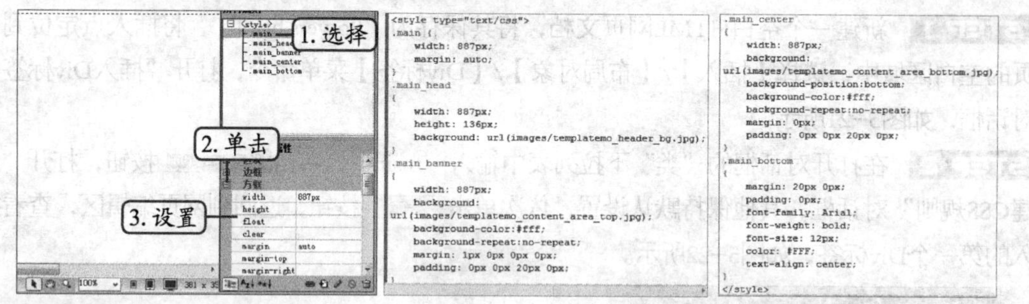

图5-24　编辑CSS样式　　　图5-25　编辑其他CSS样式后的“代码”视图

STEP 3　选择“拆分”选项卡，将插入点定位到<Div class="main_head"></Div>标签之间，使用插入Div标签的方法插入3个Div标签，分别命名为“main_head_logo”“main_head_menu”“cleaner”，在不同的Div标签中嵌套其他标签以及输入内容，如图5-26所示。

STEP 4　在“main_banner”标签中分别添加3个Div标签，将其嵌套在“main_banner”标签中，将插入点定位到“main_banner_righ”Div标签中，输入“<img src="images/bh.jpg" "alt=flower" />”插入图片，如图5-27所示。

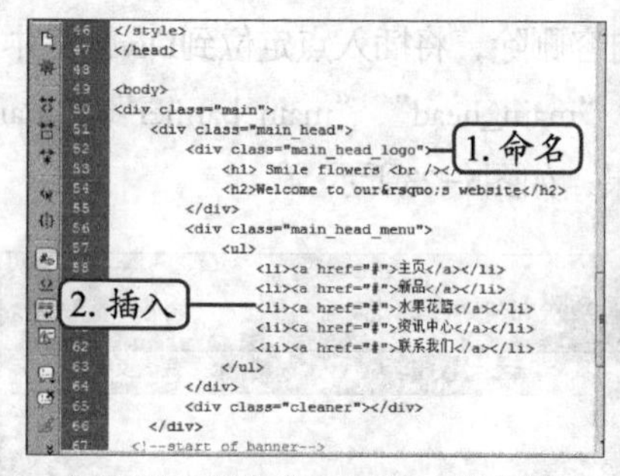

图5-26　制作“main_head”标签

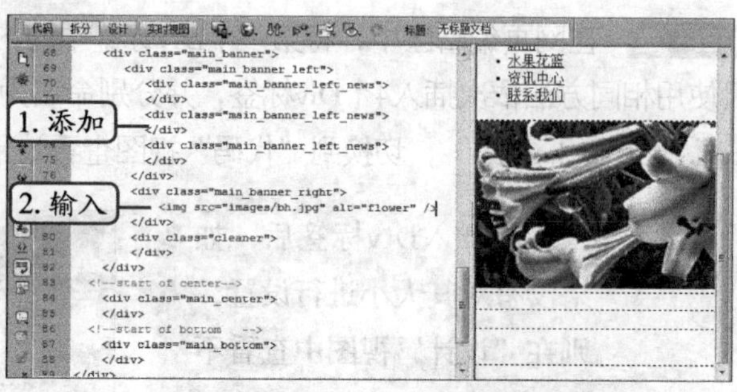

图5-27　制作“main_banner”标签

STEP 5　将插入点定位到“main_banner_left_news”Div标签中，输入分段标签<p></p>，并在该标签中输入文本，如图5-28所示。

STEP 6　将插入点定位到“main_center”标签中，分别嵌套多个Div标签，在“main_center_left”标签中分别嵌套多个Div标签，分别在“main_center_left_tittle”标签中输入“蔷薇”和“勿忘我”，如图5-29所示。

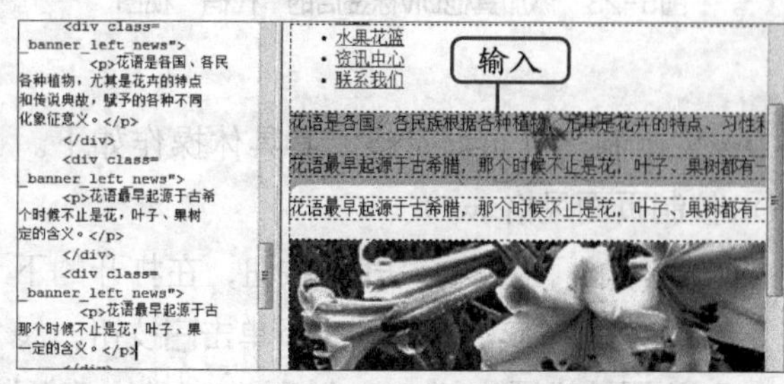

图5-28　输入内容

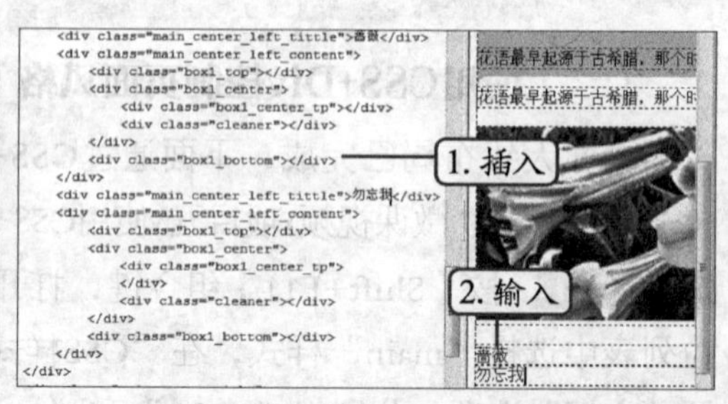

图5-29　制作“main_center”标签

STEP 7　在“box1_center_tp”标签中插入图片“qw.jpg”（素材参见：光盘\素材文件\项目五\任务二\qw.jpg），切换到“代码”视图查看其代码，在“main_center_left_content”Div标签

中输入文本，如图5-30所示。

STEP 8 在“box1_center_tp”标签中插入图片“www.jpg”（素材参见：光盘\素材文件\项目五\任务二\“www.jpg），切换到“代码”视图查看其代码，在“main_center_left_content”Div标签中输入文本，如图5-31所示。

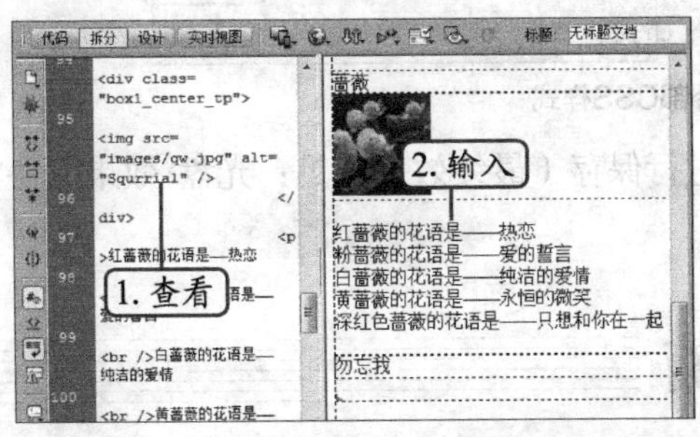

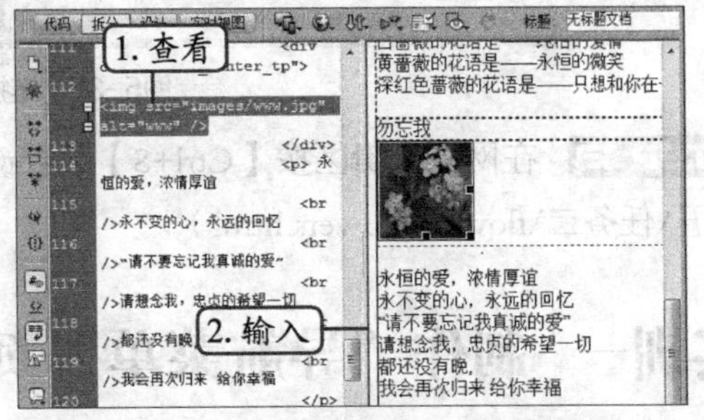

图5-30 制作“box1_center”标签　　图5-31 制作其他“box1_center”标签

STEP 9 使用相同的方法嵌套Div标签，并在标签中添加其他HTML标签，然后在标签中添加图片和文本。分别在“代码”和“设计”视图中查看效果，如图5-32所示。

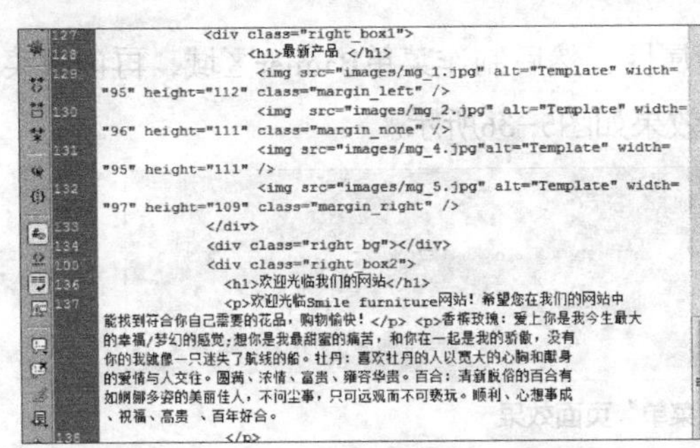

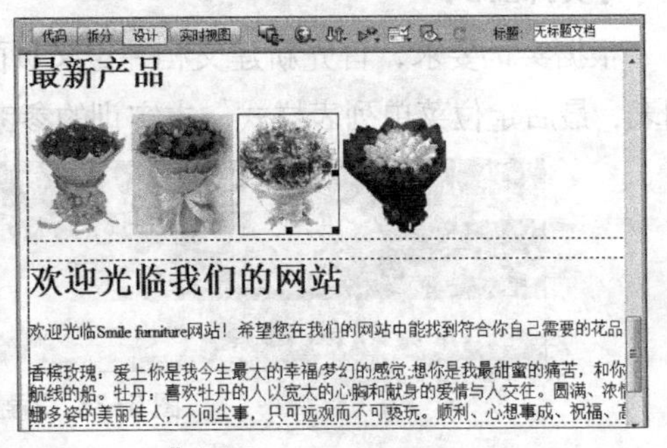

图5-32 制作“main_center_right”标签

STEP 10 切换到“拆分”视图中，将插入点定位到<Div class="main_bottom"> </Div>标签中，输入文本“Copyright 2014 Smile Flowers”。完成整个Div标签布局，如图5-33所示。

STEP 11 按【Ctrl+S】组合键进行保存，将“flowers_style”CSS样式文件复制到与“flowers.html”网页同一级的文件夹中，打开“CSS样式”面板，在其右下角单击“附加样式表”按钮，如图5-34所示。

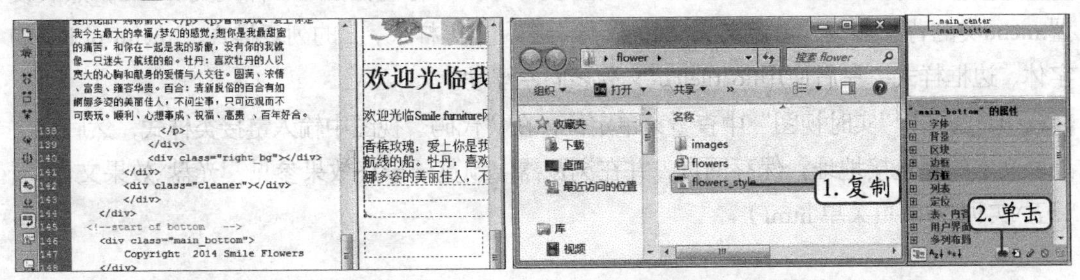

图5-33 制作“main_bottom”标签　　图5-34 复制外部CSS样式

STEP 12 打开“链接外部样式表”对话框，在“文件/URL”下拉列表后，单击 浏览 按钮，在打开对话框的“查找范围”下拉列表中查找到网页所在的位置，在下方的列表框中选择CSS文件，依次单击 确定 按钮，完成CSS文件的链接，如图5-35所示。

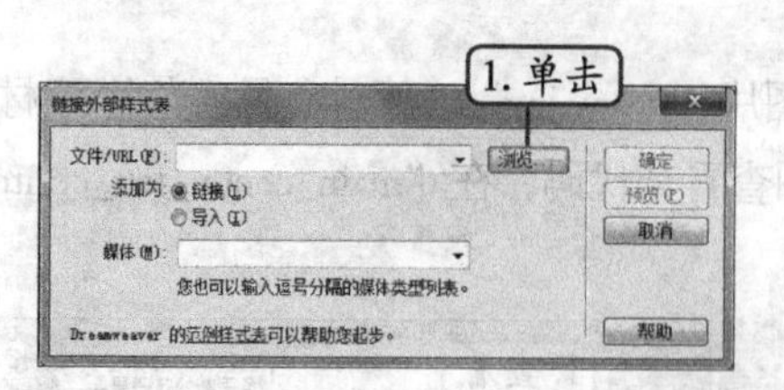

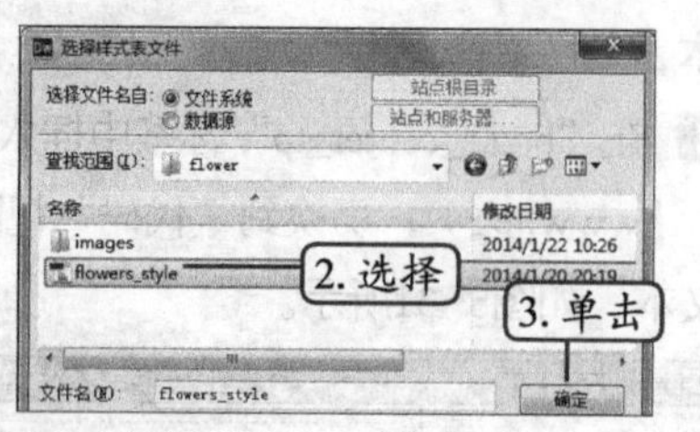

图5-35　链接外部CSS样式

STEP 13 在网页编辑区按【Ctrl+S】组合键进行保存（最终效果参见：光盘\效果文件\项目五\任务二\flowers\flowers.html）。

实训一　制作“导航菜单”页面

【实训要求】

本实训要求制作横向的“网页菜单”，通过本实训练习Div+CSS网页布局定位的操作方法。

【实训思路】

根据实训要求，首先新建文档并定义页面属性，然后制作菜单Banner区域，再创建菜单列表，最后定位菜单列表样式。本实训的参考效果如图5-36所示。

图5-36　“导航菜单”页面效果

【步骤提示】

STEP 1 新建空白HTML文档，在“页面属性”对话框中设置背景颜色为“#f5eee1”、边距为“0”，在“设计”视图中插入Div标签，然后添加CSS样式类.banner，并设置背景图像为“url(banner1_bg.jpg)”，最后插入图片“banner1_left.jpg”（素材参见：光盘\素材文件\项目五\实训一\banner1_left.jpg）。

STEP 2 添加一个Div标签，输入列表文字，为Div标签添加CSS样式类.menu，然后设置.menu类的背景参数，再定义.menu的字体、高和宽等样式，ul的列表样式，.menu ul li类的字体、边框样式，最后使用float:left定义列表向左浮动。

STEP 3 在“实时视图”中查看菜单定位，在“代码”视图中输入链接类样式，然后指定列表文本的超链接地址，保存网页，并在浏览器中预览（最终效果参见：光盘\效果文件\项目五\实训一\网页菜单.html）。

实训二　制作“招生就业”页面

【实训要求】

本实训要求利用素材图片（素材参见：光盘\素材文件\项目五\实训二\img\），使用

CSS+Div进行布局。本实训的参考效果如图5-37所示。

图5-37　蓉锦大学“招生就业”页面效果

【实训思路】

根据实训要求，需要先创建Div，然后再添加内容，并设置CSS样式。

【步骤提示】

STEP 1 新建一个网页文件，在其中创建一个Div，并设置居中对齐，然后在其中创建3个Div，上面一个用于放置标志栏和导航栏，中间一个用于放置主要内容，下面的一个用于放置版权信息。

STEP 2 页面主要结构布局完成后就可在Div中插入AP Div来进行其他内容布局，向其放入相关的内容，并进行设置。

STEP 3 制作完成后保存页面，然后按【F12】键在浏览器中进行测试，完成本实训的制作（最终效果参见：光盘\效果文件\项目五\实训二\rjdx_zsjy.html）

常见疑难解析

问：将新建的CSS样式导出后，怎样为其他网页应用这个文件中的CSS样式呢？

答：可通过链接的方式来使用该CSS样式文件中的内容。首先打开需应用样式的网页，在“CSS样式”面板中单击“附加样式表”按钮，打开“链接外部样式表”对话框，单击其中的浏览...按钮，打开“选择样式表文件”对话框，选择需要使用到的CSS样式文件，依次单击确定按钮即可为网页应用所选CSS样式文件中设置的样式规则。

问：为什么已经设置好的CSS样式中的某些属性并没有显示到应用的对象上？

答：有可能是不小心禁用了某个属性。在“CSS样式”面板中查看该属性左侧是否出现“禁用”按钮，若出现则表示该属性处于禁用状态，此时只需单击该按钮使其消失，便可重新启用该属性参数。

拓展知识

1. CSS链接方法

CSS+Div布局是一种将内容与形式分离开来的布局方式，因此，CSS样式可以独立成一个文件，也可嵌入在HTML文档中，其链接方法有以下几种。

- **外部链接**：这种方式是目前网页设计行业中最常用的CSS样式链接方式，即将CSS保存为文件，与HTML文件相分离，减小HTML文件大小，加快页面加载速度。其链接方法是将页面切换到“代码”视图，在HTML头部的“<title></title>”标签下方输入代码“<link href="(CSS样式文件路径)"type="text/css"rel="stylesheet">”。
- **行内嵌入**：该链接方式是将CSS样式代码直接嵌入到HTML中，这种方法不利于网页的加载，且会增大文件。
- **内部链接**：这种方式是将CSS样式从HTML代码行中分离出来，直接放在HTML头部的“<title></title>”标签下方，并以<style type="text/css"></style>形式体现，本书中的CSS样式均采用该链接方式。

2. 创建AP Div

创建AP Div 主要有以下几种方法。

- **通过菜单命令**：将鼠标指针移动到需要插入AP Div的位置处单击，然后选择【插入】/【布局对象】/【AP Div】菜单命令，即可插入一个默认的AP Div。
- **通过“布局”面板**：在“插入”面板的“布局”选项下拖动“绘制AP Div”按钮到文档编辑区中，即可插入一个默认大小的AP Div。
- **手动绘制**：在“插入”面板的“布局”选项下单击“绘制AP Div”按钮，然后将鼠标移至编辑区中，当鼠标指针变为十形状时，拖曳鼠标可绘制一个自定义大小的AP Div。在单击“绘制AP Div”按钮时按住【Ctrl】键不放可连续绘制多个AP Div。
- **绘制嵌套AP Div**：选择【编辑】/【首选参数】菜单命令，打开“首选参数”对话框，选择“分类”列表框中的“AP元素”选项，在右侧面板中单击选中“在AP Div中创建以后嵌套”复选框，然后在“插入”面板的“布局”选项下拖动“绘制AP Div”按钮，并在现有的AP Div中拖曳鼠标，即可将绘制的AP Div嵌入到原来的AP Div中。
- **插入嵌套AP Div**：将光标定位到需要嵌套的AP Div中，然后选择【插入】/【布局对象】/【AP Div】菜单命令，可插入一个嵌套的AP Div。
- **嵌套已有的AP Div**：在“AP 元素”面板中选择一个AP Div，按住【Ctrl】键将其拖曳到另一个AP Div上面，即可嵌套。

3. 选择AP Div

在设置AP Div前还需要先选择AP Div，在Dreaweaver CS6中，可一次选择一个或同时选择多个AP Div，具体有以下几种方法。

- 单击AP Div边线，可选择单个AP Div。

- 单击“AP Div选择”按钮回，即可选择AP Div，如果没有显示“AP Div选择”按钮回，则可将鼠标指针放在AP Div中即可显示。
- 在“AP元素”面板中，单击AP Div名称进行选择，可按住【Shift】键选择多个AP Div，也可在页面中按住【Shift】键选择多个AP Div。

4. 调整AP Div尺寸

通过绘制的方式创建的AP Div，其尺寸不一定满足实际需要，此时可以通过设置AP Div的尺寸来进行修改。主要有以下几种方法。

- **通过“属性”面板设置**：选择需要调整尺寸的AP Div，在“属性”面板的“宽”和“高”文本框中查看AP Div的当前尺寸大小，然后分别在“宽”和“高”文本框中修改数值，此时AP Div的尺寸将同步发生变化。
- **手动调整**：如果对AP Div的大小精度要求不高时，可在选择AP Div后，直接通过拖动边框上的控制点调整其尺寸。
- **同时调整多个**：选择需要统一调整尺寸的多个AP Div，在“属性”面板中的“宽”文本框中输入需要的值，此时选择的多个AP Div将同时调整宽度。

课后练习

（1）本练习要求美化“红驴旅游网”网页，通过新建CSS样式来对网页的文本格式、图像格式和背景进行设置，其最终效果如图5-38所示（最终效果参见：光盘\效果文件\项目五\课后练习\红驴旅游网\index.html）。

图5-38 “红驴旅游网”网页

（2）本练习要求制作“style.html”网页，首先新建一个空白HTML，将其保存为“style.html”，然后在网页中将其背景色设置为黑色，再使用Div+CSS进行布局设计，将整个页面布局分为上、中、下，并在各部分中嵌套其他Div标签，最后使用CSS样式对其进行设置，相关图片可在提供的素材文件中查找（素材参见：光盘\素材文件\项目五\课后练习\style\），完成后参考效果如图5-39所示（最终效果参见：光盘\效果文件\项目五\课后练习\style\style.html）。

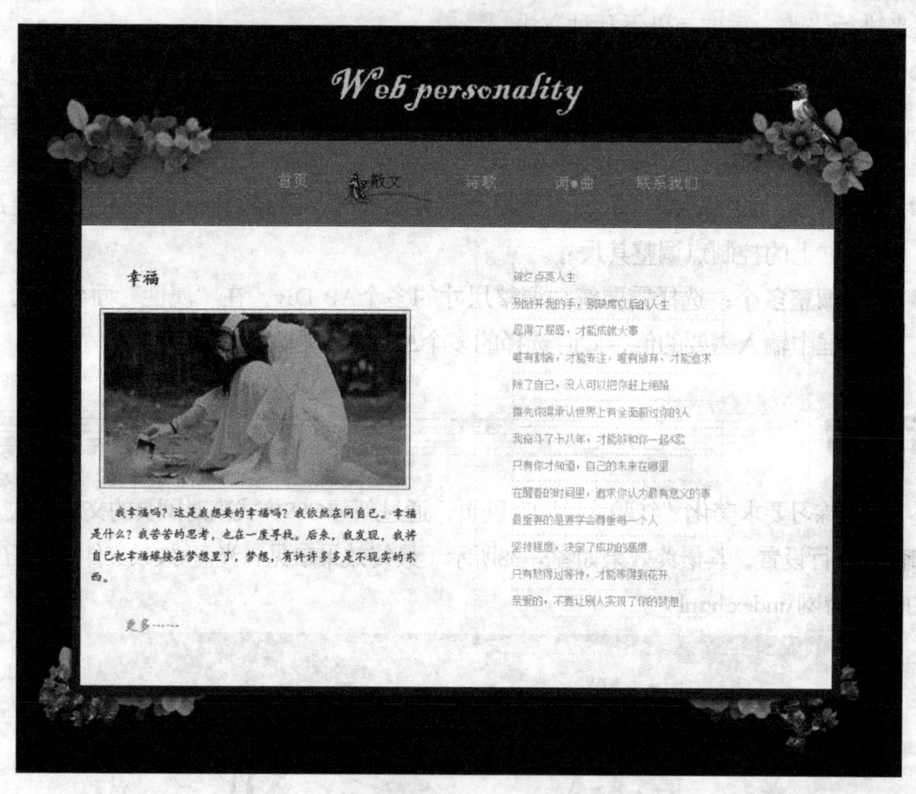

图5-39　制作个性网页

PART 6

项目六 库、模板、表单、行为的应用

情景导入

小白：阿秀，一个网站中有很多的页面，若是每个页面都单独进行制作会很费时间，有没有一种方法能提高效率，批量制作网页?

阿秀：在Dreamweaver中可以通过库和模板等功能来快速完成相同界面网页的制作。

小白：那你快教我吧。

学习目标

- 掌握模板的创建、应用、编辑操作
- 熟悉模板的删除和更新等管理方法
- 掌握行为的使用方法

技能目标

- 使用“库”制作“蓉锦大学馆藏资源”页面的方法
- 使用模板制作西餐厅网页的方法
- 掌握利用表单的功能制作“login.html”登录页面的方法

任务一 制作“蓉锦大学馆藏资源”页面

一个网站包括多个页面，一些页面的网页元素很特殊，如一些用于介绍具体内容或是列表的页面，这种页面可通过创建库来快速制作，以提高工作效率。

一、任务目标

本任务将使用“库”来制作“蓉锦大学馆藏资源”页面。制作时先了解库的概念，然后创建库文件，编辑并应用创建的库文件。通过本任务可掌握库在网页制作中的相关操作。本任务制作完成后的效果如图6-1所示。

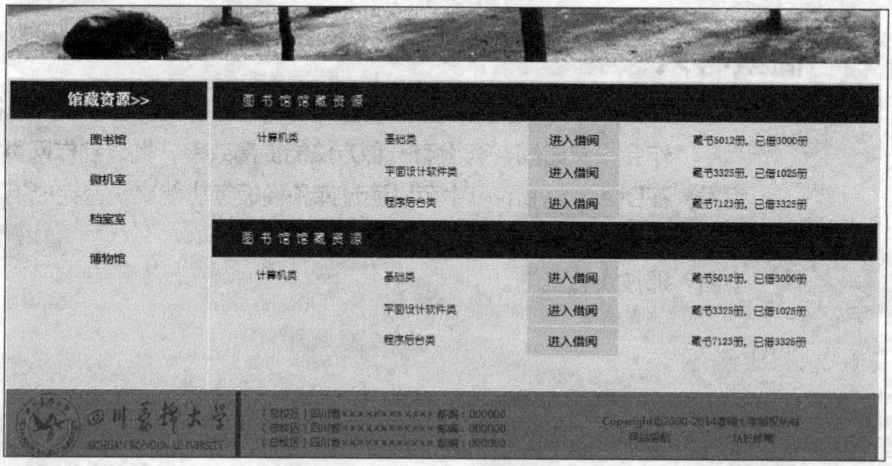

图6-1 “蓉锦大学馆藏资源”页面

二、相关知识

本任务制作过程中将涉及库文件的相关知识，下面对库的概念和“资源”面板进行简单介绍。

（一）了解库的概念

库是一种特殊的Dreamweaver文件，其中包含可放到网页中的一组资源或资源副本，在许多网站中都会使用到库，在站点中的每个页面上或多或少都会有部分内容是重复使用的，如网站页眉、导航区、版权信息等。库主要用于存放页面元素，如图像和文本等，这些元素能够被重复使用或频繁更新，统称为库项目。编辑库的同时，使用了库项目的页面将自动更新。

库项目的文件扩展名为.lbi，所有库项目默认统一存放在本地站点文件夹下的Library文件夹中。使用库也可以实现页面风格的统一，主要是将一些页面中的共同内容定义为库项目，然后放在页面中，这样对库项目进行修改后，通过站点管理，就可以对整个站点中所有放入了该库项目的页面进行更新，实现页面风格的统一更新。

（二）“资源”面板

“资源”面板是库文件的载体。选择【窗口】/【资源】菜单命令即可打开“资源”面板，单击左侧的“库”按钮，此时面板中显示的便是库文件资源的相关内容，如图6-2所示。

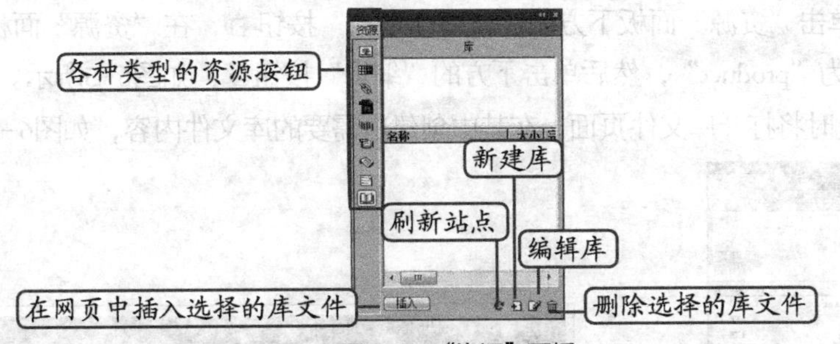

图6-2 “资源”面板

知识补充

除了库文件资源以外，“资源”面板中还包含了站点中的其他资源，如图像、颜色、超链接、视频、模板等，只要单击该面板左侧相应的按钮，在右侧的界面中即可查看、管理和使用对应的资源内容。

三、任务实施

（一）创建库文件

在Dreamweaver中创建库文件有两种方式，一种是直接将已有的对象创建为库文件，另一种是新建库文件，并在其中创建需要的元素。其具体操作如下。（微课：光盘\微课视频\项目六\创建库文件.swf）

STEP 1 打开素材中的“rjdxgczy.html”网页（素材参见：光盘\素材文件\项目六\任务一\rjdxgczy.html），选择导航栏，然后选择【修改】/【库】/【增加对象到库】菜单命令，在“资源”面板中修改创建的库文件名称为“dhq”，如图6-3所示。

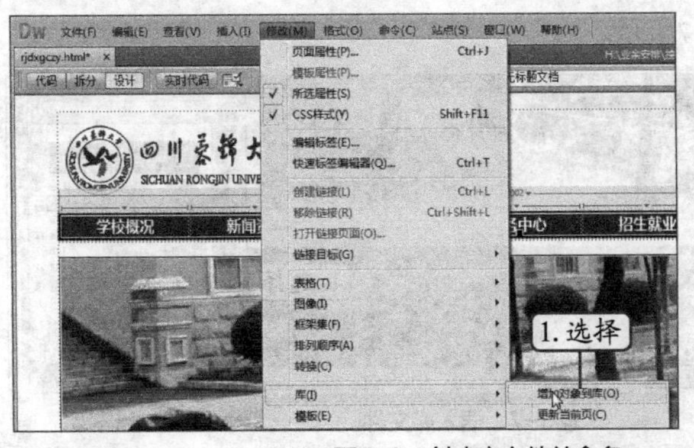

图6-3 创建库文件并命名

STEP 2 使用相同的方法将标志、登录区、banner区创建为相应的库，如图6-4所示。

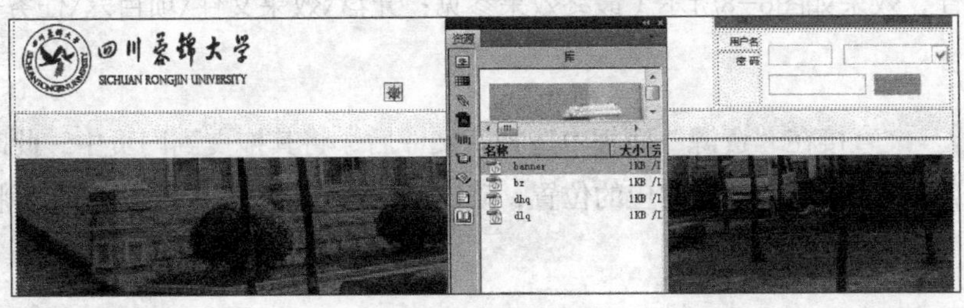

图6-4 创建其他库

STEP 3 单击“资源”面板下方的“新建库项目”按钮，在“资源”面板中将创建的库文件名称更改为“product”，然后单击下方的“编辑”按钮，如图6-5所示。

STEP 4 此时将打开库文件页面，在其中创建出需要的库文件内容，如图6-6所示。

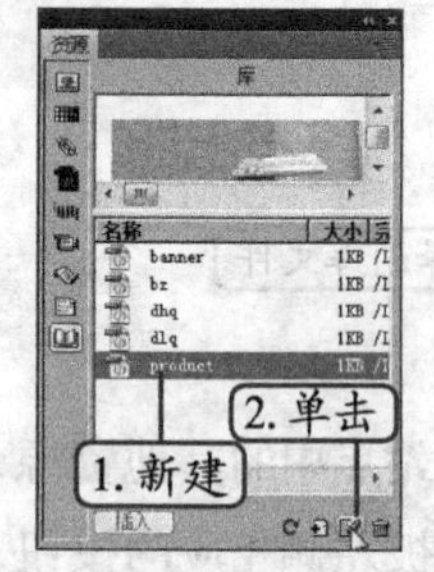

图6-5 创建并命名库名称

图书馆馆藏资源			
计算机类	基础类	进入借阅	藏书5012册，已借3000册
	平面设计软件类	进入借阅	藏书5325册，已借1025册
	程序后台类	进入借阅	藏书7123册，已借3325册

图6-6 编辑库项目

知识补充

新建并命名库文件后，可直接在“资源”面板中双击库文件对应的选项打开该库文件页面，可对文件内容进行添加和修改。

STEP 5 保存库文件并将其关闭，此时在“资源”面板中将看到创建的库文件效果。

（二）应用库文件

创建好库文件后，便可在任意网页中重复使用该文件内容，其具体操作如下。（微课：光盘\微课视频\项目六\应用库文件.swf）

STEP 1 在“rjdxgczy.html”网页中将插入点定位到空白单元格中，打开“资源”面板，选择列表框中的“product”选项，单击 插入 按钮，此时网页中将插入选择的库文件内容，且无法对其进行编辑，如图6-7所示。

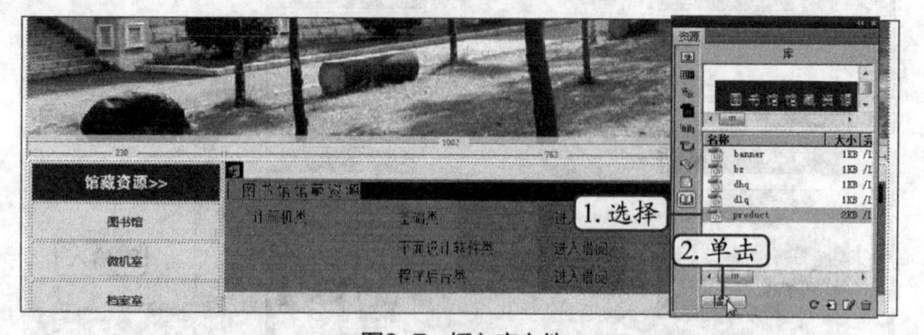

图6-7 插入库文件

STEP 2 将插入点定位到插入的库文件右侧，再次单击“资源”面板中的 插入 按钮插入相同的库文件，效果如图6-8所示（最终效果参见：光盘\效果文件\项目六\任务一\rjdxgczy.html）。

知识补充

直接在“资源”面板中选择库文件后，将其拖曳到网页中，此时插入点将出现在鼠标指针对应的位置，确定插入点位置后，释放鼠标即可将库文件添加到相应的区域。

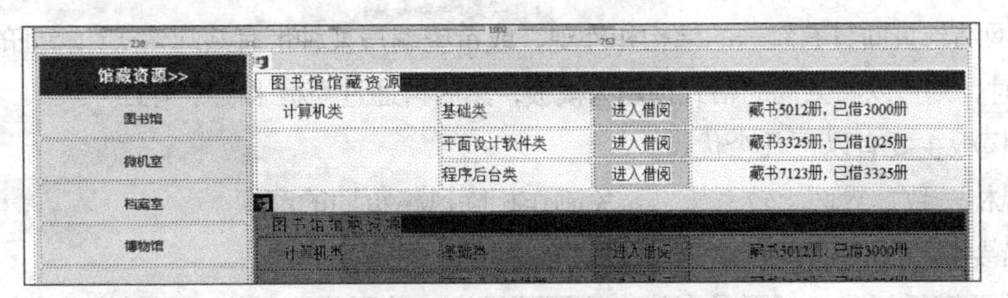

图6-8 插入库文件

任务二 制作西餐厅网页

模板是一类特殊的网页文档，其编辑方法与普通网页相同，创建模板的目的在于快速利用该模板创建内容相似的网页，从而提高制作效率。作为与浏览者交流的网页页面中的内容变化性较大，这类网页的制作通常是将一些固定的元素制作成模板，然后根据模板来快速添加或编辑需要变化的内容即可。

一、任务目标

本任务将使用模板功能来制作西餐厅网页。制作时先创建模板，然后编辑模板，最后应用与管理模板内容。通过本任务的学习，可以掌握使用模板快速完成相似网页的制作方法。本任务制作完成后的最终效果如图6-9所示。

图6-9 “西餐厅”网页效果

二、相关知识

本任务涉及模板的相关知识，下面先了解模板的相关概念。

模板主要用于制作带有固定特征和共同格式的文档，是进行批量制作的高效工具。例如，客户要求网站与页面具有统一的结构和外观，或希望编写某种带有共同格式和特征的文档用于多个页面时，则可以将共同的格式创建为模板，然后再通过模板来制作页面。

使用模板主要有以下几个优点。

- 风格一致、界面比较系统，避免制作相同风格页面的麻烦。
- 若要修改相同的页面元素，可只修改模板，然后更新即可。
- 基于模板新建的网页具有统一的页面风格，若要修改风格，可只修改模板，系统自动更新，提高工作效率。

三、任务实施

（一）创建模板和可编辑区域

在使用CSS+Div进行网页布局前，需要先创建Div分割页面进行布局，其具体操作如下。（微课：光盘\微课视频\项目六\创建模板和可编辑区域.swf）

STEP 1 打开“index.html”网页文档（素材参见：光盘\素材文件\项目六\任务二\restaurant\index.html），选择【文件】/【另存为模板】菜单命令，打开“另存模板”对话框。

STEP 2 在“另存为”文本框中输入“restemplate”，单击 保存 按钮完成模板的保存，如图6-10所示。

STEP 3 在打开的对话框中单击 是(Y) 按钮，返回到文档窗口，将光标定位到网页中间的单元格中，选择【插入】/【模板对象】/【可编辑区域】菜单命令，如图6-11所示。

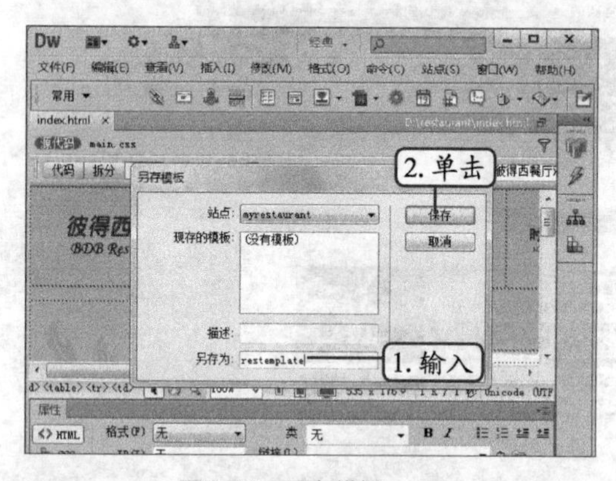

图6-10　另存模板

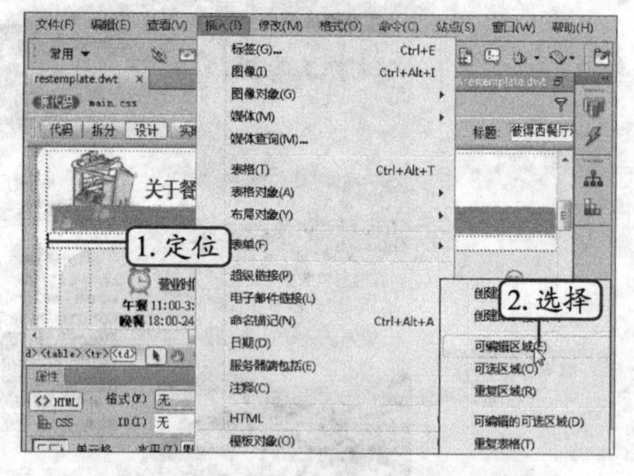

图6-11　选择“可编辑区域”命令

知识补充

①选择【文件】/【新建】菜单命令，打开“新建文档”对话框，选择左侧的“空模板”选项，在“模板类型”列表框中选择“HTML模板”选项，在“布局”列表框中选择“<无>”选项。最后单击 创建(R) 按钮即可创建一个空白的模板文件。

②创建了空白模板后，即可在其中编辑需要的内容，完成后可选择【文件】/【保存】菜单命令，此时将打开“另存模板”对话框，在“站点”下拉列表中选择保存模板的站点，在“另存为”文本框中输入模板的名称，最后单击 保存 按钮即可完成保存。

STEP 4 打开“新建可编辑区域”对话框，在“名称”文本框中输入创建可编辑区域的名称，这里输入“Content”，单击 确定 按钮，如图6-12所示。

STEP 5 返回到工作界面中查看新建的可编辑区域，如图6-13所示，然后保存模板网页并退出。

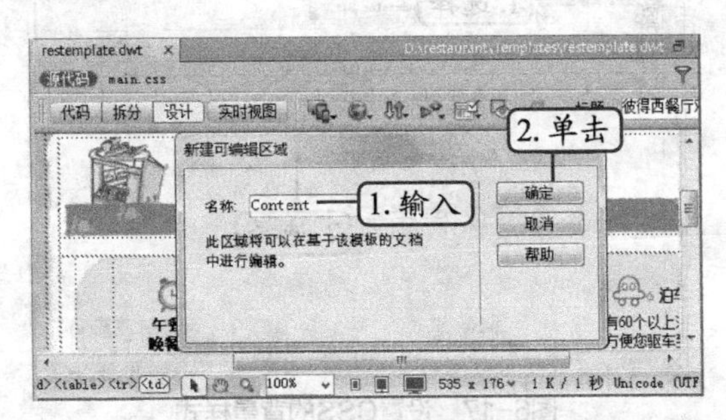

图6-12 新建可编辑区域

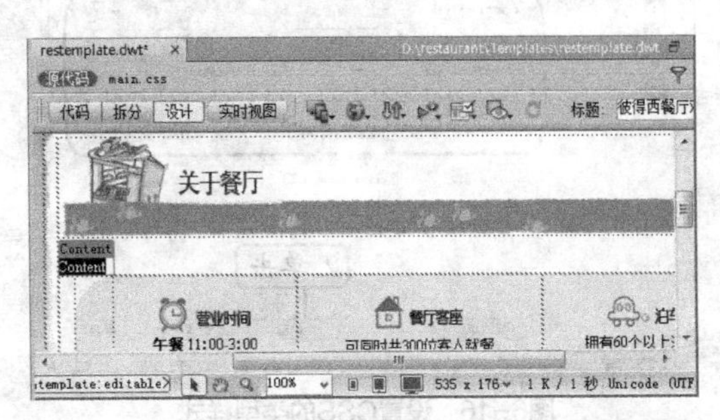

图6-13 查看插入的效果

（二）应用与管理模板

完成模板的创建和编辑后，即可利用模板创建网页或为已有的网页应用模板。此后只要对模板进行了修改，并对应用了该模板的网页进行更新即可实现同步修改，从而方便网页维护和更新，其具体操作如下。（微课：光盘\微课视频\项目六\应用与管理模板.swf）

STEP 1 选择【文件】/【新建】菜单命令，在打开的对话框中单击“模板中的页”选项卡，在“站点”列表框中选择所需站点，然后在右侧的列表框中选择“restemplate”选项，单击 创建(R) 按钮创建基于模板的网页，如图6-14所示。

STEP 2 将光标定位在“Content”可编辑区域中，选择“Content”文本，然后选择【插入】/【布局对象】/【Div标签】菜单命令。

STEP 3 打开“插入Div标签”对话框，在“ID”下拉列表中输入“Contentstyle”，单击 新建 CSS 规则 按钮，如图6-15所示。

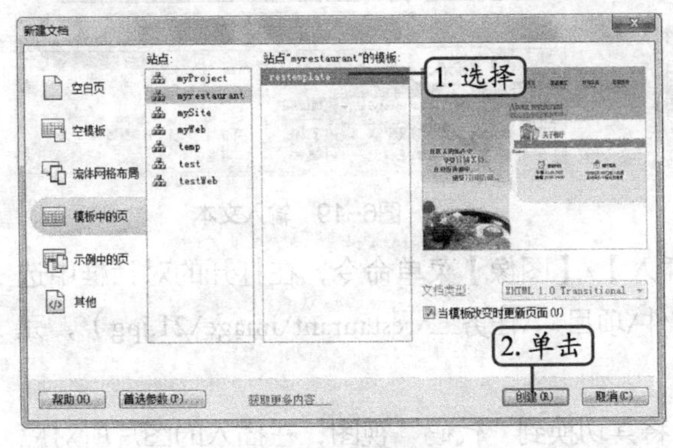

图6-14 新建网页

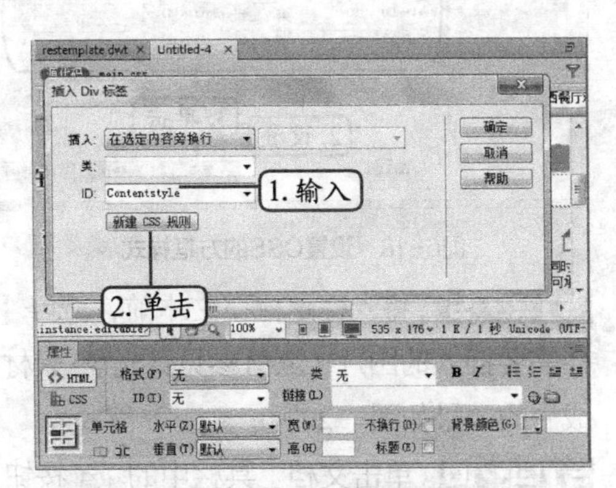

图6-15 插入Div标签

STEP 4 在打开的对话框中单击 确定 按钮，打开“#Contentstyle 的CSS 规则定义”对话框，在“Font-size”下拉列表中输入“12”，在“Line-height”下拉列表框输入“20px”，在“Color”文本框中输入“#333333”，单击 确定 按钮，如图6-16所示。

STEP 5 单击“背景”选项卡，在右侧窗格中的“background-position”下拉列表中选择“center”选项，如图6-17所示。

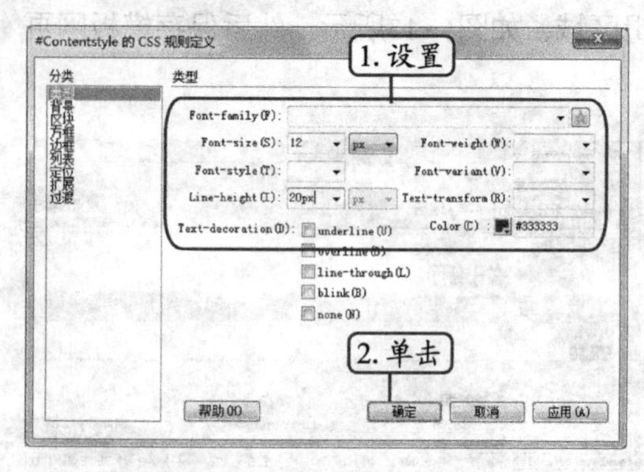

图6-16 设置CSS的类型样式

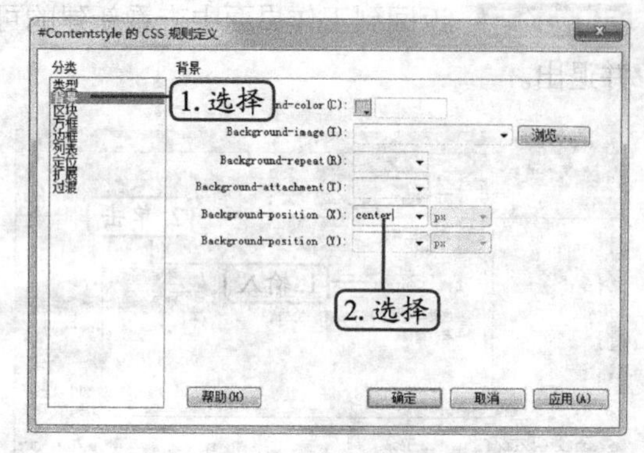

图6-17 设置CSS的背景样式

STEP 6 单击“方框”选项卡，在打开的窗格中的“Width”下拉列表中选择“500px”选项，在“Padding”栏中的“Top”下拉列表中选择“30”选项，单击 确定 按钮，如图6-18所示。

STEP 7 返回“插入Div标签”对话框，单击 确定 按钮，返回文档窗口中可看到插入的Div标签。

STEP 8 将光标定位在Div标签中，在其中输入关于餐厅的介绍信息（素材参见：光盘\素材文件\项目六\任务二\restaurant\jieshao.txt），效果如图6-19所示。

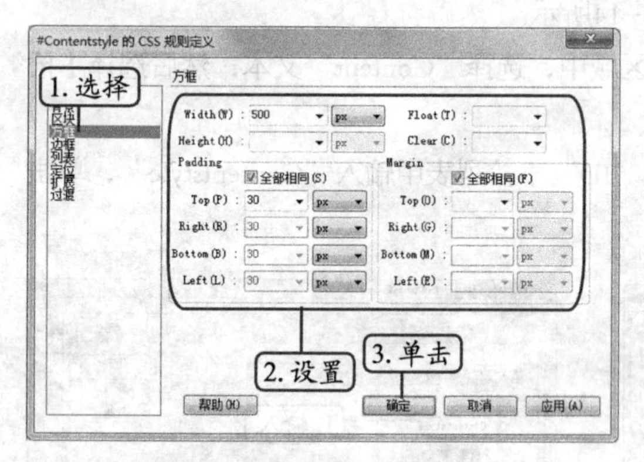

图6-18 设置CSS的方框样式

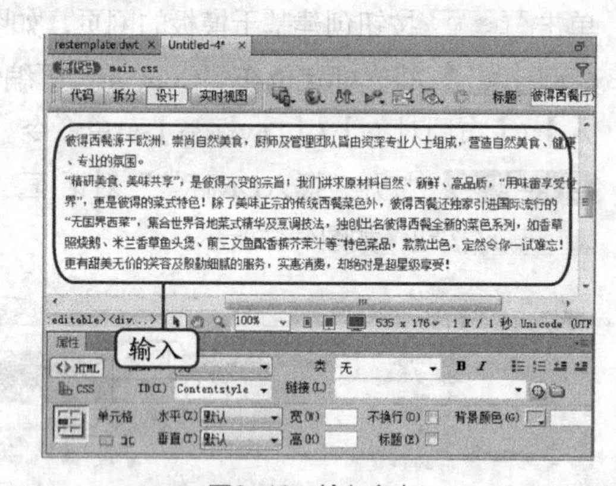

图6-19 输入文本

STEP 9 将光标定位在文本前，选择【插入】/【图像】菜单命令，在打开的对话框中选择需要插入的图片（素材参见：光盘\素材文件\项目六\任务二\restaurant\image\21.jpg），完成后的效果如图6-20所示。

STEP 10 单击文档工具栏中的 代码 按钮，将其切换到“代码”视图，在插入的图片所对应的标签中添加如图6-21所示的HTML代码。

STEP 11 将光标定位在“彼得的菜式特色”文本之后，插入一张图片（素材参见：光盘\素材文件\项目六\任务二\restaurant\image\22.jpg），其效果如图6-22所示。

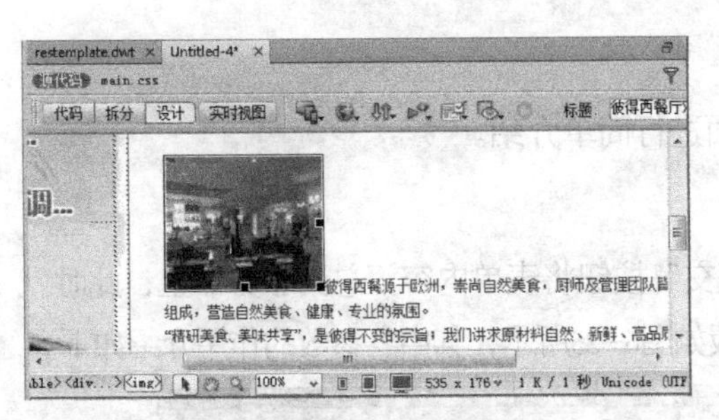

图6-20 插入第1张图片

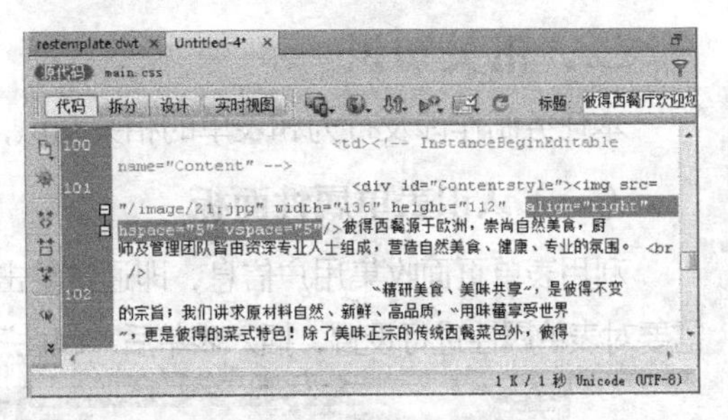

图6-21 添加HTML代码

STEP 12 单击文档工具栏中的 代码 按钮，切换到“代码”视图，在插入的第2张图片所对应的标签中添加如图6-23所示的HTML代码。

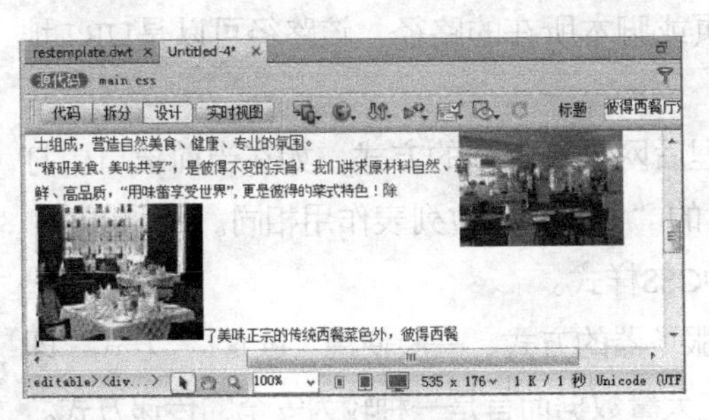

图6-22 插入第2张图片

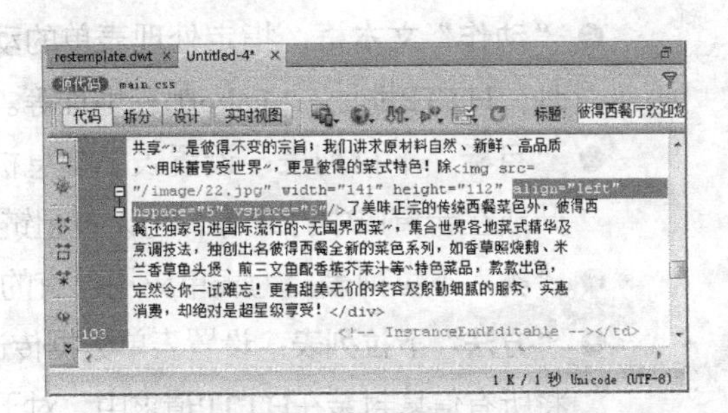

图6-23 添加图片对应的HTML代码

STEP 13 单击 设计 按钮，返回设计界面，在每段文本的起始点插入空格，完成后保存网页并进行预览（最终效果参见：光盘\效果文件\项目六\任务二\restaurant\index.html）。

任务三 编辑“login.html”登录页面

登录页面是许多网站都会涉及的页面，用于管理网站用户群等。登录页面通常与后台数据库有相关的数据交互，因此，需要使用表单来完成登录页面与数据库的交流。

一、任务目标

本任务将使用表单功能来制作登录页面。制作时先在“login.html”网页中添加表单，在表单中添加相应的表单对象，并对表单对象的属性进行设置，最后添加行为。通过本任务的学习，可以掌握表单和行为的制作方法。本任务制作完成后的最终效果如图6-24所示。

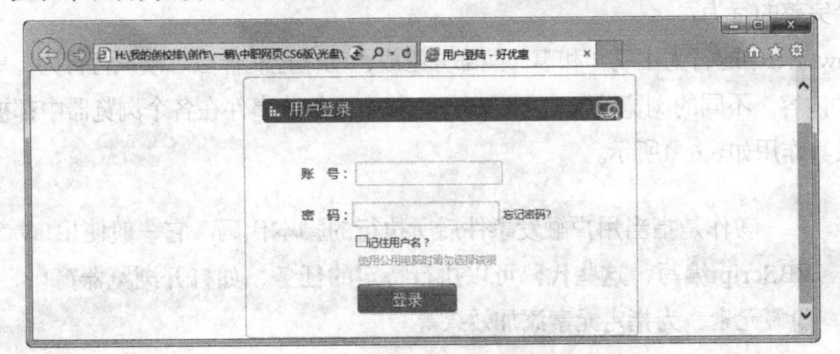

图6-24 “login”登录页面效果

二、相关知识

本任务制作涉及行为和表单的相关知识，下面进行简单介绍。

（一）认识表单属性面板

利用表单页面收集用户信息，即通过单击“提交”按钮将表单内容汇总到服务器上，此时就需要对表单属性进行设置，插入表单后“属性”面板如图6-25所示，其中各参数的作用介绍如下。

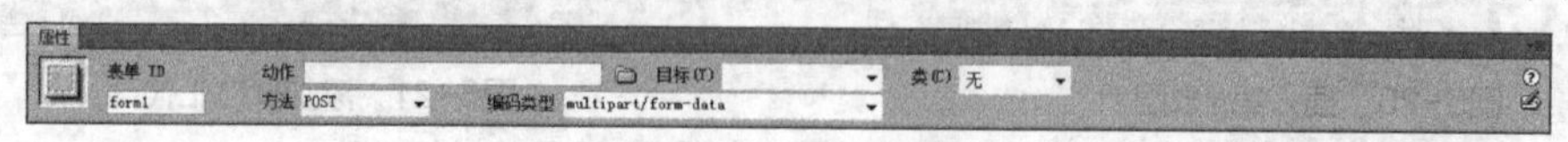

图6-25 设置表单属性

- **“表单ID”文本框**：设置表单的ID名，以方便在代码中引用该对象。
- **“动作”文本框**：指定处理表单的动态页或脚本所在的路径，该路径可以是URL地址、HTTP地址、Mailto邮箱地址等。
- **“目标”下拉列表**：设置表单信息被处理后网页所打开的方式，如在当前窗口中打开或在新窗口中打开等，与设置超链接时的“目标”下拉列表作用相同。
- **“类”下拉列表**：为表单应用已有的某种CSS样式。
- **“方法”下拉列表**：设置表单数据传递给服务器的方式，一般使用“POST”方式，即将所有信息封装在HTTP请求中，对于传递大量数据而言是一种较为安全的传递方式。除了“POST”方式外，还有一种“GET”方式，这种方式直接将数据追加到请求该页的URL中，但它只能传递有限的数据，且安全性不如“POST”方式。
- **“编码类型”下拉列表**：指定提交表单数据时所使用的编码类型。默认设置为application/x-www-form-urlencoded，通常与“POST”方式协同使用。如果要创建文件上传表单，则需要在该下拉列表中选择“multipart/form-data”类型。

（二）行为的基础知识

行为是Dreamweaver中内置的脚本程序，通过行为可极大地增强网页的交互性。下面将系统地对行为的相关基础知识进行讲解。

1. 行为的组成与事件的作用

行为是指在某种事件的触发下，通过特定的过程以达到某种目的或实现某种效果的方式。例如，浏览网页时单击某超链接（事件），浏览器将在此触发事件下打开一个窗口（目的），这就是一个完整的行为。

Dreamweaver中的行为由动作和事件两部分组成，动作控制什么时候执行行为，事件则控制执行行为的内容。不同的浏览器包含不同事件，其中大部分事件在各个浏览器中都被支持，常用的事件及其作用如表6-1所示。

操作提示

动作是指当用户触发事件后所执行的脚本代码。它一般使用JavaScript或VBScript编写，这些代码可以执行特定的任务，如打开浏览器窗口，显示或隐藏元素，为指定元素添加效果等。

表 6-1 Dreamweaver 中常用事件的名称及作用

事件名称	事件作用
onLoad	载入网页时触发
onUnload	离开页面时触发
onMouseOver	鼠标指针移到指定元素的范围时触发
onMouseDown	按下鼠标左键且未释放时触发
onMouseUp	释放鼠标左键后触发
onMouseOut	鼠标指针移出指定元素的范围时触发
onMouseMove	在页面上拖曳鼠标时触发
onMouseWheel	滚动鼠标滚轮时触发
onClick	单击指定元素时触发
onDblClick	双击指定元素时触发
onKeyDown	按任意键且未释放前触发
onKeyPress	按任意键且在释放后触发
onKeyUp	释放按下的键位后触发
onFocus	指定元素变为用户交互的焦点时触发
onBlur	指定元素不再作为交互的焦点时触发
onAfterUpdate	页面上绑定的元素完成数据源更新之后触发
onBeforeUpdate	页面上绑定的元素完成数据源更新之前触发
onError	浏览器载入网页内容发生错误时触发
onFinish	在列表框中完成一个循环时触发
onHelp	选择浏览器中的“帮助”菜单命令时触发
onMove	浏览器窗口或框架移动时触发
onResize	重设浏览器窗口或框架的大小时触发
onScroll	利用滚动条或箭头上下滚动页面时触发
onStart	选择列表框中的内容开始循环时触发
onStop	选择列表框中的内容停止时触发

2. 认识“行为”面板

选择【窗口】/【行为】菜单命令或按【Shift+F4】组合键即可打开“行为”面板，如图6-26所示，其中各参数的作用介绍如下。

● **“显示设置事件”按钮**：只显示已设置的事件列表。

- **“显示所有事件”按钮**：显示所有事件列表。
- **“添加行为”按钮**：单击该按钮可打开“行为”下拉列表，在其中可选择相应的行为，并可在自动打开的对话框中对行为进行详细设置。
- **“删除事件”按钮**：删除“行为”面板列表框中选择的行为。
- **“增加事件值”按钮**：向上移动所选择的动作。

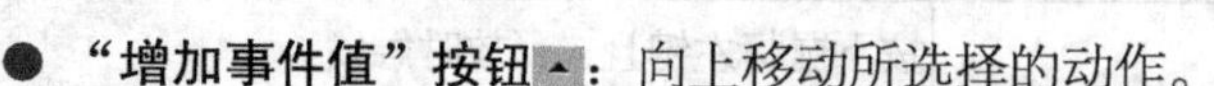

- **“降低事件值”按钮**：向下移动所选择的动作。

图6-26 “行为”面板

三、任务实施

（一）创建表单

创建表单页面前需要创建表单区域，之后才能在该区域中添加各种表单元素，其具体操作如下。（微课：光盘\微课视频\项目六\创建表单.swf）

STEP 1 打开“login.html”网页（素材参见：光盘\素材文件\项目六\任务三\login\login.html），切换到“代码”视图中，将插入点定位到添加表单的位置，选择【插入】/【表单】/【表单】菜单命令，打开“标签编辑器”对话框，如图6-27所示。

STEP 2 在打开对话框的“操作”文本框中输入“checklogin.php”，在“方法”下拉列表中选择“post”选项，分别将“名称”和“目标”设置为“form”和“_self”，如图6-28所示。

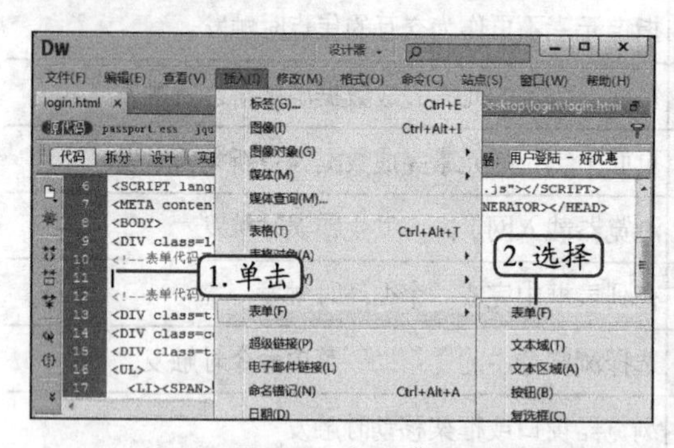

图6-27 打开“标签编辑器”对话框

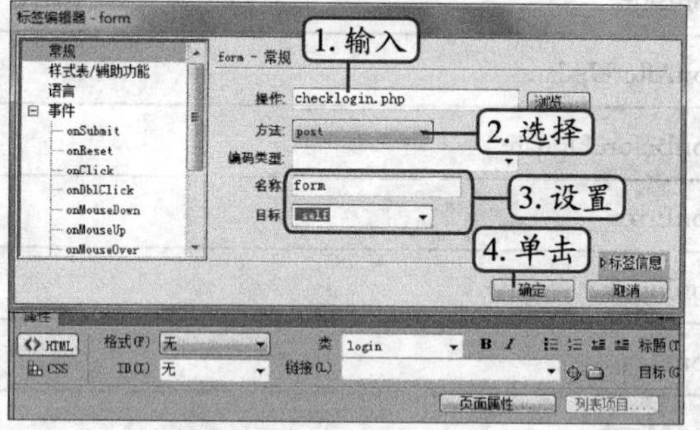

图6-28 设置表单属性

STEP 3 在对话框左侧列表框中选择“onSubmit”选项，在右侧的列表框中输入代码“return chkLogin(this)”，以实现客户端表单验证，单击确定按钮，完成表单的添加与属性设置，如图6-29所示。

操作提示

设置事件可在添加行为后，在“标签检查器”面板的“行为”选项卡中单击“显示事件设置”按钮，在下方的列表框中选择事件，在其后的文本框中进行代码编辑。

STEP 4 选择表单结束标签“</form>”，按【Ctrl+X】组合键将其剪切，将光标定位到第一个“<!--表单代码结束-->”注释语之后，按【Ctrl+V】组合键将其粘贴，如图6-30

所示。

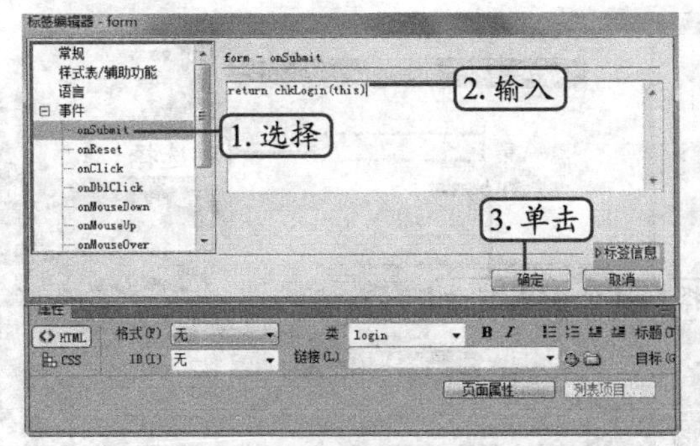

图6-29　设置事件

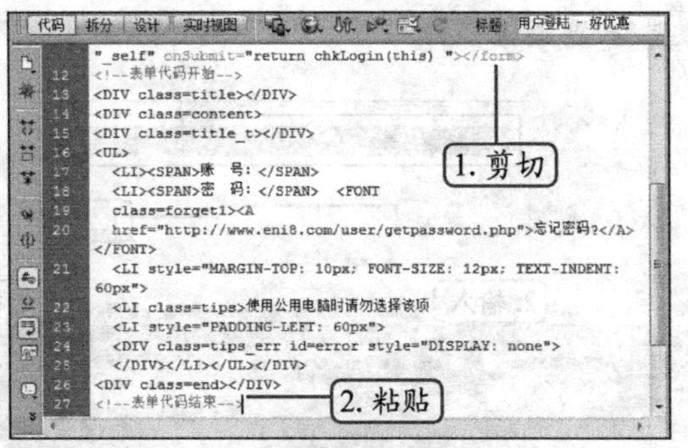

图6-30　调整</form>代码的位置

（二）插入表单对象

创建表单后，就可以在表单中添加相关的表单对象，用于搜集不同的数据，其具体操作如下。（微课：光盘\微课视频\项目六\插入表单对象.swf）

STEP 1　切换到“设计”视图中，将插入点定位到“账号”文本框中，在“插入”面板中选择“表单”选项，在其列表框中单击“文本字段”按钮，效果如图6-31所示。

STEP 2　打开“输入标签辅助功能属性”对话框，在“ID”文本框中输入“username”，其他保持默认设置，单击确定按钮，完成文本字段对象的添加，如图6-32所示。

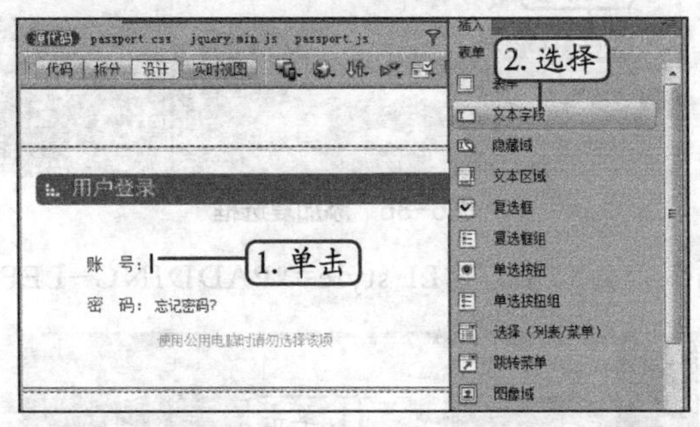

图6-31　添加文本字段

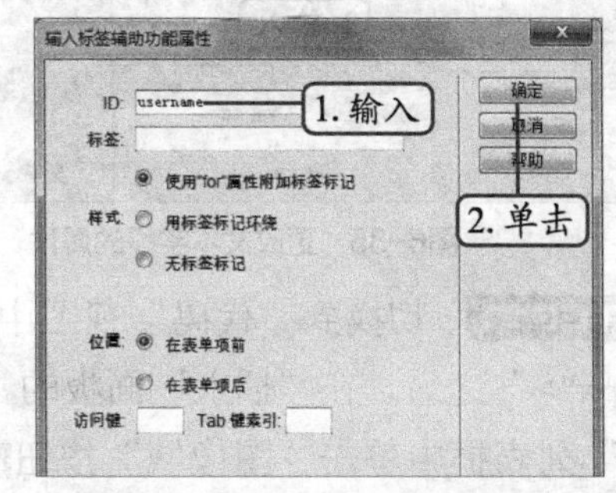

图6-32　输入标签辅助功能属性

操作提示

在表单中添加相同的表单对象时，可直接使用复制粘贴的操作进行，然后在“属性”面板中更改属性设置即可；并且在插入表单对象时，插入点定位的视图界面不同，则打开的添加对象的对话框也会有所不同。

STEP 3　在表单中选择添加的文本字段对象，在“属性”面板中的“字符宽度”文本框中输入“25”，在“类”下拉列表中选择“usergray”选项，如图6-33所示。

STEP 4　选择账号后的文本字段对象，按住【Ctrl】键的同时，使用鼠标左键拖动文本字段对象至“密码”文本之后，如图6-34所示。

STEP 5　选择复制后的文本字段对象，在“属性”面板的“文本域”文本框中输入复制的文本字段对象的名称“password”，在“最多字符数”文本框中输入“16”，如图6-35所示。

STEP 6　在“使用公用电脑时请勿使用该选项”之前添加复选框，在“属性”面板中的“选定值”文本框中输入“1”，在“复选框名称”文本框中输入复选框名称“check”，如

图6-36所示。

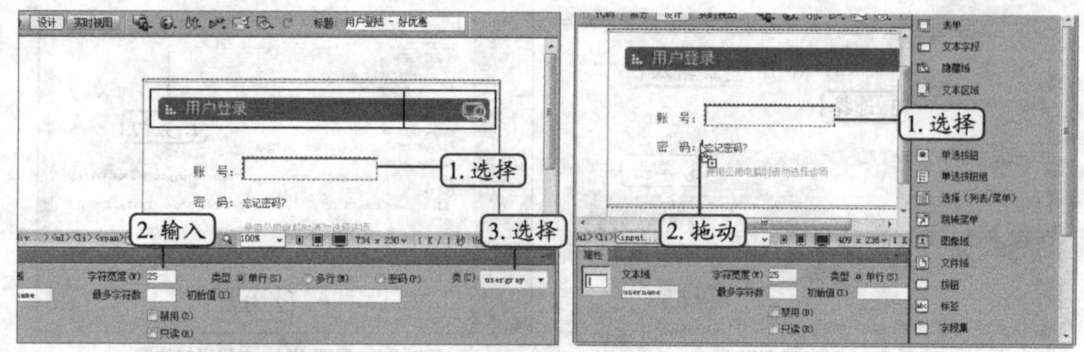

图6-33 设置文本字段属性

图6-34 复制文本字段对象

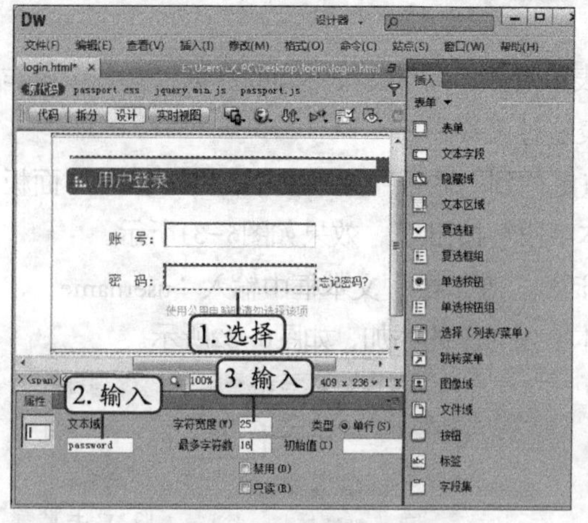

图6-35 更改文本字段的属性

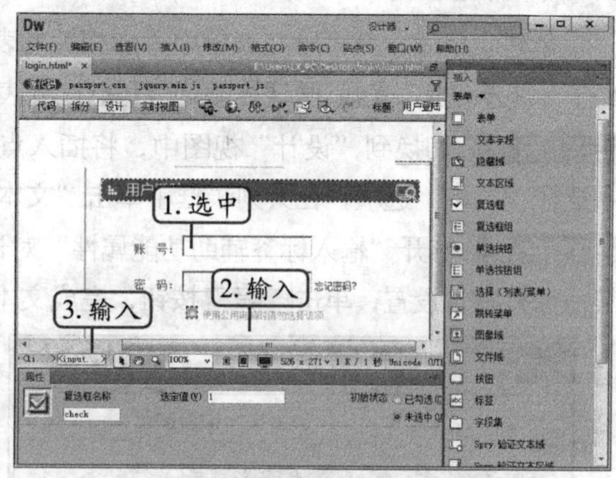

图6-36 添加复选框

STEP 7 切换到“代码”视图中，将插入点定位到“<LI style="PADDING-LEFT: 60px">”之后，在“插入”面板的“表单”列表框中单击“图像域”按钮，打开“标签编辑器”对话框，如图6-37所示。

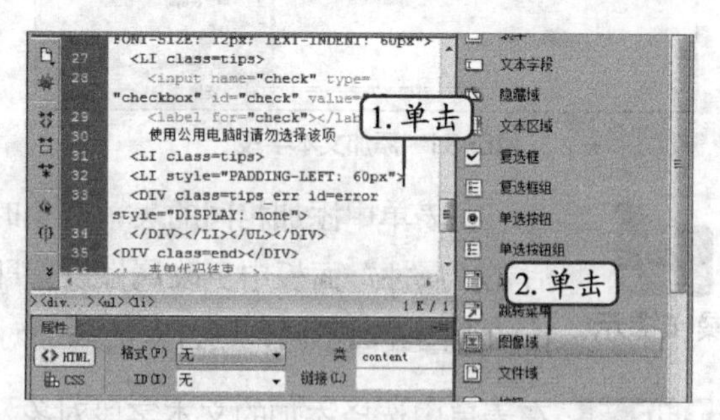

图6-37 添加图像域

STEP 8 在打开对话框的“名称”文本框中输入图像域的名称“imagebotton”，单击确定按钮，完成图像域的添加。切换到“设计”视图中，选择图像域，在“属性”面板的“类”下拉列表中选择“btn”选项，如图6-38所示。

操作提示

在添加图像域时，需要将插入点定位到代码中，与前面所讲解的添加方法有所不同，是因为这里已经编辑了相应的CSS样式，可直接在“类”下拉列表中进行引用，用户如果没有制作 CSS样式，则可直接使用前面所讲解的方法进行添加与设置。

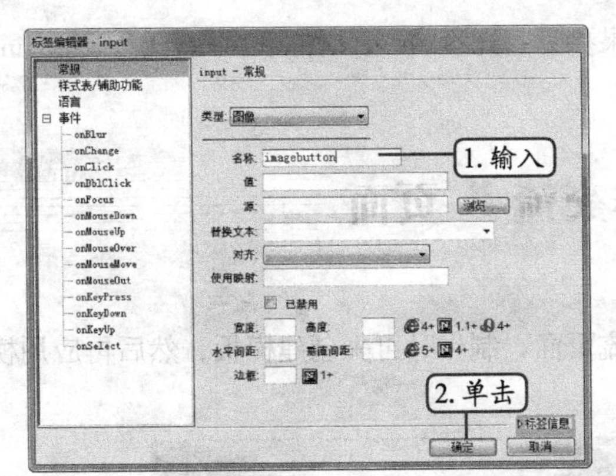

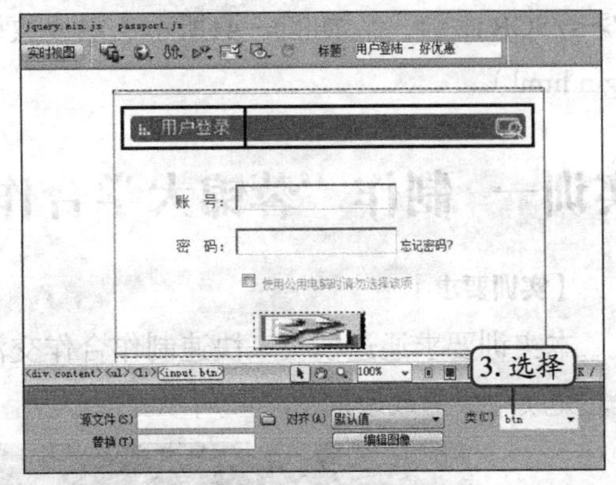

图6-38 设置图像域对象

（三）使用行为

“检查表单”行为主要用于检查表单对象的内容，以保证用户按要求输入或选择了正确的数据类型，其具体操作如下。（微课：光盘\微课视频\项目六\使用行为.swf）

STEP 1 在表单区域中选择“用户名”表单对象，在“行为”面板中单击“添加行为”按钮+，在打开的下拉列表中选择“检查表单”选项，打开“检查表单”对话框。

STEP 2 选择第一个选项，单击选中“必需的”复选框，在“可接受”栏中单击选中“任何东西”单选项，如图6-39所示。

STEP 3 选择第2个选项，单击选中“必需的”复选框，在“可接受”栏中单击选中“数字”单选项，则在密码文本框中只能输入数字型字符串，如图6-40所示，单击 确定 按钮即可。

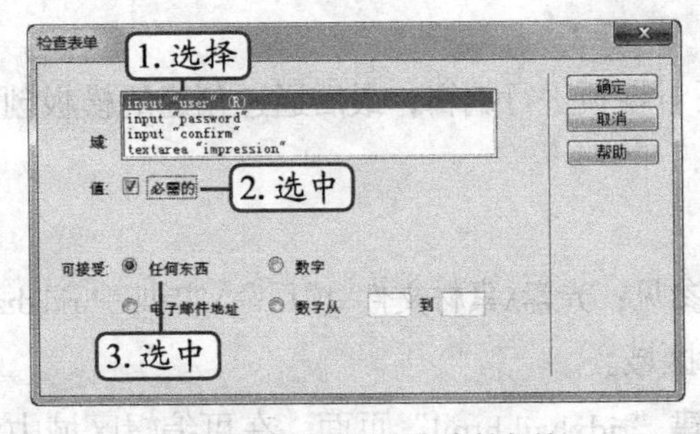

图6-39 设置用户名表单条件

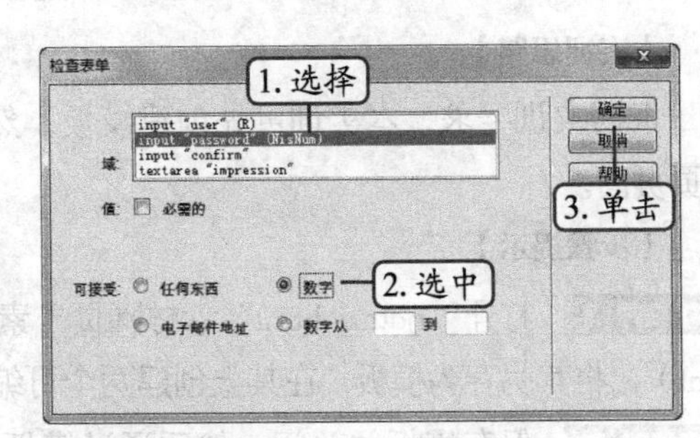

图6-40 设置密码表单条件

STEP 4 用户在注册时，在设置了检查表单对象的文本框中只能输入制定的字符类型，否则不能完成表单的提交。

STEP 5 切换到“代码”视图中，在<Body>标签之前输入代码“<SCRIPT language=javascript src="img/jquery.min.js">和</SCRIPT><SCRIPT language=javascript src="img/passport.

```
1  <!DOCTYPE HTML PUBLIC "-//W3C//DTD HTML 4.01 Transitional//EN"
   "http://www.w3c.org/TR/1999/REC-html401-19991224/loose.dtd">
2  <HTML xmlns="http://www.w3.org/1999/xhtml"><HEAD><TITLE>用户登陆 - 好优惠</TITLE>
3  <META http-equiv=Content-Type content="text/html;
   charset=utf-8"><LINK
4  href="img/passport.css" type=text/css rel=stylesheet>
5  <SCRIPT language=javascript src="img/jquery.min.js"></SCRIPT>
6  <SCRIPT language=javascript src="img/passport.js"></SCRIPT>
7  <META content="MSHTML 6.00.2900.5512" name=GENERATOR></HEAD>
8  <BODY>
9  <DIV class=login>
10 <!--表单代码开始-->
11 <form action="checklogin.php" method="post" enctype=
   "multipart/form-data" name="form" target="_self" onSubmit=
   "return chkLogin(this) ">
12 <!--表单代码开始-->
13 <DIV class=title></DIV>
14 <DIV class=content>
```

图6-41 添加客户端表单验证

js"></SCRIPT>”，如图6-41所示（最终效果参见：光盘\效果文件\项目六\任务三\login\login.html）。

实训一 制作“蓉锦大学合作交流 ”页面

【实训要求】

本实训要求通过模板来快速制作合作交流页面，制作时可先创建模板，然后再应用模板，完成后参考效果如图6-42所示。

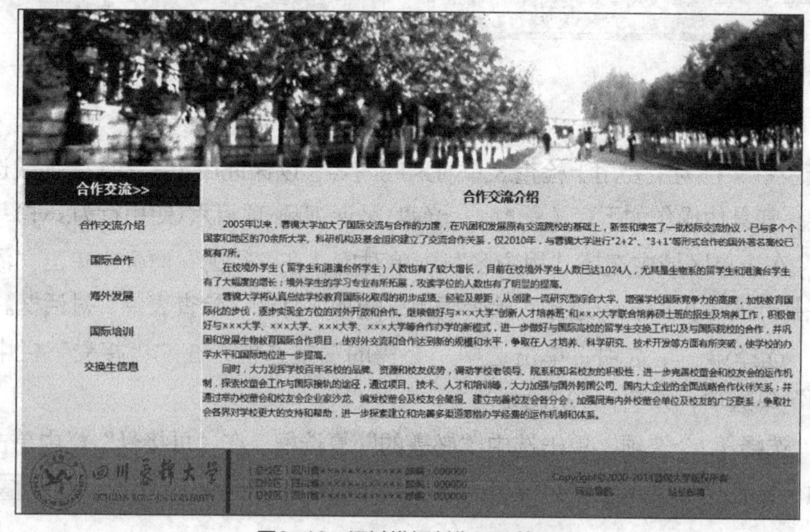

图6-42 通过模板制作网页效果

【实训思路】

根据实训要求，本实训可先创建模板，然后对模板进行编辑，最后通过创建的模板创建网页页面。

【步骤提示】

STEP 1 打开“rjdthzjl.html”素材网页（素材参见：光盘\素材文件\项目六\实训一\rjdxhzjl.html），将其另存为模板，在其上创建两个可编辑区域。

STEP 2 保存模板并关闭，然后通过模板新建“rjdxhzjl.html”页面，在可编辑区域中对具体的内容进行编辑。

STEP 3 完成后保存页面，并按【F12】键预览（最终效果参见：光盘\效果文件\项目六\实训一\rjdxhzjl.html）。

实训二 制作“会员注册”页面

【实训要求】

本实训要求通过制作“会员注册”页面练习表单的创建、表单属性的设置、表单对象的添加与属性设置、客户端表单的验证等操作知识，完成的参考效果如图6-43所示。

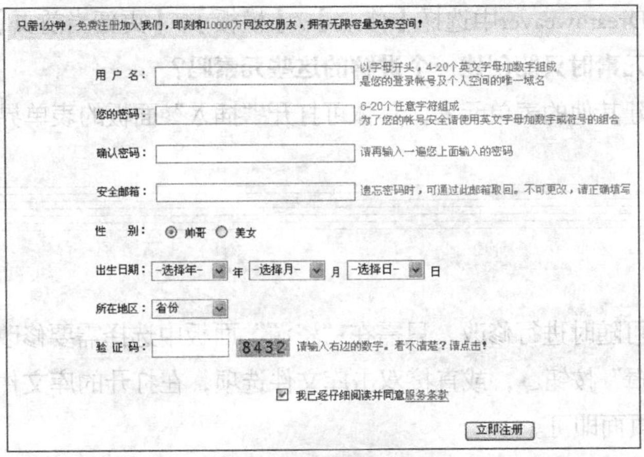

图6-43 注册表单效果

【实训思路】

根据实训要求，本实训需要先打开素材文档并创建表单，然后设置表单属性，再创建表单并设置属性，最后进行客户端表单验证。

【步骤提示】

STEP 1 打开“zcbd.html”文档（素材参见：光盘\素材文件\项目六\实训二\zcbd.html），在相应的位置单击定位插入点，然后插入一个表单，并设置表单属性，最后选择应放在表单中的所有内容，并拖动到表单中释放鼠标将选择的内容放置到表单中。

STEP 2 将插入点定位到表单中对应的文本后，在其中插入相应的表单对象，并设置相关属性。

STEP 3 表单制作完成后，选择表单，通过“行为”面板，为其添加“检查表单”行为，制作完成后保存页面，然后按【F12】键在浏览器中进行测试，完成制作（最终效果参见：光盘\效果文件\项目六\实训二\zcbd.html）。

常见疑难解析

问：模板文件默认是保存在站点中的“Templates”文件夹中的，实际操作时能不能将模板文件移动到其他位置存放呢？

答：不能，如果模板文件改变了位置，Dreamweaver将判断为“Templates”文件夹中无该模板文件，从而无法识别。

问：制作模板时，可编辑区域的大小无法提前判断，当创建基于此模板的网页后，如果需添加的内容大大超出了可编辑区域的大小，那是不是需要重新修改模板？

答：不用。在模板中插入的可编辑区域只是一个标记，其区域并没有固定，它可以根据添加的内容自由伸展。

问：对模板进行修改并保存后，Dreamweaver会自动更新站点中所有使用该模板创建的网页，那能不能只更新当前的网页呢？

答：可以。在Dreamweaver中选择【修改】/【模板】/【更新当前页】菜单命令即可。

问：创建表单元素时只能创建一个讲解的这些元素吗？

答：还可以创建其他的表单元素，具体可打开“插入”面板的表单界面进行查看。

拓展知识

1. 编辑库文件

创建的库文件可随时进行修改，只需在“资源”面板中选择需要修改的库文件选项，然后单击下方的“编辑”按钮，或直接双击库文件选项，在打开的库文件页面中进行修改，完成后保存并关闭页面即可。

2. 更新库文件

编辑了库文件后，所有网页中添加的库文件对象可通过更新来自动修改，从而提高网页制作的效率。更新库文件的方法为：选择【修改】/【库】/【更新页面】菜单命令，打开“更新页面”对话框，选择“查看”下拉列表中的“整个站点”选项，并在右侧的下拉列表框中选择库文件所在的站点，单击选中“库项目”复选框，然后单击开始(S)按钮即可。

3. 分离库文件

添加到网页中的库文件不允许被编辑，只有通过对库文件自身的内容进行修改并更新网页的操作来实现编辑。但如果想对网页中的某个库文件进行单独修改，则可采用分离库文件的方式才能实现，方法为选择网页中需分离的库文件，单击“属性”面板中的从源文件中分离按钮，或在网页中的库文件上单击鼠标右键，在弹出的快捷菜单中选择“从源文件中分离”命令，在打开的提示对话框中单击确定按钮即可。

4. 创建重复区域

重复区域可以通过重复特定的项目来控制网页布局效果。在模板中创建重复区域的方法为：选择模板中需设置为重复区域的对象，或将插入点定位到要创建重复区域的位置，然后选择【插入】/【模板对象】/【重复区域】菜单命令，打开“新建重复区域”对话框，在“名称”文本框中输入重复区域的名称后，单击确定按钮即可。

5. 创建可选区域

可选区域可以通过定义条件来控制该区域的显示或隐藏，创建可选区域的方法为：在模板文件中选择需设置为可选区域的对象，然后选择【插入】/【模板对象】/【可选区域】菜单命令，打开“新建可选区域”对话框。在“基本”选项卡的“名称”文本框中输入可选区域的名称，单击选中“默认显示”复选框可使可选区域在默认状态下为显示状态。单击“高级”选项卡，单击选中“使用参数”单选项，并在右侧的下拉列表框中选择已创建的模板参数名称，完成后单击确定按钮即可。

6. 创建可编辑的可选区域

可选区域是无法编辑的，要想对可选区域进行编辑，则可以创建可编辑的可选区域对象，其方法为在模板文件中设置模板参数，将插入点定位到需创建可编辑可选区域的位置，选择【插入】/【模板对象】/【可编辑的可选区域】菜单命令，打开“新建可选区域”对话框，按照设置可选区域的方法进行设置，完成后单击 确定 按钮即可。

课后练习

（1）将“index.html”网页文档（素材参见：光盘\素材文件\项目六\课后练习\music\index.html）另存为模板，并在其中添加内容，参考效果如图6-44所示（最终效果参见：光盘\效果文件\项目六\课后练习\music\index.html）。

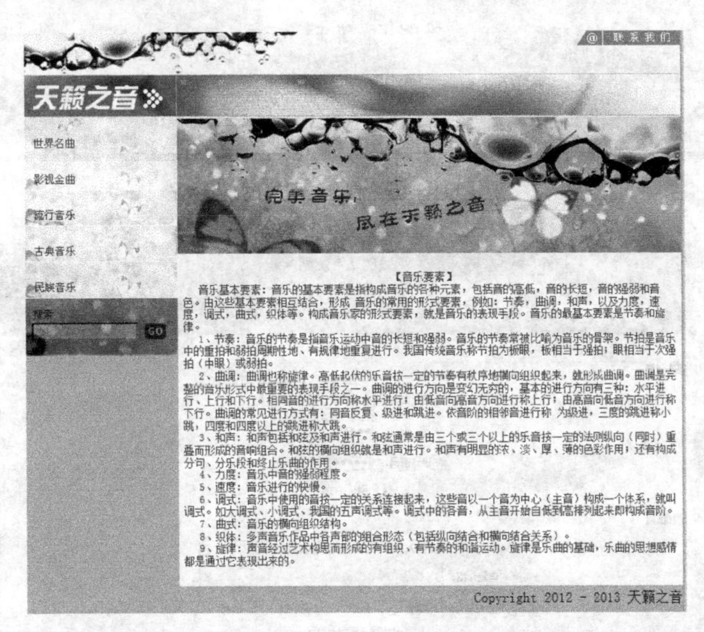

图6-44 使用模板制作网页

（2）本练习要求制作“注册”表单页面，制作过程主要包括添加表单、设置表单中的各种属性、调整表单代码、添加表单对象并进行属性设置，以及使用Dreamweaver自带的“检查表单”行为进行客户端表单验证等，完成后的参考效果如图6-45所示（最终效果参见：光盘\效果文件\项目六\课后练习\zhuche_from\reg.html）。

（3）本练习要求制作一个“我的私密空间”网站的注册页面，首先打开“qy_zc.html”素材网页（素材参见：光盘\素材文件\项目六\课后练习\qy_zc.html），选择其中的表单所在的Div，将其保存为库文件，然后打开“smkj-me.html”页面（素材参见：光盘\素材文件\项目六\课后练习\smkj-me.html），在其中应用保存的库，然后选择网页右上方的“<<个人相册>>”文本，为其添加“弹出信息”行为，信息内容可自行设置，事件需要更改为“onClick”，保存并预览网页。尝试单击“<<个人相册>>”文本区域，查看打开的对话框的内容，完成后的参考效果如图6-46所示。

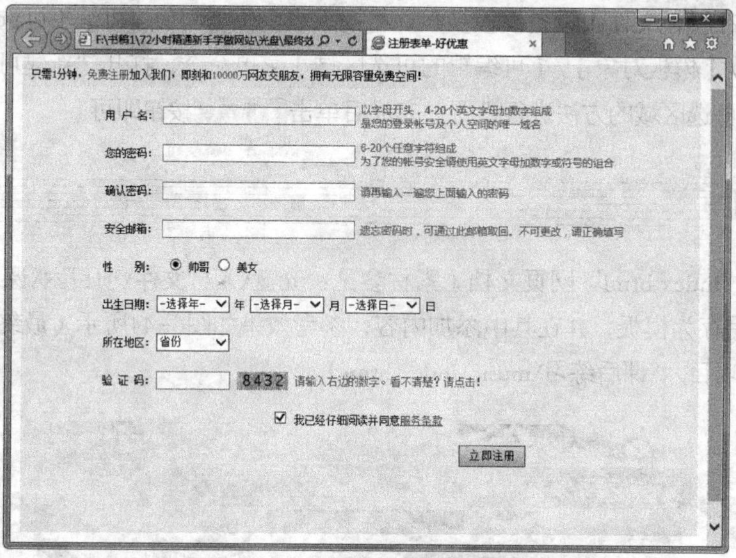

F:\书稿1\72小时精通新手学做网站\光盘\最终效 注册表单-好优惠

只需1分钟，免费注册加入我们，即刻和10000万网友交朋友，拥有无限容量免费空间！

用 户 名：以字母开头，4-20个英文字母加数字组成
是您的登录帐号及个人空间的唯一域名

您的密码：6-20个任意字符组成
为了您的帐号安全请使用英文字母加数字或符号的组合

确认密码：请再输入一遍您上面输入的密码

安全邮箱：遗忘密码时，可通过此邮箱取回。不可更改，请正确填写

性　别：帅哥　美女

出生日期：-选择年- 年 -选择月- 月 -选择日- 日

所在地区：省份

验 证 码：8432 请输入右边的数字。看不清楚？请点击！

我已经仔细阅读并同意服务条款

立即注册

图6-45　制作注册网页

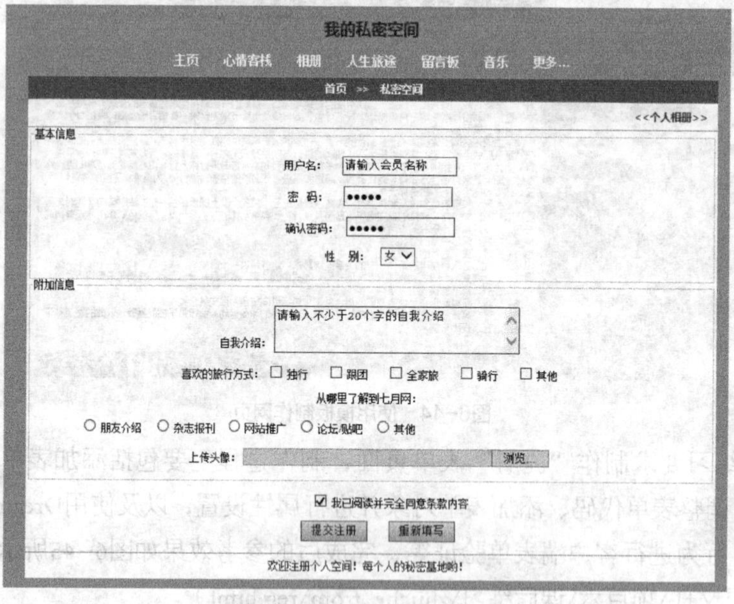

我的私密空间

主页　心情客栈　相册　人生旅途　留言板　音乐　更多...

首页 >> 私密空间

<<个人相册>>

基本信息

用户名：请输入会员名称

密　码：●●●●●

确认密码：●●●●●

性　别：女

附加信息

自我介绍：请输入不少于20个字的自我介绍

喜欢的旅行方式：独行　跟团　全家旅　骑行　其他

从哪里了解到七月网：

朋友介绍　杂志报刊　网站推广　论坛/贴吧　其他

上传头像：浏览...

我已阅读并完全同意条款内容

提交注册　重新填写

欢迎注册个人空间！每个人的秘密基地哟！

图6-46　“我的私密空间”网页

PART 7

项目七 实现动态网页效果

情景导入

小白：阿秀，我现在已经能独立完成网页的制作了，你可以给我安排新的任务了。

阿秀：关于静态网页的制作方法你已经基本掌握了，后面我将带你学习制作动态网页效果，实现网页前台与后台的交互。

小白：动态网页？我现在制作的网页也是能够动的，你看，单击超链接会自动跳转。

阿秀：这只是网页页面的跳转，仍然属于静态页面。动态网页是指能将静态页面上的数据提交到后台数据库，实现网页前台与后台的交互功能。

学习目标

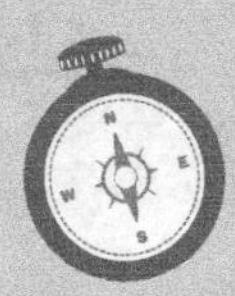

- 了解动态网页的基础知识、开发流程、Web服务器
- 熟悉IIS的安装与配置以及Access数据库的使用
- 掌握动态站点的创建与配置，以及数据源的创建

技能目标

- 掌握记录集的创建和记录的插入等操作
- 掌握使用记录功能制作“发货记录”动态网页的方法

任务一 配置动态网页数据源

动态网页是指可以动态产生网页信息的一种网页制作技术。ASP是制作动态网页的常用语言之一，是较为简单的开发语言，适合初学者使用，下面进行介绍。

一、任务目标

本任务将完成制作动态网页前的各种配置操作，包括安装与配置IIS服务器、定义站点、创建数据库连接等。本任务制作完成后的效果如图7-1所示。

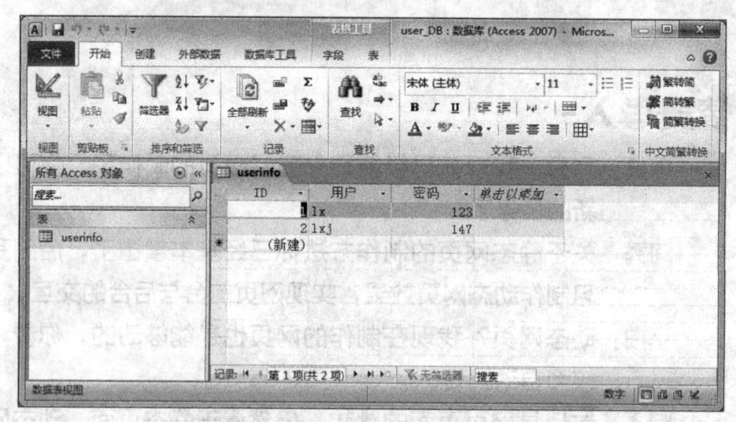

图7-1 数据表效果

二、相关知识

本任务设计动态网页制作前的相关操作，下面对动态网页的基础知识进行简单介绍。

（一）认识动态网页

本书前面制作的页面扩展名为“.html”的文件均代表静态网页，动态网页的扩展名多以“.asp”“.jsp”“.php”等形式出现，这是二者在文件名上的区别。另外，动态网页并不是指网页上会出现各种动态效果，如动画或滚动字幕等，而是指这类网页可以从数据库中提取数据并及时显示在网页中，也可通过页面收集用户在表单中填写的各种信息以便于数据的管理，这些都是静态网页所不具备的强大功能。

总的来说，动态网页具有以下几个方面的特点。

- 动态网页以数据库技术为基础，可以极大地降低网站数据维护的工作量。
- 动态网页可以实现用户注册、用户登录、在线调查、订单管理等各种功能。
- 动态网页并不是独立存在于服务器上的网页，只有当用户请求时服务器才会返回一个完整的网页。

（二）动态网页开发语言

目前主流的动态网页开发语言主要有ASP、ASP.NET、PHP、JSP、ColdFusion等，在选择开发技术时，应该根据其语言的特点，以及所建网站适用的平台综合进行考虑。下面对这几种语言的特点进行讲解。

1. ASP

ASP是Active Server Pages的缩写，中文含义是"活动服务器页面"。从Microsoft公司推出了ASP后，它以其强大的功能、简单易学的特点受到广大Web开发人员的喜欢。不过它只能在Windows平台下使用，虽然它可以通过增加控件而在Linux下使用，但是其功能最强大的DCOM控件却不能使用。ASP作为Web开发的最常用的工具，具有许多突出的特点，分别介绍如下。

- **简单易学**：使用VBScript、JavaScript等简单易懂的脚本语言，结合HTML代码，即可快速地完成网站应用程序的开发。
- **构建的站点维护简便**：Visual Basic非常普及，如果用户对VBScript不熟悉，还可以使用JavaScript或Perl等其他技术编写ASP页面。
- **可以使用标记**：所有可以在HTML文件中使用的标记语言都可用于ASP文件中。
- **适用于任何浏览器**：对于客户端的浏览器来说，ASP和HTML几乎没有区别，仅仅是后缀的区别，当客户端提出ASP申请后，服务器将"<%"和"%>"之间的内容解释成HTML语言并传送到客户端的浏览器上，浏览器接收的只是HTML格式的文件，因此，它适用于任何浏览器。
- **运行环境简单**：只要在计算机上安装IIS或PWS，并把存放ASP文件的目录属性设为"执行"，即可直接在浏览器中浏览ASP文件，并看到执行的结果。
- **支持COM对象**：在ASP中使用COM对象非常简便，只需一行代码就能够创建一个COM对象的事例。用户既可以直接在ASP页面中使用Visual Basic和Visual C++各种功能强大的COM对象，同时还可创建自己的COM对象，直接在ASP页面中使用。

ASP网页是以.asp为扩展名的纯文本文件，可以用任何文本编辑器（例如记事本）对ASP网页进行打开和编辑操作，也可以采用一些带有ASP增强支持的编辑器（如Microsoft Visual InterDev和Dreamweaver）简化编程工作。

2. ASP.NET

ASP.NET是一种编译型的编程框架，它的核心是NGWS runtime，除了和ASP一样可以采用VBScript和JavaScript作为编程语言外，还可以用VB和C#来编写，这就决定了它功能的强大，可以进行很多低层操作而不必借助于其他编程语言。

ASP.NET是一个建立服务器端Web应用程序的框架，它是ASP 3.0的后继版本，但并不仅仅是ASP的简单升级，而是Microsoft公司推出的新一代Active Server Pages脚本语言。ASP.NET是Microsoft公司发展的新型体系结构.NET的一部分，它的全新技术架构会让每一个人的网络生活都变得更简单，它吸收了ASP以前版本的最大优点并参照Java、VB语言的开发优势加入了许多新的特色，同时也修正了以前的ASP版本的运行错误。

相对于ASP的文件类型（只针对扩展名为.asp的文件），ASP.NET的文件类型是十分丰富的，如.aspx（如同.asp）、.asmx、.sdl、.ascx等。

3. PHP

PHP是编程语言和应用程序服务器的结合，PHP的真正价值在于它是一个应用程序服务器，而且它是开发程序，任何人都可以免费使用，也可以修改源代码。PHP的特点如下。

- **开放源码**：所有的PHP源码都可以得到。
- **没有运行费用**：PHP是免费的。
- **基于服务器端**：PHP是在Web服务器端运行的，PHP程序可以很大、很复杂，但不会降低客户端的运行速度。
- **跨平台**：PHP程序可以运行在UNIX、Linux、Windows操作系统下。
- **嵌入HTML**：因为PHP语言可以嵌入到HTML内部，所以PHP容易学习。
- **简单的语言**：与Java和C++不同，PHP语言坚持以基本语言为基础，它可支持任何类型的Web站点。
- **效率高**：和其他解释性语言相比，PHP系统消耗较少的系统资源。当PHP作为Apache Web服务器的一部分时，运行代码不需要调用外部二进制程序，服务器解释脚本不需要承担任何额外负担。
- **分析XML**：用户可以组建一个可以读取XML信息的PHP版本。
- **数据库模块**：PHP支持任何ODBC标准的数据库。

4. JSP

JSP（Java Server Pages）是由Sun公司倡导、许多公司参与并一起建立的一种动态网页技术标准。JSP为创建动态的Web应用提供了一个独特的开发环境，能够适应市场上包括Apache WebServer、IIS在内的大多数服务器产品。

JSP与Microsoft公司的ASP在技术上虽然非常相似，但也有许多的区别，ASP的编程语言是VBScript之类的脚本语言，JSP使用的是Java，这是两者最明显的区别。此外，ASP与JSP还有一个更为本质的区别：两种语言引擎用完全不同的方式处理页面中嵌入的程序代码。在ASP下，VBScript代码被ASP引擎解释执行；在JSP下，代码被编译成Servlet并由Java虚拟机执行，这种编译操作仅在对JSP页面的第一次请求时发生。JSP有如下几个特点。

- **动态页面与静态页面分离**：脱离了硬件平台的束缚，以及编译后运行等方式，大大提高了其执行效率，使其逐渐成为因特网上的主流开发工具。
- **以“<%”和“%>”作为标识符**：JSP和ASP在结构上类似，不同的是，在标识符之间的代码ASP为JavaScript或VBScript脚本，而JSP为Java代码。
- **网页表现形式和服务器端代码逻辑分开**：作为服务器进程的JSP页面，首先被转换成Servlet（一种服务器端运行的Java程序）。
- **适应平台更广**：多数平台都支持Java，JSP+JavaBean可以在所有平台下通行无阻。
- **JSP的效率高**：JSP在执行以前先被编译成字节码（Byte Code），字节码由Java虚拟机（Java Virtual Machine）解释执行，比源码解释的效率高；服务器上还有字节码的Cache机制，能提高字节码的访问效率。第一次调用JSP网页可能稍慢，因为它被编译成Cache，以后更快。

- **安全性更高**：JSP源程序不大可能被下载，特别是JavaBean程序完全可以放在不对外的目录中。
- **组件（Component）方式更方便**：JSP通过JavaBean实现了功能扩充。
- **可移植性好**：从一个平台移植到另外一个平台，JSP和JavaBean甚至不用重新编译，因为Java字节码都是标准的，与平台无关。在NT下的JSP网页原封不动地拿到Linux下就可以运行。

（三）动态网页的开发流程

要创建动态网站，首先应确定使用哪种网页语言，如ASP、ASP.NET、PHP、JSP等，然后确定需要哪种数据库，如Access、MySQL、Oracle、Sybase等，接着确定用哪种网站开发工具来开发动态网页，如Dreamweaver、Frontpage等，然后需要确定服务器，以便先对其进行安装和配置，并利用数据库软件创建数据库及表，最后在网站开发工具中创建站点并开始动态网页的制作。

在制作动态网页的过程中，一般先制作静态页面，然后创建动态内容，即创建数据库、请求变量、服务器变量、表单变量、预存过程等内容。将这些源内容添加到页面中，最后对整个页面进行测试，测试通过即可完成该动态页面的制作；如果未通过，则需进行检查修改，直至通过为止。最后将完成本地测试的整个网站上传到Internet申请的空间中，再次进行测试，测试成功后就可正式运行。

（四）Web服务器

Web服务器的功能是根据浏览器的请求提供文件服务，它是动态网页不可或缺的工具之一。目前常见的Web服务器有IIS、Apache、Tomcat等几种。

- **IIS**：IIS是Microsoft公司开发的功能强大的Web服务器，它可以在Windows NT以上的系统中对ASP动态网页提供有效的支持，虽然不能跨平台的特性限制了其使用范围，但Windows操作系统的普及使它得到了广泛的应用。IIS主要提供FTP、HTTP、SMTP等服务，它使Internet成为了一个正规的应用程序开发环境。
- **Apache**：Aapche是一款非常优秀的Web服务器，是目前世界市场占有量最高的Web服务器，它为网络管理员提供了非常多的管理功能，主要用于UNIX和Linux平台，也可在Windows平台中使用。Apache的特点是简单、快速、性能稳定，并可作为代理服务器来使用。
- **Tomcat**：Tomcat是Apache组织开发的一种JSP引擎，本身具有Web服务器的功能，可以作为独立的Web服务器来使用。但是在作为Web服务器方面，Tomcat处理静态HTML页面时不如Apache迅速，也没有Apache稳定，所以一般将Tomcat与Apache配合使用，让Apache对网站的静态页面请求提供服务，而Tomcat作为专用的JSP引擎，提供JSP解析，以得到更好的性能。

三、任务实施

（一）安装与配置IIS

IIS是最适合初学者使用的服务器，下面介绍如何对Web服务器进行安装和配置，其具体操作如下。（微课：光盘\微课视频\项目七\安装与配置IIS.swf）

STEP 1 选择【开始】/【控制面板】菜单命令，在打开的"控制面板"窗口中单击"卸载程序"超链接，在打开的窗口中单击"打开或关闭Windows功能"超链接，如图7-2所示。

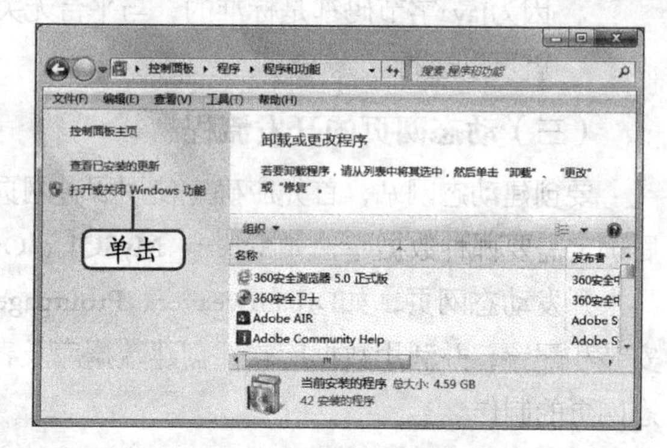

图7-2 打开程序功能窗口

STEP 2 打开"Windows功能"对话框，展开"Internet信息服务"选项，单击选中"Web管理工具"选项下的所有子目录，如图7-3所示。

STEP 3 单击 确定 按钮即可安装选中的功能。

STEP 4 返回"控制面板"窗口，单击"管理工具"超链接，打开"管理工具"窗口，双击"Internet信息服务（IIS）管理器"选项，如图7-4所示。

图7-3 设置Internet信息服务

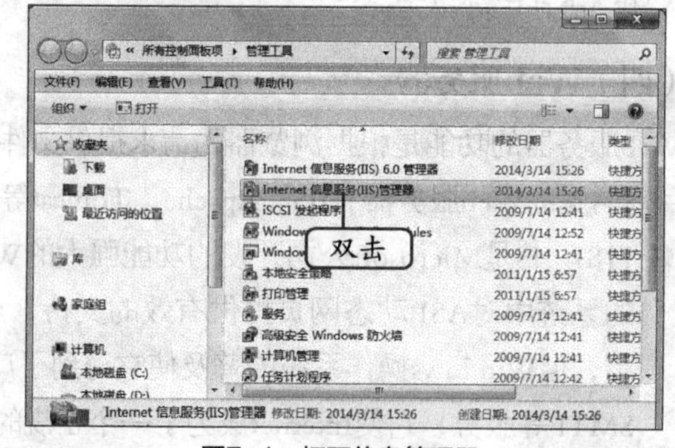

图7-4 打开信息管理器

STEP 5 打开"Internet信息服务（IIS）管理器"窗口，在左侧列表中展开并选择"Default Web Site"选项，在右侧列表中双击"ASP "选项，如图7-5所示。

STEP 6 在"行为"目录下的"启用父路径"属性的右侧将值设置为"True"，然后单击右侧的"应用"超链接确认，如图7-6所示。

图7-5 设置Default Web Site主页

图7-6 设置父路径

STEP 7 在左侧的“Default Web Site”选项上单击鼠标右键，在弹出的快捷菜单中选择“添加虚拟目录”命令，打开“添加虚拟目录”对话框，在其中设置别名为“sfw”，单击按钮，打开“浏览文件夹”对话框，在其中选择F盘下的“sfw”文件夹，如图7-7所示。

STEP 8 单击确定按钮确认设置，返回“添加虚拟目录”对话框，按图7-8所示进行设置，单击确定按钮。

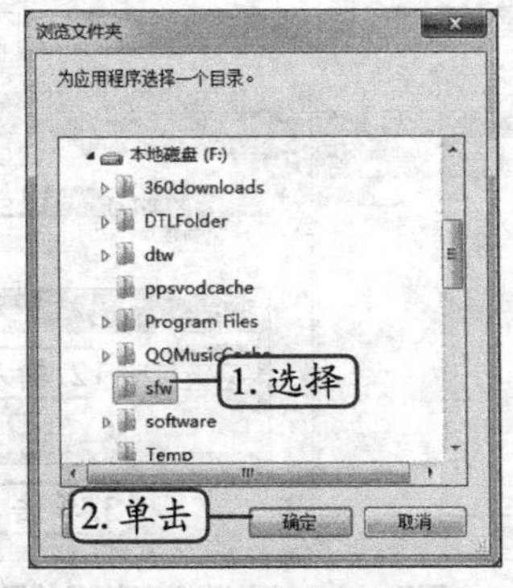

图7-7　新建虚拟目录

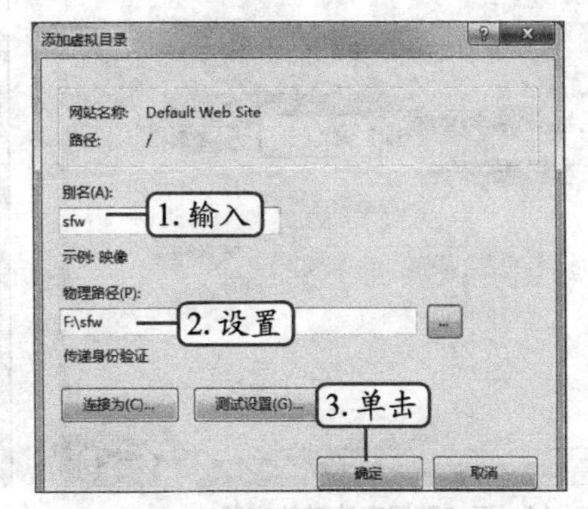

图7-8　完成目录创建

（二）使用Access创建数据表

Access是Office办公组件之一，用于创建和管理数据库。为获取动态网页中的数据，需要使用数据库收集和管理这些数据，其具体操作如下。（微课：光盘\微课视频\项目七\使用Access创建数据表.swf）

STEP 1 启动Access 2010，打开“Access 2010”的操作界面，选择【文件】/【新建】菜单命令，在打开的界面中直接双击“空数据库”按钮，创建空白数据库，如图7-9所示。

STEP 2 在打开的窗口的右侧表格中，单击“单击以添加”右侧的下拉按钮，在打开的下拉列表中选择“文本”选项，在该文本框中输入“用户”，如图7-10所示。

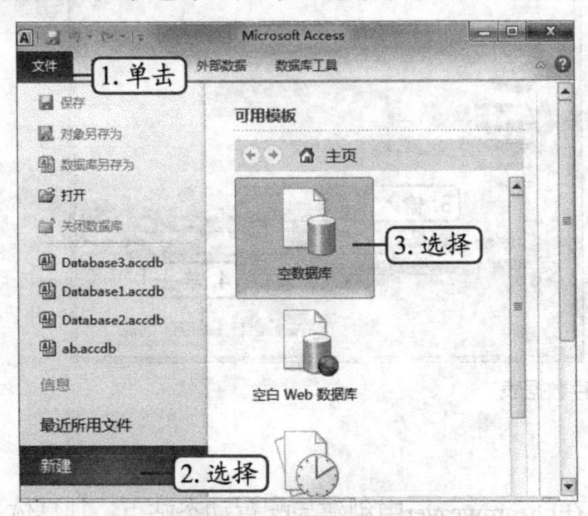

图7-9　新建空数据库

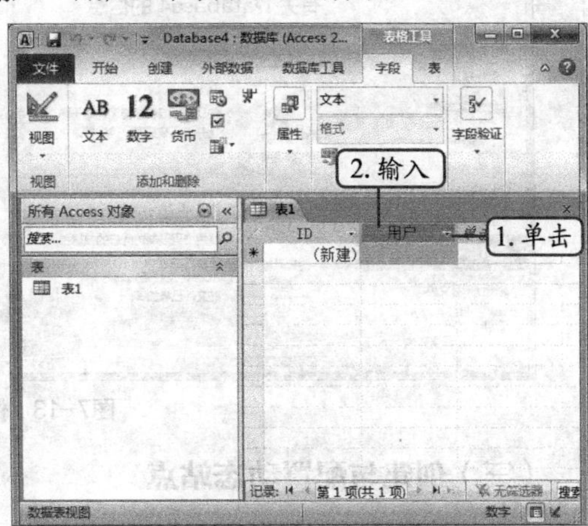

图7-10　添加数据表的字段

STEP 3 使用相同的方法，在“用户”字段后输入“密码”，并将其设置为“文本”型字段，如图7-11所示。

STEP 4 在字段名下方输入用户名和密码，按【Ctrl+S】组合键打开“另存为”对话框，在“表名称”文本框中输入“userinfo”，单击确定按钮，在表格右上角单击×按钮，如图7-12所示。

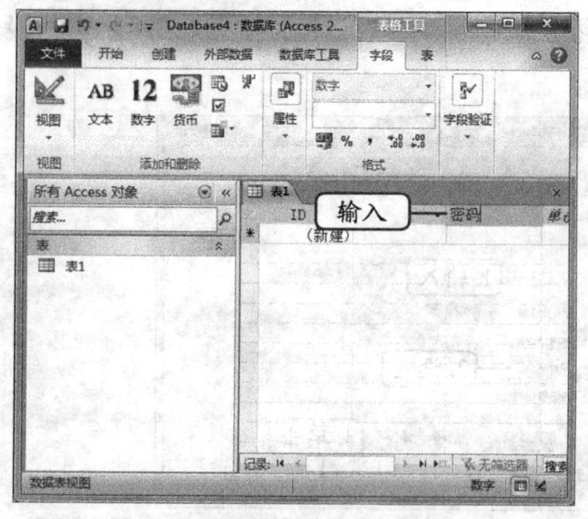

图7-11 添加数据表的其他字段

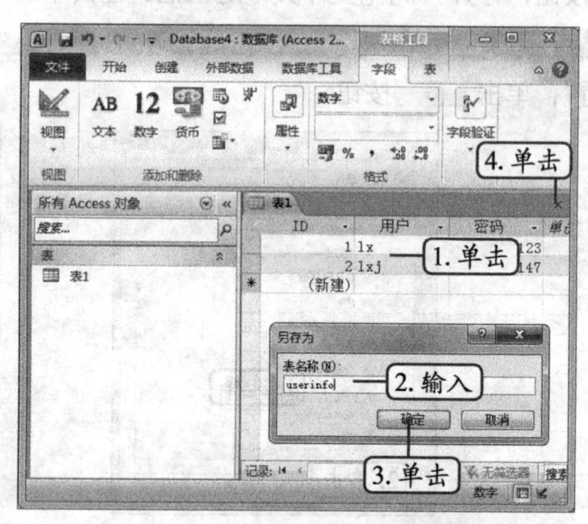

图7-12 输入数据表数据并保存

STEP 5 选择【文件】/【数据库另存为】菜单命令，打开“另存为”对话框。在打开对话框右侧的导航窗格中选择数据库文件的保存位置，在“保存类型”下拉列表中选择“Microsoft Access数据库”选项，在“文件名”文本框中输入数据库文件的名称“user_DB”，如图7-13所示。

STEP 6 单击保存(S)按钮，关闭Access 2010完成数据库的创建（最终效果参见：光盘\效果文件\项目七\任务一\user_DB.accdb）。

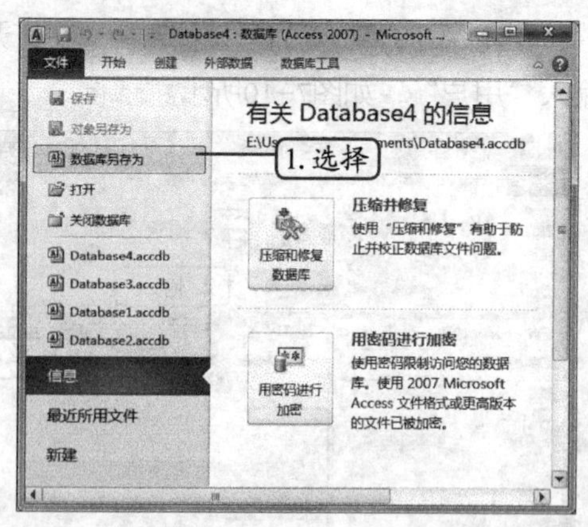

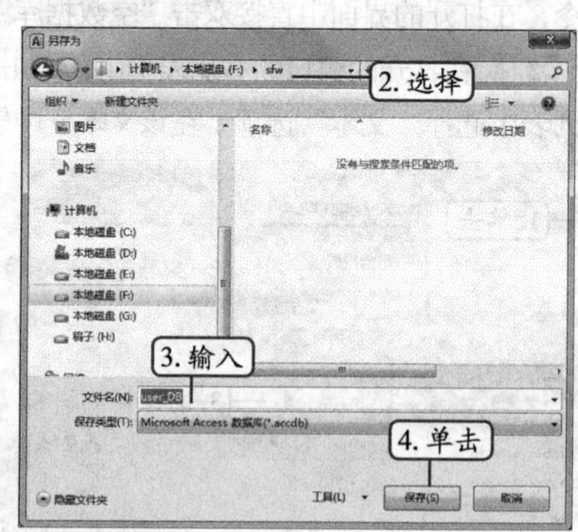

图7-13 保存数据表

（三）创建与配置动态站点

为了让动态网页与数据库文件相关联，需要在Dreamweaver中创建与配置动态站点，其具体操作如下。（微课：光盘\微课视频\项目七\创建与配置动态站点.swf）

STEP 1 在Dreamweaver操作界面中选择【站点】/【新建站点】菜单命令，在打开对话框左侧的列表框中选择“站点”选项，将站点名称设置为“sfw”，将本地站点文件夹设置为F盘下的“sfw”文件夹，如图7-14所示。

STEP 2 在左侧的列表框中选择“服务器”选项，单击右侧界面中的“添加”按钮+，打开设置服务器的界面，在“服务器名称”文本框中输入“sfw”，在“连接方法”下拉列表中选择“本地/网络”选项，单击“服务器文件夹”文本框右侧的“浏览文件夹”按钮，如图7-15所示。

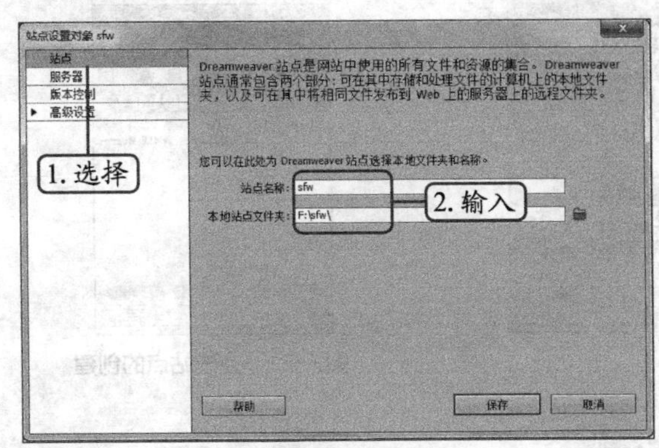

图7-14 设置站点名称和文件夹

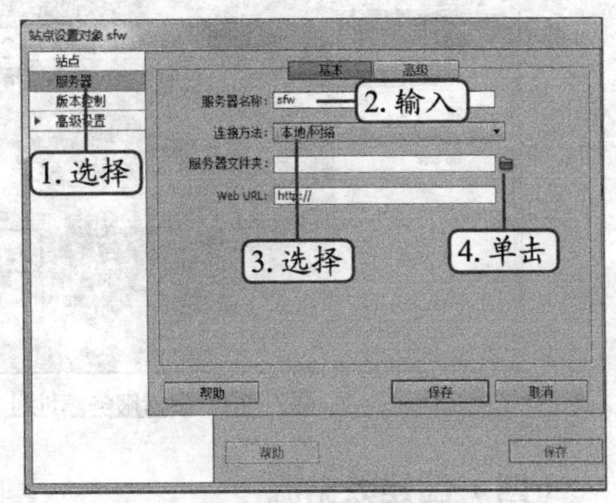

图7-15 配置服务器基本信息

STEP 3 打开“选择文件夹”对话框，选择并双击站点中的“sfw”文件夹，然后单击 选择(S) 按钮，如图7-16所示。

STEP 4 在返回界面的“Web URL”文本框中输入“http://localhost/sfw/”，单击上方的 高级 按钮，如图7-17所示。

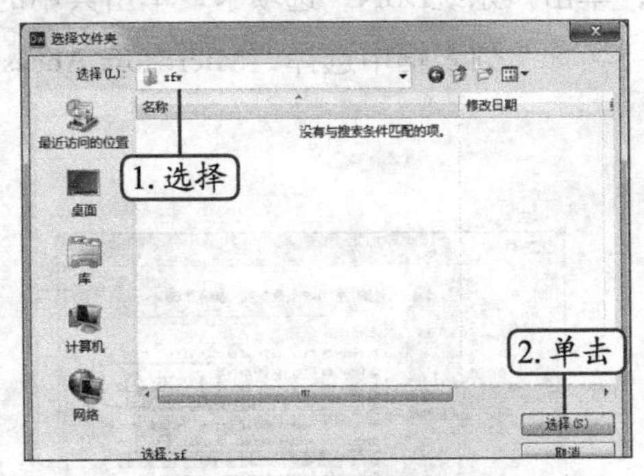

图7-16 选择文件夹

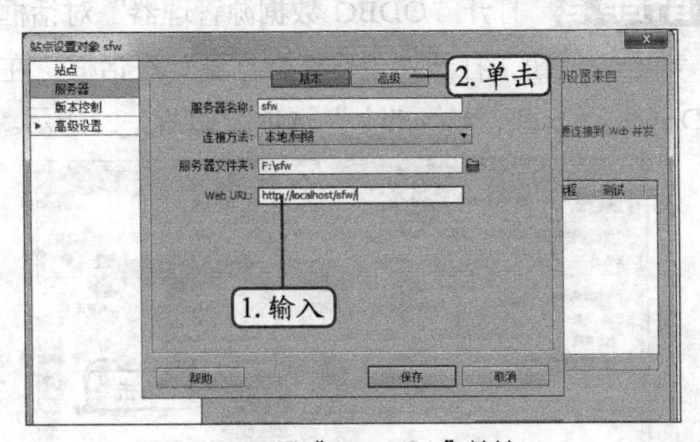

图7-17 设置“Web URL”地址

STEP 5 在“测试服务器”栏的“服务器模型”下拉列表中选择“ASP VBScript”选项，单击 保存 按钮，如图7-18所示。

STEP 6 返回“站点设置对象 sfw”对话框，单击撤销选中“远程”栏下方的复选框，并单击选中“测试”栏下方的复选框，如图7-19所示。

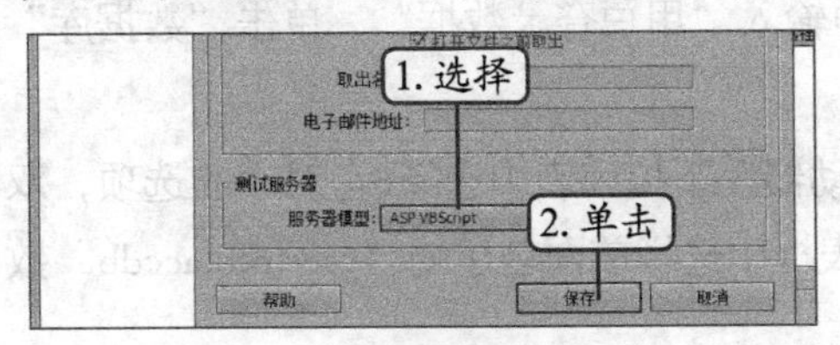

图7-18 设置服务器模型

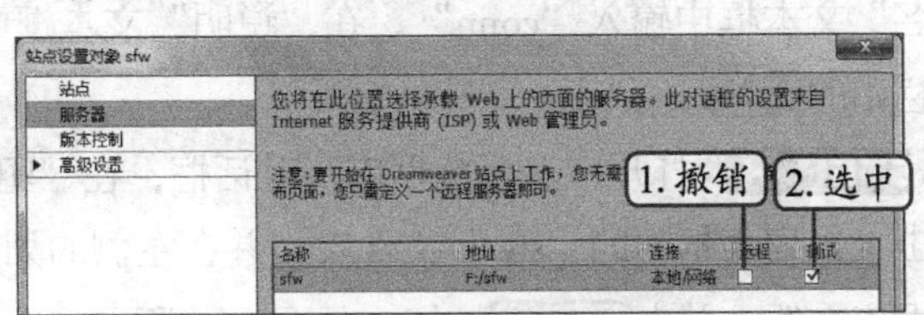

图7-19 设置测试服务器

STEP 7 在对话框左侧的列表框中选择“高级设置”栏下的“本地信息”选项，在“Web URL”文本框中输入“http://localhost/sfw/”，单击 保存 按钮，如图7-20所示。

STEP 8 打开“文件”面板，在其中可看到创建的站点内容，如图7-21所示。

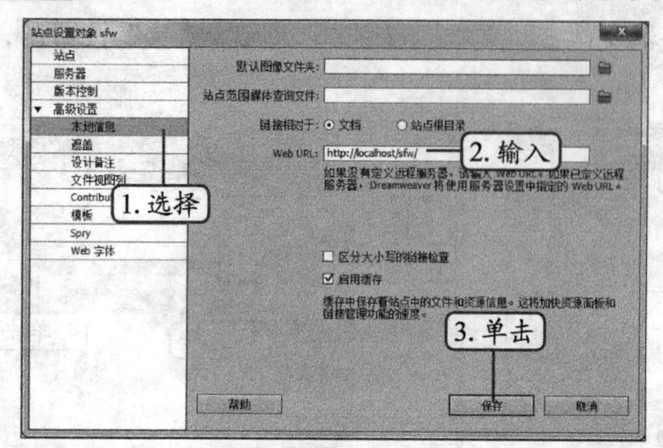

图7-20 设置服务器地址

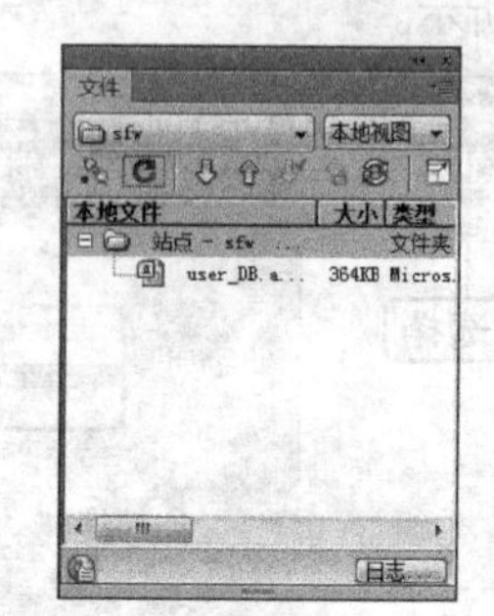

图7-21 完成站点的创建

（四）创建数据源

创建动态站点后，还需要创建数据源，使动态网页中的数据能直接与数据库中的数据相关联，其具体操作如下。（微课：光盘\微课视频\项目七\创建数据源.swf）

STEP 1 打开“控制面板”窗口，在其中双击“管理工具”图标，打开“管理工具”窗口，继续双击其中的“数据源”图标，如图7-22所示。

STEP 2 打开“ODBC 数据源管理器”对话框，单击“系统DSN”选项卡，单击其中的 添加(D)... 按钮，打开“创建新数据源”对话框，在“名称”列表框中选择“Microsoft Access Driver（*.mdb，*.accdb）”选项，如图7-23所示。

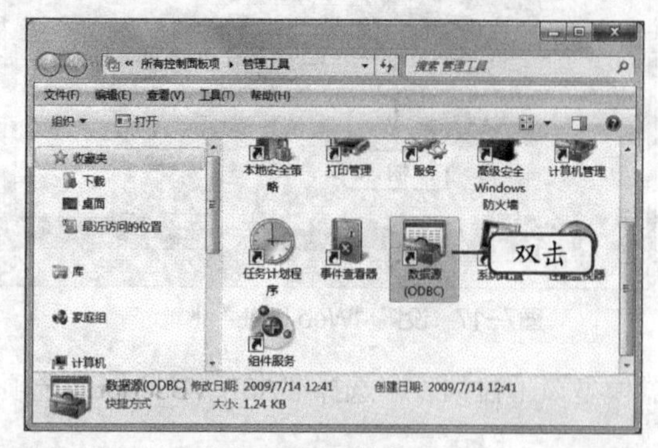

图7-22 启用数据源工具

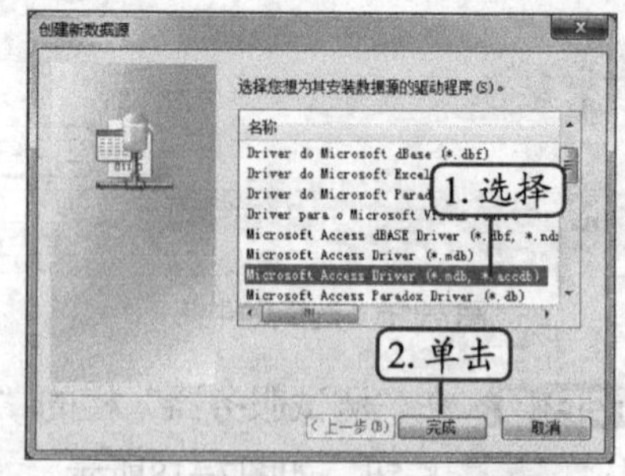

图7-23 选择数据源驱动程序

STEP 3 单击 完成 按钮，打开“ODBC Microsoft Access 安装”对话框，在“数据源名”文本框中输入“conn”，在“说明”文本框中输入“用户登录数据”，单击“数据库”栏中的 选择(S)... 按钮，如图7-24所示。

STEP 4 打开“选择数据库”对话框，在“驱动器”下拉列表中选择F盘对应的选项，双击上方列表框中的“sfw”文件夹，并在左侧的列表框中选择前面创建的“userinfo.accdb”数据库文件，单击 确定 按钮，如图7-25所示。

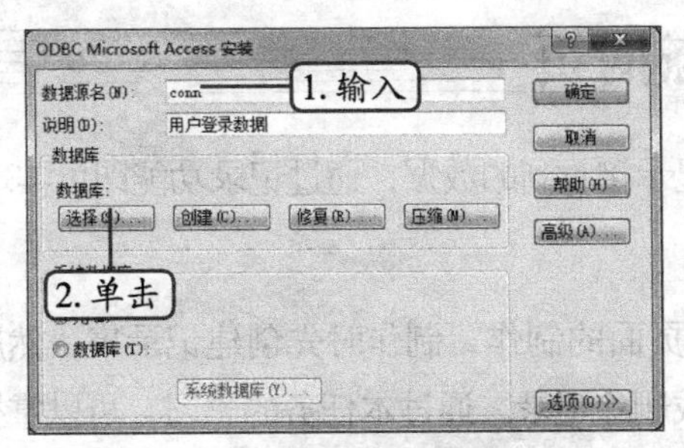

图7-24 设置数据库

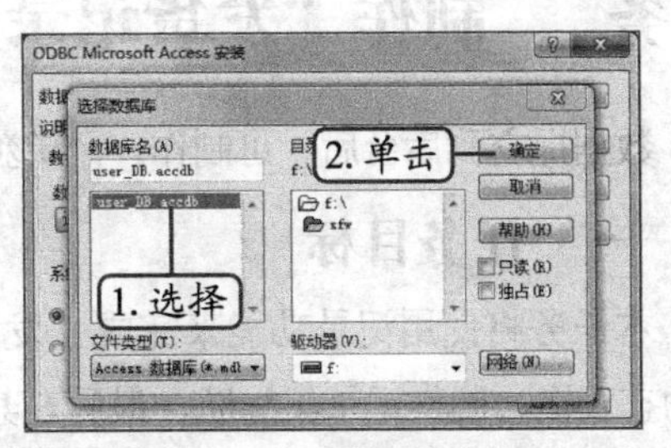

图7-25 选择数据库文件

STEP 5 返回“ODBC Microsoft Access 安装”对话框，单击 确定 按钮，再次单击 确定 按钮，完成数据源设置，打开Dreamweaver操作界面，选择【文件】/【新建】菜单命令，在打开对话框的左侧选择“空白页”选项，在“页面类型”栏中选择“ASP VBScript”选项，单击 创建(R) 按钮，如图7-26所示。

STEP 6 选择【窗口】/【数据库】菜单命令，单击“数据源”面板中的“添加”按钮，在打开的下拉列表中选择“数据源名称（DSN）”选项，如图7-27所示。

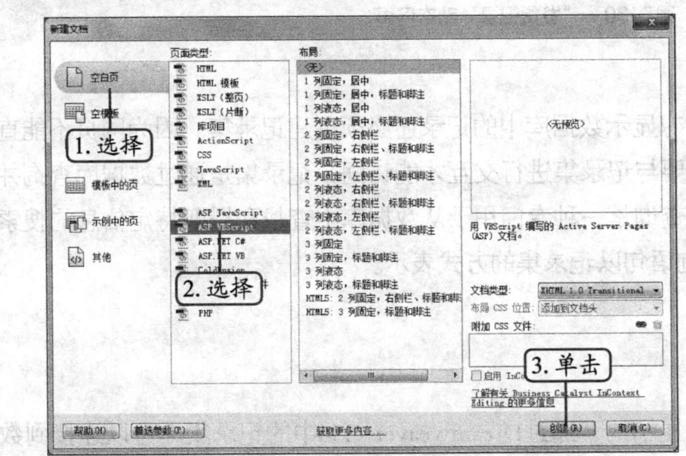

图7-26 新建ASP网页

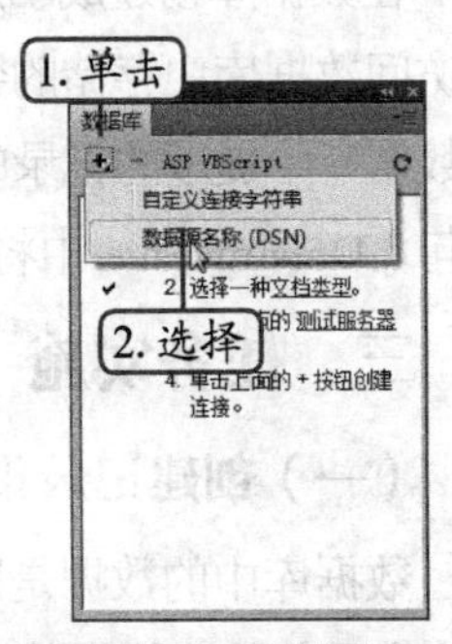

图7-27 新建数据源

STEP 7 打开“数据源名称（DSN）”对话框，在“连接名称”文本框中输入“testconn”，在“数据源名称”下拉列表中选择“conn”选项，单击 确定 按钮，如图7-28所示。

STEP 8 完成数据源的创建，此时“数据库”面板中将出现“testconn”数据源，展开该目录后可看到前面已创建好的“userinfo”数据表（最终效果参见：光盘\效果文件\项目七\任务一\userinfo），如图7-29所示。

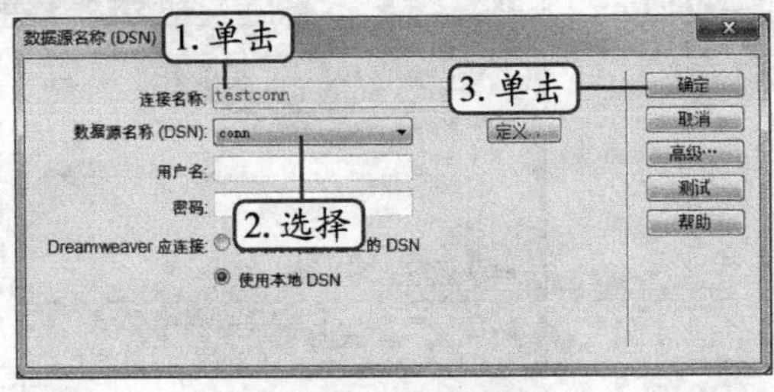

图7-28 设置连接名称

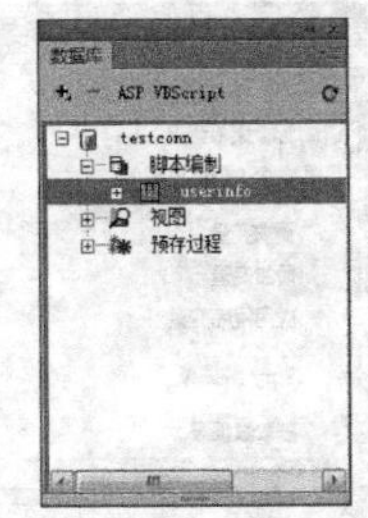

图7-29 完成创建

任务二 制作“发货记录”动态网页

数据提交到后台后，可制作一个单独的页面显示接收到的数据，通过记录功能即可实现。

一、任务目标

本任务将使用记录功能来完成“发货记录”页面的制作，制作时先创建记录集，然后插入动态表格、制作记录集导航、最后在其中插入或删除记录。通过本任务的学习，可以掌握记录网站数据的方法。本任务制作完成后的最终效果如图7-30所示。

55	鸭肉	25	6	每袋3公斤	24	115	0	20	False
4	盐	2	2	每箱12瓶	22	53	0	0	False
53	盐水鸭	24	6	每袋3公斤	32.8	0	0	0	True
71	义大利奶酪	15	4	每箱2个	21.5	26	0	0	False
17	猪肉	7	6	每袋500克	39	0	0	0	True
51	猪肉干	24	7	每箱24包	53	20	0	10	False

第一页 前一页

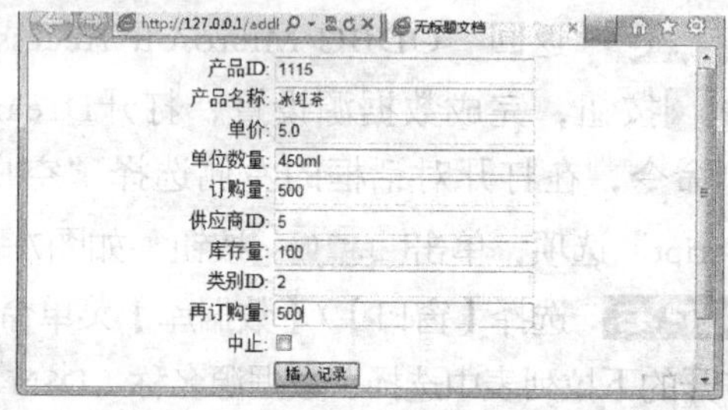

图7-30 “发货记录”动态网页

二、相关知识

在数据库创建成功后，若要想显示数据库中的记录还必须创建记录集。因为网页不能直接访问数据库中存储的数据，需要与记录集进行交互才能访问，记录集是通过数据库查询并从数据库中提取的记录的子集，查询是一种专门用于从数据库中查找和提取特定信息的搜索语句，Dreamweaver中将这种查询语句以记录集的方式表示。

三、任务实施

（一）创建记录集

数据库中的数据是以行和列显示的，通过Dreamweaver CS6中的记录集即可以连接到数据库中具体的表格，然后得到数据的查询结果。因此要显示数据库中的内容，就必须先创建记录集，其具体操作如下。（微课：光盘\微课视频\项目七\创建记录集.swf）

STEP 1 创建“Product.asp”网页文件，选择【窗口】/【绑定】菜单命令，打开“绑定”面板，单击按钮，在打开的下拉列表中选择“记录集（查询）”选项，如图7-31所示。

STEP 2 打开“记录集”对话框，在“名称”文本框中输入记录集的名称，如“product”，如图7-32所示。

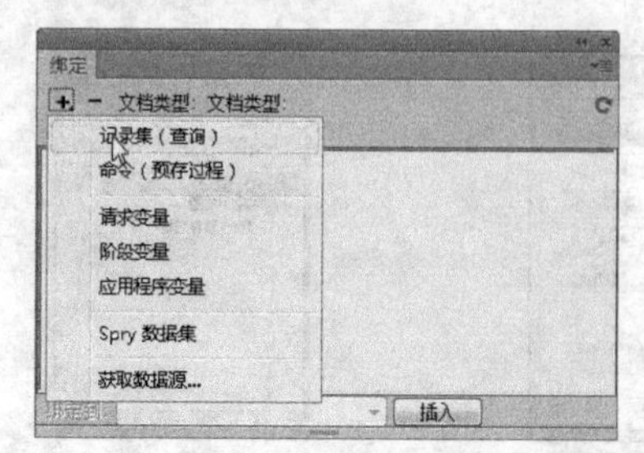

图7-31 选择命令

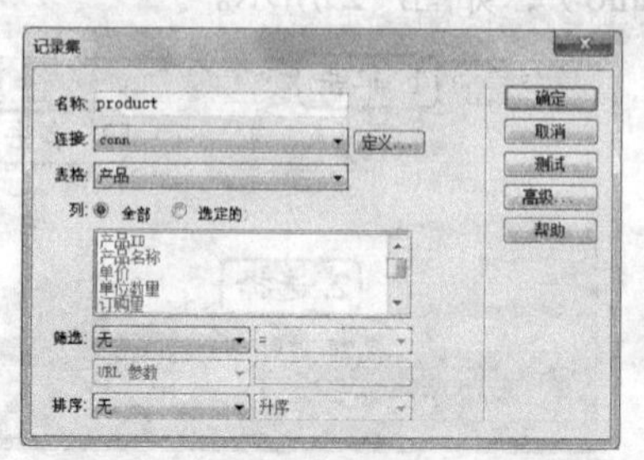

图7-32 “记录集”对话框

STEP 3 在“连接”下拉列表中选择一个数据库连接选项，在“表格”下拉列表中选择要对其进行查询的选项。

STEP 4 在“列”栏中设置查询结果中包含的字段名称，如果单击选中◉ 全部 单选选项，则表示查询结果将包含该表中所有字段。

STEP 5 在“筛选”栏中设置查询的条件，在“排序”栏第1个下拉列表中可选择要排序的字段，在第2个下拉列表中可选择按升序或降序进行排序，完成设置后单击 测试 按钮，如图7-33所示。

STEP 6 在打开的“测试SQL指令”对话框中可看到测试的结果，如图7-34所示。

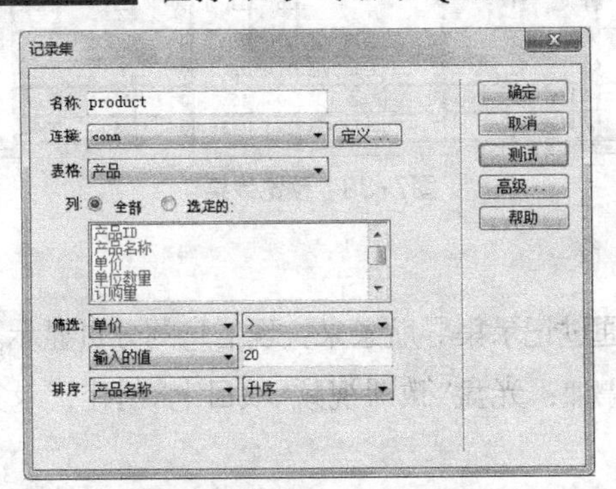

图7-33 “记录集”对话框

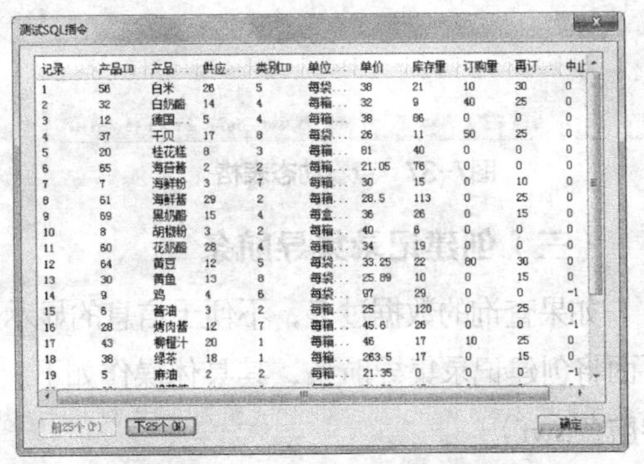

图7-34 “测试SQL指令”对话框

STEP 7 单击 确定 按钮关闭“测试SQL指令”对话框，再单击 确定 按钮关闭“记录集”对话框，返回“绑定”面板可以看到创建的记录集。

（二）插入动态表格

要在网页中显示记录集中连接的数据，需要在网页中插入动态表格，其具体操作如下。（微课：光盘\微课视频\项目七\插入动态表格.swf）

STEP 1 单击“数据”栏中“动态数据”按钮后的按钮，在打开的下拉列表中选择“动态表格”选项，如图7-35所示。

STEP 2 打开“动态表格”对话框，在“记录集”下拉列表中选择“product”选项，在“显示”栏中设置当前页面显示的记录条数，如这里直接输入“20”，在“边框”“单元格边距”“单元格间距”文本框中设置表格的边框样式，单击 确定 按钮，如图7-36所示。

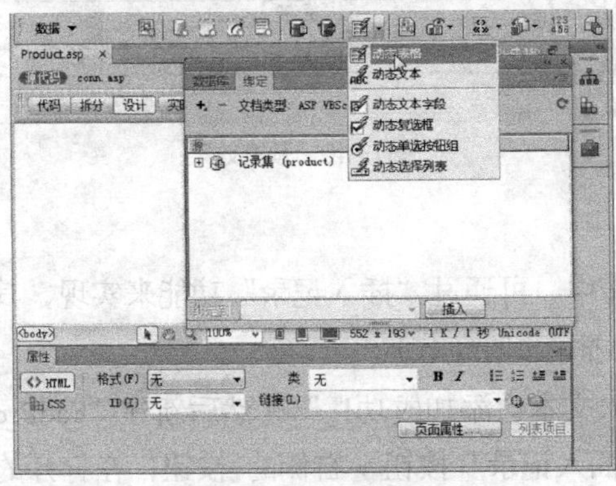

图7-35 插入动态表格

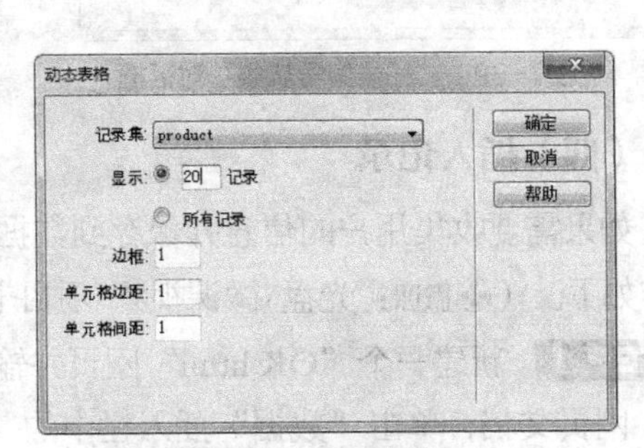

图7-36 查看表格

STEP 3 返回网页中可查看插入的动态表格，如图7-37所示。

STEP 4 保存网页，按【F12】键即可在浏览器中预览，还可查看到查询出的数据，如图7-38所示。

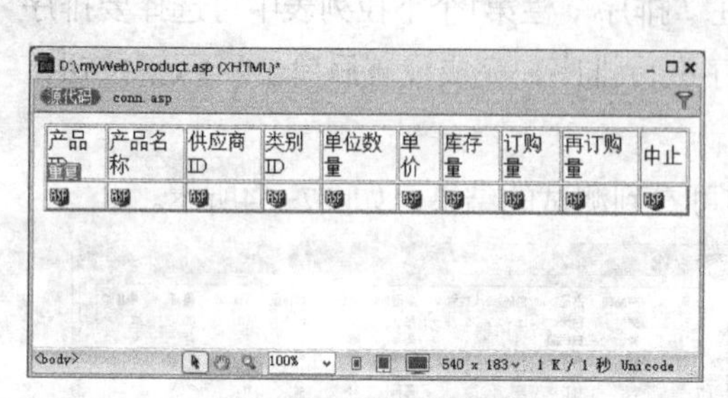

图7-37　查看动态表格

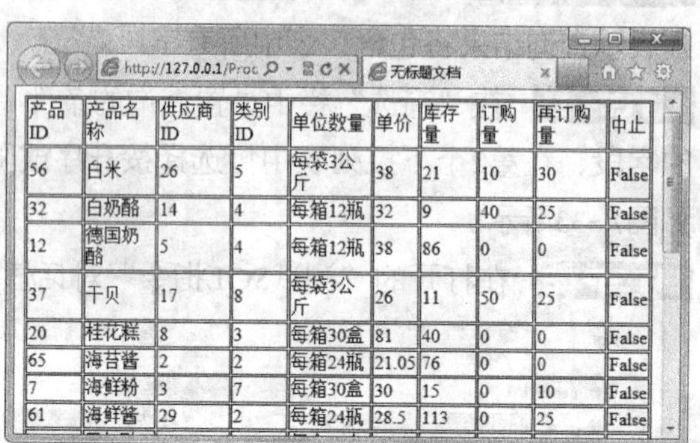

产品ID	产品名称	供应商ID	类别ID	单位数量	单价	库存量	订购量	再订购量	中止
56	白米	26	5	每袋3公斤	38	21	10	30	False
32	白奶酪	14	4	每箱12瓶	32	9	40	25	False
12	德国奶酪	5	4	每箱12瓶	38	86	0	0	False
37	干贝	17	8	每袋3公斤	26	11	50	25	False
20	桂花糕	8	3	每箱30盒	81	40	0	0	False
65	海苔酱	2	2	每箱24瓶	21.05	76	0	0	False
7	海鲜粉	3	7	每箱30盒	30	15	0	10	False
61	海鲜酱	29	2	每箱24瓶	28.5	113	0	25	False

图7-38　预览效果

（三）创建记录集导航条

如果查询的数据过多，不便于信息的显示，可通过记录集导航条来实现信息的分页显示。下面将创建记录集导航条，其具体操作如下。（微课：光盘\微课视频\项目七\创建记录集导航条.swf）

STEP 1 单击“数据”插入栏中的“记录集分页”按钮后的按钮，在打开的下拉列表中选择“记录集导航条”选项。

STEP 2 打开“记录集导航条”对话框，在“记录集”下拉列表中选择“product”选项，在“显示方式”栏中选择导航条的显示方式，这里单击选中 文本 单选项，单击 确定 按钮，如图7-39所示。

STEP 3 返回网页中即可查看到添加后的效果，保存网页，然后按【F12】键预览效果，如图7-40所示（最终效果参见：光盘\效果文件\项目七\任务二\myweb.asp）。

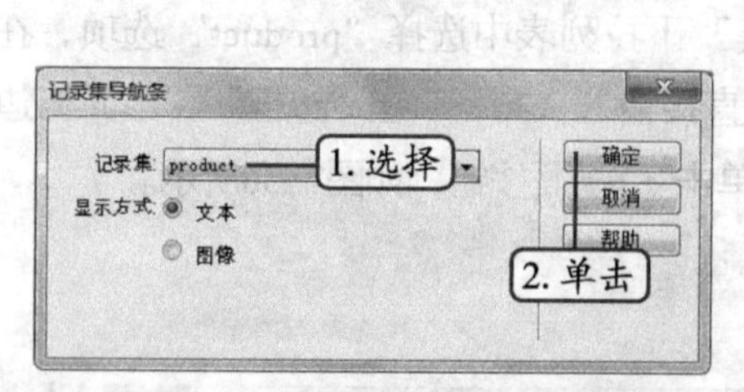

图7-39　“记录集导航条”对话框

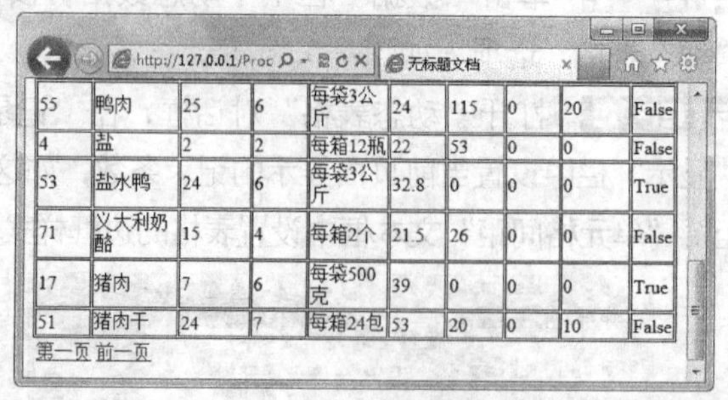

55	鸭肉	25	6	每袋3公斤	24	115	0	20	False
4	盐	2	2	每箱12瓶	22	53	0	0	False
53	盐水鸭	24	6	每袋3公斤	32.8	0	0	0	True
71	义大利奶酪	15	4	每箱2个	21.5	26	0	0	False
17	猪肉	7	6	每袋500克	39	0	0	0	True
51	猪肉干	24	7	每箱24包	53	20	0	10	False

图7-40　预览效果

（四）插入记录

如果需要收集用户的信息并保存到数据库中，可通过“插入记录”功能来实现，其具体操作如下。（微课：光盘\微课视频\项目七\插入记录.swf）

STEP 1 新建一个“OK.html”网页并输入文本“添加成功！”，然后新建“addProduct.asp”网页文档，单击“数据”插入栏中的“插入记录”按钮右侧的按钮，在打开的下拉列表中选择“插入记录表单向导”选项。

STEP 2 打开“插入记录表单”对话框，在“连接”下拉列表中选择“conn”选项，在“插入到表格”下拉列表中选择“产品”选项，在“插入后，转到”文本框中输入连接的URL地址为“OK.html”。

STEP 3 在“表单字段”列表框中设置需要显示在表单中的字段，如有不需要的则选中该字段后再单击⊟按钮将其删除，单击 确定 按钮，完成操作如图7-41所示。此时编辑窗口中显示的内容如图7-42所示。

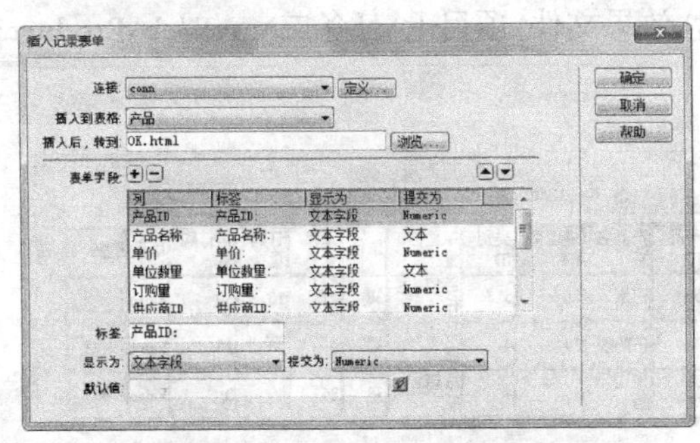

图7-41 “插入记录表单”对话框

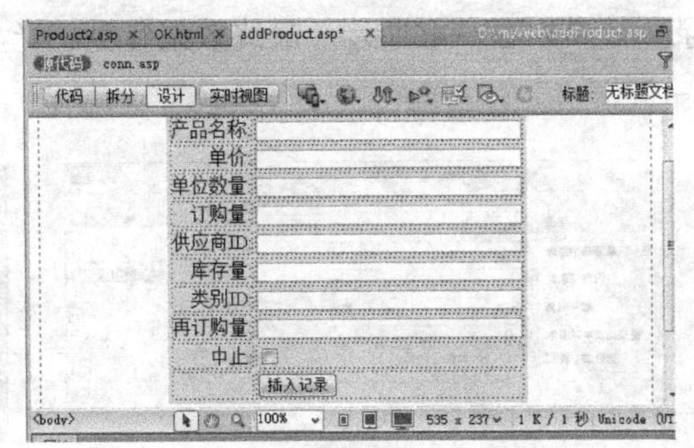

图7-42 插入的记录表单

STEP 4 保存并预览网页，输入相应数据后，单击 插入记录 按钮，即可插入一条记录，效果如图7-43所示。

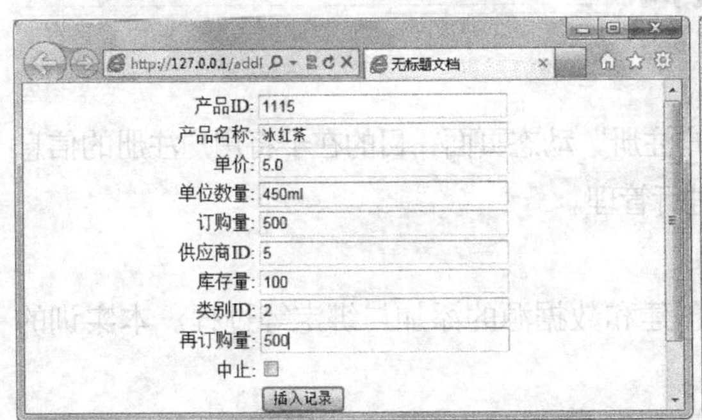

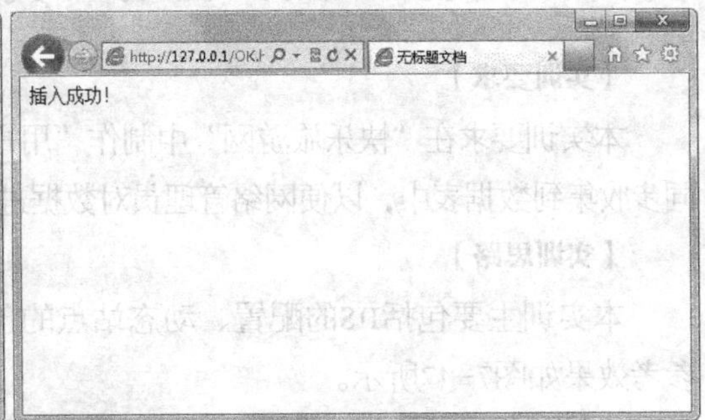

图7-43 预览效果

（五）删除记录

数据库中某些无用数据，可将其删除。若要删除数据库中的某条记录，可以使用“删除记录”功能，其具体操作如下。（微课：光盘\微课视频\项目七\删除记录.swf）

STEP 1 打开插入动态表格后的“Product1.asp”网页文档，并将其另存为“Product3.asp”网页，在表格的最后增加一列，将光标定位到最后一个单元格中，插入一个表单，并添加一个提交按钮，将其值修改为“删除”，效果如图7-44所示。

产品ID	产品名称	供应商ID	类别ID	单位数量	单价	库存量	订购量	再订购量	中止	删除
ASP	ASP	ASP	ASP	ASP	ASP	ASP	ASP	ASP	ASP	删除

图7-44 修改页面

STEP 2 在“数据”插入栏中单击“删除记录”按钮，打开“删除记录”对话框，在“连接”下拉列表中选择“conn”选项，在“从表格中删除”下拉列表中选择“产品”选项。

STEP 3 在“选取记录自”下拉列表中选择“product”选项，在“唯一键列”下拉列表中选择“产品ID”选项，在“提交此表单以删除”下拉列表中选择“forml”选项，在“删除后，转到”文本框中输入删除后转到的页面，单击 确定 按钮完成删除记录功能，如图7-45所示。

STEP 4 返回网页中保存网页并进行预览，单击每一行记录中的 删除 按钮即可删除记录，效果如图7-46所示（最终效果参见：光盘\效果文件\项目七\任务二\myWeb\Product3.asp）。

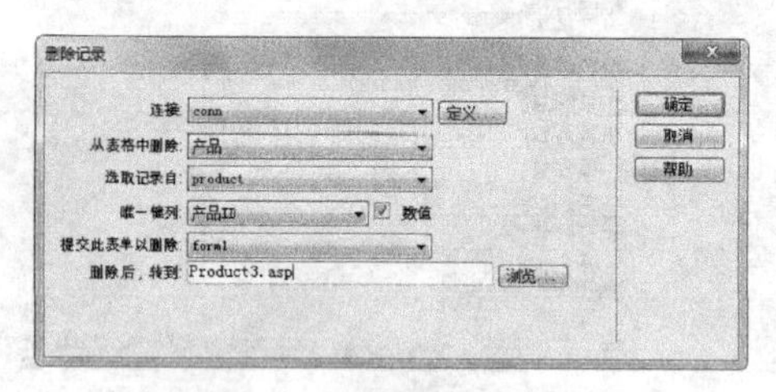

图7-45 “删除记录”对话框

产品ID	产品名称	供应商ID	类别ID	单位数量	单价	库存量	订购量	再订购量	中止	删除
56	白米	26	5	每袋3公斤	38	21	10	30	False	删除
32	白奶酪	14	4	每箱12瓶	32	9	40	25	False	删除
12	德国奶酪	5	4	每箱12瓶	38	86	0	0	False	删除

图7-46 预览效果

实训一 制作“用户注册”页面

【实训要求】

本实训要求在“快乐旅游网”中制作“用户注册”动态页面，目的在于将用户注册的信息同步收集到数据表中，以便网络管理员对数据进行管理。

【实训思路】

本实训主要包括IIS的配置、动态站点的创建和数据源的添加与绑定等过程。本实训的参考效果如图7-47所示。

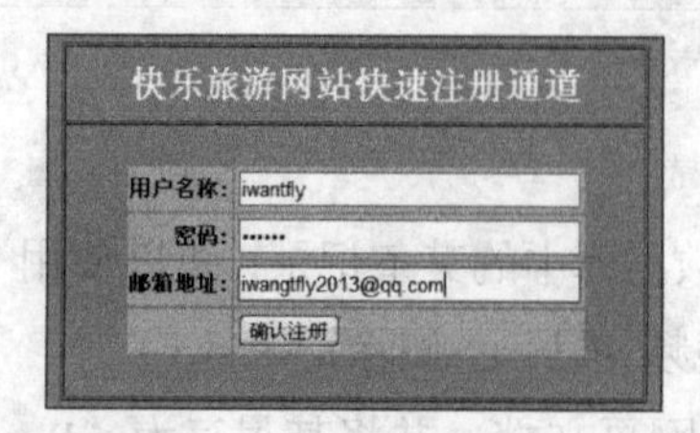

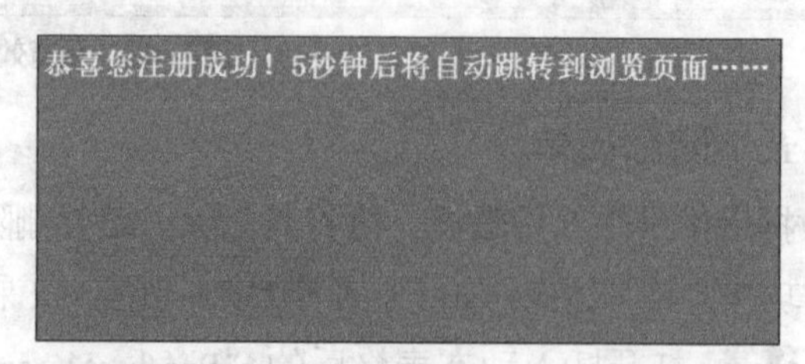

图 7-47 “用户注册”页面与注册成功后显示的页面

【步骤提示】

STEP 1 配置别名为“reg”、位置为“D:\reg”的IIS。

STEP 2 将提供的“reg.accdb”数据库文件复制到“D:\reg”文件夹中（素材参见：光盘\素材文件\项目七\实训一\reg.accdb）。

STEP 3 配置站点名称为“reg”，本地根文件夹为“E:\reg\”，Web URL地址为“http://localhost/reg/”，服务器模型为“ASP VBScript”，访问类型为“本地/网络”的测

试服务器。

STEP 4 创建名为“reg”，说明为“注册数据”，数据库为“reg.accdb”的数据源。

STEP 5 打开提供的“reg.asp”网页素材（素材参见：光盘\素材文件\项目七\实训一\reg.asp），绑定“reg”记录集，排序为“regID”和“升序”。

STEP 6 将文本插入点定位在表格的空单元格中，利用“插入记录表单向导”功能插入记录表单，注意需要指定跳转的页面并删除不需显示的“regID”字段。

STEP 7 将“提交”按钮更改为“确认注册”，将“密码：”对应的文本字段表单对象设置为“密码”类型，并适当美化表单。

STEP 8 保存网页并预览，输入相应的注册数据后单击“确认注册”按钮跳转到指定的网页，“reg.accdb”数据库中的表格将同步收集到输入的数据（最终效果参见：光盘\效果文件\项目七\实训一\reg.asp）。

实训二　制作登录动态网页

【实训要求】

本实训将制作登录动态网页，实现用户输入数据库中所存在的用户名与密码后即可进行登录的功能。

【实训思路】

本实训制作过程中，首先需要配置IIS及动态站点，让动态网页与数据库进行连接，再进行登录动态网页的制作。本实训的参考效果如图7-48所示，其中左图为数据库表数据，右图为效果图。

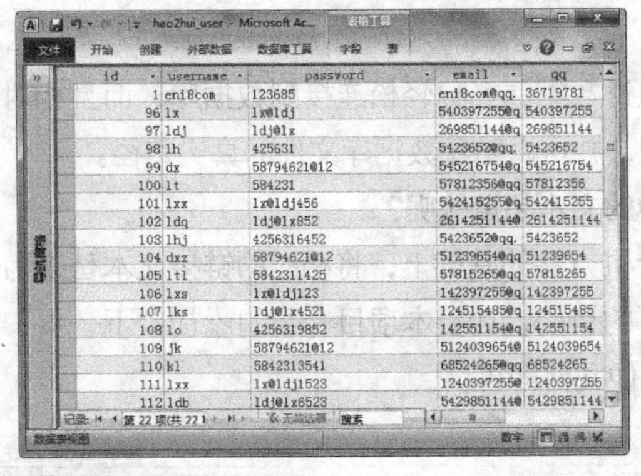

id	username	password	email	qq
1	eni8com	123685	eni8com@qq.	36719781
96	lx	lx@ldj	540397255@q	540397255
97	ldj	ldj@lx	269851144@q	269851144
98	lh	425631	5423652@qq.	5423652
99	dx	58794621@12	545216754@q	545216754
100	lt	584231	57812356@qq	57812356
101	lxx	lx@ldj456	542415255@q	542415255
102	ldq	ldj@lx852	2614251144@	2614251144
103	lhj	4256316452	5423652@qq.	5423652
104	dxz	58794621@12	51239654@qq	51239654
105	ltl	5842311425	57815265@qq	57815265
106	lxs	lx@ldj123	142397255@q	142397255
107	lks	ldj@lx4521	124515485@q	124515485
108	lo	4256319852	142551154@q	142551154
109	jk	58794621@12	5124039654@	5124039654
110	kl	5842313541	68524265@qq	68524265
111	lxx	lx@ldj1523	1240397255@	1240397255
112	ldb	ldj@lx6523	5429851144@	5429851144

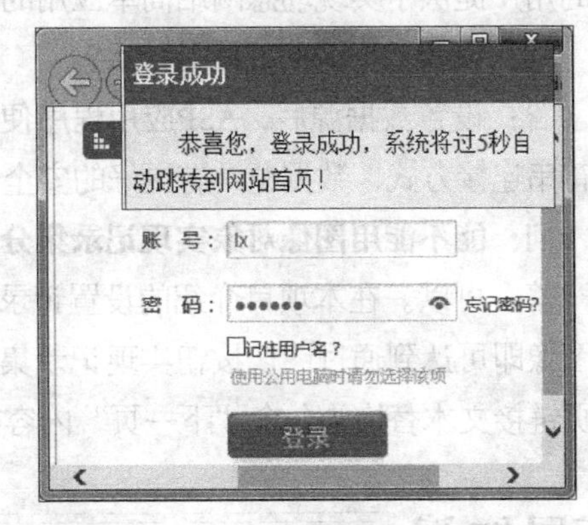

图7-48　制作登录动态网页

【步骤提示】

STEP 1 将提供的素材复制到H盘下，完成本地站点文件夹的创建，打开文件夹，即可查看其文件夹中的所有内容。

STEP 2 配置一个别名为“login”，位置为“H:\login_asp”的IIS服务器。

STEP 3 配置站点名称为“login_asp”的本地站点，并在服务器中添加记录。

STEP 4 打开“login.asp”网页（素材参见：光盘\素材文件\项目七\实训二\login.asp），在其中创建数据库连接，并设置提供的数据源。

STEP 5 打开“记录集”对话框添加记录，然后在“服务器行为”面板中，单击+按钮，在打开的下拉列表中选择【用户身份验证】/【登录用户】选项，

STEP 6 切换到代码视图，将光标定位到第2行后，按【Enter】键换行，添加“md5.asp”的引用代码。向下滚动编辑窗口，找到代码“Request.Form("password")”，将其修改为“md5(Request.Form("password"))”。

STEP 7 完成设置后保存网页，然后测试网页，完成本实训制作（最终效果参见：光盘\效果文件\项目七\实训二\login-asplogin.asp）。

常见疑难解析

问：什么是ASP. NET？它与ASP格式相比有什么区别？

答：ASP.NET是Microsoft公司开发的新一代网络编程平台，该平台较ASP而言功能更为强大，结构也更加完善，但其复杂程度也非ASP所能比拟的。对于初学者而言，ASP无疑是最容易上手的一种开发平台，它能开发出功能丰富的Web应用程序，特别适合初学者。当具备一定的网页开发能力后，建议再使用ASP.NET开发网页。

问：ASP涉及很多编程工作，本项目为何没有涉及这方面的知识？

答：在高级应用中，确实需要做很多ASP编程的工作，但本项目的重点是ASP与数据库结合的应用，因此把重心放在数据库操作部分。Dreamweaver在这个方面的功能非常强大，几乎可以在不编写任何代码的情况下完成对数据库的所有基础操作，这也给没有任何编程基础的用户提供了实现动态网站简单应用的可能性。

问：设置数据源的好处是什么？

答：设置数据源后，ASP应用程序便可通过数据源名称轻松连接到数据库，而且相对于字符串连接方式，数据源具有更好的安全性能，并可以隐藏数据库文件的真实路径。

问：能不能用图像对象实现记录集分页中的文本超链接呢？

答：可以。在本项目介绍的设置记录集分页方法的基础上，将相应的链接文本替换为链接图像即可达到通过图像按钮实现记录集分页的目的，如将本项目介绍的添加“下一页”的分页链接文本替换为包含“下一页”内容的图像文件即可。

拓展知识

1. 关于“插入”面板

“插入”面板中的“数据”插入栏包含多种有用的工具。下面就对其中部分常用工具的作用进行拓展介绍，以便用户在实际学习和工作中可以更加自主地创建需要的网页。

- **“记录集”工具**：创建记录集。
- **“命令”工具**：打开“命令”对话框，创建在数据库中插入数据、更新数据和删除

数据的命令。

- **"动态数据"工具**：插入显示动态数据的对象，包括动态表格、动态文本、动态文本字段、动态复选框、动态单选按钮组和动态选择列表等工具。
- **"重复区域"工具**：创建重复区域。
- **"记录集分页"工具**：对分页显示的记录集进行导航。
- **"转到详细（相关）页面"工具**：包括"转到详细页面"和"转到相关页面"两个工具，可创建调整到详细页面或相关页面的超链接。
- **"插入记录"工具**：在数据库中插入数据，包括"插入记录表单向导"和"插入记录"两个工具。
- **"更新记录"工具**：对数据库中的数据进行更新，包括"更新记录表单向导"和"更新记录"两个工具。
- **"删除记录"工具**：删除数据库中的记录。

2. 设置跳转到详细页面

除了设置分页显示外，还可在记录集中添加转到某个特定页面的超级链接，其方法为单击"数据"插入栏中的"记录集分页"按钮后的按钮，在打开的下拉列表中选择移动到特定页面的选项，如"移动至第一条记录""移动至前一条记录""移动至下一条记录""移动至最后一条记录""移动至特定记录"等，然后在打开的对话框中单击确定按钮即可。

课后练习

（1）制作"注册"动态页面，对用户提交的表单信息进行处理。制作过程主要包括创建数据库文件、配置IIS、创建动态网站及测试服务器、让动态网页与数据库进行连接以及插入数据库记录等操作。如果注册成功则为图7-49右侧上图效果，否则为右侧下图效果，其最终效果如图7-49所示（最终效果参见：光盘\效果文件\项目七\课后练习\zhuce_asp\zhuce.asp）。

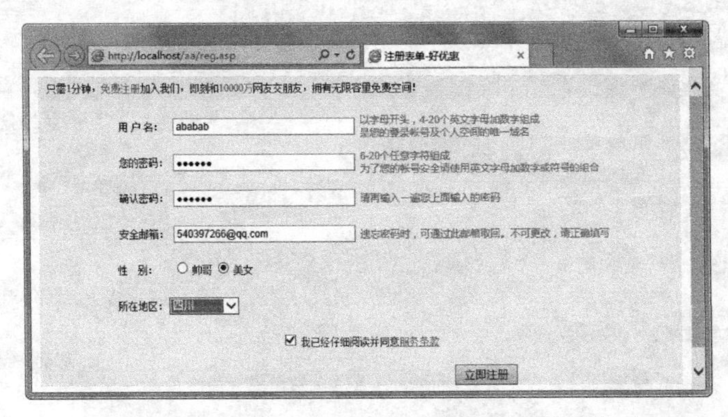

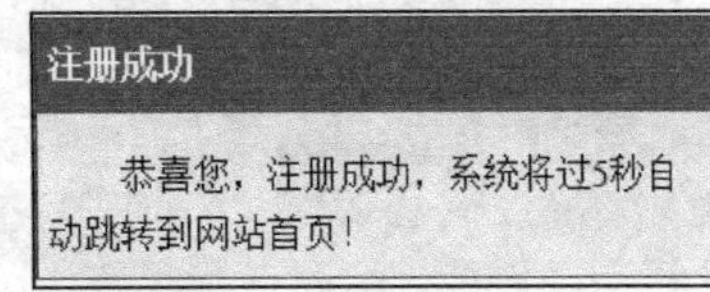

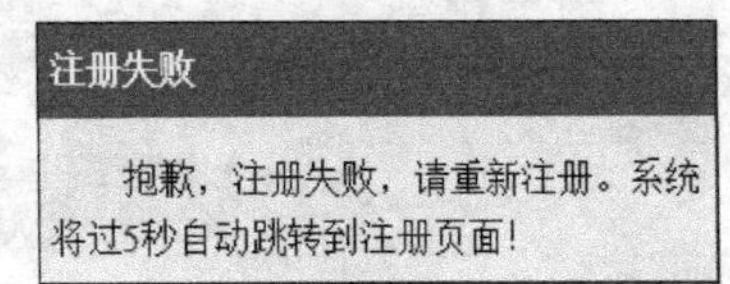

图 7-49 "注册"动态页面

（2）创建一个动态网页，然后查询数据库中的信息，完成后的参考效果如图7-50所示

（最终效果参见：光盘\效果文件\项目七\课后练习\order\index.html）。

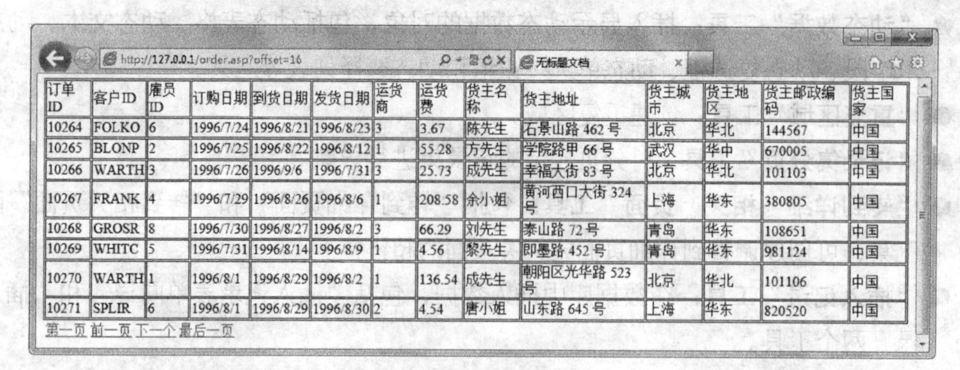

订单ID	客户ID	雇员ID	订购日期	到货日期	发货日期	运货商	运货费	货主名称	货主地址	货主城市	货主地区	货主邮政编码	货主国家
10264	FOLKO	6	1996/7/24	1996/8/21	1996/8/23	3	3.67	陈先生	石景山路 462 号	北京	华北	144567	中国
10265	BLONP	2	1996/7/25	1996/8/22	1996/8/12	1	55.28	方先生	学院路甲 66 号	武汉	华中	670005	中国
10266	WARTH	3	1996/7/26	1996/9/6	1996/7/31	3	25.73	成先生	幸福大街 83 号	北京	华北	101103	中国
10267	FRANK	4	1996/7/29	1996/8/26	1996/8/6	1	208.58	余小姐	黄河西口大街 324 号	上海	华东	380805	中国
10268	GROSR	8	1996/7/30	1996/8/27	1996/8/2	3	66.29	刘先生	泰山路 72 号	青岛	华东	108651	中国
10269	WHITC	5	1996/7/31	1996/8/14	1996/8/9	1	4.56	黎先生	即墨路 452 号	青岛	华东	981124	中国
10270	WARTH	1	1996/8/1	1996/8/29	1996/8/2	1	136.54	成先生	朝阳区光华路 523 号	北京	华北	101106	中国
10271	SPLIR	6	1996/8/1	1996/8/29	1996/8/30	2	4.54	唐小姐	山东路 645 号	上海	华东	820520	中国

第一页 前一页 下一个 最后一页

图7-50　查看数据库的信息

PART 8

项目八 Photoshop CS6的基本操作

情景导入

阿秀：小白，作为一名合格的网页设计师，除了会使用Dreamweaver进行网页编辑外，还必须掌握Photoshop的相关操作。

小白：Photoshop是用来处理网页中的图像吗?

阿秀：是的，在网页设计中，Photoshop主要用来进行前期界面设计，并输出界面效果图供客户确认。在网页设计过程中，又需要使用Photoshop对页面中的一些产品图片进行编辑和美化等。因此学好Photoshop非常有必要。

小白：我一定认真学习。

阿秀：那下面就先学习Photoshop的一些基本操作，制作简单的界面背景效果。

学习目标

- 掌握图像文件的基本操作
- 掌握选区的基本操作
- 掌握绘图工具和修饰工具的使用方法
- 熟悉网页图像格式的相关知识

技能目标

- 掌握“四方好茶”网页背景的制作方法
- 掌握网页素材图片处理的方法
- 能够完成简单的界面设计和网页图片处理

任务一 制作“四方好茶”网页背景

任何网站在前期规划完成后都会设计一个界面效果图，用于与客户确认网页布局和界面内容等。下面介绍使用Photoshop CS6设计“四方好茶”首页背景效果图的相关知识。

一、任务目标

本任务将练习用 Photoshop CS6制作“四方好茶”首页的背景效果图，即对该网站首页进行基本的效果图布局设计，在制作时先创建图像文件，然后在其中创建选区、填充颜色、添加基本的图像元素，最后保存图像。通过本任务可掌握Photoshop CS6的基本操作。本任务制作完成后的效果如图8-1所示。

图8-1 “四方好茶”界面背景

二、相关知识

（一）网页中的图片格式

网页中的图片全部存储在网络的服务器中，用户在访问网页时通常需要将服务器中的图片下载到本地计算机缓存中才能完整显示网页，为了提高网页的浏览速度，通常会对图片的格式进行设置，减小图像的体积。

Photoshop CS6共支持20多种格式的图像，并可对不同格式的图像进行编辑和保存。下面分别介绍常见的文件格式，其中，网页中常用的图片格式为前3种。

- **JPEG（*.jpg）格式**：JPEG是一种有损压缩格式，支持真彩色，生成的文件较小，是常用的图像格式之一。JPEG格式支持CMYK、RGB、灰度的颜色模式，但不支持Alpha通道。在生成JPEG格式的文件时，可以通过设置压缩的类型，产生不同大小和质量的文件。压缩越大，图像文件就越小，相对的图像质量就越差。

- **GIF（*.gif）格式：**GIF格式的文件是8位图像文件，最多为256色，不支持Alpha通道。GIF格式的文件较小，常用于网络传输，在网页上见到的图片大多是GIF和JPEG格式的。GIF格式与JPEG格式相比，其优势在于GIF格式的文件可以保存动画效果。
- **PNG（*.png）格式：**GIF格式文件虽小，但在图像的颜色和质量上较差，而PNG格式可以使用无损压缩方式压缩文件，它支持24位图像，产生的透明背景没有锯齿边缘，所以可以产生质量较好的图像效果。
- **PSD（*.psd）格式：**它是由Photoshop软件自身生成的文件格式，是唯一能支持全部图像色彩模式的格式。以PSD格式保存的图像可以包含图层、通道、色彩模式等信息。
- **TIFF（*.tif；*.tiff）格式：**TIFF格式是一种无损压缩格式，便于在应用程序之间或计算机平台之间进行图像的数据交换，可以在许多图像软件之间进行转换。TIFF格式支持带Alpha通道的CMYK、RGB、灰度文件，支持不带Alpha通道的Lab、索引颜色、位图文件。另外，它还支持LZW压缩。
- **BMP（*.bmp）格式：**用于选择当前图层的混合模式，使其与下面的图像进行混合。
- **EPS（*.eps）格式：**EPS可以包含矢量和位图图形，最大的优点在于可以在排版软件中以低分辨率预览，而在打印时以高分辨率输出。不支持Alpha通道，可以支持裁切路径，支持Photoshop所有的颜色模式，可用来存储矢量图和位图。在存储位图时，还可以将图像的白色像素设置为透明的效果，并且在位图模式下也支持透明效果。
- **PCX（*.pcx）格式：**PCX格式与BMP格式一样支持1~24bit的图像，并可以用RLE的压缩方式保存文件。PCX格式还可以支持RGB、索引颜色、灰度、位图的颜色模式，但不支持Alpha通道。
- **PDF（*.pdf）格式：**PDF格式是Adobe公司开发的用于Windows、MAC OS、UNIX、DOS系统的一种电子出版软件的文档格式，适用于不同平台。该格式文件可以存储多页信息，其中包含图形和文本的查找和导航功能。因此，使用该软件不需要排版或图像软件即可获得图文混排的版面。由于该格式支持超文本链接，因此是网络下载经常使用的文件格式。
- **PICT（*.pct）格式：**PICT格式被广泛用于Macintosh图形和页面排版程序中，是作为应用程序间传递文件的中间文件格式。PICT格式支持带一个Alpha通道的RGB文件和不带Alpha通道的索引文件、灰度、位图文件。PICT格式对于压缩具有大面积单色的图像非常有效。

（二）位图、矢量图、分辨率

位图与矢量图是使用图形图像软件时首先需要了解的基本图像概念，而图像分辨率则表示图片的清晰程度。

1. 位图

位图也称像素图或点阵图，是由多个像素点组成的。将位图尽量放大后，可以发现图像是由大量的正方形小块构成，不同的小块上显示不同的颜色和亮度。网页中的图像基本上以位图为主。

2. 矢量图

矢量图又称向量图，是以几何学进行内容运算、以向量方式记录的图像，以线条和色块为主。矢量图形与分辨率无关，无论将矢量图放大多少倍，图像都具有同样平滑的边缘和清晰的视觉效果，更不会出现锯齿状的边缘现象，且文件尺寸小，通常只占用少量空间。矢量图在任何分辨率下均可正常显示或打印，而不会损失细节。因此，矢量图形在标志设计、插图设计及工程绘图上占有很大的优势。其缺点是所绘制的图像一般色彩简单，也不便于在各种软件之间进行转换使用。

3. 分辨率

分辨率是指单位面积上的像素数量。通常用像素/英寸或像素/厘米表示，分辨率的高低直接影响图像的效果，单位面积上的像素越多，分辨率越高，图像就越清晰。分辨率过低会导致图像粗糙，在排版打印时图片会变得非常模糊，而较高的分辨率则会增加文件的大小，并降低图像的打印速度。

（三）认识Photoshop CS6的操作界面

使用Photoshop CS6进行图像处理前，首先需要对其操作界面有全面的了解，选择【开始】/【所有程序】/【Adobe Photoshop CS6】菜单命令即可启动Photoshop CS6，如图8-2所示。

图8-2 Photoshop CS6的操作界面

1. 标题栏

标题栏左侧显示了Photoshop CS6的程序图标Ps和一些基本模式设置，如缩放级别、排列文档、屏幕模式等，右侧的3个按钮分别用于对图像窗口进行最小化（-）、最大化/还原（□）和关闭（×）操作。

2. 菜单栏

菜单栏由“文件”“编辑”“图像”“图层”“文字”“选择”“滤镜”“3D”“视图”“窗口”“帮助”11个菜单项组成，每个菜单项下内置了多个菜单命令。菜单命令右侧标有符号，表示该菜单命令下还包含子菜单，若某些命令呈灰色显示时，表示没有激活，或当前不可用。图8-3所示为“文件”菜单。

3. 工具箱

工具箱中集合了在图像处理过程中使用最频繁的工具，使用它们可以进行绘制图像、修饰图像、创建选区、调整图像显示比例等操作。工具箱的默认位置在操作界面左侧，将鼠标移动到工具箱顶部，可将其拖曳到界面中的其他位置。

单击工具箱顶部的折叠按钮，可以将工具箱中的工具以双列方式排列。单击工具箱中对应的图标按钮，即可选择该工具。工具按钮右下角有黑色小三角形标记，表示该工具位于一个工具组中，其中还包含隐藏的工具，在该工具按钮上按住鼠标左键不放或单击鼠标右键，即可显示该工具组中隐藏的工具，如图8-4所示。

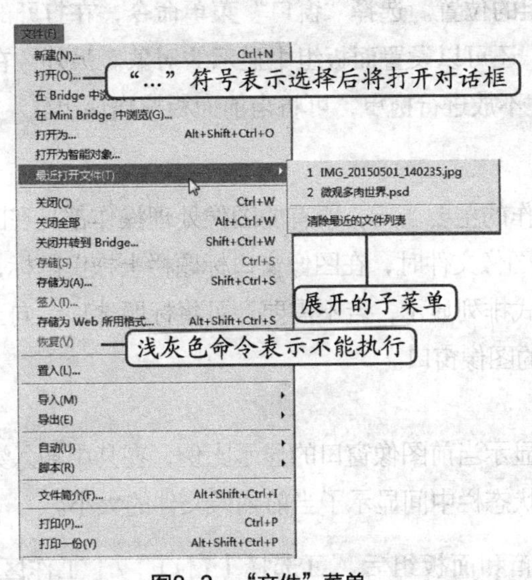

图8-3 “文件”菜单

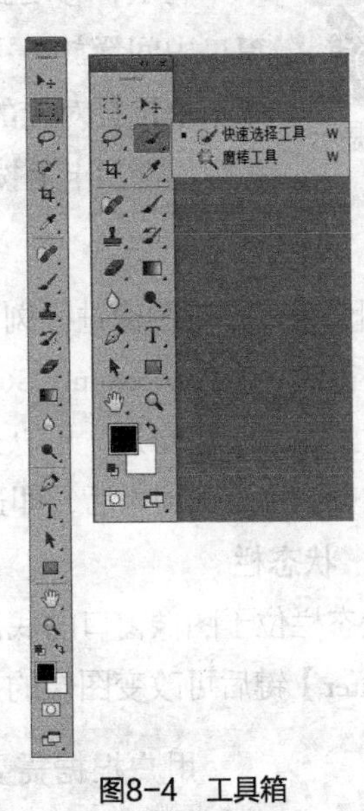

图8-4 工具箱

4. 工具属性栏

工具属性栏用于对当前所选工具进行参数设置。属性栏默认位于菜单栏的下方，当用户选择工具箱中的某个工具时，工具属性栏将变成相应工具的属性设置区域，用户可以方便地利用它来设置该工具的各种属性。图8-5所示为画笔工具的属性栏。

图8-5 画笔工具属性栏

5. 面板组

Photoshop CS6中的面板默认显示在操作界面的右侧，是操作界面中非常重要的一个组成部分，用于进行选择颜色、编辑图层、新建通道、编辑路径、撤销编辑等操作。

选择【窗口】/【工作区】/【基本功能（默认）】菜单命令，将得到如图8-6所示的面板组。单击面板右上方的灰色箭头，可以将面板改为只有面板名称的缩略图，如图8-7所示。再次单击灰色箭头可以展开面板组。当需要显示某个单独的面板时，单击该面板名称即可，如图8-8所示。

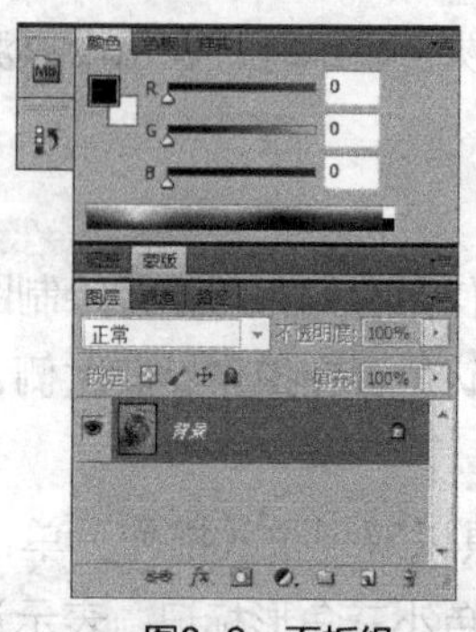

图8-6　面板组

图8-7　面板组缩略图

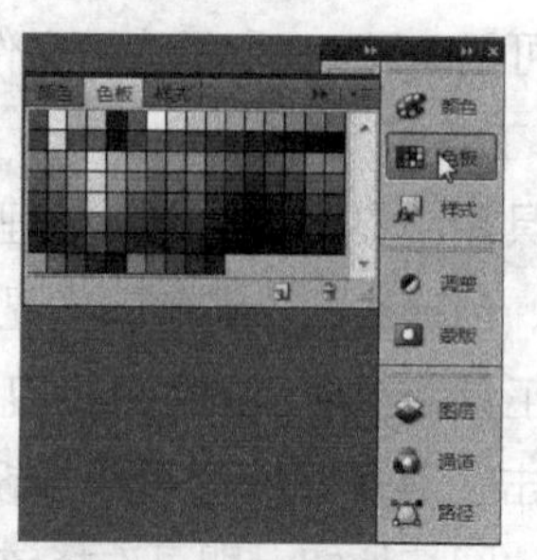

图8-8　显示面板

操作提示

将鼠标移动到面板组的顶部标题栏处，按住鼠标左键不放，将其拖曳到窗口中间释放，可移动面板组的位置。选择“窗口”菜单命令，在打开的子菜单中选择对应的菜单命令，还可以设置面板组中显示的对象。另外，在面板组的选项卡上按住鼠标左键不放进行拖曳，可将当前面板拖离该组。

6. 图像窗口

图像窗口是对图像进行浏览和编辑操作的主要场所，所有的图像处理操作都是在图像窗口中进行的。在Photoshop CS6中打开多个图像文件时，在图像窗口标题栏上拖曳鼠标，将其拖曳到工作区上边缘处，可以选项卡的方式排列显示，若不需要，可将标题选项卡向工作区中间拖曳，拖离选项卡后，即还原为独立的图像窗口。

7. 状态栏

状态栏位于图像窗口的底部，最左端显示当前图像窗口的显示比例，在其中输入数值并按【Enter】键后可改变图像的显示比例，状态栏中间显示了当前图像文件的大小。

知识补充

用户根据需要设置工具箱和面板组后，可选择【窗口】/【工作区】/【新建工作区】菜单命令，打开“新建工作区”对话框，输入名称后单击存储按钮，以存储设置的工作界面。

三、任务实施

（一）新建图像文件

新建图像文件的操作是使用Photoshop CS6进行设计的第一步，因此要设计网页界面，必须先新建图像文件，其具体操作如下。（微课：光盘\微课视频\项目八\新建图像文件.swf）

STEP 1 选择【文件】/【新建】菜单命令或按【Ctrl+N】组合键，打开“新建”对话框，如图8-9所示。

STEP 2 在“名称”文本框中输入“四方好茶”，在“宽度”文本框中输入“1200”，在“高度”文本框中输入“885”。

STEP 3 单击确定按钮，即可新建一个图像文件，如图8-10所示。

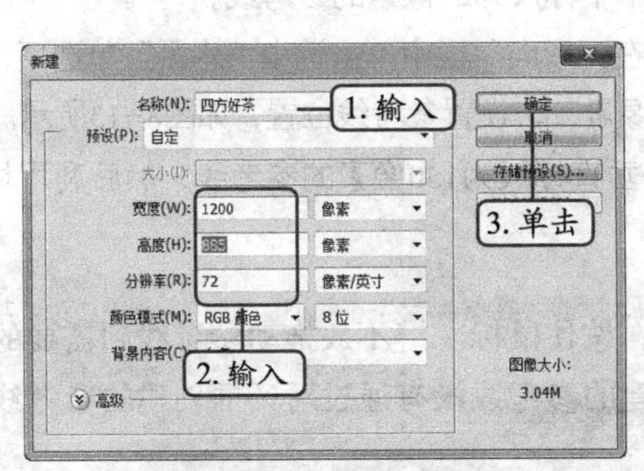

图8-9　新建图像文件

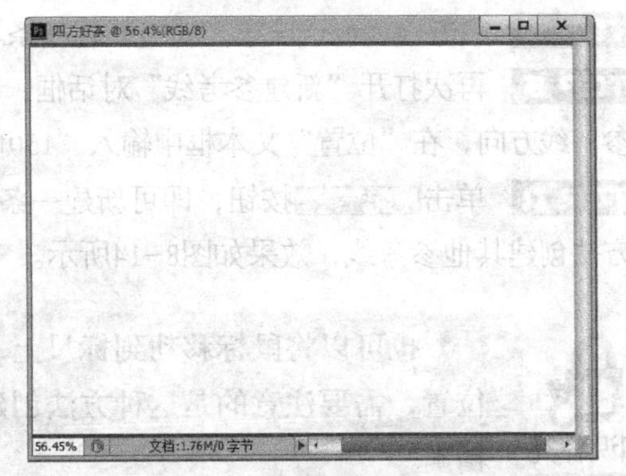

图8-10　新建的图像文件

网页界面设计需要遵循一定的尺寸，下面介绍一些网页设计标准尺寸以供参考。

①分辨率为800×600时，网页宽度保持在778px以内，就不会出现水平滚动条，高度则视版面和内容决定。

②分辨率为1024×768时，网页宽度保持在1002px以内，如果满框显示的话，高度保持在612～615px，就不会出现水平滚动条和垂直滚动条。

③在Photoshop里面做网页效果图可以在800×600分辨率状态下显示全屏，页面的下方不会出现滑动条，尺寸在740×560px左右。

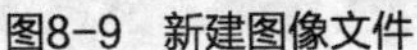

（二）创建参考线

使用Photoshop对网页界面效果图进行布局时可借助标尺和参考线来辅助定位，其具体操作如下。（微课：光盘\微课视频\项目八\创建参考线.swf）

STEP 1 选择【视图】/【标尺】菜单命令，或按【Ctrl+R】组合键即可显示标尺。

STEP 2 在标尺上单击鼠标右键，在弹出的快捷菜单中选择“像素”命令即可将标尺单位设置为像素，如图8-11所示。

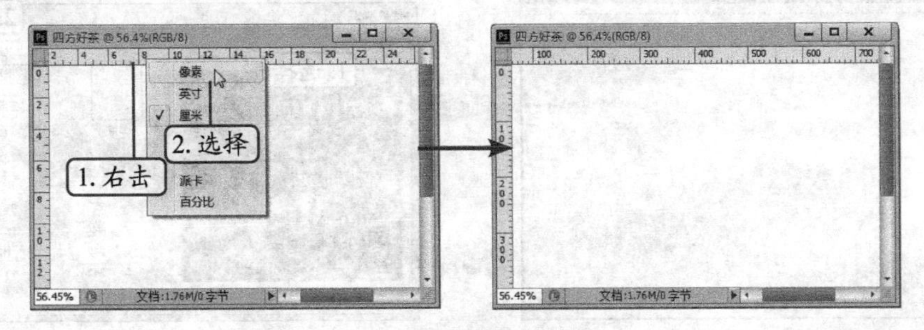

图8-11　设置标尺单位

STEP 3 再次选择【视图】/【标尺】菜单命令，或按【Ctrl+R】组合键可隐藏标尺。

STEP 4 选择【视图】/【新建参考线】菜单命令，打开“新建参考线”对话框，在“取向”栏中单击选中“水平”单选项，设置参考线方向，在“位置”文本框中输入“27 像素”，设置参考线位置，如图8-12所示。

STEP 5 单击 确定 按钮，即可新建一条水平标尺为27像素的参考线。

STEP 6 再次打开“新建参考线”对话框，在“取向”栏中单击选中“水平”单选项，设置参考线方向，在“位置”文本框中输入“150像素”，设置参考线位置，如图8-13所示。

STEP 7 单击 确定 按钮，即可新建一条垂直标尺为150像素的参考线，然后利用相同的方法创建其他参考线，效果如图8-14所示。

> **知识补充** 也可以将鼠标移动到标尺上，按住鼠标左键不放拖动参考线到需要的位置，需要注意的是这种方法创建的参考线没有通过对话框创建的参考线精确。

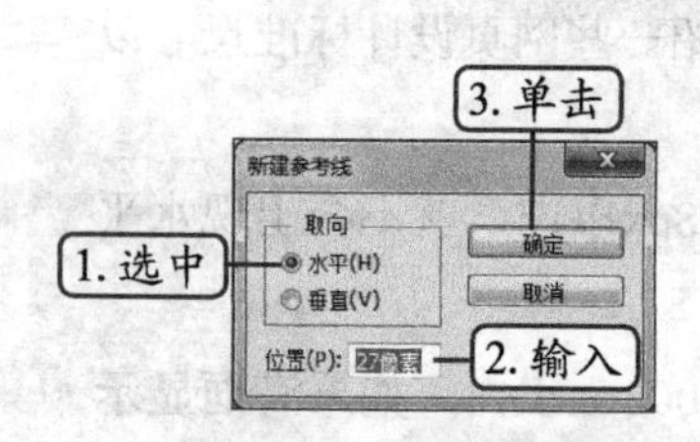

图8-12 创建水平参考线

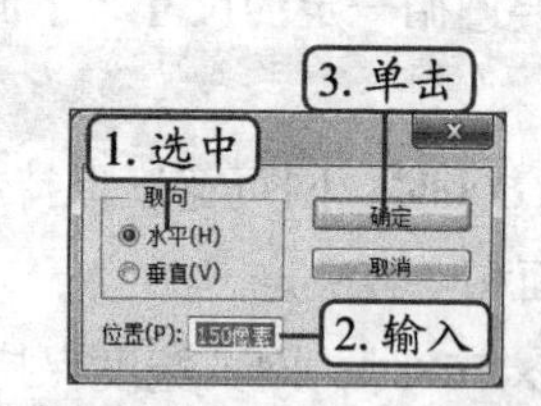

图8-13 创建另一条水平参考线

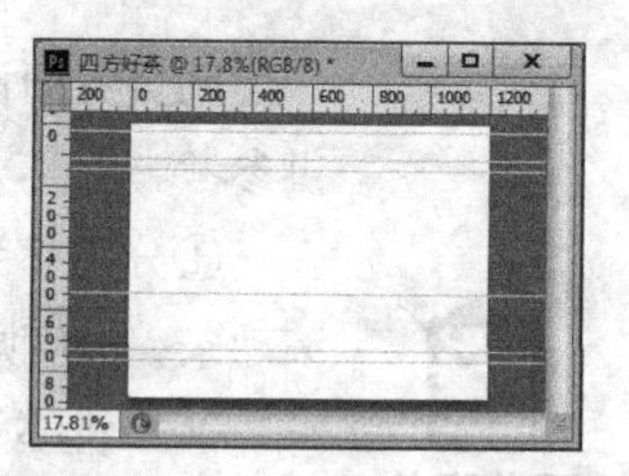

图8-14 其他参考线效果

（三）创建并填充选区

对局部图像进行操作前需要为图像创建选区才能实现，下面在图像中创建选区然后填充颜色，其具体操作如下。（微课：光盘\微课视频\项目八\创建并填充选区.swf）

STEP 1 在“图层”面板中单击“新建图层”按钮，新建一个透明图层，在工具箱中选择矩形选框工具。

STEP 2 在图像中拖曳鼠标沿着参考线创建选区，如图8-15所示。

STEP 3 在“工具箱”中单击“前景色”色块，打开“拾色器（前景色）”对话框，在左侧颜色区域单击灰色区域，选择浅灰色（R:242,G:242,B:242），如图8-16所示。

图8-15 创建选区

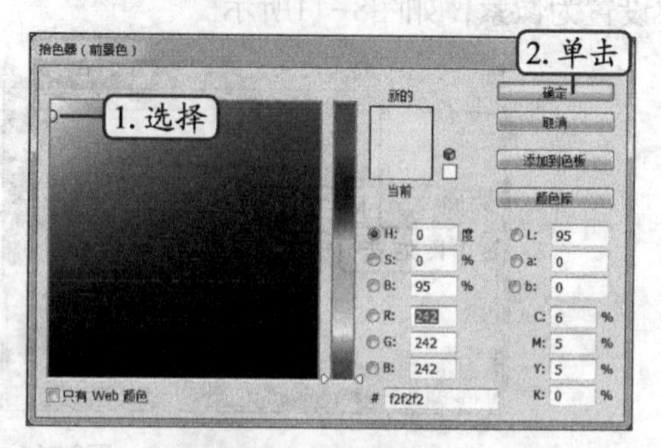

图8-16 设置前景色

STEP 4 单击 确定 按钮，然后按【Alt+Delete】组合键即可使用前景色填充选区，按【Ctrl+D】组合键取消选区，效果如图8-17所示。

STEP 5 再次新建一个图层，利用相同的方法创建一个矩形选区，如图8-18所示。

STEP 6 通过前景色色块设置前景色为红色（R:174,G:15,B:11），选择油漆桶工具，鼠标指针变为🖌形状，在选区内单击即可使用前景色填充选区，取消选区后效果如图8-19所示。

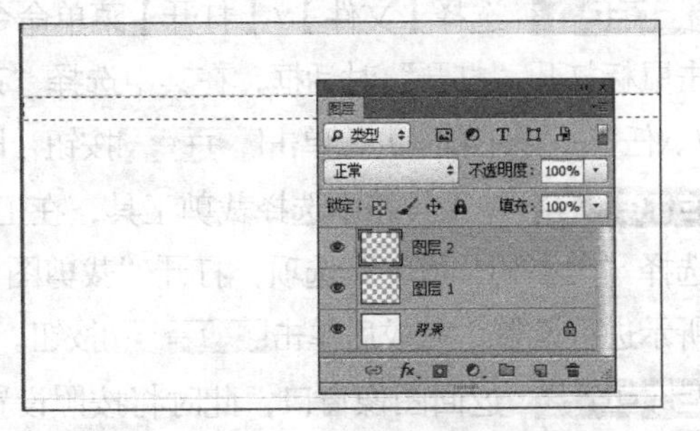

图8-17　填充图像效果　　　　图8-18　再次创建选区

STEP 7 新建一个图层，在工具箱中选择矩形工具，在工具属性栏的“样式”下拉列表中选择“固定大小”选项，然后在宽度和高度文本框中分别输入“1200像素”和“185像素”，然后在图像区域单击，创建一个固定大小的选区，将鼠标移动到选区内，拖动鼠标将选区移动到下方的位置，如图如图8-20所示。

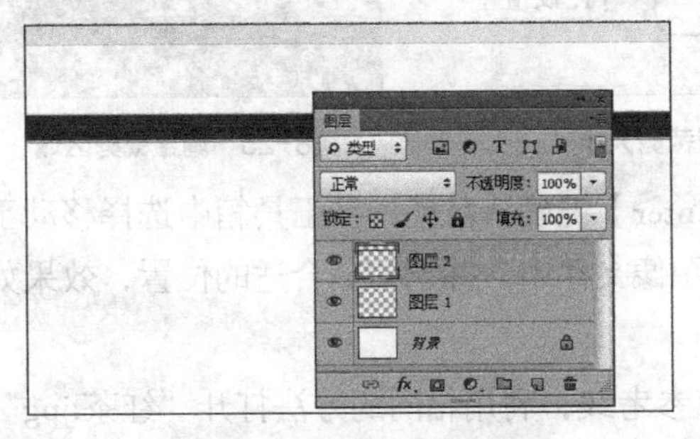

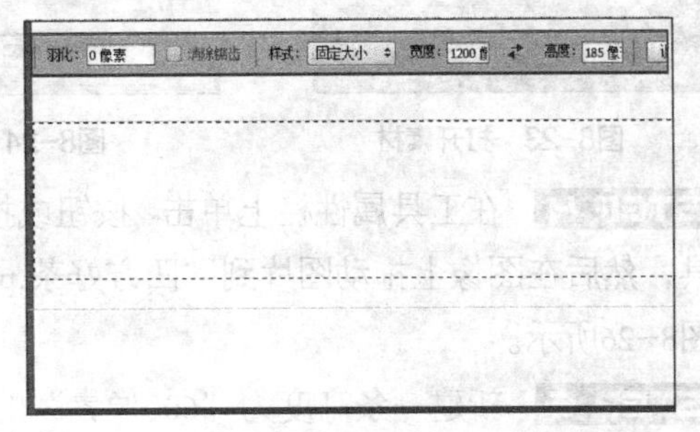

图8-19　填充选区　　　　图8-20　创建并移动选区

STEP 8 设置前景色为“浅灰色（R:242,G:242,B:242）”，然后使用前景色填充选区，取消选区后效果如图8-21所示。

STEP 9 新建一个图层，使用矩形选框工具在灰色图像下方绘制一个“1200像素×35像素”的选区，然后将其填充为“亮红色（R:187,G:17,B:13）”，取消选区后效果如图8-22所示。

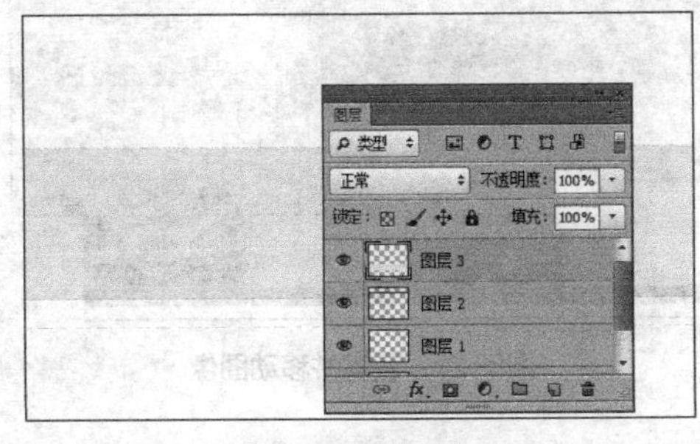

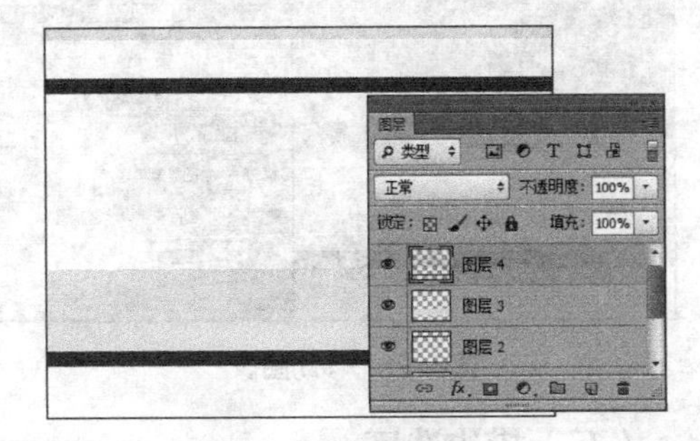

图8-21　填充选区颜色　　　　图8-22　填充亮红色

（四）移动并裁剪图像

处理图像时通常需要复制一些素材来装饰图像，有时还需要对素材进行相关的处理才能使用。下面将素材图像复制到“四方好茶”背景图像中进行处理，其具体操作如下。（微课：

光盘\微课视频\项目八\移动并裁剪图像.swf）

STEP 1 选择【文件】/【打开】菜单命令，或按【Ctrl+O】组合键，或在工作区画布外双击鼠标打开“打开”对话框，在其中选择“茶山.jpg”图片（素材参见：光盘\素材文件\项目八\任务一\茶山.jpg），单击 打开(O) 按钮，即可打开图像，如图8-23所示。

STEP 2 在工具箱中选择裁剪工具，在工具箱中单击 不受约束 按钮，在打开的下拉列表中选择“大小和分辨率”选项，打开“裁剪图像大小和分辨率”对话框，在其中按照如图8-24所示进行设置，完成后单击 确定 按钮。

STEP 3 返回图像窗口，此时将按照设置的宽度和高度裁剪图像，利用鼠标拖动图像可调整图像的裁剪位置，裁剪框内的内容为要保留的图像内容，按照如图8-25所示调整图像的裁剪位置。

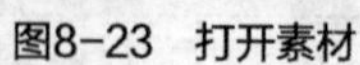

图8-23 打开素材

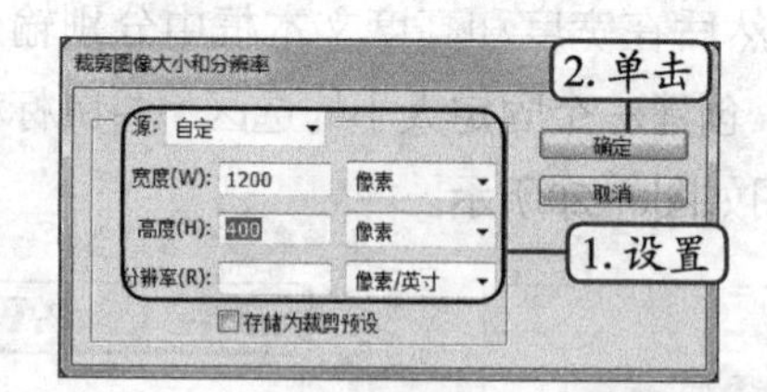

图8-24 设置裁剪大小

图8-25 调整裁剪区域

STEP 4 在工具属性栏上单击✓按钮或按【Enter】键确认裁剪，在工具箱中选择移动工具，然后在图像上拖动图片到“四方好茶.psd”图像文件中，并调整到合适的位置，效果如图8-26所示。

STEP 5 新建一条高度为“600像素”的垂直参考线，利用相同的方法打开“红茶.jpg”和“花茶.jpg”素材（素材参见：光盘\素材文件\项目八\任务一\花茶.jpg），然后设置裁剪宽度为“300”像素，高度为“131像素”，裁剪后将其移动到“四方好茶.psd”图像文件中，并调整到如图8-27所示位置。

图8-26 移动图像

图8-27 裁剪并移动图像

（五）描边选区

除了前面讲解的填充选区外，有时为了特殊效果的需要，还可以对选区进行描边，其具体操作如下。（微课：光盘\微课视频\项目八\描边选区.swf）

STEP 1 在“图层”面板中选择“图层6”，按【Ctrl】键的同时在图层缩略图上单击，将图片载入选区，选择矩形选框工具，在选区上单击鼠标右键，在弹出的快捷菜单中选择“变换选区”命令，将鼠标移动到左侧角点上向左拖曳鼠标调整选区大小，如图8-28所示。

STEP 2 完成后按【Enter】键确认变换，在“图层6”下方新建一个图层，将选区填充为白色。然后选择【编辑】/【描边】菜单命令，打开“描边”对话框，在打开的对话框中设置宽度为“2像素”，颜色为“灰色（R:200,G:200,B:200）”，位置为“居外”，如图8-29所示。

图8-28 编辑选区

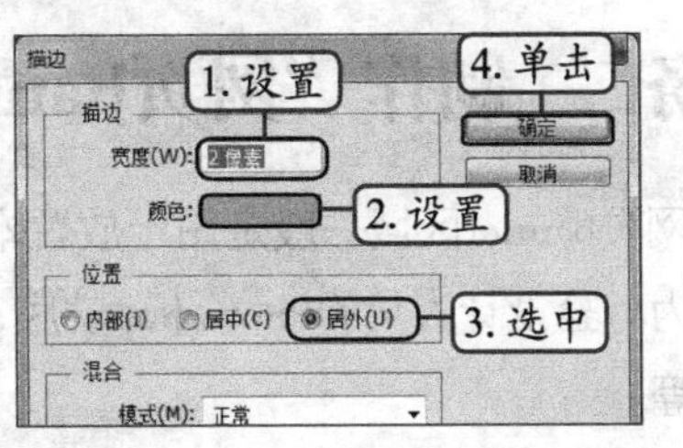

图8-29 设置“描边”对话框

STEP 3 单击 确定 按钮，取消选区后的效果如图8-30所示。

STEP 4 利用相同的方法为另外一张图片制作相同的效果，完成后的效果如图8-31所示。

图8-30 取消选区

图8-31 填充并描边选区

（六）保存图像文件

图像制作完成后可对图像进行，保存以便下次使用或给客户时确认，其具体操作如下。（微课：光盘\微课视频\项目八\保存图像文件.swf）

STEP 1 选择【文件】/【存储为】菜单命令，打开“存储为”对话框，在“保存在”下拉列表中可设置图像文件的存储路径。

STEP 2 在“文件名”文本框中可输入文件名，这里保持默认设置，在“格式”下拉列表中可设置图像文件的存储类型，这里设置为PSD格式，如图8-32所示。

STEP 3 单击 保存(S) 按钮保存图像文件（最终效果参见：光盘\效果文件\项目八\任务一\四方好茶.psd）。

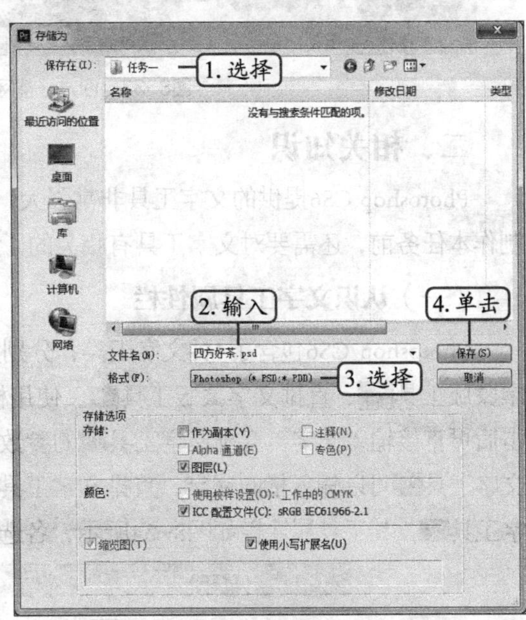

图8-32 保存图像

操作提示

如果是对已存在的文件进行编辑，需要再次存储时，只需按【Ctrl+S】组合键或选择【文件】/【存储】菜单命令即可。

职业素养

网页效果图在制作完成进行保存时需要将其保存为两份，一份保存为JPG格式，用于发给客户确认，另一份保存为PSD格式，用于后期修改和切片。

任务二 制作“网页banner”图片

网页banner区域一般是用于放置本站产品的宣传广告、促销或新品等，因此该区域的制作尤为考验设计人员的Photoshop功底，在设计该部分时需要考虑广告的构成和配色，以及广告词等。

一、任务目标

本任务将制作“四方好茶”网站banner区域的一张新品推广广告，制作时先打开需要的素材文件，然后对素材进行编辑，合成一张广告图，然后添加上宣传文字。通过本任务的学习，可以掌握渐变工具的使用，掌握各种抠图技巧，以及文字的使用。本任务制作完成后的最终效果如图8-33所示。

图8-33 四方好茶网页banner区广告效果

二、相关知识

Photoshop CS6提供的文字工具非常强大，完善了广告设计中的图文并现的设计理念，在制作本任务前，还需要对文字工具有相关的了解，下面简单进行介绍。

（一）认识文字工具属性栏

Photoshop CS6包含了4种文字工具，分别是横排文字工具、直排文字工具、横排文字蒙版工具、直排文字蒙版工具。使用横排文字工具和直排文字工具在图像中单击后可直接输入文字。直排文字工具的参数设置和使用方法与横排文字工具相同，横排文字工具可以输入横向文字，直排文字工具可以输入纵向的文字。单击工具箱的横排文字工具，其工具属性栏如图8-34所示，各选项含义如下。

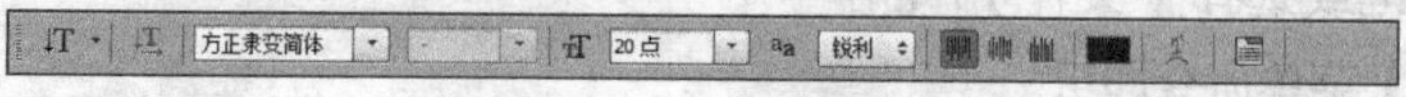

图8-34 文字工具属性栏

- **“切换文本取向”按钮**：单击该按钮可以在文本的水平排列状态和垂直排列状态之间进行切换。
- **“字体”下拉列表**：该下拉列表用于选择文本的字体。
- **“设置字体样式”下拉列表**：字体样式是单个字体的变体，包括Regular（规则的）、Italic（斜体）、Bold（粗体）、Bold Italic（粗斜体）等，该选项只对英文字体有效。
- **“设置字体大小”下拉列表**：用于选择字体的大小，也可直接在文本框中输入要设置字体的大小。
- **消除锯齿**：用于选择是否消除字体边缘的锯齿效果，以及用什么方式消除锯齿。选择【文字】/【消除锯齿】菜单命令，在其子菜单中也可选择相应的消除锯齿命令。
- **对齐方式**：单击按钮可以使文本向左对齐；单击按钮，可使文本沿水平中心对齐；单击按钮，可使文本向右对齐。
- **设置文本颜色**：单击色块，可打开“拾色器”对话框，用于设置字体的颜色。
- **“创建文字变形”按钮**：单击该按钮，可以设置文本的变形效果。
- **“切换字符和段落面板”按钮**：单击该按钮，可显示/隐藏字符和段面板。

（二）认识“字符”面板

使用“字符”面板可以设置文字各项属性，选择【窗口】/【字符】菜单命令，即可打开如图8-35所示的面板，面板中包含了两个选项卡，“字符”选项卡用于设置字符属性，“段落”选项卡用于设置段落属性。

“字符”面板用于设置字符的字间距、行间距、缩放比例、字体以及尺寸等属性。其中各选项含义如下。

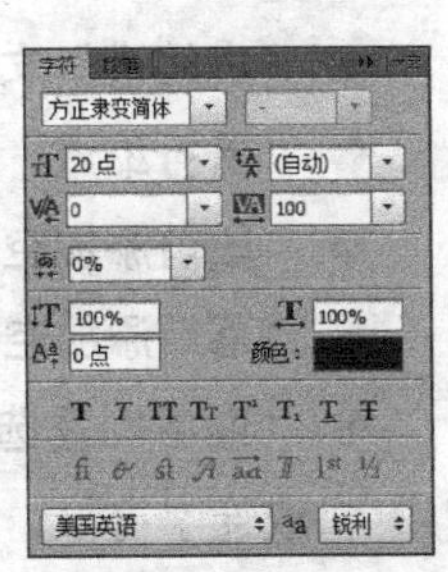

图8-35 “字符”面板

- 华文琥珀 **下拉列表**：单击此下拉列表右侧的下拉按钮，在打开的下拉列表中选择需要的字体。
- 120点 **下拉列表**：在此下拉列表中直接输入数值可以设定字体大小。
- 颜色：单击颜色块，在打开的拾色器中设置文本的颜色。
- **按钮**：分别用于对文本进行加粗、倾斜、全部大写字母、将大写字母转换成小写字母、上标、下标、添加下画线、添加删除线等操作。设置时选取文本后单击相应的按钮即可。
- (自动) **下拉列表**：此下拉列表用于设置行间距，单击文本框右侧的下拉按钮，在打开的下拉列表中可以选择行间距的大小。
- **斜体**：向目标规则添加斜体属性。
- **左对齐、居中对齐和右对齐**：向目标规则添加各个对齐属性。
- 100% **数值框**：设置选择的文本的垂直缩放效果。
- 100% **数值框**：设置选择的文本的水平缩放效果。

- 下拉列表：设置所选字符的字距，单击右侧的下拉按钮，在打开的下拉列表中选择字符间距，也可以直接在文本框中输入数值。
- 下拉列表：设置两个字符间的微调。
- 数值框：设置基线偏移，当设置参数为正值时，向上移动，当设置参数为负值时，向下移动。
- 数值框：用于设置所选字符的比例间距。

（三）认识“段落”面板

“段落”面板的主要功能是设置文字的对齐方式以及缩进量等。选择【窗口】/【段落】菜单命令，打开“段落”面板，如图8-36所示，面板中的各选项含义如下。

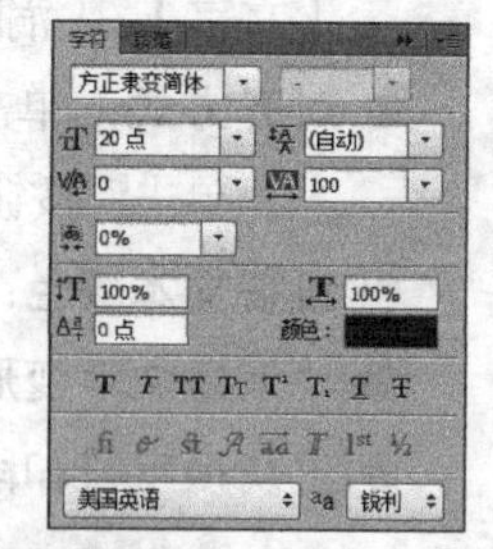

图8-36 “段落”面板

- **“左对齐文本”按钮**：单击该按钮，段落中所有文本居左对齐。
- **“居中对齐文本”按钮**：单击该按钮，段落中所有文本居中对齐。
- **“右对齐文本”按钮**：单击该按钮，段落中所有文字居右对齐。
- **“最后一行左对齐”按钮**：单击该按钮，段落中最后一行左对齐。
- **“最后一行居中对齐”按钮**：单击该按钮，段落中最后一行中间对齐。
- **“最后一行右对齐”按钮**：单击该按钮，段落中最后一行右对齐。
- **“全部对齐”按钮**：单击该按钮，段落中所有行全部对齐。
- **“左缩进”文本框**：用于设置所选段落文本左边向内缩进的距离。
- **“右缩进”文本框**：用于设置所选段落文本右边向内缩进的距离。
- **“首行缩进”文本框**：用于设置所选段落文本首行缩进的距离。
- **“段前添加空格”文本框**：用于设置插入光标所在段落与前一段落间的距离。
- **“落后添加空格”文本框**：用于设置插入光标所在段落与后一段落间的距离。
- **“连字”复选框**：单击选中该复选框，表示可以将文字的最后一个外文单词拆开形成连字符号，使剩余的部分自动换到下一行。

三、任务实施

（一）使用渐变工具

使用渐变工具可以很好地融合图像的边缘，更改图像的消失效果。下面使用渐变工具来制作banner的背景，其具体操作如下。（微课：光盘\微课视频\项目八\使用渐变工具.swf）

STEP 1 选择【文件】/【新建】菜单命令，打开“新建”对话框，在“名称”文本框中输入“banner1”，在“宽度”文本框后的下拉列表中选择“像素”选项，在前面的文本框中输入“1200”，在“高度”文本框中输入“400”，如图8-37所示，单击 确定 按钮。

STEP 2 选择【文件】/【打开】菜单命令，打开“打开”对话框，在其中选择“采茶女.jpg”图片（素材参见：光盘\素材文件\项目八\任务二\采茶女.jpg），如图8-38所示，单击 打开(O) 按钮。

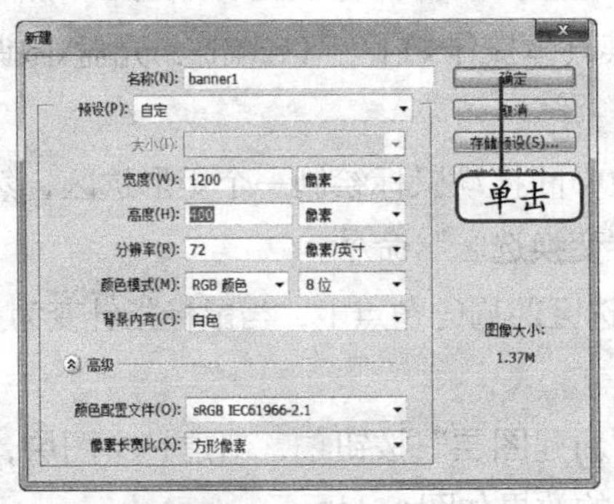

图8-37　新建文档

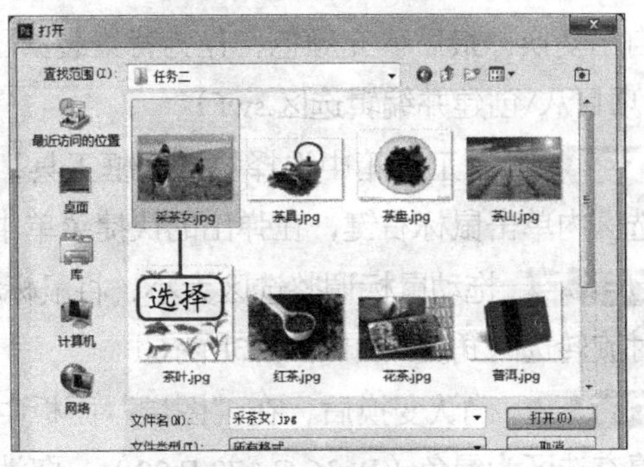

图8-38　打开文档

STEP 3 选择移动工具，在打开的素材上按住鼠标左键不放，将其拖入“banner1”图像窗口中，按【Ctrl+T】组合键将图像变换到合适的大小和位置，如图8-39所示。

STEP 4 选择渐变工具，在工具属性栏中单击“线性渐变”按钮，然后单击渐变编辑器，打开“渐变编辑器”对话框，在其中选择“从前景色到透明”选项，在渐变带上设置颜色为白色，如图8-40所示，单击 确定 按钮。

图8-39　调整素材位置

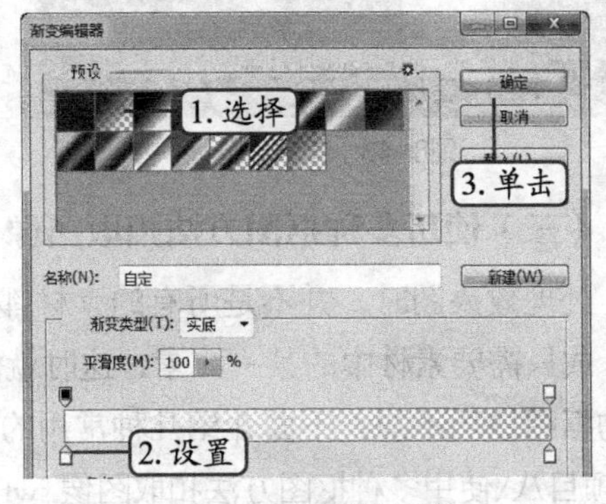

图8-40　设置渐变颜色

STEP 5 在“图层1”上拖动鼠标进行渐变填充，多次渐变填充后的效果如图8-41所示。

STEP 6 利用相同的方法打开“远山.jpg”图像（素材参见：光盘\素材文件\项目八\任务二\远山.jpg），将其移动到“banner1”图像文件中，并进行渐变填充，效果如图8-42所示。

图8-41　渐变填充图像

图8-42　制作其他背景区域

（二）创建并编辑选区

在图像处理过程中，选区是非常常用的操作。下面为banner图像创建一个选区，然后进行自由变换，最后填充颜色，作为背景装饰图案，其具体操作如下。（微课：光盘\微课视频\项目八\创建并编辑选区.swf）

STEP 1 在工具箱中选择矩形选框工具，在图像中间拖动鼠标绘制一个矩形选区，然后在选区内单击鼠标右键，在弹出的快捷菜单中选择"变换选区"命令。

STEP 2 拖动鼠标调整选区大小，将鼠标移动到选区四周的角点上，当鼠标指针变为↱形状时旋转选区角度，如图4-43所示。

STEP 3 确认变换后，在"图层"面板中单击"新建图层"按钮，新建一个图层，然后填充选区为绿色（R:36,G:178,B:22），取消选区后的效果如图4-44所示。

图8-43 编辑选区

图8-44 填充选区

（三）使用多种抠图方法扣取图像

处理效果图时，并不是所有的素材都可以直接使用的，有时需要扣取图像中的主要部分，或只需要素材中的某一元素，这时就涉及Photoshop的抠图技能。针对不同的素材所使用的抠图技巧不同，下面介绍几种常用的方法，其具体操作如下。（微课：光盘\微课视频\项目八\使用多种抠图方法扣取图像.swf）

STEP 1 打开"茶盘.jpg"图像（素材参见：光盘\素材文件\项目八\任务二\茶盘.jpg），在工具箱中选择椭圆选框工具，将鼠标移动到图像中间位置，然后按住【Alt】键拖动鼠标绘制选区，直到框选住茶盘图像为止，如图8-45所示。

STEP 2 选择移动工具，将选区内的图像移动到banner图像区域，变换图像大小并调整位置后效果如图4-46所示。

图8-45 绘制椭圆选区

图8-46 变换图像

STEP 3 打开“普洱1.jpg”图像（素材参见：光盘\素材文件\项目八\任务二\普洱1.jpg），在工具箱中选择快速选择工具，在工具属性栏中单击按钮，在图像区域拖动鼠标选择需要的区域，效果如图8-47所示。

STEP 4 选择移动工具，将选区内的图像移动到banner图像区域，变换图像大小并调整位置后效果如图4-48所示。

图8-47 快速创建选区

图8-48 变换图像

STEP 5 使用相同的方法将“茶叶.jpg”图像（素材参见：光盘\素材文件\项目八\任务二\茶叶.jpg）选取到图像区域，并调整到合适位置，效果如图8-49所示。

图8-49 添加茶叶图像

STEP 6 打开“普洱.jpg”图像（素材参见：光盘\素材文件\项目八\任务二\普洱.jpg），在工具箱中选择多边形套索工具，在图像边缘单击鼠标创建节点，为图像创建选区，如图8-50所示。

STEP 7 使用移动工具将创建好的选区移动到banner图像中，并调整图像大小和位置，完成后的效果如图8-51所示。

图8-50 创建选区

图8-51 调整位置

操作提示

在创建有节点的选区时，若节点选择错误，可按【BackSpace】键取消，按【Enter】键可封闭选区。

STEP 8 打开“茶具.jpg”图像（素材参见：光盘\素材文件\项目八\任务二\茶具.jpg），选择【选择】/【色彩范围】菜单命令，打开“色彩范围”对话框，在其中设置“颜色容差”为“60”，在图像的白色区域单击鼠标吸取颜色，如图8-52所示。

STEP 9 单击 确定 按钮，即可为白色区域创建选区，按【Ctrl+Shift+I】组合键反选选区，完成后的效果如图8-53所示。

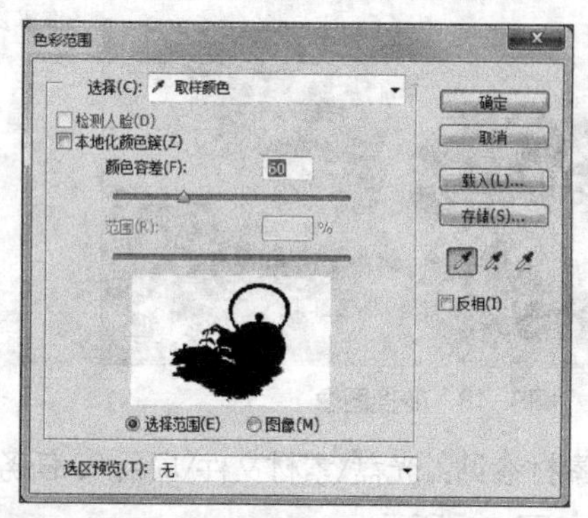

图8-52 “色彩范围”对话框

图8-53 反选选区

STEP 10 使用移动工具将其移动到banner图像区域，并调整到合适位置，如图8-54所示。

STEP 11 打开“祥云.jpg”图像（素材参见：光盘\素材文件\项目八\任务二\祥云.jpg），在工具箱中选择魔棒工具，在祥云图像上单击即可创建选区，然后将其移动到banner图像区域，并调整到合适位置，如图8-55所示。

图8-54 添加茶具图像

图8-55 添加祥云图像

（四）输入文本

文本是界面设置中必不可少的部分，在设计时，不仅要设置文本的样式，还需要设置文本的摆放位置，其具体操作如下。（微课：光盘\微课视频\项目八\输入文本.swf）

STEP 1 在工具箱中选择直排文字工具，在工具属性栏中设置字体为“汉仪柏青体简”，颜色为“深绿色（R:12,G:84,B:5）”，然后在图像区域单击鼠标定位插入点，输入“普洱茶”。

STEP 2 在工具属性栏中单击✔按钮确认输入，按【Ctrl+T】组合键调整大小到合适位置，效果如图8-56所示。

STEP 3 选择横排文字工具，在祥云图像旁边单击定位插入点，设置字号为“36点”，输入“云南”文本，如图8-57所示。

图8-56 输入文本

图8-57 输入其他文本

（五）使用形状工具

在进行界面设计时，通常需要对文本进行修饰，可以为文本添加相关的素材元素，也可以绘制一些形状修饰文本，其具体操作如下。（微课：光盘\微课视频\项目八\使用形状工具.swf）

STEP 1 在工具箱中选择椭圆工具，设置背景颜色为“红色（R:174,G:15,B:11）”，在图像区域按住【Shift】键拖动鼠标绘制圆形，如图8-58所示。

STEP 2 选择绘制的圆形，按【Alt】键的同时将圆形拖动复制一个，并调整其位置，使其在第一个圆形下方，使用相同的方法将圆形再复制10个，效果如图8-59所示。

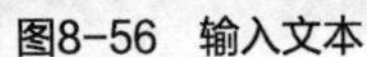

图5-58 绘制圆形

图8-59 复制圆形

STEP 3 选择直排文字工具，设置字体为“方正隶变简体”，字号为“20点”，然后在图像中输入“盖不住的茶香，品不完的茶韵”文本，完成banner的制作效果如图8-60所示（最终效果参见：光盘\效果文件\项目八\任务二\banner.psd）。

图8-60 添加文本

实训一 制作“奖品展示”图像

【实训要求】

本实训要求利用Photoshop CS6的基本操作和辅助工具来制作一个奖品展示页面效果，要求页面展示所有的奖品，颜色合理，位置合理。

【实训思路】

根据实训要求，本实训将首先新建一个Photoshop图像，并设置其大小以及背景色，再在其中显示标尺绘制辅助线，利用辅助线确定添加素材图像的位置。完成本实训的参考效果如图8-61所示。

图8-61 “奖品展示”图像

【步骤提示】

STEP 1 启动Photoshop CS6，选择【文件】/【新建】菜单命令，打开“新建”对话框，新建一个“名称、宽度、高度、分辨率、背景内容”为“奖品展示、800像素、500像素、96像素/英寸、白色”的图像文件。

STEP 2 按【Alt+Delete】组合键，使用前景色填充。按【Ctrl+R】组合键显示标尺。选择【视图】/【新建参考线】菜单命令，打开“创建参考线”对话框，在其中创建4条垂直参考线。

STEP 3 打开“背景.png”图像（素材参见：光盘\素材文件\项目八\实训一\背景.png），在工具箱中选择移动工具。使用鼠标单击“背景”图像并拖动鼠标至“奖品展示”图像中的图像编辑区后释放鼠标，将“背景”图像移动“奖品展示”图像中。

STEP 4 选择【窗口】/【图层】菜单命令，打开“图层”面板，在其中设置“不透明度”为“40%”。

STEP 5 打开“1.png”图像（素材参见：光盘\素材文件\项目八\实训一\1.png），使用移动工具将其移动到“奖品展示”图像中，并放置在左边第一条参考线上。按【Ctrl+T】组合键，当出现黑色网格后，将鼠标移动到图像右下角，并向上拖动，旋转图像。使用相同的方法编辑添加其他素材完成制作（最终效果参见：光盘\效果文件\项目八\实训一\奖品展示.psd）。

实训二 制作“登录”界面

【实训要求】

个性类的网站通常在布局上不会有大的改变，一般是一段时间内更换一个主题色调的颜色或更改小的布局板块。下面为个人中心网站制作一个登录界面效果图，要求界面简洁，配色突出主题，符合登录数据的需要。

【实训思路】

根据实训要求，在设计界面效果图时首先要考虑登录系统需要的数据，然后对其进行布局，布局后再对图片进行修饰，如添加装饰图像和填充颜色等。本实训的参考效果如图8-62所示。

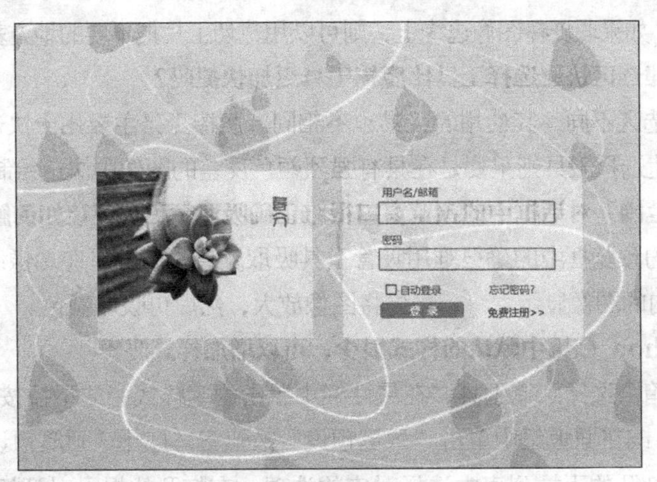

图8-62 “登录”界面

【步骤提示】

STEP 1 新建一个“740像素×560像素”的图像文件，在其中填充一个“亮黄色（R:227,G:247, B:133）”到“嫩绿色（R:207,G:233,B:136）”的线性渐变。

STEP 2 设置画笔笔触为树叶形状，设置前景色为“绿色（R:116,G:247,B:106）”，然后设置画笔的形状动态和散布参数，最后在图像窗口拖曳鼠标绘制背景，设置前景色为“墨绿色（R:122,G:146,B:50）”，继续在图像中绘制背景图像。

STEP 3 在标尺上拖出参考线，然后沿参考线绘制圆角矩形路径，并将其转换为选区，填充为“白色”，描边为“5px”居外的“灰色（R:207,G:207,B:207）”，在“图层”面板的不透明度上设置图层不透明度为“57%”。

STEP 4 继续使用圆角矩形工具绘制一个按钮，并填充为“墨绿色（R:122,G:146,

B:50）”，然后使用矩形选框工具绘制一个矩形并描边，参数为“2px”的“墨绿色（R:122,G:146,B:50）”，最后复制一个图像放在下方。

STEP 5 使用相同的方法绘制一个小的正方形选区，然后设置描边为灰色，最后在合适的地方使用文字工具输入相关的文本，其中文字颜色为“灰色（R:207,G:207,B:207）”和“白色”（相关文字工具和设置方法可参见项目九的任务二中讲解的方法设置）。

STEP 6 打开“植物.jpg”图像文件（素材参见：光盘\素材文件\项目八\实训二\植物.jpg），将其复制到“登录”图像窗口并调整图像大小和位置，然后设置图层混合模式为“强光”，将图像载入选区。新建一个图层，设置羽化值为“20”，再填充为“白色”，最后在图片上输入文字，保存文件即可（最终效果参见：光盘\效果文件\项目八\实训二\登录界面.psd）。

常见疑难解析

问：一些产品图品由于拍照环境的原因可能出现瑕疵，有什么方法可以进行补救？

答：使用仿制图章工具将干净图像取样点复制到要去除的瑕疵上；使用修补工具设置取样点修复瑕疵图像；如果瑕疵在图像边缘上，则可以用裁切工具把不要的地方裁切掉。

问：使用创建选区快速选择工具比魔棒工具更加快捷吗？

答：创建的选区不同，其使用的工具也不相同。魔棒工具主要用于快速选取具有相似颜色的图像，而快速选择工具则主要是在具有强烈颜色反差的图像中快速绘制选区。

问：“色彩范围”对话框中的预览窗口很难正确吸取颜色，应该如何解决这一难题？

答：在狭小的预览框中的确很难用吸管工具吸取颜色，这时可在图像编辑区吸取颜色，如果图像编辑区内的图像显示太小，可先将图像放大，然后再吸取颜色。

问：Photoshop CS6中默认的样式很少，可以增加样式吗？

答：在工具箱中选择画笔工具，在属性栏中单击画笔样式旁的下拉按钮，在打开的面板中单击按钮，或在面板组中单击“画笔预设”按钮，打开“画笔预设”面板，在其中单击按钮，在打开的下拉列表中选择对应的选项。在打开的提示对话框中单击 追加(A) 按钮，即可将Photoshop CS6自带的画笔笔刷载入画笔样式中；若单击 确定 按钮，则会替换原有的默认画笔。

问：在创建参考线时，如何精确确定参考线的位置？

答：为了精确确定参考线的位置，应以较大的显示比例显示操作窗口，如将其以“400%”进行显示等。同时为了加快操作，还可以配合抓手工具及缩放工具进行操作。

问：编辑图像文件后，怎样才能退出Photoshop CS6呢？

答：退出Photoshop CS6的方法为：在菜单栏中选择【文件】/【退出】命令或单击窗口右上角的 × 按钮。若没有保存操作窗口中已被修改过的文件，则会打开提示对话框，询问是否要保存对该文件的编辑。若单击 是(Y) 按钮，而文件还没有被保存过，此时将打开“存储为”对话框，可以在该对话框中为文件命名，以及设置文件存储的位置等；若单击否(N) 按钮，将直接退出Photoshop CS6，并放弃对当前文件所做的修改。

问：在进行抠图时要精确的选择图像很困难，有什么好办法吗？

答：选择图像创建选区是一门比较困难的技术活，除了要熟练地掌握与理解各种选区工具的特性与使用技巧外，对于高级的选区操作，常需要结合路径、通道、蒙版等知识来实现。

拓展知识

网页中能使用的图片格式有限，对于大量的需要放置到网页中的图片，可通过Photoshop CS6的批处理命令来批量转换图像的格式，以提高工作效率。其具体操作如下。

STEP 1 打开任意一张素材图片，在“动作”面板底部单击“创建新动作”按钮，在打开的“新建动作”对话框中输入动作的名称。

STEP 2 单击 记录 按钮退出“新建动作”对话框，这时接下来的任何操作都将被记录到新建的动作中，其标志“开始记录”按钮呈红色显示。

STEP 3 选择【文件】/【存储为】菜单命令，打开“另存为”对话框，在“文件类型”下拉列表中选择PNG格式，然后单击 保存(S) 按钮，关闭图像文件。

STEP 4 在“动作”面板中单击按钮停止录制，若新建了动作组则还需要在右上角单击按钮，在打开的下拉列表中选择“存储动作”选项，在打开的“存储”对话框中进行相应设置，完成后单击 保存(S) 按钮即可保存动作。

STEP 5 选择【文件】/【自动】/【批处理】菜单命令，打开“批处理”对话框，在其中播放栏中选择录制的动作，在“源”栏中设置需要处理的图片文件夹，在“目标”栏中设置图片的存储位置，在“文件命名”栏中设置文件的名称，完成后单击 确定 按钮即可，如图8-63所示。

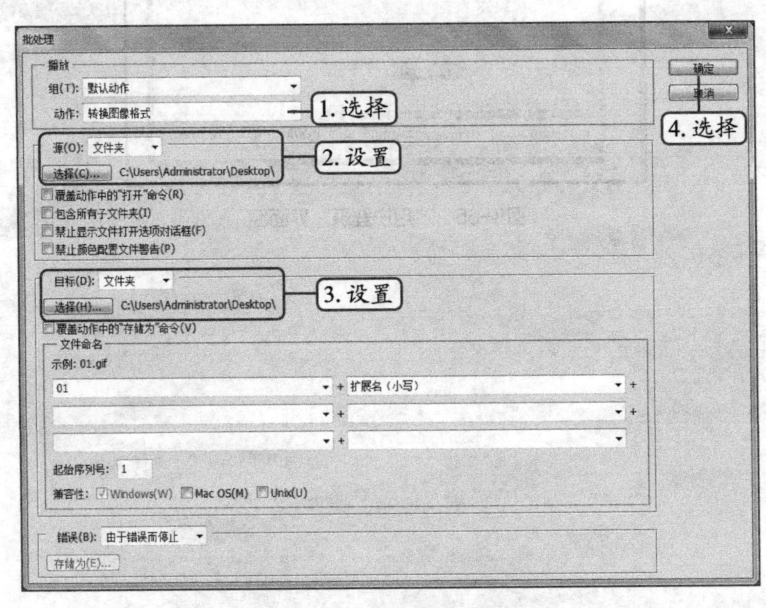

图8-63 “批处理”对话框

课后练习

（1）本练习将制作“帮助中心”页面图像（最终效果参见：光盘\效果文件\项目八\课后练习\帮助中心.psd），主要通过打开“bangzhu.psd”素材（素材参见：光盘\素材文件\项目八\课后练习\bangzhu.psd），在其中设置前景色，使用渐变工具填充图形等知识，其最终效果如图8-64所示。

图8-64 “帮助中心”页面图像

（2）本练习将制作“用户登录”效果图，通过制作可练习绘制圆角矩形、矩形、输入文本和设置文本等操作，其最终效果如图8-65所示。（最终效果参见：光盘\效果文件\项目八\课后练习\网站用户登录界面.psd）。

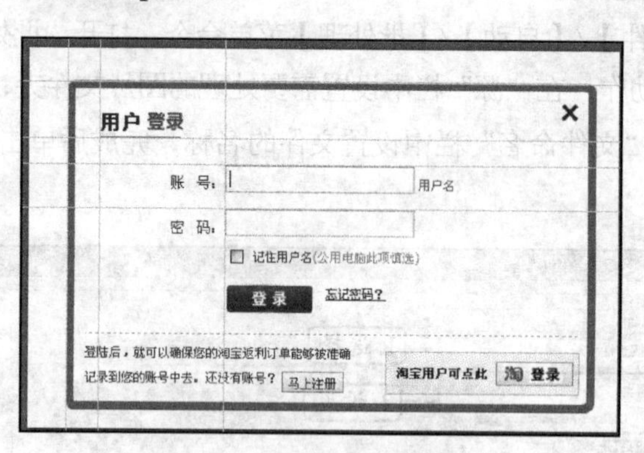

图8-65 “用户登录”界面图

PART 9 项目九 使用Photoshop CS6处理图像

情景导入

阿秀：前面熟悉了Photoshop CS6的基本操作，接下来学习使用Photoshop CS6处理网页中的图像的方法。

小白：网页中的图像不是在制作界面时都处理好了吗?

阿秀：是的，但网页会随着时间不断更新，其中的相关图片也需要进行修改，但网页总体的框架不会发生变化，因此还需要学习对网页中局部图片的处理方法。

小白：那你快给我讲讲吧。

阿秀：根据你的学习进度，我决定先教你对网页中的图片进行调色修饰的方法，然后讲解网页Logo的制作方法，最后介绍一下网页按钮的设计方法以及网页切片的方法。

学习目标

- 掌握各种调色命令的使用方法
- 掌握矢量图形的绘制方法
- 掌握添加图层样式方法
- 掌握图像切片的操作

技能目标

- 掌握“葡萄酒”页面中图片的调色方法
- 掌握“网页Logo”的制作方法
- 掌握页面按钮的制作方法
- 掌握对“热门商品”图像进行切片并输出的方法

任务一　调整"葡萄酒"网页图片

购物网站中，商品详情类页面的图片相对首页中的图片来说，需要精修的地方较多，通常会对拍摄出来的照片进行调整，如调整照片的色彩，矫正偏色等。

一、任务目标

本任务将练习用 Photoshop CS6调整"葡萄酒"网页中酿酒原料页面中的图片色彩，制作时，先打开图片，然后分析图片色彩不足的地方，最后通过Photoshop的调色命令来调整图片色调，为图片润色。通过本任务可掌握相关调色命令的使用方法。本任务制作完成后的效果如图9-1所示。

图 9-1　"葡萄酒"网页图像文件

二、相关知识

（一）图像的色彩模式

图像的色彩模式是图像处理过程中非常重要的概念，它是图像可以在屏幕上显示的重要前提，常用的色彩模式有RGB模式、CMYK模式、HSB模式、Lab模式、灰度模式、索引模式、位图模式、双色调模式、多通道模式等。

在Photoshop CS6中选择【图像】/【模式】菜单命令，在打开的子菜单中可以查看所有色彩模式。下面分别对各个色彩模式进行介绍。

- **RGB模式**：由红、绿、蓝3种颜色按不同的比例混合而成，也称真彩色模式，是Photoshop默认的模式，也是最为常见的一种色彩模式。
- **CMYK模式**：印刷时使用的一种颜色模式，由Cyan（青）、Magenta（洋红）、Yellow（黄）和Black（黑）4种色彩组成。为了避免和RGB三基色中的Blue（蓝色）发生混淆，其中的黑色用K来表示，若Photoshop中制作的图像需要印刷，则必须将其转换为CMYK模式。
- **Lab模式**：Photoshop在不同色彩模式之间转换时使用的内部颜色模式。它能毫无偏差地在不同系统和平台之间进行转换。该颜色模式有3个颜色通道，一个代表亮度（Luminance），另外两个代表颜色范围，分别用a、b来表示。a通道包含的颜色从深绿（低亮度值）到灰（中亮度值）到亮粉红色（高亮度值），b通道包含的颜色从亮蓝（低亮度值）到灰（中亮度值）再到焦黄色（高亮度值）。
- **灰度模式**：只有灰度颜色而没有彩色。在灰度模式图像中，每个像素都有一个0（黑色）~255（白色）的亮度值。当一个彩色图像转换为灰度模式时，图像中的色相及饱和度等有关色彩的信息消失，只留下亮度。

- **位图模式**：使用两种颜色值（黑和白）来表示图像中的像素。位图模式的图像也叫作黑白图像，其中的每一个像素都是用1bit的位分辨率来记录的。只有处于灰度模式或多通道模式下的图像才能转化为位图模式。
- **双色调模式**：用灰度油墨或彩色油墨来渲染一个灰度图像的模式。双色调模式采用两种彩色油墨来创建，由双色调、三色调、四色调混合色阶来组成的图像。在此模式中，最多可向灰度图像中添加4种颜色。
- **索引模式**：系统预先定义好的一个含有256种典型颜色的颜色对照表。当图像转换为索引模式时，系统会将图像的所有色彩映射到颜色对照表中，图像的所有颜色都将在它的图像文件中定义。当打开该文件时，构成该图像的具体颜色的索引值都将被装载，然后根据颜色对照表找到最终的颜色值。
- **多通道模式**：将图像转换为多通道模式后，系统将根据原图像产生相同数目的新通道，每个通道均由256级灰阶组成，常常用于特殊打印。

（二）网页色彩搭配技巧

色彩搭配是网页制作中非常重要的环节，好的色彩搭配会让人感觉赏心悦目。同时，设计中的色彩也有很大的主观性，引起某个人某种感觉的一种色彩，对于其他人而言，可能得到的会是一种截然不同的感觉。色彩本身是一门科学，不同的人对色彩的定义和理解也不同，如改变颜色的色调或饱和度都会给人带来不一样的感觉。而文化的差异则可能让某种色彩在一个地区象征幸福和愉悦，但在另一个地区却代表压抑和沮丧。

图像的颜色可由色相、饱和度、明度来描述。下面分别进行介绍。

- **色相**：色相是最基本的颜色术语，通常用来表示物体的颜色，如赤、橙、黄、绿、青、蓝、紫等，图9-2所示为三角色相环。设计的色相可用于给网页浏览者传递重要的信息。
- **饱和度**：饱和度表示颜色的纯度，指某一色调在特定的光照下是如何呈现的，可将饱和度看成是色调的强与弱、浊与清，如红色按饱和度不同可分为深红色和浅红色等。
- **明度**：明度是指颜色的明亮程度，即肉眼观察到的光的强度，如白色是强度最大的光，亮度最高；黑色是强度最弱的光，亮度最小；灰色则介于黑色与白色之间。

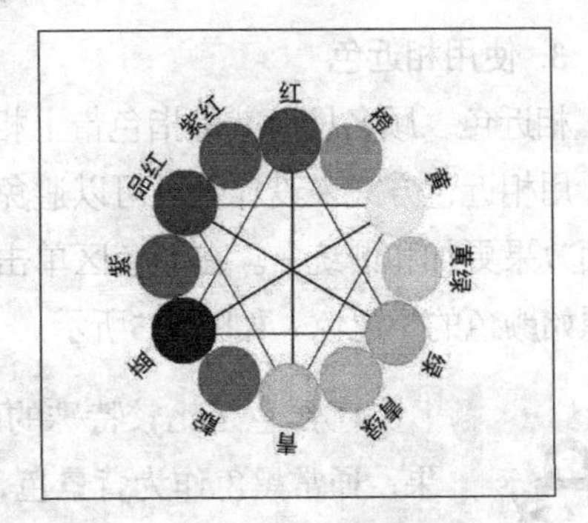

图9-2 三角色相环

RGB颜色模式是Photoshop CS6操作窗口的默认颜色模式，RGB是红色（Red）、绿色（Green）、蓝色（Blue）三原色的缩写，这3种颜色都有256个亮度级。网页中的图像应尽量采用RGB颜色模式，且最好使用Web安全色。下面介绍几种网页图像设计中的配色技巧。

1. 使用同一种色相

首先选择一种色相，然后调整饱和度或明度来产生新的颜色。这种方法可使页面颜色在视觉上统一，有层次感，如图9-3所示。

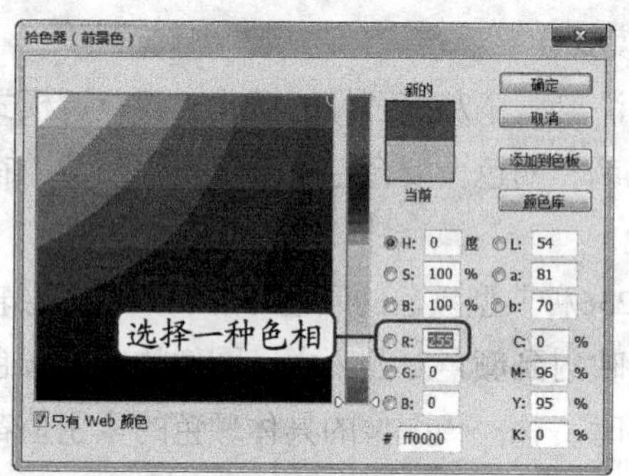

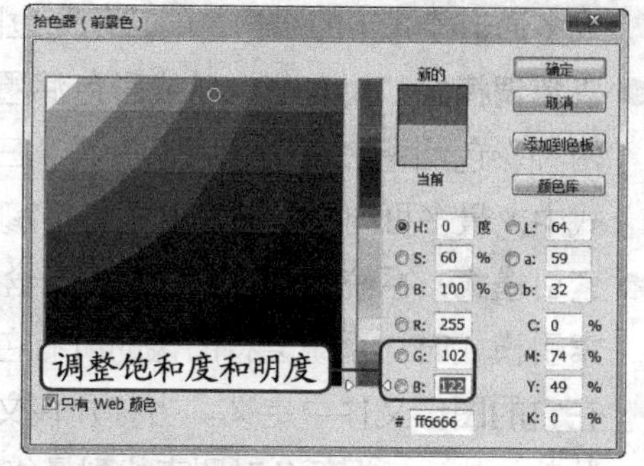

图9-3 使用同一色相

2. 使用对比色

对比色可以突出重点，产生强烈的视觉效果，合理使用对比色能够使网站特色鲜明、重点突出。设计时通常是选择一种颜色作为主色调，使用对比色作为点缀，让整个页面颜色对比强烈，同时又不会产生画面的撕裂感，让读者产生厌恶的感觉，如图9-4所示。

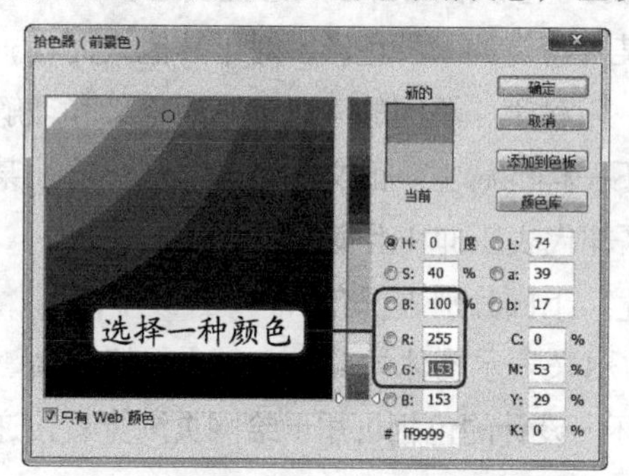

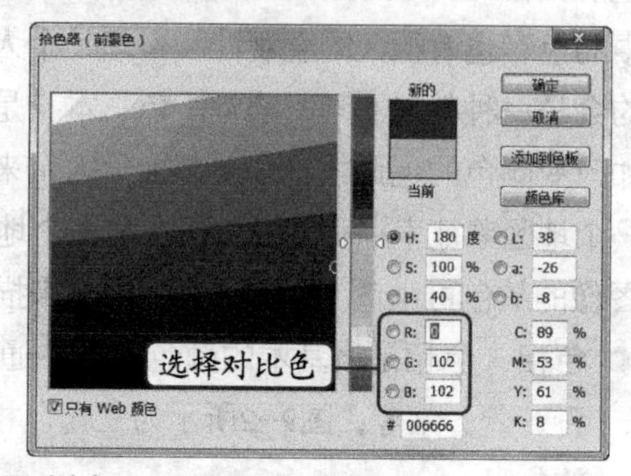

图9-4 使用对比色

3. 使用相近色

相近色，顾名思义就是指色带上相邻的颜色，如绿色和蓝色，红色和黄色就是相邻的颜色，用相近色方式来设计网页可以避免网页色彩杂乱，让读者产生视觉上的愉悦感受，并且页面效果更加和谐统一。在颜色区单击选择一种颜色，然后在色带上使用鼠标拖曳色标，得到原始颜色的相近色，如图9-5所示。

知识补充

①黑色是比较特殊的颜色，如果使用恰当，往往能产生很强烈的艺术效果，通常黑色作为背景色，会与其他饱和度色彩搭配使用。

②网页的背景色一般采用素淡清雅的色彩，避免使用复杂花纹的图像和饱和度较高的色彩为背景，并且背景色和文字的颜色最好对比强烈。

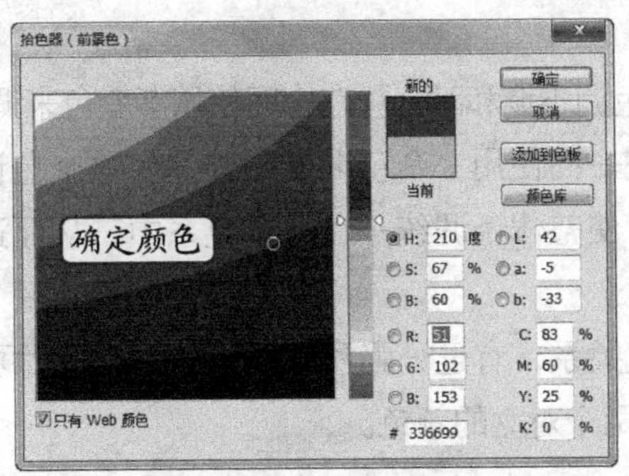

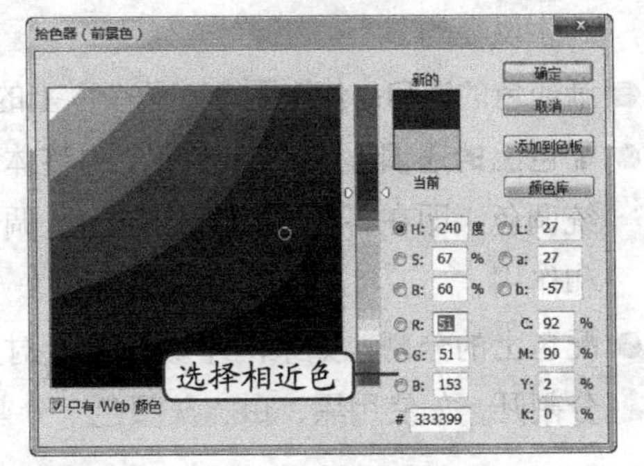

图9-5　使用相近色

（三）网页色彩搭配注意事项

色彩不同，给人的感觉也不同，颜色的多样化使得在网页配色时的选择也多样化。下面介绍几点网页配色时需要注意的事项。

- **底色与图形色**：一般明亮鲜明的颜色比暗浊的颜色更加容易有图形效果，配色时为了获得明显的图形效果，必须先考虑图形色和底色的关系。图形色和底色有一定的对比度，才能有效地传达要表达的内容。
- **整体色调**：网页要表达不同的感觉主要由整体色调决定，如活泼、稳健、冷清、温暖等感觉。确定整体色调的方法是先在配色中决定占大面积的颜色，并根据这个颜色选择不同的配色方案，得到不同的整体色调来选择需要的色调。

如果使用暖色调作为整体色，则网页会给人温暖的感觉，反之道理相同。以暖色和纯度较高的颜色作为主色调给人火热、刺激的感觉；若以冷色调和纯度较低的颜色作为主色调则给人清冷、平静的感觉。明度高的颜色给人靓丽轻快的感觉；反之则给人庄重、肃穆的感觉。网页色相多会使网页显得华丽，少则淡雅清新。

- **配色的平衡**：颜色的平衡指颜色的强弱、轻重、浓淡关系。同类色调容易平衡，补色关系且明度相似的纯色配色会因过分强烈而显得刺眼。纯度高且强调色与同明度的浊色或灰色搭配时，前者面积小，后者面积大也可得到平衡的配色。明色与暗色搭配时，若明色在上暗色在下，给人安定的感觉，暗色在上明色在下，则给人动感的感觉。
- **配色时有重点色**：为了弥补色调单调，配色时可将某个颜色作为重点，平衡整体颜色。需要注意的是，重点色应该使用比其他色调更强烈的颜色；重点色应选择与整体色调相对比的颜色；重点色使用的面积不能过大；选择重点色必须考虑配色平衡的效果。
- **配色节奏**：由颜色的搭配产生整体的色调，这种配置关系在整体上反复出现就产生了一种节奏感，这与颜色的排放、形状、质感有关。例如，渐渐地变化颜色的饱和度和明度会产生有规律的阶调变化节奏；将色相、饱和度和明度的变化反复几次会产生反复的节奏。

- **渐变色的调和**：使用两个或两个以上的色调不调和时，可在中间使用渐变色来调和。
- **配色上的通调**：为了多色配合的整体统一而使用一个色调支配整体，这个色调就是统调色。即在各色中加入相同的色调，使整体色调统一在一个色系中，从而达到调和作用。
- **配色上的分割**：如果两个颜色处于对立关系，有过分强烈的对比效果，此时可将其分割开，如使用黑、白、灰颜色来分割两个对立的颜色。

（四）网站配色方案参考

色彩对传达网页作品的主题具有非常重要的作用，好的配色方案不仅能在视觉上给浏览者以美的享受，而且还能充分展现网站的风格，营造出理想的浏览氛围。

色彩对事物的表现力有着其他形式无法比拟的绝佳效果。作为网页设计师，需掌握色彩运用原理，并熟知各种色彩对访问者心理的影响，结合自己所具备的平面构图知识，在网页设计中准确用色，才能有效地传达特定信息并充分渲染网站的主题氛围。图9-6所示为常见网页色彩配色方案。

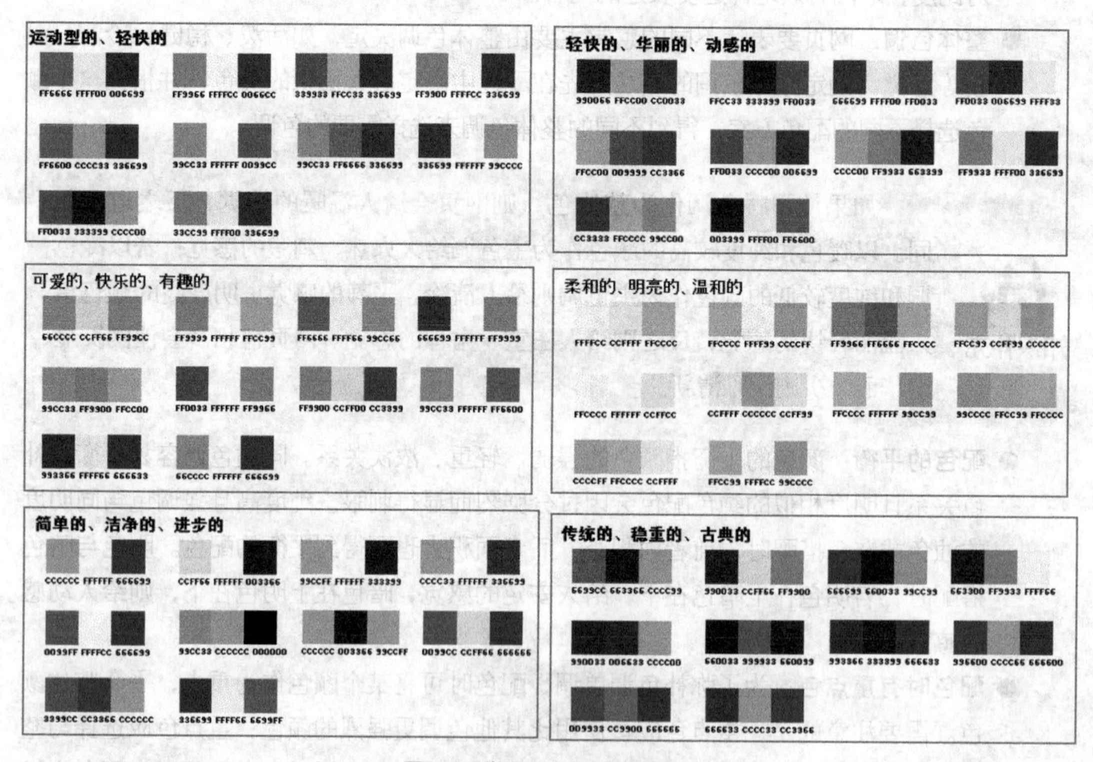

图9-6 常见网页色彩搭配方案

三、任务实施

（一）使用“色阶”调整图片

“色阶”命令通常针对图像对比度不够强烈、饱和度较低的图片进行调色处理，其具体

操作如下。（微课：光盘\微课视频\项目九\使用“色阶”调整图片.swf）

STEP 1 选择【文件】/【打开】菜单命令或按【Ctrl+O】组合键，打开“打开”对话框，然后在素材文件夹中双击打开“酒庄.jpg”图像（素材参见：光盘\素材文件\项目九\任务一\酒庄.jpg），如图9-7所示。

STEP 2 通过观察，发现图片饱和度较低，色调偏冷，与图中艳阳高照的景色表现不一致，按【Ctrl+J】组合键复制图层。

STEP 3 选择【图像】/【调整】/【色阶】菜单命令，打开“色阶”对话框，在“通道”下拉列表中选择“红”选项，在“输入色阶”右侧的文本框中输入“205”，如图9-8所示。

图 9-7 打开图像文件

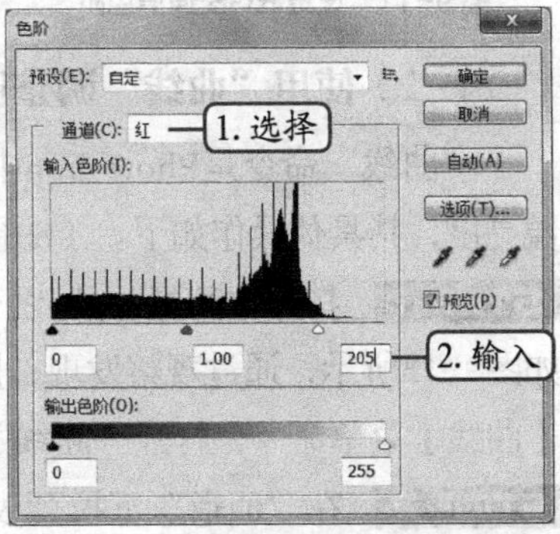

图 9-8 设置红通道色阶

STEP 4 在“通道”下拉列表中选择“绿”选项，在文本框中输入如图9-9所示的参数。

STEP 5 在“通道”下拉列表中选择“蓝”选项，在文本框中输入如图9-10所示的参数。

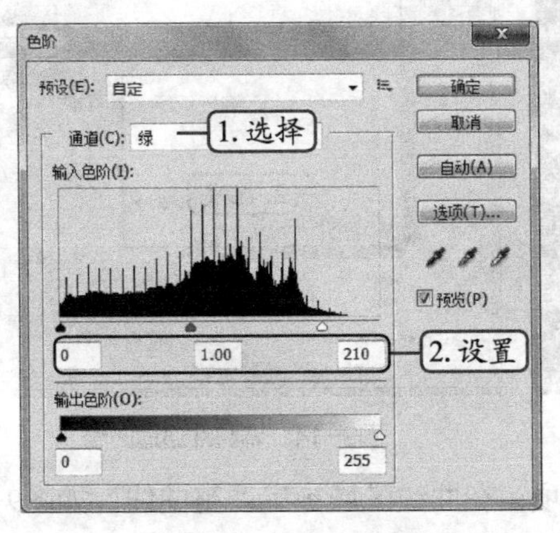

图 9-9 设置绿通道色阶

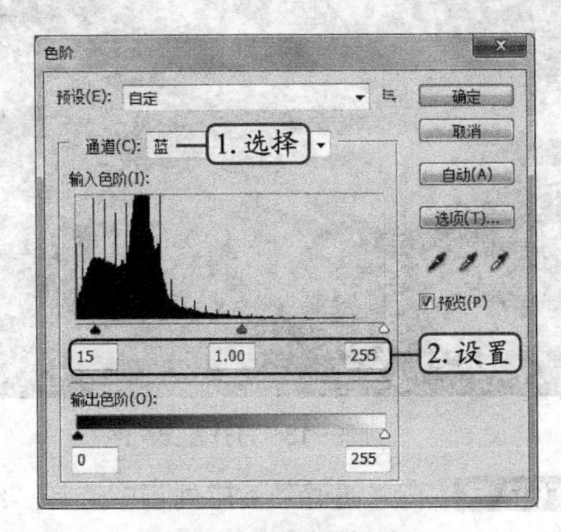

图 9-10 设置蓝通道色阶

STEP 6 在“通道”下拉列表中选择“RGB”选项，将右侧的滑块向左拖曳调整，如图9-11所示。

STEP 7 单击 确定 按钮，应用设置后的效果如图9-12所示，然后保存图像（最终效果参见：光盘\效果文件\项目九\任务一\酒庄.jpg）。

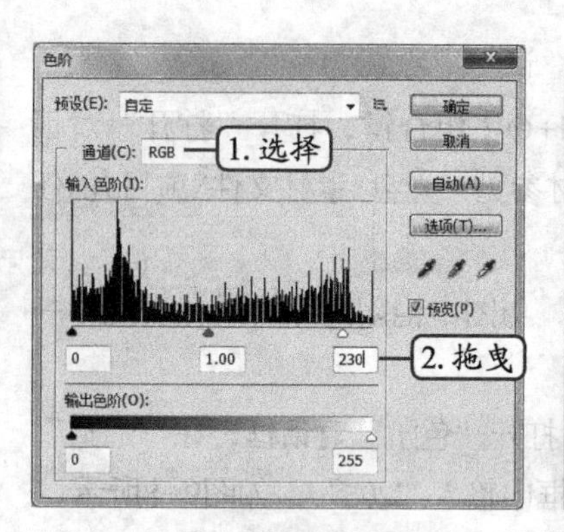

图 9-11　设置 RGB 通道色阶

图 9-12　完成效果

（二）使用“曲线”调整图片

“曲线”命令是Photoshop中最强大的调整工具之一，下面使用“曲线”对话框调整图像亮度，其具体操作如下。（微课：光盘\微课视频\项目九\使用“曲线”调整图片.swf）

STEP 1 打开“酒桶.jpg”图像（素材参见：光盘\素材文件\项目九\任务一\酒桶.jpg），如图9-13所示，通过观察发现，图片整体颜色偏暗，对比度不够。选择【图像】/【调整】/【曲线】菜单命令，打开“曲线”对话框。

STEP 2 在“通道”下拉列表中选择“红”选项，在曲线区域拖曳调整曲线，如图9-14所示。

图9-13　打开图像文件

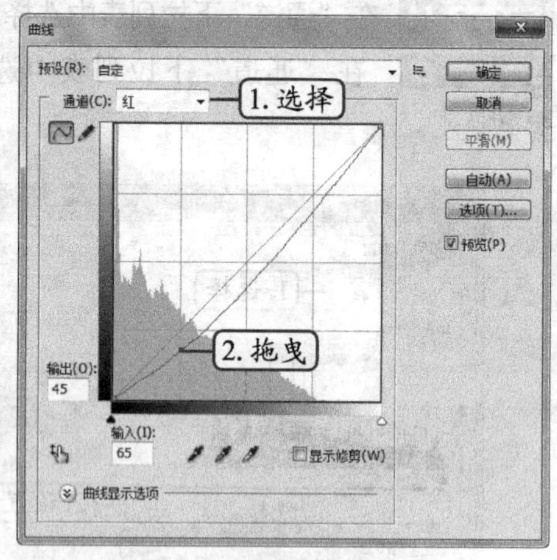

图9-14　调整红通道曲线

STEP 3 在“通道”下拉列表中选择“绿”选项，在曲线区域拖曳调整曲线，如图9-15所示。

STEP 4 在“通道”下拉列表中选择“蓝”选项，在曲线区域拖曳调整曲线，如图9-16所示。

STEP 5 在“通道”下拉列表中选择“RGB”选项，在曲线区域拖曳调整曲线，如图9-17所示。

STEP 6 单击 确定 按钮，应用设置后的效果如图9-18所示，然后保存图像（最终效果参见：光盘\效果文件\项目九\任务一\酒桶.jpg）。

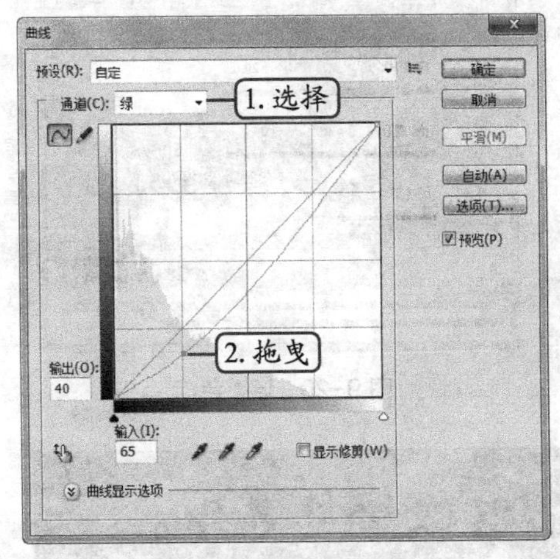

图9-15　调整绿通道曲线

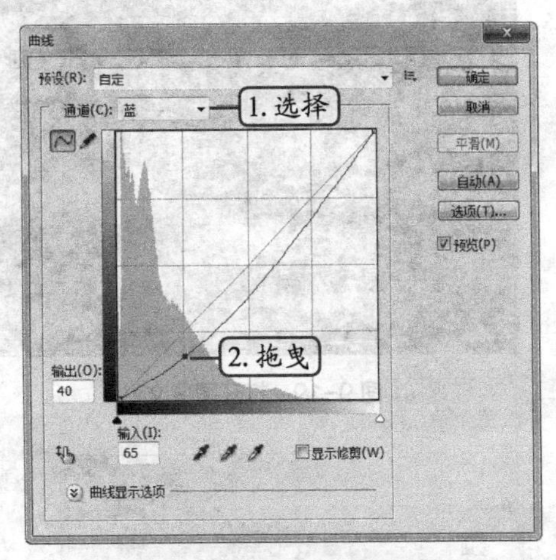

图9-16　调整蓝通道曲线

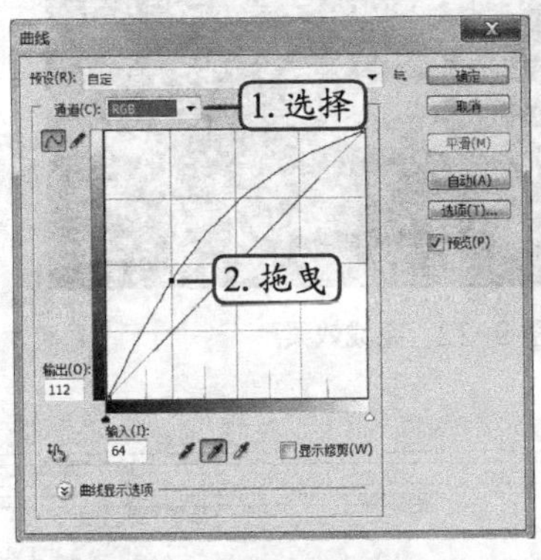

图9-17　调整RGB通道曲线

图9-18　完成效果

（三）使用“色相/饱和度”调整图片

“色相/饱和度”命令主要用于调整图像的色相、饱和度和亮度，从而达到改变图像色彩的目的，相对于“曲线”命令，该命令提供了更多可供选择的颜色通道，可以更加精确地调整图像颜色，其具体操作如下。（微课：光盘\微课视频\项目九\使用“色相/饱和度”调整图片.swf）

STEP 1 打开“葡萄.jpg”图像（素材参见：光盘\素材文件\项目九\任务一\葡萄.jpg），如图9-19所示，通过观察发现，图片整体饱和度偏低，且缺少颜色变化。选择【图像】/【调整】/【色相/饱和度】菜单命令，打开“色相/饱和度”对话框。将“色相”下的滑块向右拖曳，参数值如图9-20所示。

STEP 2 将“饱和度”下的滑块向右拖曳，参数值如图9-21所示。

STEP 3 单击 确定 按钮，应用设置后的效果如图9-22所示，然后保存图像（最终效果参见：光盘\效果文件\项目九\任务一\葡萄.jpg）。

图 9-19　打开图像文件

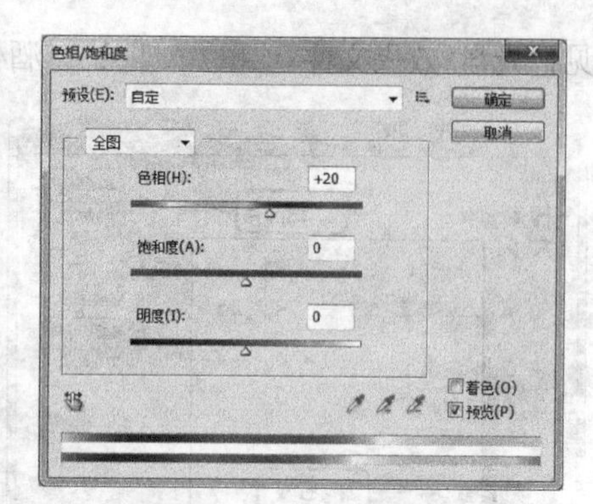

图 9-20　调整色相

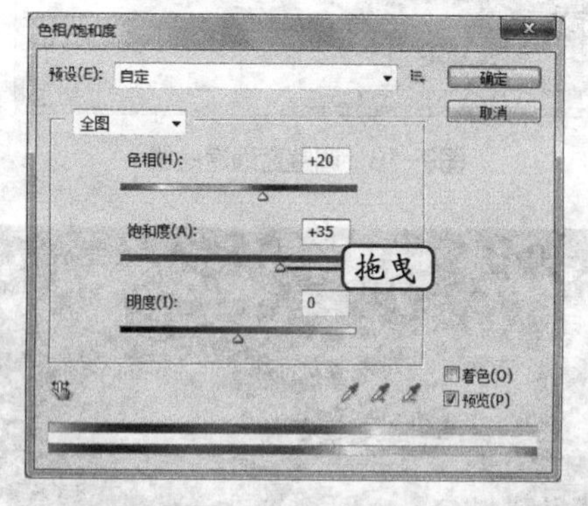

图 9-21　调整饱和度

图 9-22　完成效果

任务二　制作“网页Logo”

Logo标志是一个网站的“网眼”，同时也是网站的主要标志，是网页必不可少的部分。下面具体讲解Logo标志的制作方法。

一、任务目标

本任务将绘制一个网页Logo图标。通过本任务的学习，可以掌握绘图工具、调整颜色、创建选区、调整选区和填充描边选区的基本操作。本任务制作完成后的最终效果如图9-23所示。

图9-23　网页Logo效果

标志是一种具有象征性的大众传播符号，它以精炼的形象表达一定的含义，并借助人们的符号识别和联想等思维能力，传达特定的信息。标志传达信息的功能很强，在一定条件下甚至超过语言文字，因此被广泛应用于现代社会的各个方面，现代标志设计也就成为各设计院校或设计系所设立的一门重要设计课程。

对于网页标志而言，若是企业网站，则只需使用企业统一的标志即可，若是商业网站，则需要设计人员重新设计。总之，网页标志需与宣传内容统一。

二、相关知识

为了适应标志在各种场合的使用，Logo标志一般是矢量图形，这就涉及路径的相关操作，下面先认识路径和“路径”面板的相关知识。

（一）认识路径

路径是由贝塞尔曲线构成的图像，即由多个节点的矢量线条构成。Photoshop中的路径主要用于创建复杂的对象或矢量图形，与Adobe Illustrator等软件不同的是，Photoshop的路径主要用于勾画图像区域（对象）的轮廓。路径在图像显示效果中表现为不可打印的矢量形状，用户可以沿着产生的线段或曲线对路径进行填充和描边，还可以将其转换成选区。

路径主要由线段、锚点、控制句柄等部分构成，如图9-24所示。路径上的各元素解释如下。

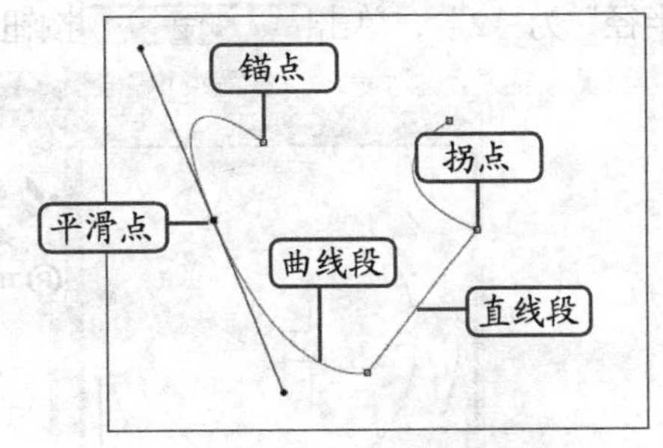

图9-24 路径的组成

- **线段**：一条路径是由多个线段依次连接而成的，线段分为直线段和曲线段两种。
- **锚点**：路径中每条线段两端的点是锚点，由小正方形表示，黑色实心的小正方形表示该锚点为当前选择的定位点。定位点有平滑点和拐点两种，平滑点是平滑连接两个线段的定位点，拐点是非平滑连接两个线段的定位点。
- **控制句柄**：选择任意锚点，该锚点上将显示0～2条控制句柄，拖曳控制句柄一端的小圆点可以修改与之关联的线段的形状和曲率。

（二）认识“路径”面板

“路径”面板默认情况下与“图层”面板在同一面板组中，由于路径不是图层，因此路径创建后不会显示在“图层”面板中，而是显示在“路径”面板中。“路径”面板主要用来储存和编辑路径，如图9-25所示为路径的主要组成部分，分别介绍如下。

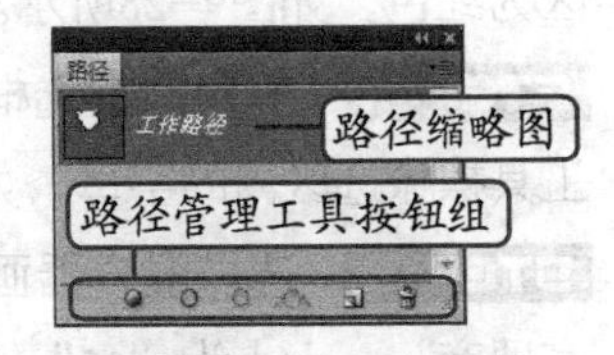

图9-25 路径的组成

- **当前路径**：面板中以蓝色条显示的路径为当前活动路径，用户所做的操作都是针对当前路径的。

- **路径缩略图**：用于显示该路径的缩略图，可以在这里查看路径的大致样式。
- **路径名称**：显示路径名称，用户可以对其进行修改。
- **“填充路径”按钮**：单击该按钮，将使用前景色在选择的图层上填充该路径。
- **“描边路径”按钮**：单击该按钮，将使用前景色在选择的图层上为该路径描边。
- **“将路径转为选区”按钮**：单击该按钮，可以将当前路径转换成选区。
- **“将选区转为路径”按钮**：单击该按钮，可以将当前选区转换成路径。
- **“新建路径”按钮**：单击该按钮，将建立一个新路径。
- **“删除路径”按钮**：单击该按钮，将删除当前路径。

三、任务实施

（一）使用形状工具绘制路径

Photoshop中提供了多种形状图案，用户可选择需要的形状工具或图案快速进行绘制和编辑，其具体操作如下。（微课：光盘\微课视频\项目九\使用形状工具绘制路径.swf）

STEP 1 新建一个“600×600”像素，背景色为“白色”的文档，在形状工具组上单击鼠标右键，在弹出的快捷菜单中选择自定义形状工具，然后在选项栏中设置模式为“路径”，单击“形状”下拉列表右侧的下拉按钮，在打开的列表框中选择商标形状，按住【Shift】键在图像区域中拖动，绘制图形路径，如图9-26所示。

STEP 2 在工具属性栏中单击 选区... 按钮，在打开的“建立选区”对话框中设置“羽化半径”为“2”，单击 确定 按钮关闭对话框即可创建选区，如图9-27所示。

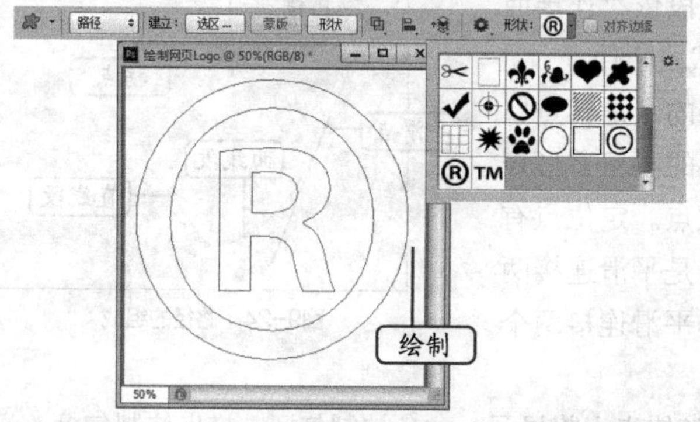

图9-26 绘制形状路径

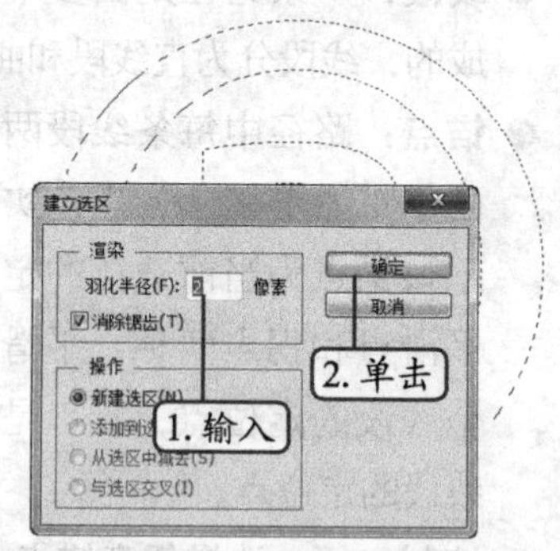

图9-27 创建选区

STEP 3 选择油漆桶工具，设置前景色为红色，填充选区为红色，如图9-28所示。按【Ctrl+D】组合键取消选区。

STEP 4 使用椭圆选框工具选择字母，然后使用橡皮擦工具擦除选区内的字母，如图9-29所示。

STEP 5 选择混合器画笔工具，设置笔尖形状为“圆角底硬度”、大小为“15”、混合画笔为“干燥 深描”，拖动绘制图像，拖动的过程中观察笔尖变化，直到达到需要的效果，如图9-30所示。

图9-28 填充颜色

图9-29 擦除图像

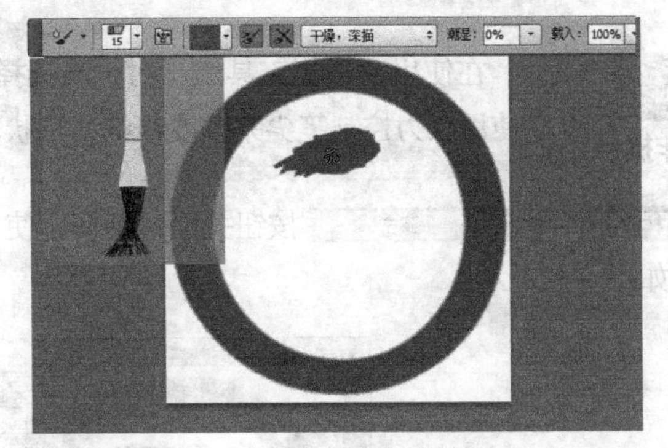

图9-30 绘制图像

STEP 6 选择画笔工具，设置大小为“3”、笔尖形状为“圆角底硬度”，在图像边缘进行描绘，效果如图9-31所示。

STEP 7 在工具箱中选择涂抹工具，在红色边缘处由里向外拖动，绘制出尖锐的形状，如图9-32所示。

图9-31 精细绘制

图9-32 涂抹图像

STEP 8 用快速选取工具选择红色图像，按【Ctrl+C】组合键复制，然后按【Ctrl+V】组合键粘贴两次。打开“图层”面板，单击“图层1”缩略图选择图层，使用移动工具移动图像位置，用相同的方法移动“图层2”的图像，如图9-33所示。

STEP 9 选择“图层1”，然后选择【图像】/【调整】/【色相/饱和度】菜单命令，在打开的“色相/饱和度”对话框中设置参数，如图9-34所示。

图9-33 移动图层

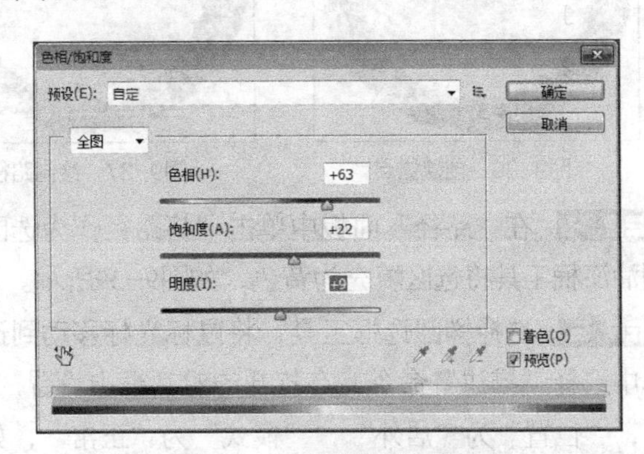

图9-34 设置色相/饱和度

在使用“画笔工具组”时，当选择了一些类似毛笔、刷子的笔尖时，可以使用压力控制笔尖来改变粗细和形状。

STEP 10 单击 确定 按钮关闭对话框，使用相同的方法调整“图层2”中图像的颜色，如图9-35所示。

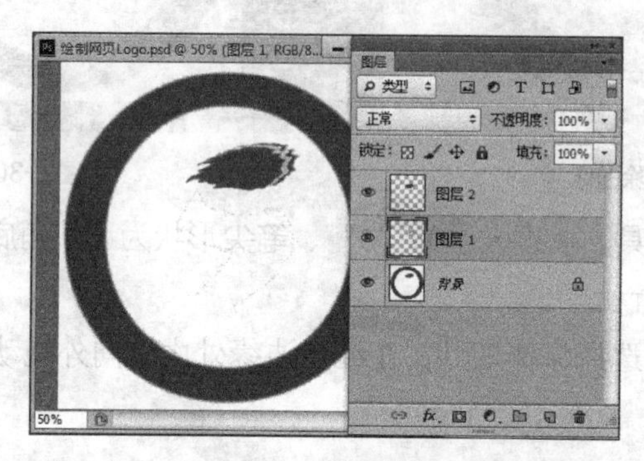

图9-35 调整图像颜色

（二）使用钢笔工具绘制路径

当形状路径不能满足设计需要时，可使用钢笔工具来手动绘制路径，其具体操作如下。（微课：光盘\微课视频\项目九\使用钢笔工具绘制路径.swf）

STEP 1 在工具箱中选择钢笔工具，在图像中间单击鼠标定位第一个锚点，然后在下一个锚点处拖动鼠标绘制曲线路径，如图9-36所示。

STEP 2 使用相同的方法绘制路径的大致形状，如图9-37所示。

STEP 3 闭合路径后，在工具箱中选择直接选择工具，选择路径显示调节点，然后拖动鼠标调整路径的形状，如图9-38所示。

图9-36 创建锚点

图9-37 绘制路径

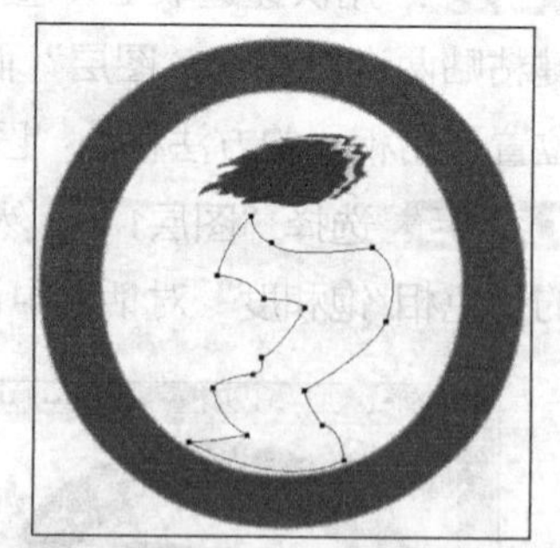

图9-38 编辑路径

STEP 4 在“路径”面板中单击“将路径作为选区载入”按钮，将路径创建为选区，使用油漆桶工具将选区填充为黄色，如图9-39所示。

STEP 5 选择椭圆选框工具，将鼠标光标移动到选区内，单击鼠标右键，在弹出的快捷菜单中选择“描边”命令。在打开的对话框中设置“宽度”为“3像素”，“颜色”为“红色”，“位置”为“居外”，“模式”为“正常”，如图9-40所示。

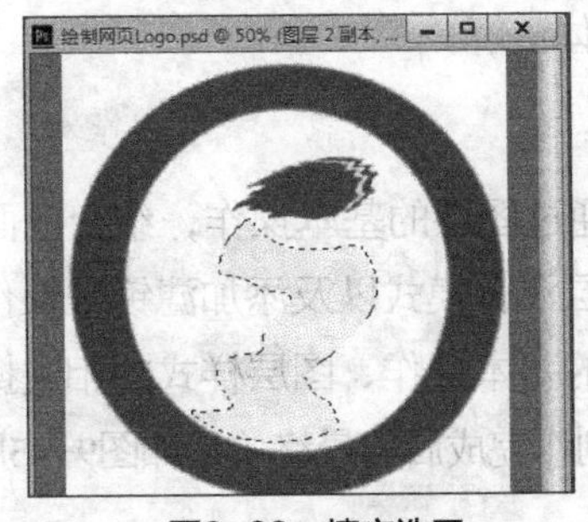
图9-39 填充选区

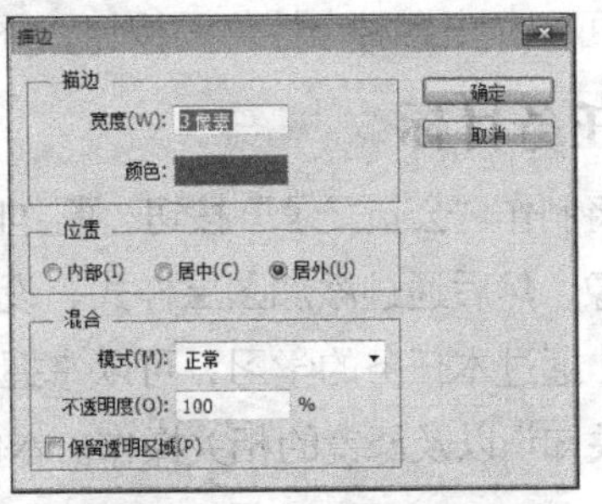

图9-40 “描边”对话框

STEP 6 单击 确定 按钮关闭对话框，描边选区效果如图9-41所示。

STEP 7 再次对选区进行描边，设置“宽度”为“8像素”，“位置”为“居中”，“模式”为“溶解”，如图9-42所示。

图9-41 描边选区

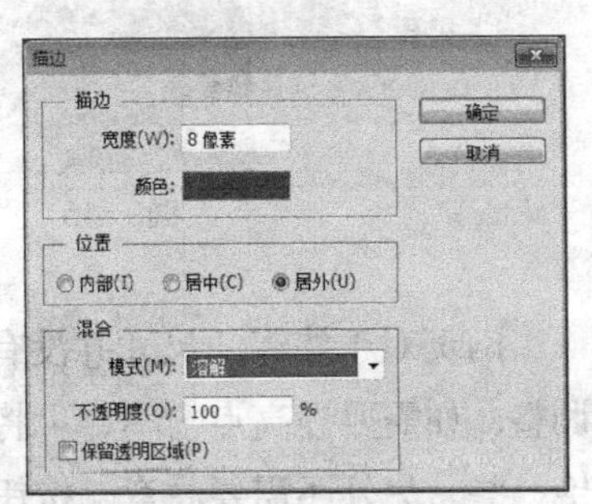

图9-42 设置描边参数

STEP 8 单击 确定 按钮关闭对话框，描边选区效果如图9-43所示。

STEP 9 选择混合器画笔工具，设置笔尖形状为“圆角底硬度”，大小为“10”，混合画笔为“非常潮湿 深混合”，然后在图像边缘拖动绘制图像，拖动的过程中观察笔尖变化，完成效果如图9-44所示（最终效果参见：光盘\效果文件\项目九\任务二\绘制网页logo.psd）。

图9-43 描边选区

图9-44 修饰边缘

任务三 制作“会员登录”按钮

网页中常见的按钮是用户与后台进行交流的桥梁，是动态网页必不可少的网页元素，使用Photoshop可制作出各种个性化的按钮，下面具体讲解。

一、 任务目标

本任务将制作“会员登录”按钮，制作时先通过图层的基本操作，结合前面学习的知识创建基本图像，然后通过添加图层样式、设置图层混合模式以及添加滤镜等操作来完成网页按钮的制作。通过本任务的学习，可以掌握图层的基本操作、图层样式的相关操作、图层混合模式的相关知识以及滤镜的相关操作。本任务制作完成后的最终效果如图9-45所示。

图9-45 “会员登录”按钮

职业素养

网页对于按钮的尺寸并没有固定的要求，在制作时可根据用户需要适当调整，如需要提高点击率，可将按钮的尺寸相对设计大一些，颜色可更加明艳一些。另外还需要注意，按钮色彩选择需要结合当前网页的主题元素，否则会格格不入。

二、相关知识

在Photoshop中，创建的图层是图像的载体，掌握图层的基本操作是处理图像的关键。“图层”在前面任务的制作中已经初步涉及，这里详细讲解图层的相关知识。

（一）图层的作用和类型

一个完整作品通常由多个图层合成，在Photoshop CS6中，可以将图像的每个部分置于不同图层的不同位置，由图层叠放形成图像效果。用户对每个图层中的图像内容进行编辑、修改、效果处理等各种操作时，对其他层中的图像没有任何影响。

Photoshop的图层按性质划分，分为普通图层、背景图层、文本图层、形状图层、填充图层、调整图层6种，下面简单进行介绍。

- **普通图层**：普通图层是最基本的图层类型，相当于一张透明纸。
- **背景图层**：Photoshop中的背景图层相当于绘图时最下层不透明的画纸。在Photoshop中，一幅图像有且仅有一个背景图层。背景图层无法与其他图层交换堆叠次序，但背景图层可以与普通图层相互转换。
- **文本图层**：使用文本工具在图像中创建文字后，将自动新建一个文本图层。文本图层主要用于编辑文字的内容、属性和取向。文本图层可以进行移动、调整堆叠、复制等操作，但大多数编辑工具、命令不能在文本图层中使用。要使用这些工具和命令，首先要将文本图层转换成普通图层。

- **填充图层**：填充图层可通过选择【图层】/【新建填充图层】菜单命令，在打开的子菜单中选择填充图层的类型进行创建。
- **形状图层**：使用形状工具在图像中绘制形状后，系统自动生成一个形状图层，并且会产生形状对应的路径，主要用于放置Photoshop中的矢量形状。
- **调整图层**：调整图层可以调节其下所有图层中图像的色调、亮度、饱和度等，其方法是选择【图层】/【新建调整图层】菜单命令，然后在打开的子菜单中选择相应的命令即可。

除此之外，在“图层”面板中还可添加一些其他类型的图层，介绍如下。

- **链接图层**：保持链接状态的多个图层。
- **剪贴蒙版**：蒙版中的一种，可使用一个图层中的图像控制其上面多个图层的显示范围。
- **智能对象**：包含有智能对象的图层。
- **填充图层**：填充了纯色、渐变或图案的特殊图层。
- **图层蒙版图层**：添加了图层蒙版的图层，蒙版可以控制图像的显示范围。
- **矢量蒙版图层**：添加了矢量形状的蒙版图层。
- **图层组**：以文件夹的形式组织和管理图层，以便于查找和编辑图层。
- **变形文字图层**：进行了变形处理后的文字图层。
- **视频图层**：包含视频文件帧的图层。
- **3D图层**：包含3D文件或置入了3D文件的图层。

（二）认识“图层”面板

“图层”面板默认情况下显示在工作界面右下侧，主要用于显示和编辑当前图像窗口中的所有图层，打开一幅含有多个图层的图像，在“图层”面板中可查看每个图层上的图像，如图9-46所示。“图层”面板中每个图层左侧都有一个缩略图像，背景图层位于最下方，上面依次是各个图层，通过图层的叠加组成一幅完整的图像。“图层”面板中主要选项介绍如下。

- **“锁定”栏**：用于选择图层的锁定方式，其中包括“锁定透明像素”按钮、“锁定图像像素”按钮、“锁定位置”按钮和“锁定全部”按钮。
- **“填充”数值框**：用于设置图层内部的不透明度。
- **“链接图层”按钮**：用于链接两个或两个以上的图层，链接图层可同时进行缩放、透视等变换操作。
- **“添加图层样式”按钮**：用于选择和设置图层的样式。
- **“添加图层蒙版”按钮**：单击该按钮，可为图层添加蒙版。

图9-46 “图层”面板

● **“创建新的填充和调整图层”按钮**：用于在图层上创建新的填充和调整图层，其作用是调整当前图层下所有图层的色调效果。

● **“创建新组”按钮**：单击该按钮，可以创建新的图层组。图层组用于将多个图层放置在一起，以方便用户的查找和编辑操作。

● **“创建新图层”按钮**：用于创建一个新的空白图层。

● **“删除图层”按钮**：用于删除当前选择的图层。

三、任务实施

（一）新建图层

Photoshop中可新建多个图层，每个图层可放置不同的内容，便于后期修改，其具体操作如下。（微课：光盘\微课视频\项目九\新建图层.swf）

STEP 1 新建一个“200×150”像素的图像文件，在“图层”面板中单击“新建图层”按钮，新建一个透明图层，设置前景色为“灰色（R:204,G:204,B:204）”，然后按【Alt+Delete】组合键填充前景色，如图9-47所示。

STEP 2 在工具箱中选择圆角矩形工具，在工具属性栏中单击颜色色块，设置颜色为“红褐色（R:0,G:100,B:125）”，半径为“10px”，在图像区域拖曳鼠标绘制一个圆角矩形，如图9-48所示。

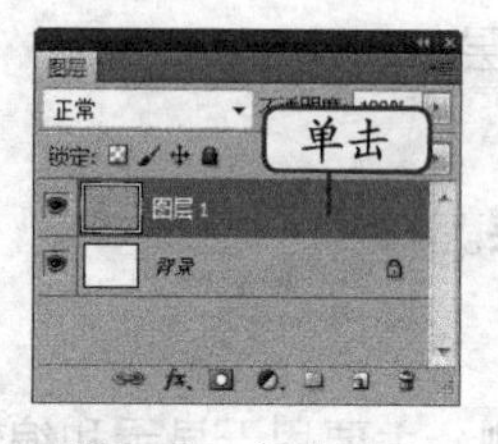

图9-47 新建图层

图9-48 绘制形状

（二）创建图层样式

为图层添加图层样式可使图像更加有立体感，其具体操作如下。（微课：光盘\微课视频\项目九\创建图层样式.swf）

STEP 1 选择【图层】/【图层样式】/【投影】菜单命令，打开“图层样式”对话框，单击“投影”选项卡，在其中按照图9-49所示设置其参数。

STEP 2 单击选中“内发光”复选框，选择“内发光”选项切换到该选项卡，在其中按照图9-50所示进行设置。

STEP 3 单击选中“渐变叠加”复选框，选择“渐变叠加”选项切换到该选项卡，并按照图9-51所示进行设置，其中渐变颜色为“鲜红色（R:222,G:44,B:3）到深红色（R:88,G:21,B:0）”。

STEP 4 单击选中“描边”复选框，选择“描边”选项切换到该选项卡，并按照图9-52所示进行设置，其中描边颜色为“鲜红色（R:255,G:2,B:2）”。

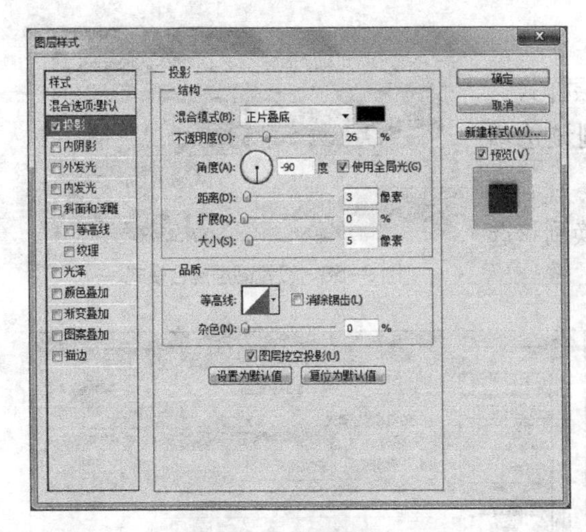

图 9-49 设置投影样式

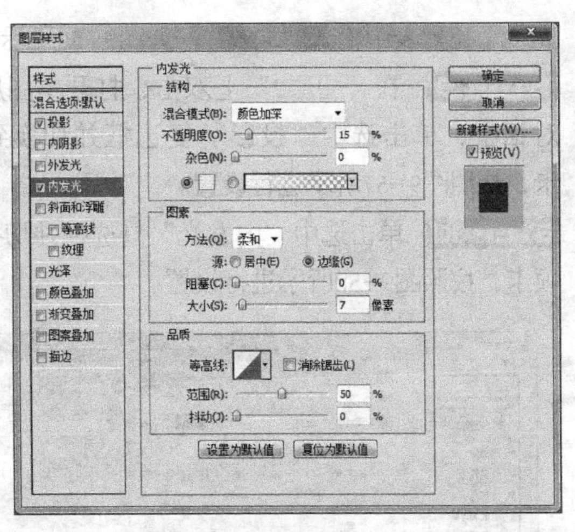

图 9-50 设置内发光样式

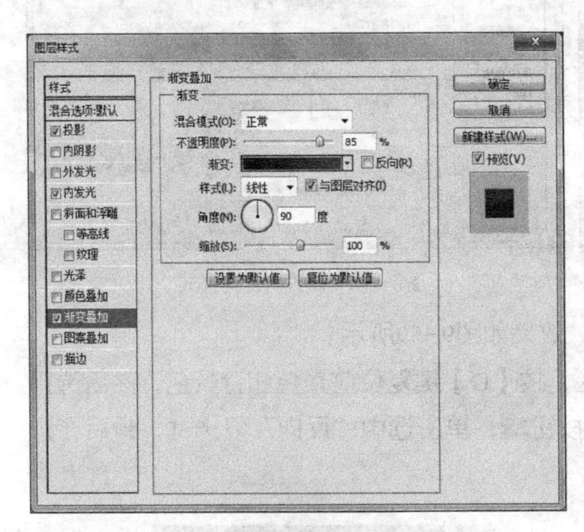

图 9-51 设置渐变叠加样式

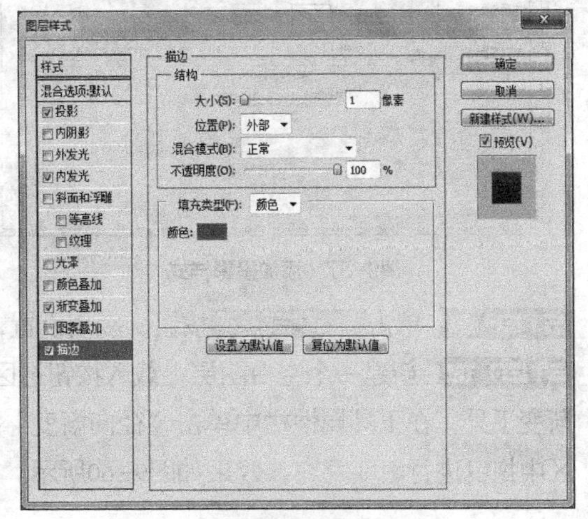

图 9-52 设置描边样式

STEP 5 单击 确定 按钮，应用设置，效果如图9-53所示。

STEP 6 新建一个空白图层，按住【Ctrl】键的同时单击形状图层缩略图，载入选区，填充为白色，效果如图 9-54 所示。

STEP 7 使用椭圆选框工具绘制一个选区，调整到合适位置，按【Delete】键删除选区内的图像，如图 9-55 所示。

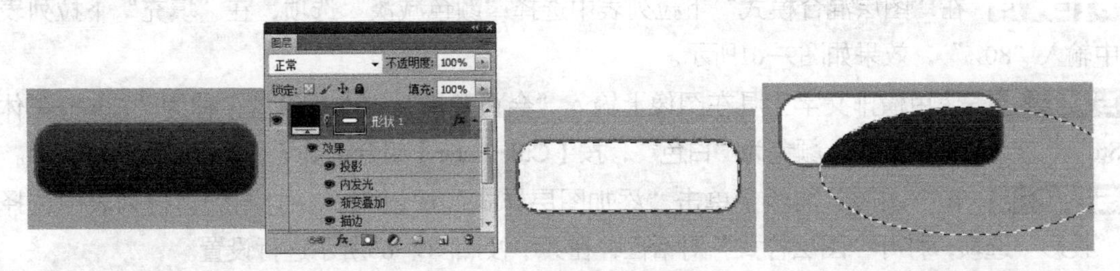

图 9-53 应用图层样式效果　　图 9-54 填充选区　　图 9-55 删除选区内容

STEP 8 选择“图层2”，在“图层混合模式”下拉列表中选择“柔光”选项，在“填充”下拉列表中输入“50%”，如图9-56所示。

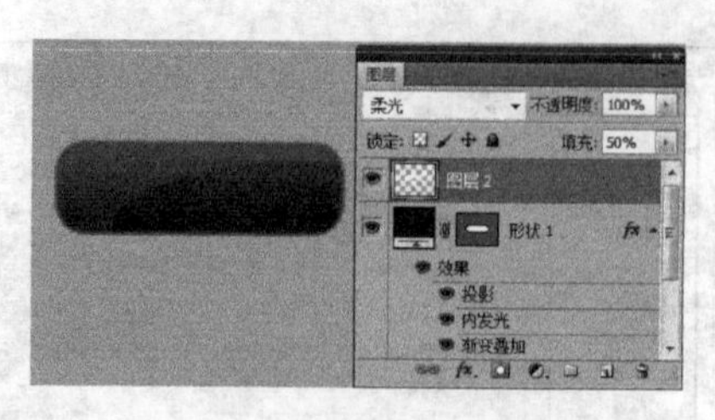

图 9-56　设置图层混合模式

STEP 9　在“图层2”上双击，打开“图层样式”对话框，单击选中“投影”复选框并切换到该选项卡，按照图9-57所示进行设置。

STEP 10　单击选中“内发光”复选框并切换到该选项卡，按照图9-58所示进行设置。

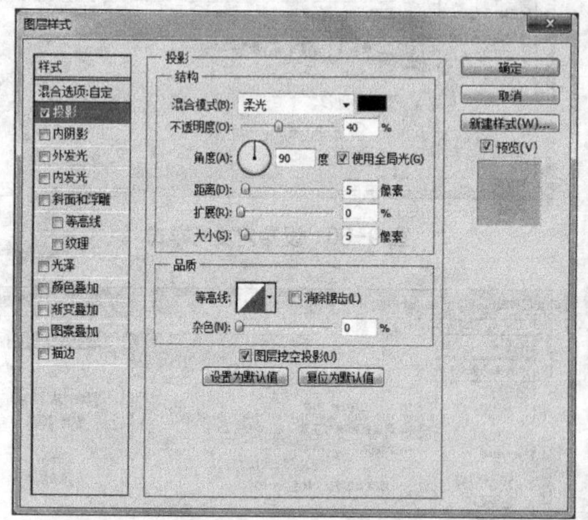

图9-57　添加投影样式

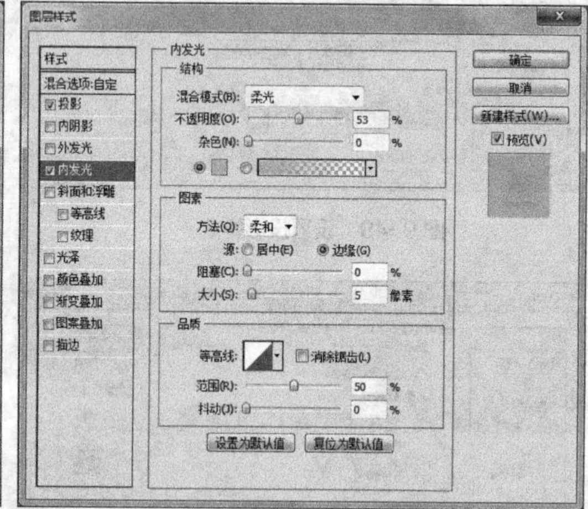

图9-58　设置内发光样式

STEP 11　单击 确定 按钮，应用设置，效果如图9-59所示。

STEP 12　新建一个空白图层，载入按钮选区，按【D】键复位前景色和背景色，然后选择渐变工具，在工具属性栏中单击“径向渐变”按钮，单击选中“反向”复选框，最后在选区中拖曳进行渐变填充，效果如图9-60所示。

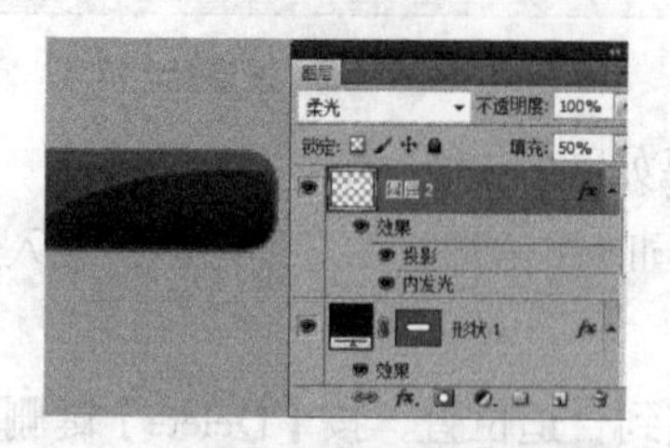

图9-59　添加图层样式后的效果

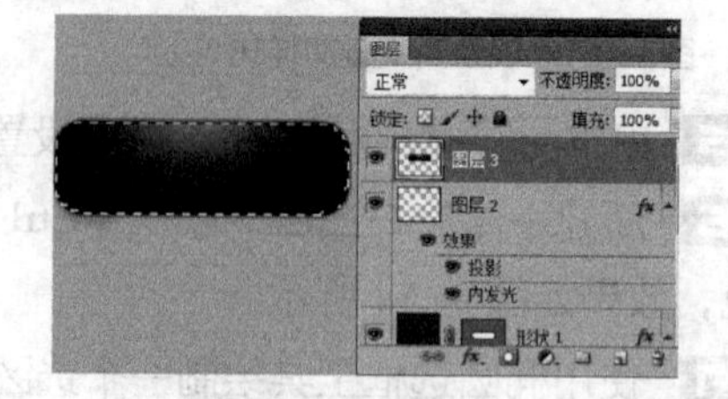

图9-60　渐变填充

STEP 13　在“图层混合模式”下拉列表中选择“颜色减淡”选项，在“填充”下拉列表中输入“80%”，效果如图9-61所示。

STEP 14　使用横排文字工具在图像上输入“会员登录”文本，设置字体为“Adobe黑体Std”，字号为“14点”，颜色为“白色”，按【Ctrl+Enter】组合键确认，效果如图9-62所示。

STEP 15　在“图层”面板上单击“添加图层样式”按钮，在打开的下拉列表中选择“投影”选项，打开“图层样式”对话框，在其中按照图9-63所示进行设置。

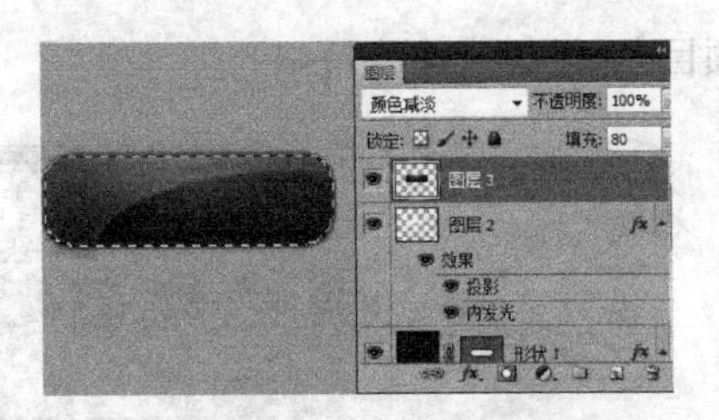

图9-61 设置图层混合模式与填充透明度

图9-62 输入文本

STEP 16 单击选中“斜面和浮雕”复选框，并切换到该选项卡，在其中按照图9-64所示进行设置。

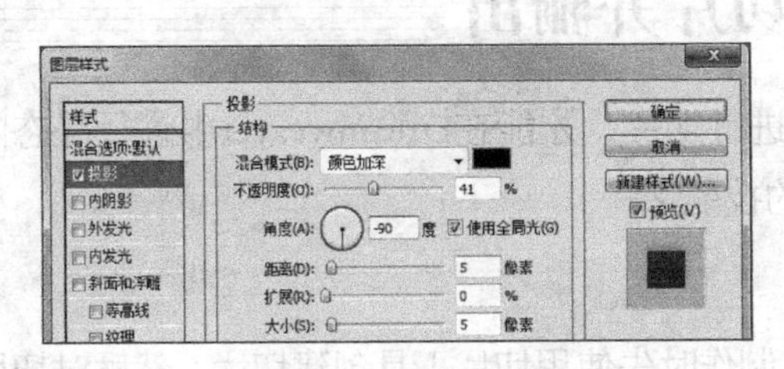

图9-63 设置投影样式

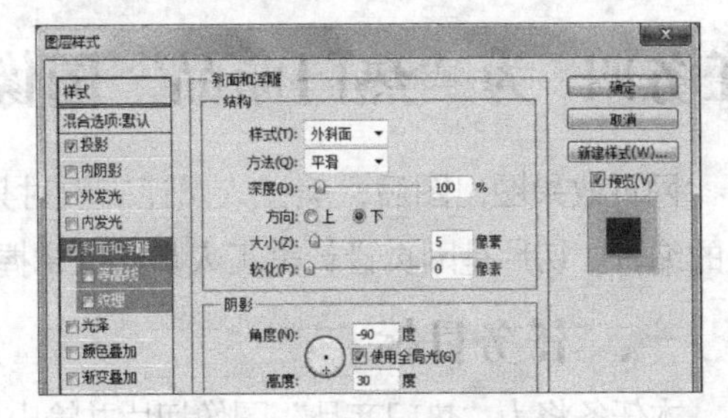

图9-64 设置斜面浮雕样式

STEP 17 单击选中“渐变叠加”复选框，并切换到该选项卡，在其中按照图9-65所示进行设置。

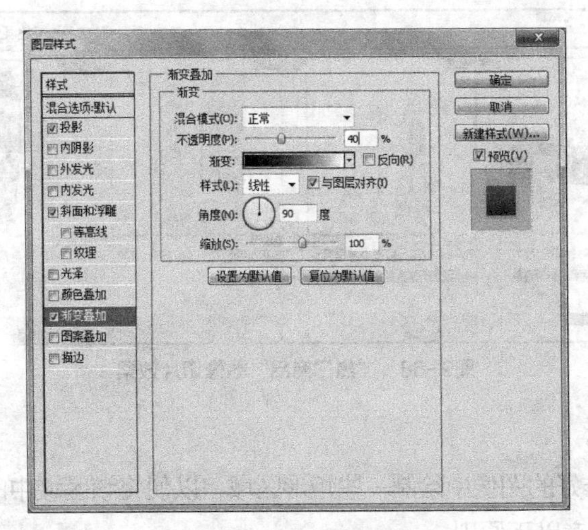

图9-65 设置渐变叠加样式

（三）使用滤镜

滤镜可制作出许多视觉特效，下面使用滤镜为按钮制作质感效果，其具体操作如下。（微课：光盘\微课视频\项目九\使用滤镜.swf）

STEP 1 将按钮形状载入选区，然后新建图层，复位前景色和背景色，选择【滤镜】/【渲染】/【云彩】菜单命令，效果如图9-66所示。

STEP 2 设置该图层的混合模式为“柔光”，填充为“25%”，效果如图9-67所示，完成后保存文件（最终效果参见：光盘\效果文件\项目九\任务三\按钮.psd）。

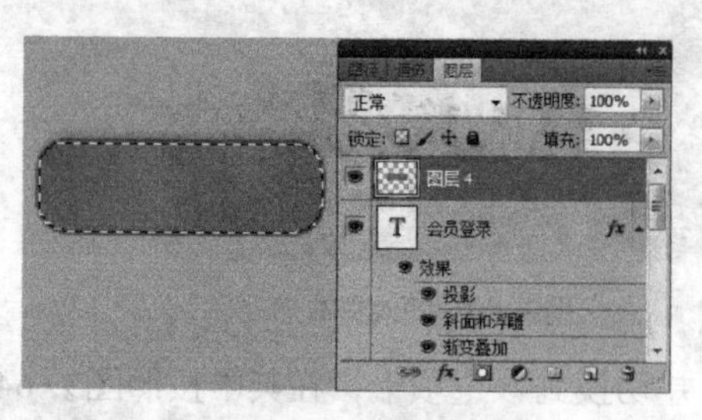

图9-66　使用云彩滤镜

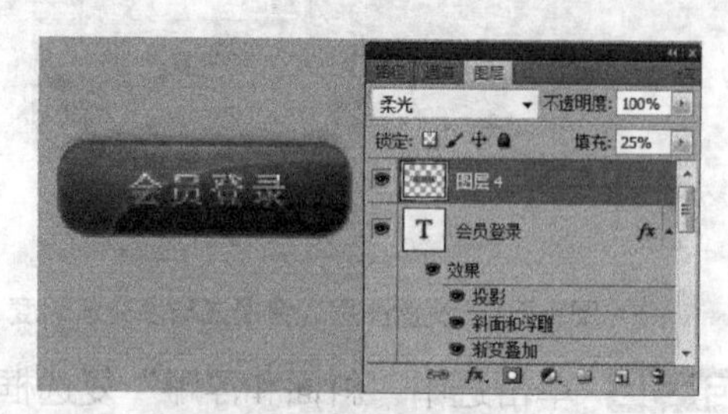

图9-67　调整混合模式

任务四　为“热门商品”图像切片并输出

网页效果图出图后，美工人员还需要对其进行切片，才能在Dreamweaver中进行静态网页的编辑。切片是网页设计美工人员必须掌握的技能之一。

一、任务目标

本任务将为“热门商品”图像切片并输出，制作时先使用切片工具创建切片，然后对切片进行编辑，最后保存切片。通过本任务的学习，可以掌握切片工具的使用方法，编辑切片的相关操作和保存切片的方法。本任务制作完成后的最终效果如图9-68所示。

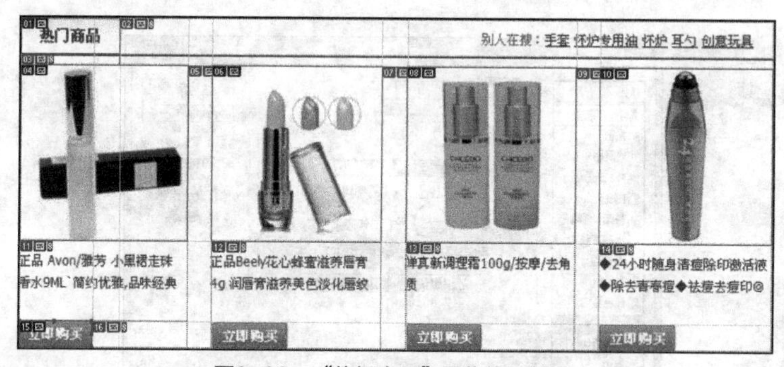

图9-68　“热门商品”图像切片效果

二、相关知识

切片是指在已制作好的图像中绘制一些矩形区域，以便将该区域中的图像导出为单独的图像，在进行切片时要注意以下原则。

- **切片尽量最小化**：切片时应只对需要的部分进行切片，要尽可能地减小切片面积。
- **隐藏不需要的内容**：需要清楚哪些内容是该图像需要的，哪些是不需要的，将不需要的图层内容隐藏。
- **纯色背景不用切片**：纯色背景不需要切片，纯色背景可直接在Dreamweaver中设置背景颜色即可。
- **重复多个对象只需切片一次**：当多个图像在网页中重复使用时，只需对其中一个进行切片，不需对每个图像切片。

- **渐变色背景只需切一个像素**：有渐变色的背景，在切片时只需切片该图像左侧或顶部像素的图像，在编辑网页时重复使用即可。
- **图片格式**：若对网页图像质量要求较高，可保存为JPG或PNG格式的图片，若要求背景透明则可保存为GIF或PNG格式。

切片时应遵循能用Dreamweaver实现的效果不切片、切片时图像尽量小、切片图像保存格式要尽量合适、能用gif格式保存的绝不用jpg格式进行保存的原则。

三、任务实施

（一）创建切片

Photoshop中切片的方法与使用矩形工具绘制矩形的方法类似，其具体操作如下。（微课：光盘\微课视频\项目九\创建切片.swf）

STEP 1 打开“热门商品.psd”图像文件（素材参见：光盘\素材文件\项目九\任务四\热门商品.psd），按【Ctrl+R】组合键打开标尺，为图像创建参考线，如图9-69所示。

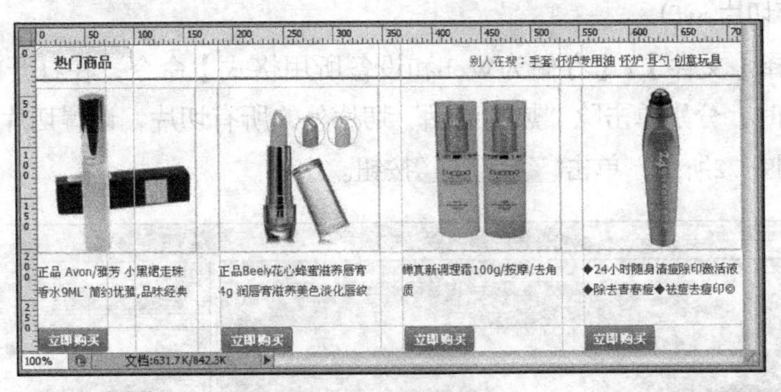

图9-69 创建参考线

STEP 2 在工具箱中选择切片工具，拖曳鼠标为图像创建切片，创建时可以按空格键，再拖动图像到需要创建切片的位置进行切片的创建操作，如图9-70所示。

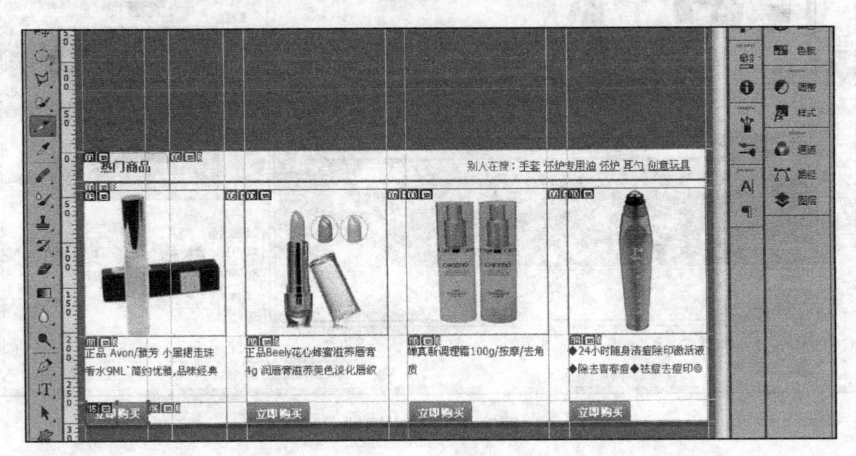

图9-70 创建切片

STEP 3 在切片上单击鼠标右键，在弹出的快捷菜单中选择“编辑切片选项”命令。

STEP 4 在打开对话框的“名称”文本框中输入切片名称，如图9-71所示，单击确定按钮。按照相同的方法完成其他切片的切片选项设置。

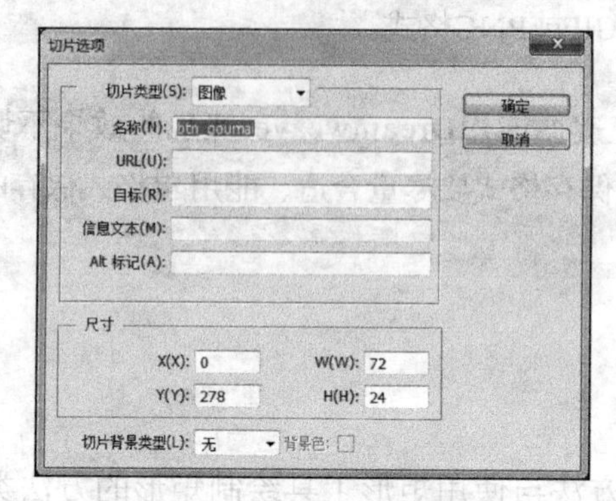

图9-71　编辑切片选项

（二）输出并保存切片

切片完成后即可将其输出保存为网页图像，其具体操作如下。（微课：光盘\微课视频\项目九\输出并保存切片.swf）

STEP 1 选择【文件】/【存储为Web和设备所用格式】命令，在打开的对话框中按住【Shift】键的同时，分别单击除“热门商品”切片外的所有切片，设置切片图像保存类型为“JPEG”，如图9-72所示，单击存储...按钮。

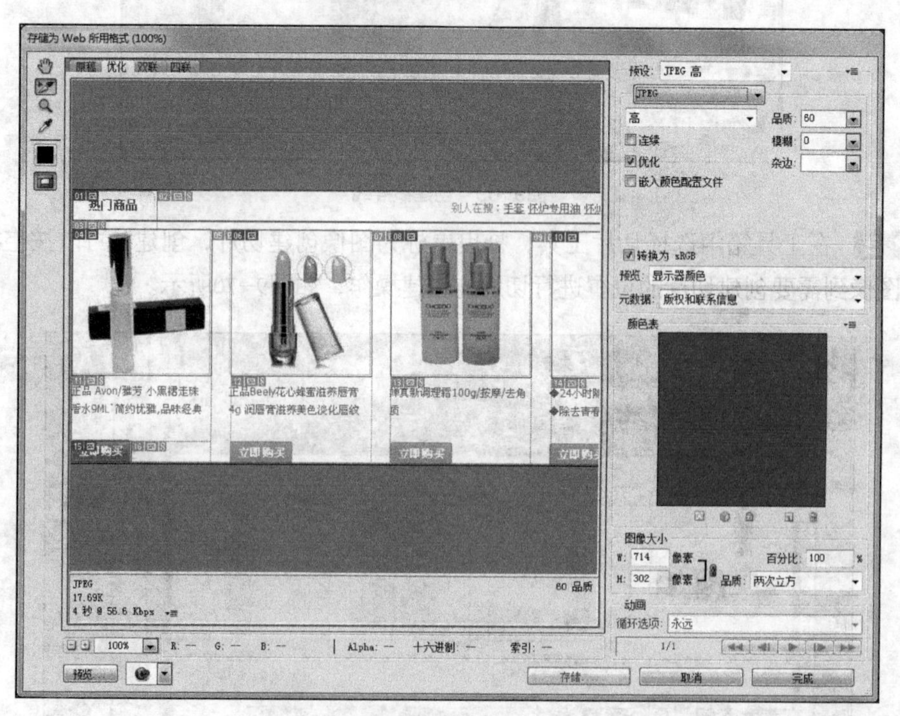

图9-72　输出切片

STEP 2 在“保存在”下拉列表中选择保存位置，在“文件名”下拉列表中输入名称，在“格式”下拉列表中选择“仅限图像”选项。在“切片”下拉列表框中选择“所有用户切片”选项，单击 保存(S) 按钮，完成本任务操作（最终效果参见：光盘\效果文件\项目九\任务四\热门商品.psd）。

实训一 美化蓉锦大学网页图片

【实训要求】

本实训要求需在蓉锦大学首页添加体现学校人文精神的版块，根据该要求为学校设计一张体现学生青春飞扬的精神的图片，要求突出主题，色彩靓丽，符合学校人文精神要求。

【实训思路】

根据实训要求，在调整图片色彩时可通过色阶、色彩平衡、选区颜色等命令来实现。本实训的参考效果如图9-73所示。

图9-73 网页图片调整前后对比

【步骤提示】

STEP 1 打开“人物.jpg”素材图片（素材参见：光盘\素材文件\项目九\实训一\人物.jpg）。

STEP 2 复制图层，选择【图像】/【调整】/【色阶】菜单命令，在打开的对话框中设置色阶，具体参数可视图像预览效果确定。

STEP 3 使用相同的方法在“可选颜色”对话框和“色相饱和度”对话框对图像色彩进行调整。

STEP 4 新建图层，复位前景色和背景色，然后选择【滤镜】/【渲染】/【镜头光晕】菜单命令，设置光晕位置并确认设置。

STEP 5 设置该图层的图层混合模式为“滤色”，完成后保存即可（最终效果参见：光盘\效果文件\项目九\实训一\人物.psd）。

实训二 制作“电影宣传”网页效果图

【实训要求】

电影宣传类的网页效果图通常要求界面风格与所宣传的电影风格相似，即页面主色调根据电影的主色调来确定，本实训要求为舞动青春制作一个宣传页面。

【实训思路】

根据实训要求，在设计界面效果图时首先需要通过滤镜等功能制作背景，然后添加相关的素材元素，并对其色彩进行调整，使其能够与背景色彩相融合，最后添加相关的文字即可。本实训的参考效果如图9-74所示。

图9-74 “电影宣传”效果图

【步骤提示】

STEP 1 新建一个“1280×820”像素的空白文档，将其填充为深红色。选择【滤镜】/【杂色】/【添加杂色】菜单命令，打开“添加杂色”对话框，在其中设置“数量”为“3”。

STEP 2 使用矩形选框工具在图像上绘制一个矩形选区。选择加深工具，在矩形选区上面进行涂抹，对选区上部分的颜色加深，然后取消选区。

STEP 3 新建“图层1”，使用椭圆选区工具在图像右边绘制一个椭圆选区，并使用黄色填充选区。更改“图层1”的混合模式和不透明度。

STEP 4 选择【滤镜】/【模糊】/【高斯模糊】菜单命令，打开“高斯模糊”对话框，设置“半径”为“30”，单击确定按钮。

STEP 5 打开“人物.jpg”图像（素材参见：光盘\素材文件\项目九\实训二\人物.jpg），将背景图层转换为普通图层，使用钢笔工具沿着人物边缘绘制路径。打开“路径”面板选择路径。将路径转换为选区并反选，然后删除图像。使用相同的方法将人物其他部分的白色背景去掉。

STEP 6 使用移动工具将抠取的人物图像移动到“电影宣传网站”中，双击“图层2”，为其添加投影图层样式。

STEP 7 新建“图层3”，在图像的上下方建立选区并填充深红色。在人物图像右边绘制一个矩形选区并填充为白色。为“图层3”添加投影图层样式，最后在相关位置创建参考线。

STEP 8 选择文本工具，在其中输入文本并参考效果图设置格式。打开“场景.jpg”图像

（素材参见：光盘\素材文件\项目九\实训二\场景.jpg），使用移动工具，将其移动到“电影宣传网站”图像中，并调整到合适位置，最后将其复制4次。

STEP 9 在“图层”面板中选择所有的场景图像图层，按【Ctrl+E】组合键合并图层。将合并后图层的图层混合模式设置为“线性减淡（添加）”，最后输入文本。

STEP 10 将“场景.jpg”和“装饰.png”图像（素材参见：光盘\素材文件\项目九\实训二\场景.jpg、装饰.png）都移动到“电影宣传网站”图像中，并将其缩小。在对应的地方输入演员名字，最后在之前已进行抠图操作的“人物.jpg”图像中使用矩形选区工具选择人物头部。将其移动到“电影宣传网站”图像的人名前方，并将其缩小。使用相同的方法，为其他人名添加人物头像，完成后保存文件即可（最终效果参见：光盘\效果文件\项目九\实训二\电影宣传网站.psd）。

常见疑难解析

问：使用色彩调整命令后，就不能对图像效果进行调整，如何处理？

答：在调整图像色彩时通过使用调整图层即可解决这一问题，方法是选择【图层】/【新建调整图层】菜单命令，在打开的子菜单中选择需要的色彩命令即可新建一个调整图层。在“图层”面板中双击调整图层，即可打开该色彩命名的参数设置面板，对其进行编辑。

问：为什么切片输入的图像是空白的呢？

答：切片时的效果图通常是还未进行合并图层的效果图，因此在切片时需要先选择所有图层，否则输出切片后，一些切片可能是图层的空白区域。

拓展知识

网页效果图是在网页编写前由美工人员设计并交予客户确认的网页效果。在制作时有一定的规范要求，下面提供几点注意事项以供大家参考。

- 新建网页美工文件时，宽度与高度以像素为单位，分辨率是72像素，颜色模式为RGB，背景内容一般为透明。
- 作为网页背景、网页图标的图片要清晰。
- 效果图中的网页相关元素一定要对齐。
- 在做成网页后可改变的文字，无须修饰，直接使用黑体或宋体。
- 注意网页内容宽度，一般网页宽度有760px、900px、1000px等，最好不要超过1200px，高度没有限制。
- 有特效的位置，有必要设计出特效样式，如按钮图标的鼠标经过有变化的，需要设计好变化，以便DIV CSS制作的时候切图使用。
- 效果图完成后图层不要合并，尽量保持每个文字、图标在独立图层上，以便切片时显示隐藏切片。

● 切片完成后以JPG、GIF、PNG等格式导出观察效果。

课后练习

（1）本练习将使用图层滤镜以及图层混合模式制作一种超现实的效果，扩展画布大小，再在其中输入文本，最后为文本图层设置图层样式。其最终效果如图9-75所示（最终效果参见：光盘\效果文件\项目九\课后练习\对话.psd）。

图9-75 “对话”图像效果

（2）根据前面所学知识，完成“七月”网页效果图的设计，然后对其进行切片，完成后将其输出保存，切片后的效果如图9-76所示（最终效果参见：光盘\效果文件\项目九\课后练习\七月.psd、七月切片.psd）。

图9-76 “七月”效果图切片

PART 10

项目十 使用Flash CS6制作动画

情景导入

阿秀：学习了网页中的图像处理的方法后，接下来学习网页中的动画制作。

小白：我发现好多网页都添加有动画元素。

阿秀：是的，在网页中添加动画元素可以提升网页视觉效果，增加访问量。

小白：那网页中的动画都是怎么做出来的呢？

阿秀：现在网页中的动画效果通常是使用Flash来制作的，下面就学习如何使用Flash来制作网页中常用动画效果。

学习目标

- 熟悉Flash CS6的基本操作
- 掌握图层、关键帧、动作的相关操作
- 掌握基本形状工具和元件的相关操作方法
- 掌握测试和导出动画的相关操作

技能目标

- 掌握“久酿Logo”动画的制作方法
- 掌握“生日贺卡”动画的制作方法
- 掌握导航动画的制作方法
- 能够制作出网页中常用的动画效果

任务一　制作“久酿Logo”动画

网页中的Logo通常会使用一些动画效果来增加网页的视觉冲击力，本任务将具体讲解简单图层动画的制作方法。

一、任务目标

本任务将练习用 Flash CS6来制作久酿Logo的一个动画效果，制作时，先熟悉Flash CS6的操作界面，然后通过基本操作创建Flash文件、图层关键帧，实现动画效果，最后保存文件即可。通过本任务可掌握Flash CS6的基本操作和图层、关键帧的相关操作。本任务制作完成后的效果如图10-1所示。

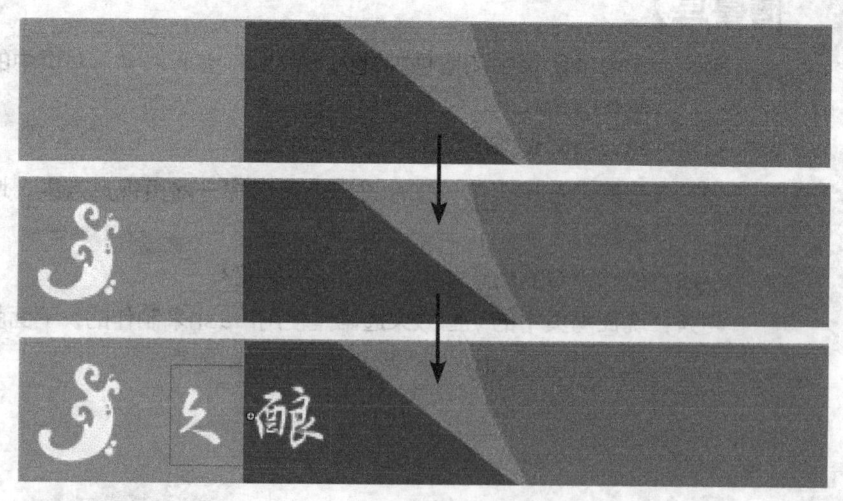

图 10-1 “久酿 Logo”动画

二、相关知识

（一）认识Flash动画

学习制作Flash动画之前，首先应了解Flash动画原理以及Flash动画的用途，下面便对Flash动画原理以及应用作一些简单的认识。

1. Flash动画在网页中的应用

Flash动画具有良好的视觉效果和占用空间小的特点，在网页中的作用如下。

- **导航条**：导航条是人们浏览网站时快速从一个页面转到另一个页面的通道。一般导航条都是文字形式，利于Flash可制作动态的导航条，如图10-2所示。

图10-2　Flash Banner

- **Banner广告**：这是Flash最常使用的领域，Banner广告在网页中的使用极为广泛，如图10-3所示为一条常见的Banner广告。

图10-3 Flash导航

- **浮动广告**：使用Flash可以制作单独的Flash广告动画，并可以执行关闭操作，该动画通常用于页面的左右两侧空白处，如图10-4所示。

图10-4 Flash广告动画

- **制作商业广告**：广告是Flash经常制作的内容，除了Banner和浮动广告外，在网页中还有一些专用的广告专栏，同样Flash可制作这类广告专栏中的商业广告，如图10-5所示。

图10-5 Flash商业广告

- **图片展示**：Flash强大的语句功能及动画功能使其可以制作出各种用户想要的效果，以相册形式显示图片，或以滑动形式显示图片等。图10-6所示为一种图片展示效果。

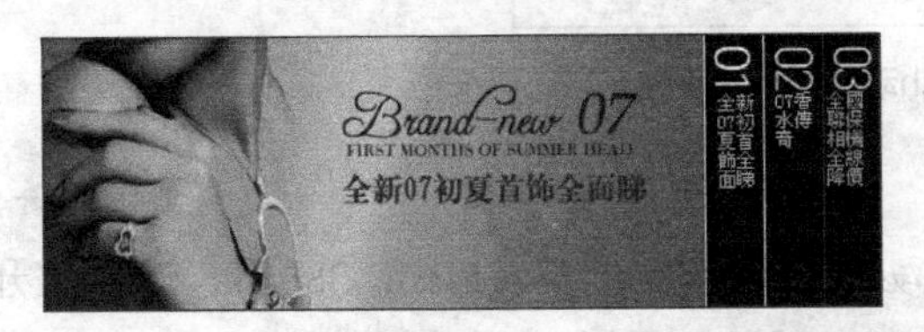

图10-6 Flash图片展示动画

- **网站形象网页**：Flash制作的网页首页可呈动态显示，使其更加吸引浏览者的眼球，达到更好的视觉效果，如图10-7所示。
- **动态网站**：Flash强大的语句及开发功能，使其与Dreamweaver合作时可制作出一些效果特殊的动态网站，如图10-8所示。

图10-7　网站形象网页

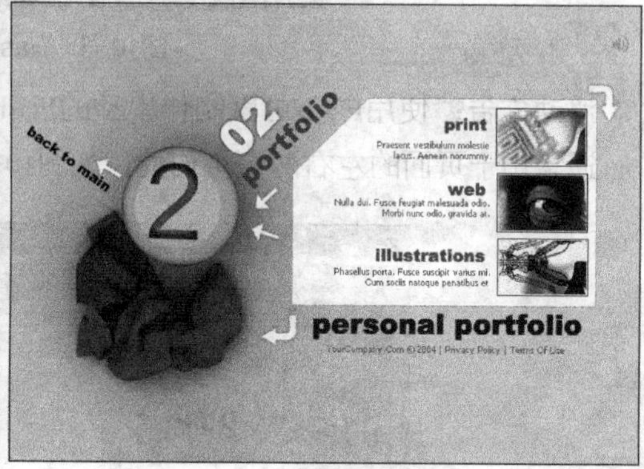

图10-8　Flash动态网站

2. Flash动画制作流程

优秀Flash动画作品的诞生需要经过很多的制作环节，每一个环节都至关重要，都有可能会影响到最后的效果。Flash动画的制作过程大致可分为以下几个环节，如图10-9所示。

图10-9　Flash动画制作流程

（二）认识Flash CS6操作界面

Flash CS6是Adobe公司推出的专业Flash动画制作软件。安装Flash CS6后，选择【开始】/【所有程序】/【Adobe Flash Professional CS6】菜单命令，启动Flash CS6后将显示欢

迎界面，在其中可查看最近操作的文档还可以进行Flash动画文档的快速创建等操作，如图10-10所示。欢迎界面中各部分的作用如下。

- **“从模板创建”栏**：在该栏中单击相应的模板类型，可创建基于模板的Flash动画文件。
- **“打开最近的项目”栏**：在该栏中可以通过选择“打开”选项，在打开的对话框中选择文档进行打开。该栏还可显示最近打开过的文档，单击文档的名称，可快速打开相应的文档。
- **“新建”栏**：该栏中的选项表示可以在Flash CS6中创建的新项目类型。

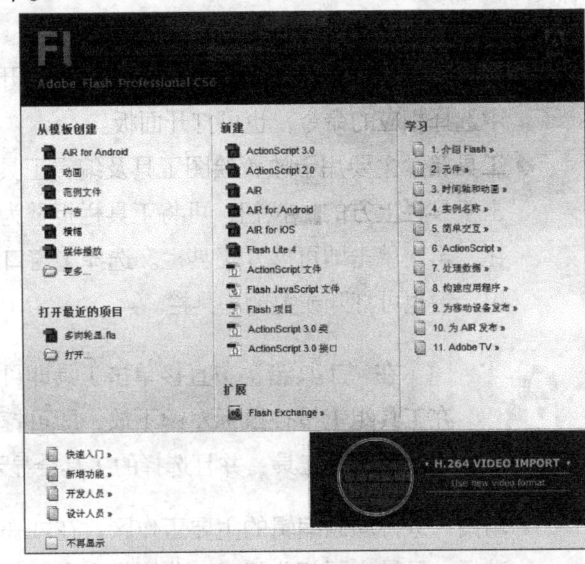

图10-10 欢迎界面

- **“学习”栏**：在该栏中选择相应的选项，可链接到Adobe官方网站相应的学习网页。
- **“教程和帮助”栏**：选择该栏中的任意选项，可打开Flash CS6的相关帮助文件和教程等。
- **“不再显示”复选框**：单击选中该复选框，下次启动Flash时，将不显示启动界面。

与Flash CS5相比，Flash CS6的工作区进行了许多改进，图像处理区域更加开阔，文档的切换也变得更加快捷，这些改进提供了更加方便的工作环境。

Flash在每次版本升级时都会对界面进行优化，以提高设计人员的工作效率。Flash CS6的操作界面更具亲和力，使用也更加方便，打开Flash CS6软件后，通过欢迎界面新建或打开Flash文档即可进入Flash CS6的工作界面，如图10-11所示。

图10-11 Flash CS6的操作界面

- **菜单栏**：包括文件、编辑、视图、插入、修改、文本、命令、控制、调试、窗口和帮助菜单命令，单击某个菜单命令即可打开相应的菜单，若菜单选项后面有图标▸，表明其下还有子菜单。
- **面板组**：单击面板组中不同的按钮，可打开相应的调节参数面板，在“窗口”菜单中选择相应的命令，也可打开面板。
- **工具箱**：主要用于放置绘图工具及编辑工具，在默认情况下工具栏呈单列显示，单击工具栏上方的▸▸按钮，可将工具栏折叠为图标，此时▸▸按钮变为方向向左的◂◂按钮，再次单击即可展开工具栏。选择【窗口】/【工具】菜单命令或按【Ctrl+F2】组合键也可打开或关闭工具栏。

知识补充 在“工具箱”中直接单击工具即可选择该工具，若需要隐藏工具，可以在工具组上按住鼠标左键不放，即可打开隐藏的工具列表，然后在列表中单击即可选择工具，并且选择的工具会显示在“工具箱”中方便直接选取。

- **场景**：进行动画编辑的主要工作区，在Flash中绘制图形和创建动画都会在该区域中进行。场景由两部分组成，分别是白色的舞台区域和灰色的场景工作区。在播放动画时，动画中只显示舞台中的对象。
- **时间轴**：主要用于控制动画的播放顺序，其左侧为图层区，该区域用于控制和管理动画中的图层；右侧为帧控制区，由播放指针、帧、时间轴标尺以及时间轴视图等部分组成。
- **“属性”面板**：显示了选定内容的可编辑信息，调节其中的参数，可对参数所对应的属性进行更改。
- **“库”面板**：显示了当前打开文件中存储和组织的媒体元素和元件。

（三）认识时间轴中的图层

在Flash中制作动画经常需要把动画对象放置在不同的图层中以便操作，若把动画对象全部放置在一个图层中，不仅不方便操作，还会显得杂乱无章。

Flash中的图层与Photoshop中的图层一样是透明的，在每个图层上放置单独的动画对象，再将这些图层重叠，即可得到整个动画场景。每个图层都有一个独立的时间轴，在编辑和修改某一图层中的内容时，其他图层不会受到影响。

1. 认识图层区

把动画元素分散到不同的图层中，然后对各个图层中的元素进行编辑和管理，可有效地提高工作效率，Flash CS6中的图层区如图10-12所示。图层区中各功能按钮介绍如下。

- **“显示或隐藏所有图层”按钮**👁：该按钮用于隐藏或显示所有图层，单击👁按钮即可在隐藏和显示状态之间进行切换。单击该按钮下方的•图标可隐藏对应的图层，图层隐藏后该位置的图标变为✕。

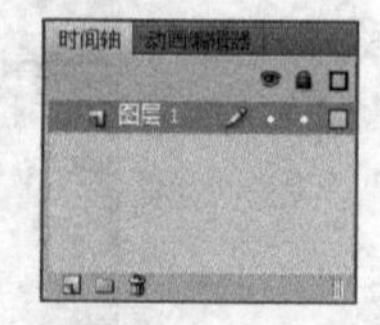

图10-12　图层区

- **"锁定或解除锁定所有图层"按钮**：该按钮用于锁定所有图层，防止用户对图层中的对象进行误操作，再次单击该按钮可解锁图层。单击该按钮下方的·图标可锁定对应的图层，锁定后图标会变为。
- **"将所有图层显示为轮廓"按钮**：单击该按钮可以图层的线框模式显示所有图层中的内容，单击该按钮下方的图标，将以线框模式显示该图标对应图层中的内容。
- **"新建图层"按钮**：单击该按钮可新建一个普通图层。
- **"新建文件夹"按钮**：单击该按钮可新建图层文件夹，常用于管理图层。
- **"删除"按钮**：单击该按钮可删除选择的图层。

2. 图层的类型

在Flash CS6中，根据图层的功能和用途，可将图层分为普通图层、引导层、遮罩层、被遮罩层4种，如图10-13所示，各类型图层介绍如下。

- **普通图层**：普通图层是Flash CS6中最常见的图层，主要用于放置动画中所需的动画元素。
- **引导层**：在引导层中可绘制动画对象的运动路径，然后在引导层与普通图层建立链接关系，使普通图层中的动画对象可沿着路径运动。在导出动画时，引导层中的对象不会显示。

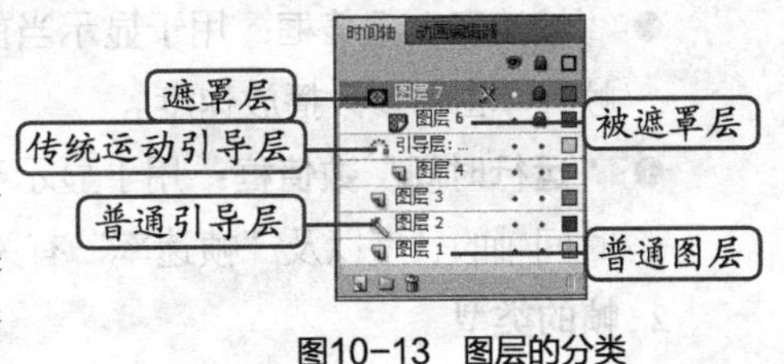

图10-13 图层的分类

- **遮罩层**：遮罩层是Flash中的一种特殊图层，用户可在遮罩层中绘制任意形状的图形或创建动画，实现特定的遮罩效果。
- **被遮罩层**：被遮罩层通常位于遮罩层下方，主要用于放置需要被遮罩层遮罩的图形或动画。

（四）认识时间轴中的帧

帧是组成Flash动画最基本的单位，通过在不同的帧中放置相应的动画元素，并对动画元素进行编辑，然后对帧进行连续的播放，即可实现Flash动画效果。

1. 帧区域

在时间轴的帧区域中，同样包含可对帧进行编辑的按钮，如图10-14所示。帧区域选项和按钮的作用介绍如下。

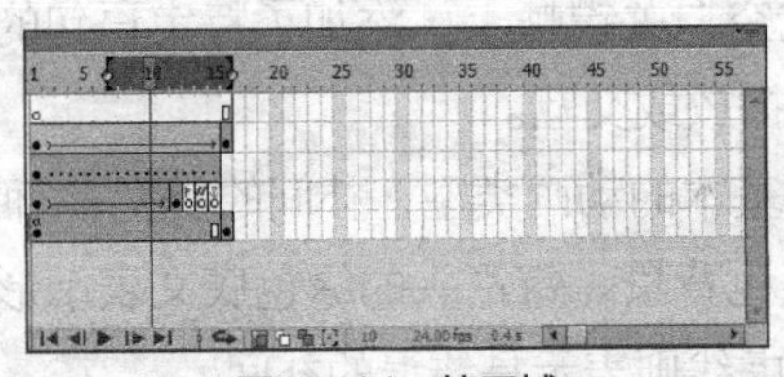

图10-14 帧区域

- **"帧位置"按钮区**：包括多个按钮，分别是将播放标记转到第一帧的"转到第一帧"按钮、用于把播放标记转到上一帧的"后退一帧"按钮、用于在时间轴中预览Flash动画效果的"播放"按钮、用于把播放标记转到下一帧的"前进一帧"

按钮、用于把播放标记转到最后一帧的“转到最后一帧”按钮。

- **“帧居中”按钮**：单击该按钮，可以将播放标记所处的帧置于“时间轴”中心，主要用于在较长的时间轴上快速定位当前帧。
- **“循环”按钮**：单击该按钮，再设置帧标记，可以循环播放所标记的帧。
- **“绘图纸”按钮区**：包括多个按钮，分别是用于同时显示几个帧的“绘图纸外观”按钮、用于同时显示几个帧的轮廓的“绘图纸外轮廓”按钮以及能编辑绘图纸外观所标记的每个帧的“编辑多个帧”按钮。
- **“修改标记”按钮**：用于在刻度上标记帧的范围，范围的大小可以根据动画长度的需要，使用鼠标拖曳进行调整。
- **“当前帧”数值框**：用于显示当前帧的位置，也可以修改该数值，用于快速且准确地定位当前帧的位置。
- **“帧速率”数值框**：用于显示当前Flash的播放速度，“24fps”表示每秒钟播放24个帧，单击可修改播放速度。
- **“运行时间”数值框**：用于显示当前Flash动画可以播放的时间长度，该值的大小和时间轴的长度以及“帧速率”有关。

2. 帧的类型

不同的帧可以存储不同的内容，这些内容虽然都是静止的，但如果将连贯的画面依次放置到帧中，再按照顺序依次播放这些帧，便形成了最基本的Flash动画。但不同的动画类型，可能会使用多种不同的帧。

在同一个“时间轴”面板中可包含多个选项，下面分别进行介绍。

- **帧刻度**：每一个刻度代表一个帧。
- **播放标记**：该标记有一条红色的指示线，主要有两个作用，一是浏览动画，当播放场景中的动画或拖曳该标记时，随着该标记位置的变化，场景中的内容也会随着变化；二是选择指定的帧，场景中显示的内容，为该播放标记停留的位置。
- **帧编号**：用于提示当前是第几帧，每5帧显示一个编号。
- **空白关键帧**：空白关键帧顾名思义就是关键帧中没有任何对象，它主要用于在关键帧与关键帧之间形成间隔。空白关键帧在时间轴中以空心的小圆表示，若在空白关键帧中添加内容，将会变为关键帧，按【F7】键可以创建空白关键帧。
- **动作帧**：在关键帧或空白关键帧上，添加了特定语句的帧，通常这些帧中的语句是用于控制Flash动画的播放或交互。
- **补间**：是Flash中一种基本的动画类型，补间的类型有3种，分为补间、形状补间、传统补间。补间为淡蓝色背景，带箭头的绿色底文表示形状补间，带箭头的蓝色底纹表示传统补间，若为虚线则表示是错误的补间。
- **标签**：选择帧后，在“属性”面板中可为帧设置名称，当设置名称后，就可以对该帧的标签类型进行设置，当帧为状态时，表示标签类型为名称；当帧为状态时，表示标签类型为注释；当帧为状态时，表示标签类型为锚记。

- **普通帧**：普通帧就是不起关键作用的帧，它在时间轴中以灰色方块来表示，起着过滤和延长内容显示的功能，动画中普通帧越多关键帧与关键帧之间的过渡就越缓慢。在制作动画的过程中，按【F5】键即可创建普通帧。
- **关键帧**：所谓关键帧就是指在动画播放过程中，定义了动画关键变化环节的帧。Flash中关键帧以实心的小黑圆点表示，按【F6】键即可在动画文档中添加关键帧。

三、任务实施

（一）新建Flash文件

在制作Flash动画前，还需要先新建动画文档。下面新建一个Flash动画文档，其具体操作如下。（微课：光盘\微课视频\项目十\新建Flash文件.swf）

STEP 1 启动Flash CS6后，在欢迎界面中选择“新建”栏中的一种脚本语言，即可新建基于该脚本语言的动画文档，或选择【文件】/【新建】菜单命令，打开“新建文档”对话框，在该对话框的“常规”选项卡中选择“ActionScript 3.0”选项，在右侧列表中设置舞台的尺寸为“1016像素×72像素”，如图10-15所示。

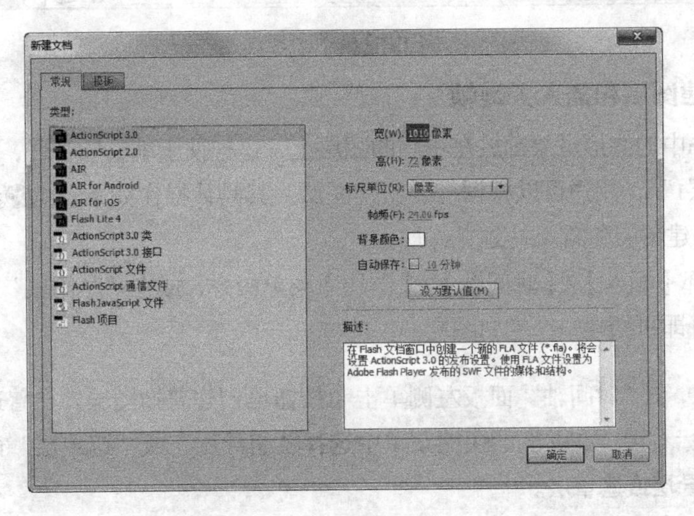

图 10-15 新建文档

STEP 2 单击确定按钮，新建一个动画文档，如图10-16所示。

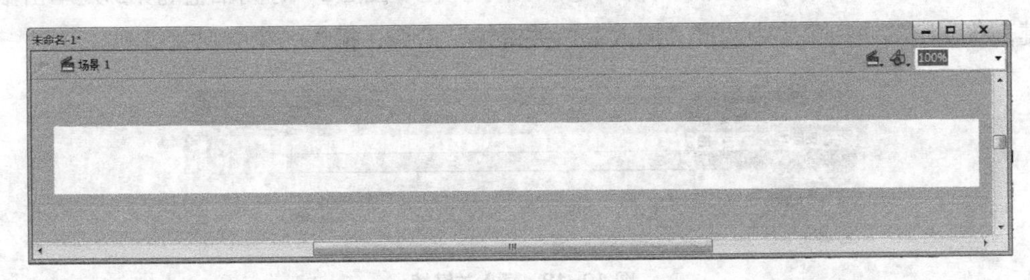

图 10-16 新建的 Flash 文件

（二）导入图像

通常设计者利用Photoshop来处理图片素材，然后通过Flash将其导入动画文件中，从而节省制作的时间，加强动画效果。下面讲解在Flash中导入位图的方法，其具体操作如下。（微课：光盘\微课视频\项目十\导入图像.swf）

STEP 1 选择【文件】/【导入】/【导入到舞台】菜单命令，打开“导入”对话框，打开素材文件夹中的“logo底纹.jpg”图片文件（素材参见：光盘\素材文件\项目十\任务一\logo底纹.jpg），单击打开(O)按钮即可导入到舞台中。

STEP 2 在舞台中选择导入的“logo底纹.jpg”图片，按【Ctrl+K】组合键打开“对齐”面板，在其中单击选中“与舞台对齐”复选框，然后单击“垂直居中分布”按钮和“水平居中分布”按钮，效果如图10-17所示。

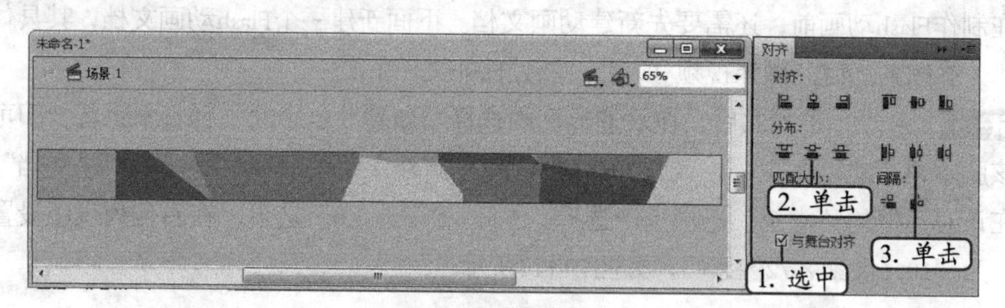

图 10-17　对齐舞台

（三）创建图层和插入关键帧

通常在Flash中的图形对象都放在不同的图层上，这样便于编辑和管理，默认情况下时间轴上只有“图层1”，用户可以根据需要新建图层，其具体操作如下。（微课：光盘\微课视频\项目十\创建图层和插入关键帧.swf）

STEP 1 选择【插入】/【时间轴】/【图层】菜单命令，或在“时间轴”面板上单击“新建图层”按钮即可新建一个空白图层。

操作提示

在“时间轴”面板左侧单击按钮可创建普通图层。在普通图层上单击鼠标右键，在弹出的快捷菜单中选择“引导层”或“遮罩层”命令可以创建引导层或遮罩层。

STEP 2 在时间轴的“图层1”的第50s处单击鼠标右键，在弹出的快捷菜单中选择“插入关键帧”命令，插入一个关键帧，如图10-18所示。在“图层2”时间轴上的第5s处单击鼠标右键，在弹出的快捷菜单中选择“插入空白关键帧”命令，插入一个空白关键帧。

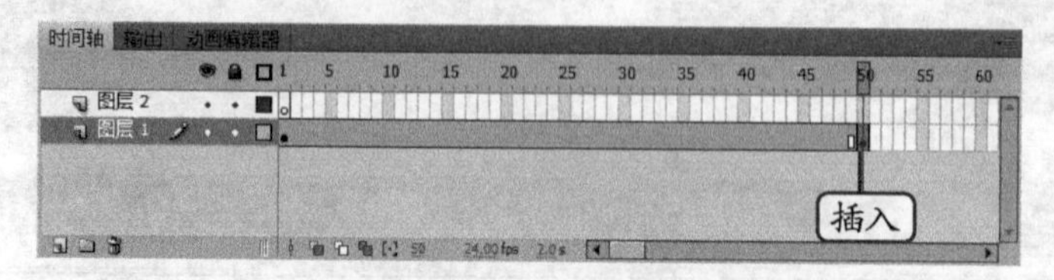

图 10-18　插入关键帧

STEP 3 将“logo.png”图片（素材参见：光盘\素材文件\项目十\任务一\logo.png）导入舞台，将图像移动到舞台外面合适的位置，如图10-19所示。

STEP 4 在时间轴的第15s插入一个关键帧，然后将图像移动到舞台中图像最终显示的位置，效果如图10-20所示。

图 10-19 调整图像位置

图 10-20 调整图像最终显示位置

STEP 5 在时间轴上两个关键帧之间单击鼠标右键，在弹出的快捷菜单中选择“创建传统补间”命令，然后在第50帧处插入一个关键帧，效果如图10-21所示。

STEP 6 新建一个图层，在图层名称上双击，输入“文字”文本，重命名图层名称，在第20帧处插入关键帧，如图10-22所示。

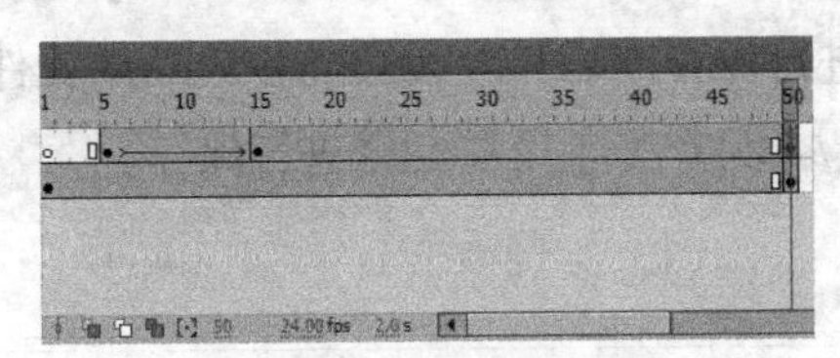

图 10-21 创建补间动画

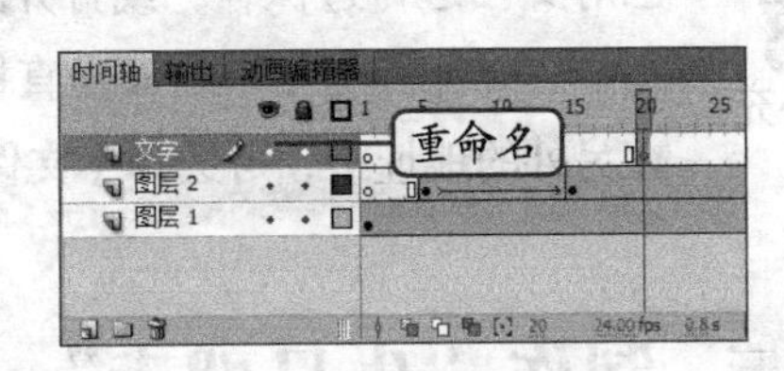

图 10-22 重命名图层名称

STEP 7 将“久酿.png”图片导入舞台（素材参见：光盘\素材文件\项目十\任务一\久酿.png），单击“变形”按钮，打开“变形”对话框，调整图像大小和位置，效果如图10-23所示。

STEP 8 在时间轴的第30s插入一个关键帧，然后将图像移动到舞台中图像最终显示的位置，然后创建传统补间动画。

STEP 9 选择第20帧中的图像，在“属性”面板的“色彩效果”栏中“样式”下拉列表中选择“Alpha”选项，拖曳下方的滑块上设置其值为“20%”，如图10-24所示。

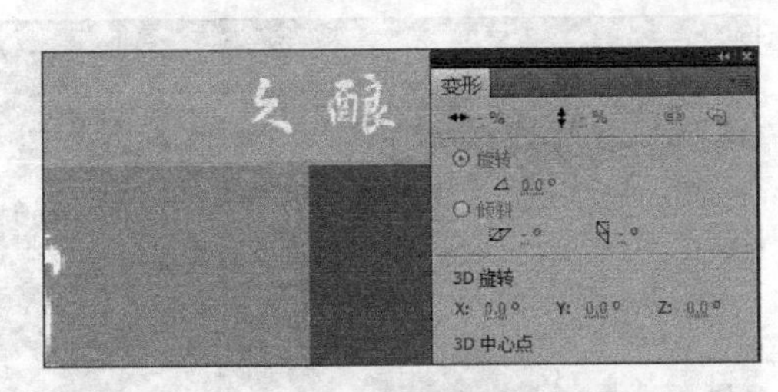

图 10-23 调整图片大小与位置

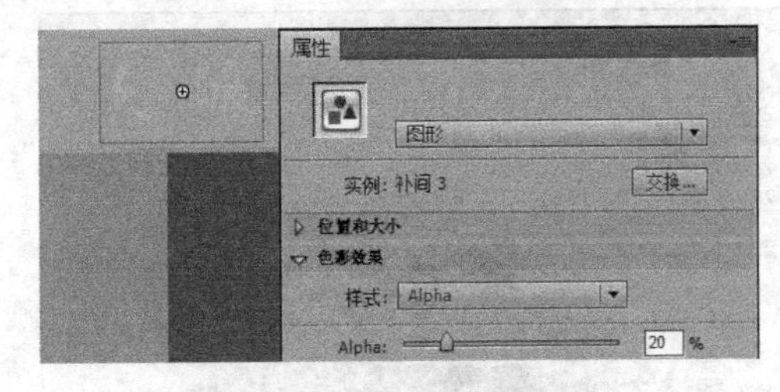

图 10-24 调整图像透明度

STEP 10 选择第20帧中的图像，设置透明度为“60%”，然后在第50帧处插入关键帧，选择其中的图像，设置透明度为“100%”，调整图像大小，然后创建传统补间。

（四）保存Flash文件

动画效果制作完成后，需要将其进行保存，以便下次修改或使用，其具体操作如下。

（微课：光盘\微课视频\项目十\保存Flash文件.swf）

STEP 1 选择【文件】/【保存】菜单命令，打开“另存为”对话框。

STEP 2 在“保存在”下拉列表中选择文件保存的地址，在“文件名”文本框中输入“久酿logo动画”文本，在“保存类型”下拉列表中保持默认设置，如图10-25所示，单击 保存(S) 按钮即可保存文档（最终效果参见：光盘\效果文件\项目十\任务一\久酿logo动画.fla）。

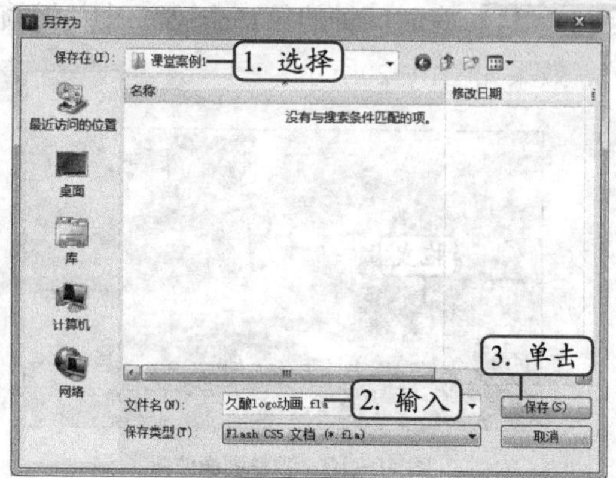

图 10-25 保存文件

按【Ctrl+S】组合键也可打开“另存为”对话框进行保存操作。若之前已对文档进行过保存，或打开的文件有一个源地址，按【Ctrl+S】组合键则不会打开保存对话框，而是直接进行保存。若用户需要将更改后的文件保存在另外的地址中，可选择【文件】/【另存为】菜单命令进行保存。

任务二 制作“生日贺卡”

电子贺卡或卡片是网页中常用的动画，如企业网站中会使用到的产品展示卡片，门户网站中的广告也有卡片式的动画，某些个性网站中也会涉及各种贺卡的制作。

一、任务目标

本任务将制作一个个性网站中的生日贺卡，首先需要新建动画，然后导入素材、绘制图形，并将素材和图形分别制作为不同的元件，最后输入文字，制作一个效果完整的生日贺卡。本任务制作完成后的最终效果如图10-26所示。

图10-26 生日贺卡动画效果

二、相关知识

在制作复杂的动画时，难免会用到重复的图形对象。虽然复制帧可以重复使用对象，但在实际操作中最简单的方法是创建元件。元件在动画的制作过程中可以重复使用，并且通过元件的使用，可以让动画在修改、管理时更加便利。此外，元件均被集中放置在“库”面板中方便进行管理。

（一）Flash常用的图片格式

在Flash中用户可以导入矢量图形、位图和图像序列等，Flash常用的图片格式有以下几种。

- **JPG格式图片**：JPG格式的图片在保存时经过压缩可使图像文件变小。
- **GIF格式图片**：GIF图片常称为GIF动画，它是由一帧帧图片拼叠在一起的。
- **PNG格式图片**：PNG是一种流式网络图形格式，是位图文件存储格式。其特点是压缩比高，生成文件容量小。
- **PSD格式图片**：PSD格式可以存储Photoshop中所有的图层、通道、参考线、注解和颜色模式等信息。PSD格式在保存时会将文件压缩，以减少占用磁盘空间。
- **AI格式图片**：AI格式图片也是一种分层文件，用户可以对图片内所存在的图层进行操作，AI格式图片是基于矢量输出，可在任何尺寸大小下按最高分辨率输出。

（二）认识元件

元件是指在 Flash 创作环境中创建的图形、按钮或影片剪辑。元件可以在整个文档或其他文档中重复使用，也可以包含从其他应用程序中导入的图像。创建的元件都会自动保存到当前文档的库中。在创作或运行时，可以将元件作为共享库资源在文档之间共享。若需运行时共享资源，可以把源文档中的资源链接到任意数量的目标文档中，而无须将这些资源导入目标文档。对于创作时共享的资源，可在本地网络上将其他元件更新或替换。

元件可以分为图形元件、按钮元件和影片剪辑元件3种类型。不同的元件所能使用的范围以及作用都有所不同，下面分别进行介绍。

1. 图形元件

图形元件用于创建可反复使用的图形，如在制作星空场景时需要许多大小不一的星星，就可以创建一个星星图形元件。之后任何时候需要使用这个星星图形元件时，只需要调用星星图形元件，并根据实例的大小调整各个图形元件即可。

图形元件作为一个整体是静止不动的，但在同一图形元件中可以按照不同的帧放置不同的图片，并利用AS动态调用这些图片，即图形元件内部可以是动态的。

2. 影片剪辑元件

影片剪辑元件是使用最多的元件类型。使用影片剪辑元件可以实现像图形元件一样静止不动的效果（只在第一帧中放置图形，在其他帧不放置任何对象，如果在其他帧还放置有对象，则影片剪辑元件实例将具有动画效果，会自动播放其后的帧中的画面），或者是一小段动画效果，如闪烁的星星效果等。

3. 按钮元件

按钮元件主要用于实现与用户的交互，如单击“播放”按钮，实现播放影片的功能；或单击“停止”按钮，停止影片的播放等。按钮元件实例可以响应鼠标事件，按钮元件包括“弹起”“指针经过”“按下”“点击”4种状态，其对应鼠标的4种状态。通常情况下，可以在不同的帧中改变按钮的颜色、样式及文本的颜色等属性，来实现在不同的状态下按钮显示的不同效果。另外，也可以在不同的状态中添加影片剪辑元件，实现更酷的动画效果，如在“指针经过”帧中添加一个爆炸烟花效果的影片剪辑元件，只要将鼠标指针移动到该按钮元件实例上时，将会播放爆炸烟花效果。

（三）认识“库”面板

“库”面板可以看作是一个影片的仓库，所有元件都会被自动载入到当前文档的“库”面板中，方便以后制作动画时灵活调用。“库”面板还可以自动收集位图、声音以及各种组件，可以通过文件夹来管理这些对象。

新建的Flash文档的“库”面板是空的，在菜单栏中选择【窗口】/【库】菜单命令或按【Ctrl+L】组合键，可以打开如图10-27所示的“库”面板，各部分作用如下。

- **文档列表**：用于显示当前库所属的文档。单击该下拉列表，可在打开的选项中选择已在Flash中打开的文档。
- **项目预览区**：当在面板中选择项目后，在预览区中即会显示该项目的预览图。若选择的项目是影片剪辑和声音时，在预览区右上角将会出现▶按钮，单击该按钮可进行播放。
- **统计与搜索**：该区域左边用于显示库中包含了多少个项目。若库中的项目太多时，可在右边的搜索栏中输入关键词，帮助查找项目。

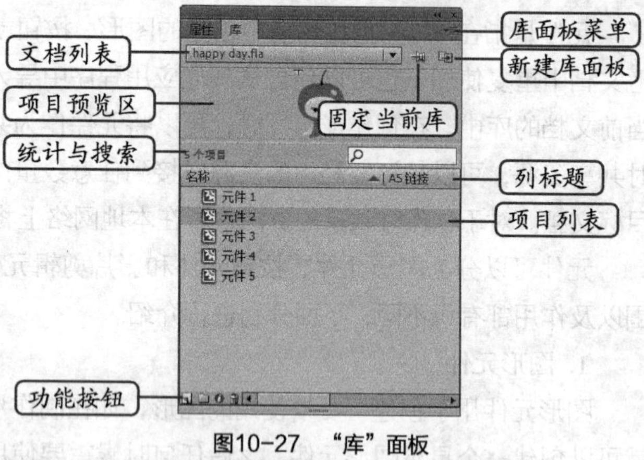

图10-27 “库”面板

- **功能按钮**：用于存放和库面板相关的常见操作。从左到右依次为“新建元件”按钮，用于创建新元件；“新建文件夹”按钮，单击该按钮可新建一个文件夹，将相同属性的项目放在同一个文件夹中更容易管理；“属性”按钮，选择一个元件后，单击该按钮，在打开的对话框中可完成修改属性的相关操作；“删除”按钮，单击该按钮可删除选选择的项目。
- **固定当前库**：单击“固定当前库”按钮后，即使切换了文档，库面板中的项目也不会因为文档改变而改变。
- **库面板菜单**：单击“库面板菜单”按钮，在打开的下拉列表中基本包含了所有和库相关的操作，如新建、删除和编辑属性等操作。

- **新建库面板**：当库中项目太多时，为了方便文件的调用，可以单击“新建库面板”按钮。单击后可同时打开多个面板，显示库中内容。
- **列标题**：在其中显示了“名称”“AS链接”“使用次数”“修改日期”“类型”等和项目相关的信息。默认情况下只显示“名称”和“AS链接”，若想查看其他信息，只需滚动“库”面板下方的水平滑块进行查看。
- **项目列表**：用于显示该文档中包含的所有元素，包含插图、元件和音频等。

三、任务实施

（一）创建元件

元件是由多个独立的元素和动画合并而成的整体，每个元件都有一个唯一的时间轴和舞台，以及几个图层。在文档中使用元件可以显著减小文件的大小，且使用元件还可以加快.swf文件的播放速度。下面创建影片剪辑原件，其具体操作如下。（微课：光盘\微课视频\项目十\创建元件.swf）

STEP 1 新建Flash文档，在场景的空白处单击。再在“属性”面板中设置“宽、高、颜色”为“1200像素、815像素、鹅黄色（#FFFFCC）”。

STEP 2 选择【文件】/【导入】/【导入到库中】菜单命令，在打开的对话框中，将“生日贺卡”文件夹（素材参见：光盘\素材文件\项目十\任务二\生日贺卡\）中所有的图片导入到“库”中，如图10-28所示。

STEP 3 在“库”面板中，将“背景”图像拖曳到舞台中。选择【编辑】/【转换为元件】菜单命令，打开“转换为元件”对话框，在其中设置名称和类型，如图10-29所示，单击确定按钮。

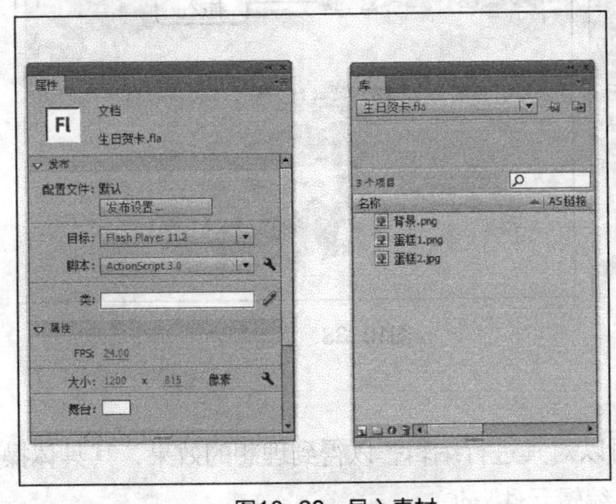

图10-28 导入素材

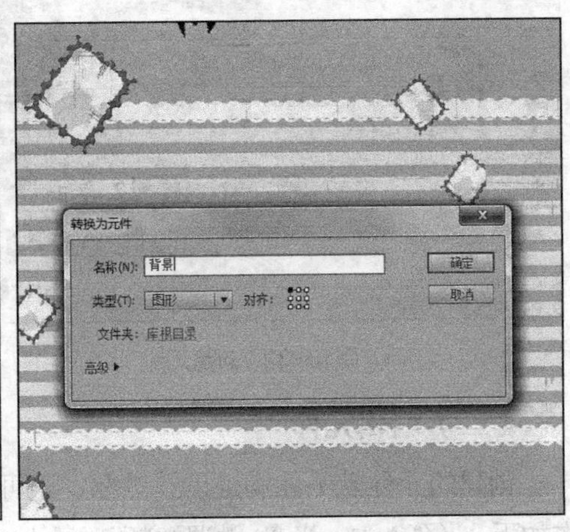

图10-29 转换为元件

STEP 4 选择第24帧，按两次【F6】键，在第24帧、第25帧插入关键帧。选择第25帧中的“背景”元件。在“属性”面板中展开“色彩效果”栏，设置“样式、Alpha”为“Alpha、80%”，如图10-30所示。

STEP 5 使用相同的方法，在第30帧、第35帧、第40帧处插入关键帧，并分别设置它们的“Alpha”为“60%、40%、20%”。在“时间轴”面板上单击“新建图层”按钮，新建“图层2”。选择第6帧并插入空白关键帧，如图10-31所示。

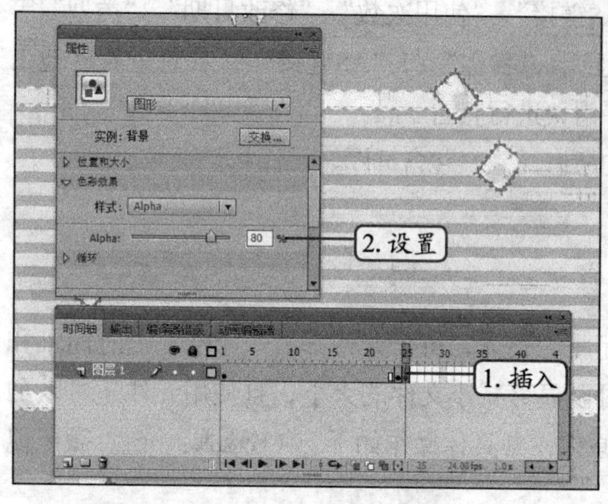

图10-30 设置元件透明度

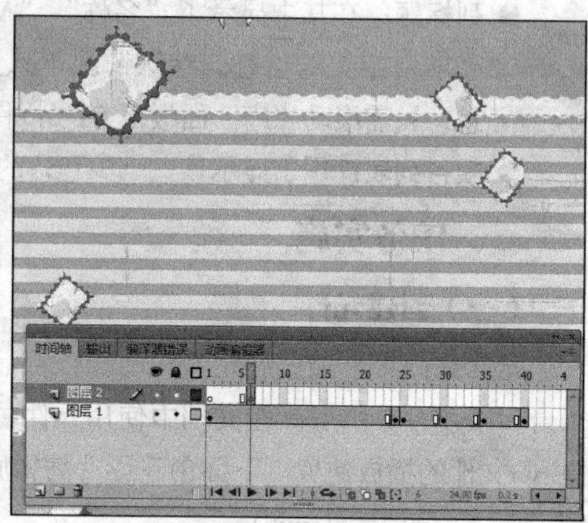

图10-31 新建图层

STEP 6 选择【插入】/【新建元件】菜单命令，打开“创建新元件”对话框，在其中设置“名称、类型”为“蛋糕1、影片剪辑”，单击 确定 按钮，如图10-32所示。

STEP 7 从“库”面板中，将“蛋糕1”图像移动到舞台中，并使用任意变形工具将其缩小。选择第7帧，按两次【F6】键，插入两个关键帧，如图10-33所示。

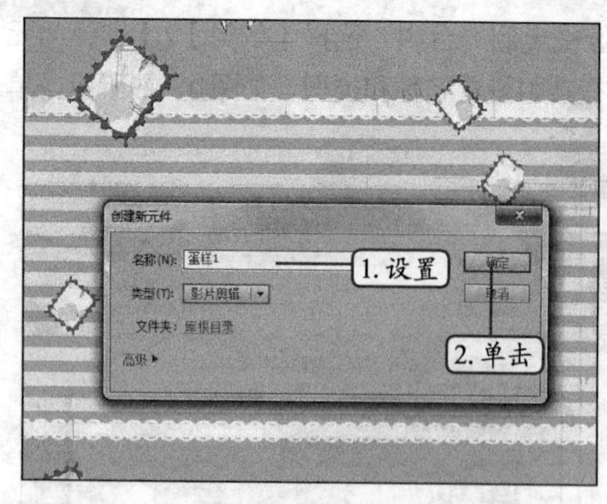

图10-32 新建元件

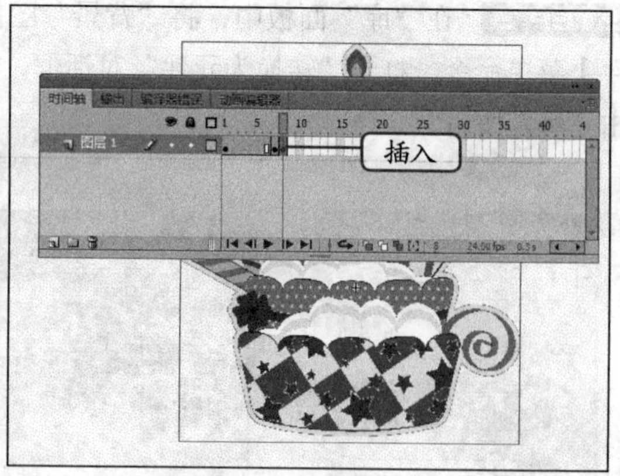

图10-33 添加素材

（二）编辑元件

创建的元件若不能满足设计需要，还可以对其进行编辑，以得到理想的效果，其具体操作如下。（微课：光盘\微课视频\项目十\编辑元件.swf）

STEP 1 选择第8帧上的图像，按【Ctrl+T】组合键打开“变形”面板，单击“约束”按钮，将对象的缩放宽度、缩放高度比例断开，设置“缩放宽度”为“17.0”，如图10-34所示。

STEP 2 选择第11帧，插入关键帧。在“变形”面板中设置“缩放宽度”为“10.0”。使用相同的方法，在第14帧、第17帧插入关键帧，分别设置它们的缩放宽度为“10.0、20.0”，如图10-35所示。

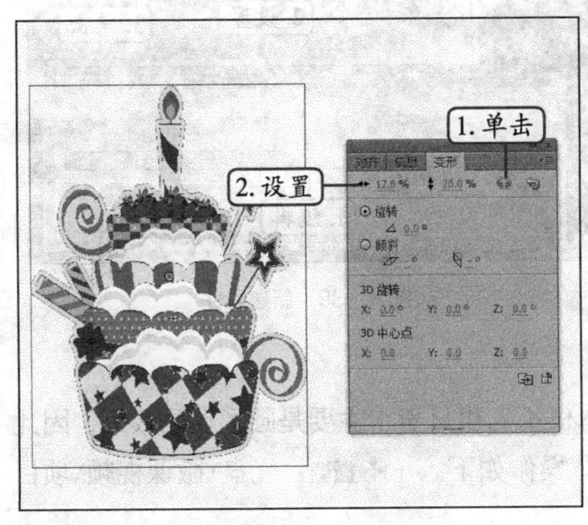

图10-34　缩放图形

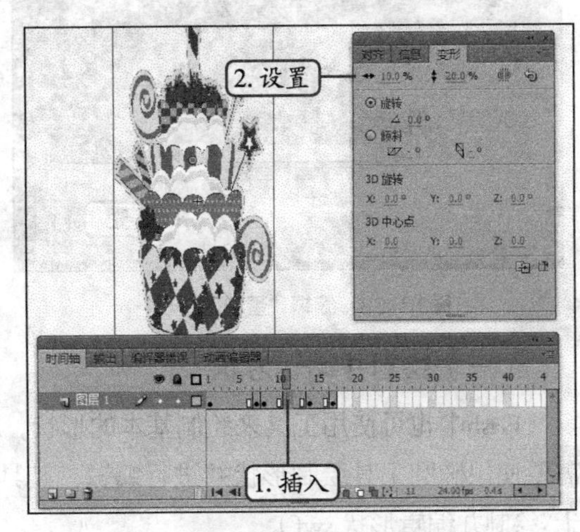

图10-35　继续编辑元件

STEP 3 返回主场景，从“库”面板中将“蛋糕1”元件移动到“图层2”的第6帧。选择第30帧，在第30帧插入关键帧，如图10-36所示。

STEP 4 单击“新建图层”按钮，新建“图层3”。选择第35帧，在第35帧插入关键帧。在“库”面板中，将“蛋糕2”图像移动到场景中。

STEP 5 选择“蛋糕2”图像，按【F8】键打开“转换为元件”对话框，设置“名称、类型”为“蛋糕2、图形”，如图10-37所示，单击 确定 按钮。

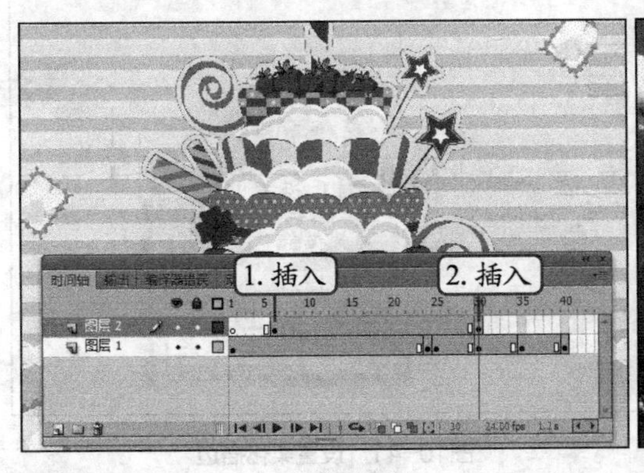

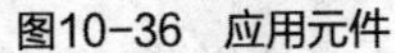

图10-36　应用元件

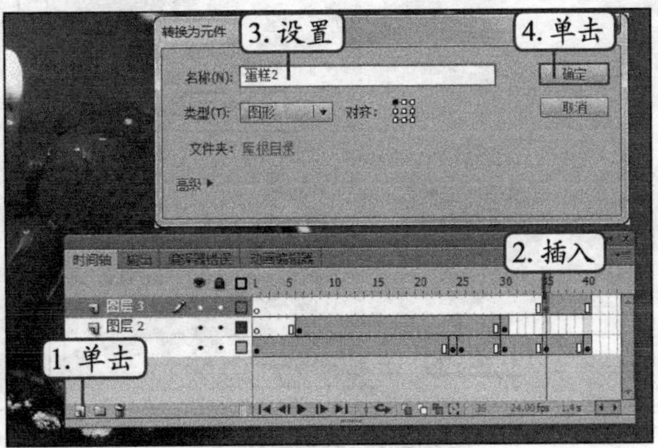

图10-37　新建图层

STEP 6 选择“蛋糕2”元件，在“属性”面板中设置“Alpha”为“20%”。在第40帧、第45帧、第50帧和第55帧插入关键帧，并设置其中的“Alpha”分别为“40%、60%、80%、100%”，如图10-38所示。

STEP 7 在“图层3”的第90帧插入关键帧。新建“图层4”，在第55帧插入关键帧。选择【插入】/【新建元件】菜单命令，打开“创建新元件”对话框，设置“名称、类型”为“烛光、影片剪辑”，如图10-39所示，单击 确定 按钮。

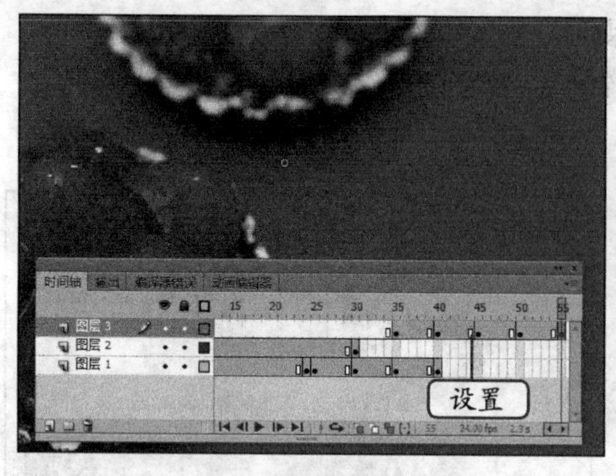

图10-38 编辑"蛋糕2"元件

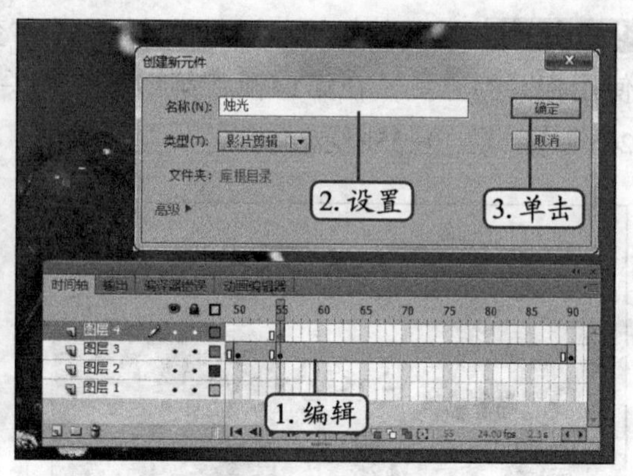

图10-39 新建元件

（三）绘制并编辑形状

Flash中也可使用工具来绘制基本的形状，本任务的生日贺卡主要是圆形动画效果，因此需要使用椭圆工具绘制形状并进行编辑，其具体操作如下。（微课：光盘\微课视频\项目十\绘制并编辑形状.swf）

STEP 1 选择椭圆工具，在"属性"面板中设置"描边颜色、填充颜色"为"#FF9900、#FF9900"，并设置它们的"Alpha"为"60%"，使用鼠标在图像上绘制一个正圆，如图10-40所示。

STEP 2 选择绘制的形状，再选择【修改】/【形状】/【柔化填充边缘】菜单命令，打开"柔化填充边缘"对话框，在其中设置"距离、步长数"为"40像素、10"，如图10-41所示，单击 确定 按钮。

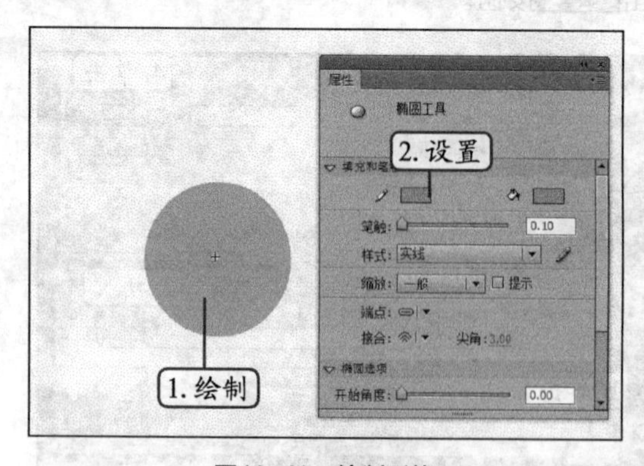

图10-40 绘制形状

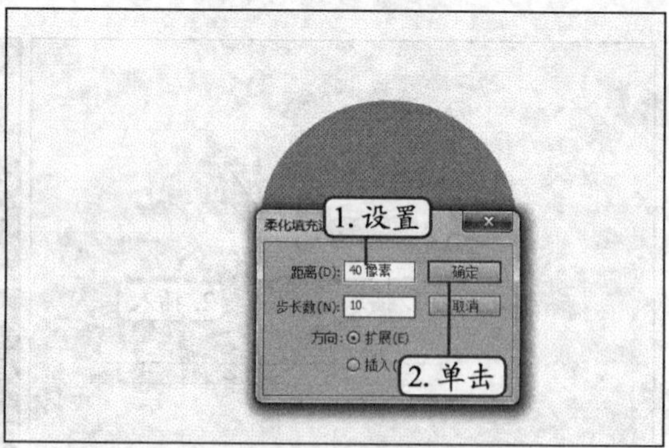

图10-41 设置柔化描边

STEP 3 在第7帧插入关键帧，使用任意变形工具将图形缩小。选择第1~15帧，单击鼠标右键，在弹出的快捷菜单中选择"创建补间形状"命令，如图10-42所示。

STEP 4 选择第1帧，在其上单击鼠标右键，在弹出的快捷菜单中选择"复制帧"命令。选择第30帧，在其上单击鼠标右键，在弹出的快捷菜单中选择"粘贴帧"命令，返回场景1，如图10-43所示。

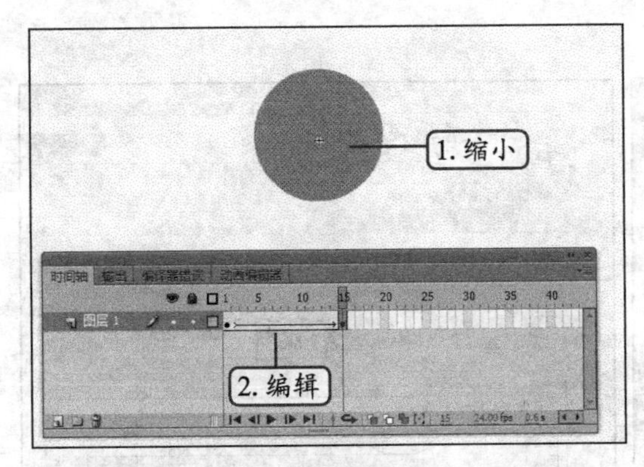

图10-42 编辑元件

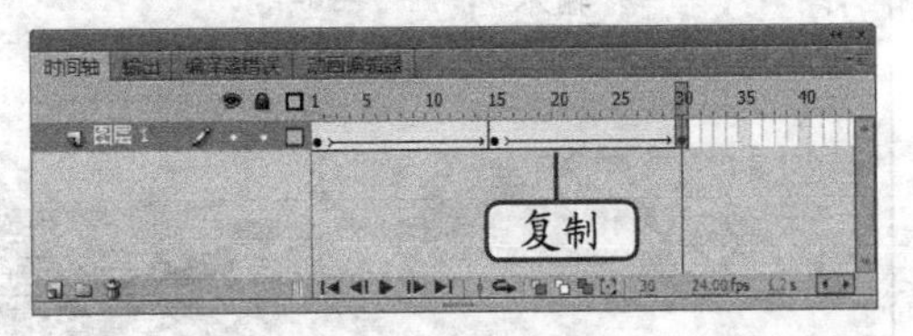

图10-43 复制帧

STEP 5 选择“图层4”的第55帧，从“库”面板中将“烛光”元件拖动到烛火上，选择第90帧，按【F6】键插入关键帧，如图10-44所示。

STEP 6 新建图层，选择该图层上除第6帧外的所有帧。单击鼠标右键，在弹出的快捷菜单中选择“删除帧”命令。在第6帧处插入关键帧，如图10-45所示。

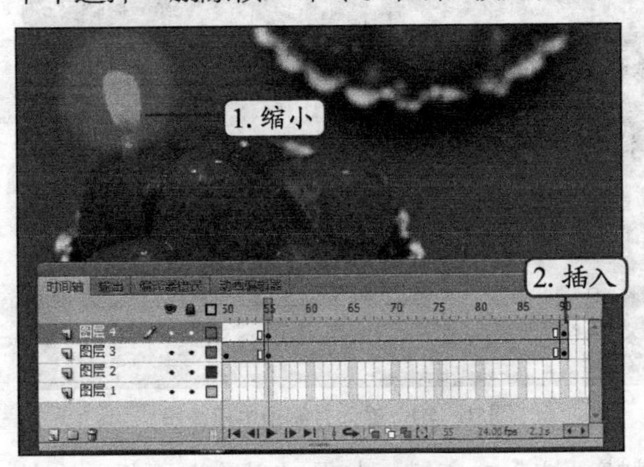

图10-44 应用烛光元件

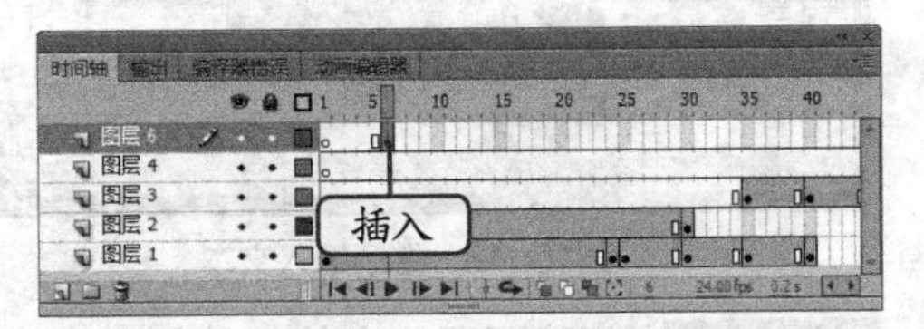

图10-45 插入关键帧

STEP 7 选择文字工具，在“属性”面板中设置“系列、大小、颜色”为“汉仪娃娃篆简、40点、黑色（#333333）”。使用鼠标在场景左上角输入文本，并使用任意变形工具将其旋转为合适角度，如图10-46所示。

STEP 8 选择输入的文本，在“属性”面板中设置“Alpha”为“20%”。在第10帧、第15帧、第20帧插入关键帧，分别设置其“Alpha”为“40%、60%、80%”。最后在第34帧插入关键帧，如图10-47所示。

STEP 9 在第35帧插入空白关键帧，使用“文本工具”T输入文本并设置文本颜色为“白色（#FFFFFF）”。在“属性”面板中设置“Alpha”为“20%”。使用之前的方法在第40帧、第45帧、第50帧、第55帧，分别设置“Alpha”为“40%、60%、80%、100%”。在第60帧插入关键帧，如图10-48所示。

STEP 10 在第65帧插入空白关键帧，使用文本工具输入文本并设置文本大小为“78点”。在“属性”面板中设置“Alpha”为“20%”。使用之前的方法在第70帧、第75帧、第80帧和第85帧处插入关键帧，分别设置“Alpha”为“40%、60%、80%、100%”。在第90帧插入关键帧，如图10-49所示。

图10-46　输入文字

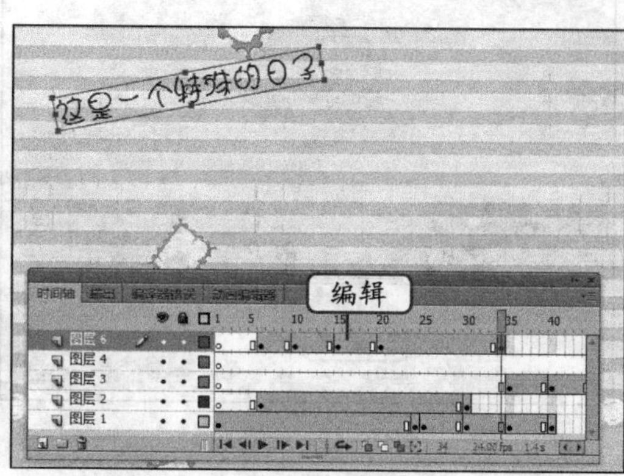

图10-47　设置文本透明度

图10-48　继续输入文本

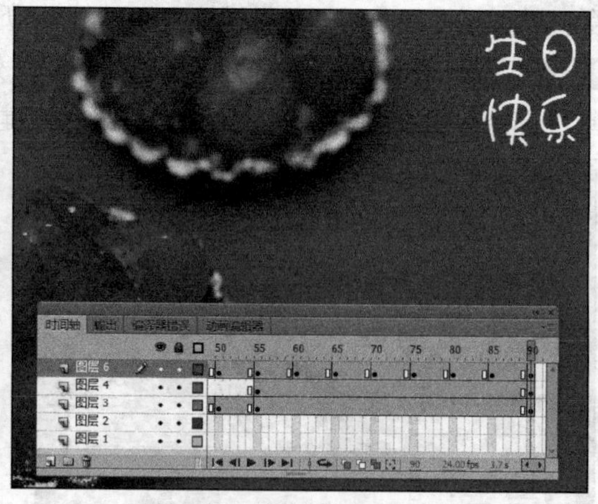

图10-49　输入并编辑生日快乐

STEP 11 新建图层，在第90帧插入空白关键帧。按【F9】键，打开“动作”面板，在其中输入“Stop();”，如图10-50所示，完成后将其保存为“生日贺卡.fla”文件。

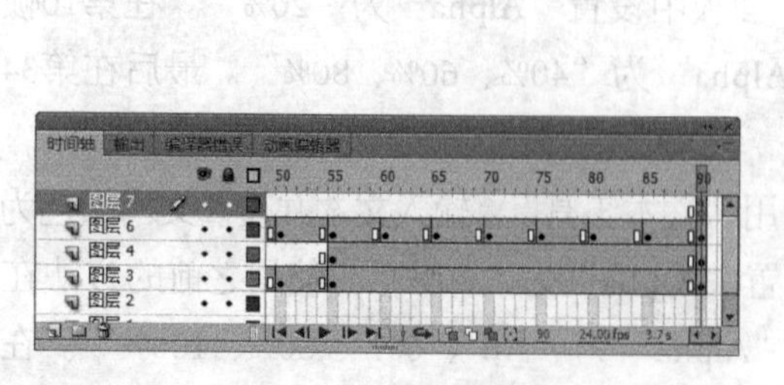

图10-50　输入Action Script语句

（四）测试动画

制作完动画后，为了有效地减少播放动画时出错的几率，应先对动画进行测试，从而确保动画的播放质量，检测动画是否达到预期的效果，以方便及时对出现的错误进行修改。下

面对前面制作的动画进行播放测试，其具体操作如下。（微课：光盘\微课视频\项目十\测试动画.swf）

STEP 1 选择【控制】/【测试影片】/【测试】菜单命令，或按【Ctrl+Enter】组合键对文档进行测试。

STEP 2 在打开的文件测试窗口中，选择【视图】/【下载设置】菜单命令，在打开的子菜单中可选择宽带的类型，这里保持默认的“56k”选项。

STEP 3 选择【视图】/【带宽设置】菜单命令，在测试窗口中将显示动画的带宽属性，如图10-51所示。

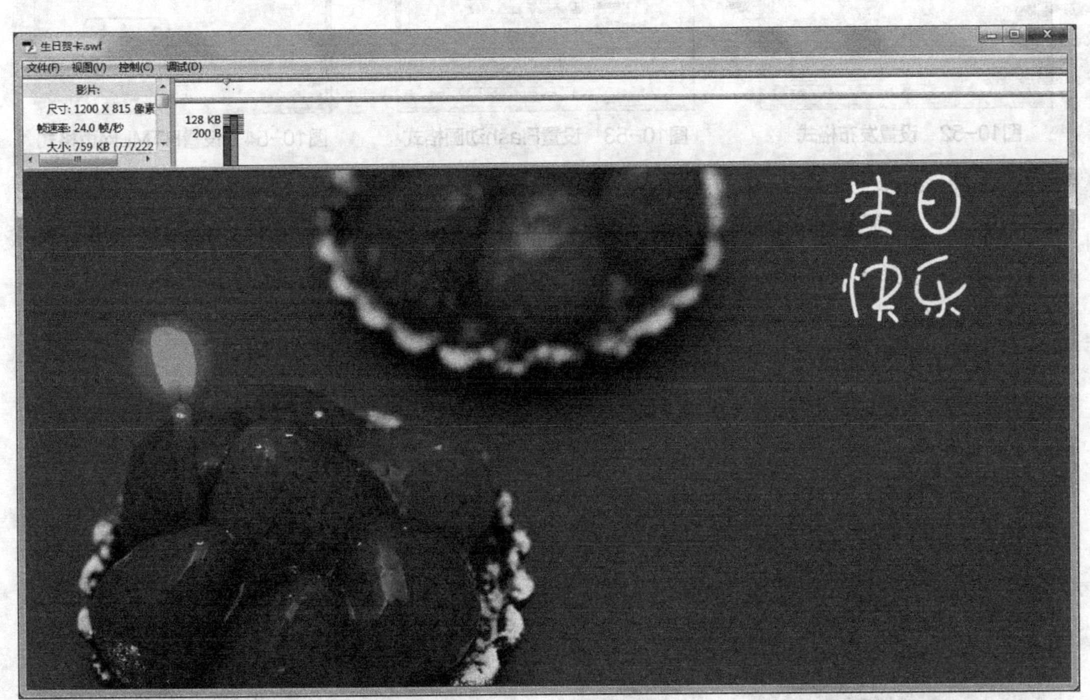

图10-51 测试动画

（五）发布动画

在对动画进行相关的测试之后，即可设置动画发布的参数并发布动画，其具体操作如下。（微课：光盘\微课视频\项目十\发布动画.swf）

STEP 1 选择【文件】/【发布设置】菜单命令，打开“发布设置”对话框，在“格式”选项卡中对动画发布的格式进行设置，这里保持默认，如图10-52所示。

STEP 2 单击“Flash”选项卡，在该选项卡中对发布的Flash动画格式参数进行设置，如图10-53所示，这里保持默认。

STEP 3 单击“HTML”选项卡，在该选项卡中将“品质”设置为“最佳”，设置完成后单击确定按钮确认设置的参数，如图10-54所示。

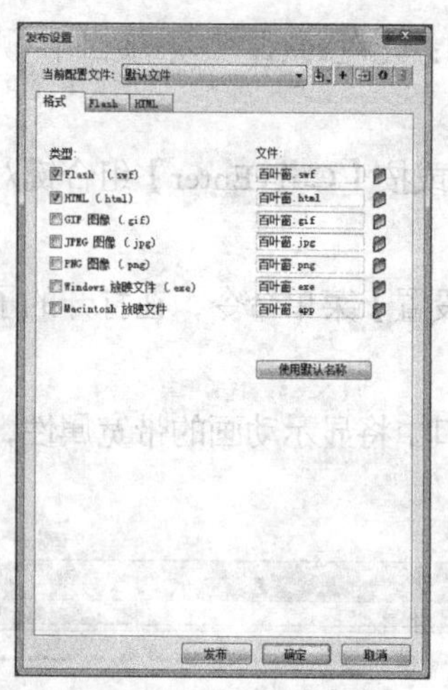

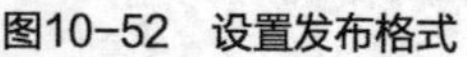

图10-52 设置发布格式

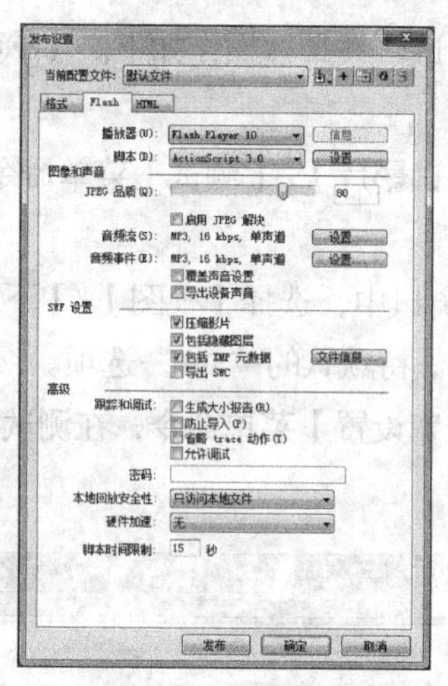

图10-53 设置Flash动画格式

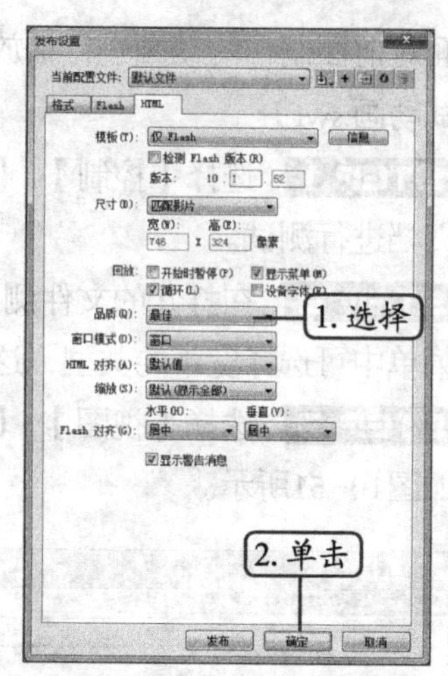

图10-54 设置HTML网页格式

STEP 4 选择【文件】/【发布预览】/【Flash】菜单命令，Flash CS6将自动打开相应的动画预览窗口，在预览窗口中即可预览设置发布参数后动画发布的实际效果，如图10-55所示。

STEP 5 选择【文件】/【发布】菜单命令，或在预览发布效果后按【Alt+Shift+F12】组合键即可快速发布动画文档，发布后将在文档所在位置自动生成一个HTML网页文件。双击该文件即可在打开的浏览器中观看发布的动画效果，如图10-56所示。

STEP 6 完成后在Flash CS6中按【Ctrl+S】组合键保存即可。（最终效果参见：光盘\效果文件\项目十\任务二\生日贺卡.fla、生日贺卡.swf、生日贺卡.html）。

图10-55 预览发布效果

图10-56 在浏览器中查看动画发布效果

任务三 制作导航动画

Flash动画可观性很强且文件短小精练，非常便于在网络中传播。在网络科技越来越发达的今天，很多网站为了吸引浏览者的目光，都在自己的页面中添加了Flash动画，甚至整个网站都采用Flash动画制作而成。

一、 任务目标

本任务将制作一个名为“汽车网站”的Flash导航动画，让用户了解网站动画的制作方法。

本任务制作完成后的最终效果如图10-57所示。

图10-57 汽车网站导航动画的最终效果

职业素养

Flash导航动画一般分为视频导航动画以及图像导航动画两种。其中视频导航动画是在加载网站的其他信息前将加载一段影片视频，这种方法可以带出一些有突破性的信息，更加有冲击力，但这种方法由于文件较大不利于导航动画的加载；图像导航动画是最常使用的一种导航动画制作方式，这种动画是通过导入矢量图像和位图图像来进行制作。和视频导航动画相比，它拥有更小的体积，更加便于网络传递和下载。

二、相关知识

ActionScript 3.0是一种面向对象的编程语言，符合ECMA-262脚本语言规范，是在Flash影片中实现交互功能的重要组成部分，也是Flash优越于其他动画制作软件的主要因素之一。随着功能的增加，ActionScript 3.0的编辑功能更加强大，编辑出的脚本更加稳定和完善，同时还引入了一些新的语言元素，可以以更加标准的方式实施面向对象的编程，这些语言元素使核心动作脚本语言能力得到了显著增强。本例涉及添加ActionScript 3.0以及ActionScript 3.0相关语法等知识，下面先对这些相关知识进行介绍。

（一）变量

变量在ActionScript 3.0中主要用来存储数值、字符串、对象、逻辑值、动画片段等信息。在 ActionScript 3.0 中，一个变量实际上包含变量的名称、可以存储在变量中的数据类型和存储在计算机内存中的实际值3个不同部分。

在ActionScript 3.0中，若要创建一个变量（称为声明变量），应使用var语句，如var value1:Number;或var value1:Numbe=4r;。

在将一个影片剪辑元件、按钮元件、文本字段放置在舞台上时，可以在属性检查器中为它指定一个实例名称，Flash将自动在后台创建与实例同名的变量。

变量名可以为单个字母，也可以是一个单词或几个单词构成的字符串，在ActionScript 3.0中变量的命名规则主要包括以下几点。

- **包含字符**：变量名中不能有空格和特殊符号，但可以使用英文和数字。
- **唯一性**：在一个动画中变量名必须是唯一的，即不能在同一范围内为两个变量指定同一变量名。
- **非关键字**：变量名不能是关键字、ActionScript文本、ActionScript的元素，如true、false、null、undefined等。
- **大小写区分**：变量名区分大小写，当变量名中出现一个新单词时，新单词的第一个字母要大写。

（二）数据类型

在ActionScript 3.0中可将变量的数据类型分为简单和复杂两种。“简单”数据类型表示单条信息，如单个数字或单个文本序列。常用的“简单”数据类型如下。

- **String**：一个文本值，如一个名称或书中某一章的文字。
- **Numeric**：对于Numeric型数据，ActionScript 3.0包含3种特定的数据类型，Number表示任何数值，包括有小数部分或没有小数部分的值；Int表示一个整数（不带小数部分）；Uint表示一个“无符号”整数，即不能为负数。
- **Boolean**：一个true或false值，如开关是否开启或两个值是否相等。

ActionScript 3.0中定义的大部分数据类型都可以被描述为“复杂”数据类型，因为它们表示组合在一起的一组值。大部分内置数据类型以及程序员定义的数据类型都是复杂数据类型，下面列出一些复杂数据类型。

- **MovieClip**：影片剪辑元件。
- **TextField**：动态文本字段或输入文本字段。
- **SimpleButton**：按钮元件。
- **Date**：有关时间的某个片刻的信息（日期和时间）。

（三）ActionScript语句的基本语法

使用ActionScript语句，还需要先了解一些ActionScript的基本语法规则，下面对这些基本的语法规则进行介绍。

- **区分大小写**：这是用于命名变量的基本语法，在ActionScript 3.0中，不仅变量遵循该规则，各种关键字也需要区分大小写，若大小写不同，则被认为是不同的关键字，若输入不正确，则会无法被识别。
- **点语法**：点“.”用于指定对象的相关属性和方法，并标识指向的动画对象、变量、函数的目标路径，如“square.x=100;”是将实例名称为square的实例移动到x坐标为100像素处；“square.rotation=triangle.rotation;”则是使用rotation属性旋转名为square

的影片剪辑以便与名为triangle的影片剪辑的旋转相匹配。

- **分号**：分号“;”一般用于终止语句，如果在编写程序时省略了分号，则编译器将假设每一行代码代表一条语句。
- **括号**：括号分为大括号{}和小括号()两种，其中大括号用于将代码分成不同的块或定义函数；而小括号通常用于放置使用动作时的参数、定义一个函数，以及对函数进行调用等，也可用于改变ActionScript语句的优先级。
- **注释**：在ActionScript语句的编辑过程中，为了便于语句的阅读和理解，可为相应的语句添加注释，注释不会被执行，通常包括单行注释和多行注释两种。单行注释以两个正斜杠字符“//”开头并持续到该行的末尾；多行注释以一个正斜杠和一个星号“/*”开头，以一个星号和一个正斜杠“*/”结尾。
- **关键字**：在ActionScript 3.0中，具有特殊含义且供ActionScript语言调用的特定单词，被称为关键字。除了用户自定义的关键字外，在ActionScript 3.0中还有保留的关键字，主要包括词汇关键字、句法关键字、供将来使用的保留字3种。用户在定义变量、函数以及标签等名字时，不能使用ActionScript 3.0这些保留的关键字。

三、任务实施

（一）制作汽车动画部分

汽车动画部分是该动画中的主要部分，它集中了该动画中的大部分动态效果，其具体操作如下。（微课：光盘\微课视频\项目十\制作汽车动画部分.swf）

STEP 1 新建一个大小为“700×500”像素的空白文档。选择【文件】/【导入】/【导入到舞台】菜单命令，在打开的对话框中将“汽车动画”文件夹（素材参见：光盘\素材文件\项目十\任务三\汽车动画）中所有的图片导入到“库”面板中。

STEP 2 用工具箱中的绘图工具在舞台中绘制动画的背景图形，如图10-58所示。选择舞台，在“属性”面板中设置“舞台”为“黄色（#FFCC33）”。

STEP 3 分别为绘制的图形填充颜色，为左边图形填充“玫瑰红 (#E11A8C) ”，为中间位置的图形填充“蓝色”（#0BAAD9），为右边图形填充“绿色（#98EC66）”，并将图形的边框线删除，移动图形到舞台的上方，如图10-59所示。

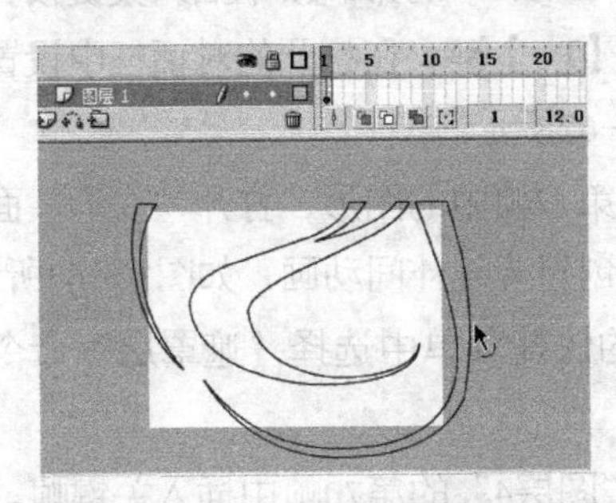

图10-58 绘制背景图形

图10-59 填充背景色和图形颜色

STEP 4 选择【插入】/【新建元件】菜单命令，打开“创建新元件”对话框，在其中设置“名称、类型”为“汽车、影片剪辑”，进入元件编辑窗口。

STEP 5 打开“库”面板，将“汽车.png”图片拖入到舞台中，在“属性”面板中设置“宽”为“700”，并使用“对齐”面板将其居中对齐。

STEP 6 选择“汽车.png”图像，按【F8】键打开“转化为元件”对话框，设置“名称、类型”为“汽车元件、图形”，单击 确定 按钮。

STEP 7 在第17帧插入关键帧，在第20帧插入帧，选择第1帧中的图形元件，在其“属性”面板中设置“Alpha”为“0%”。选择第1帧到第16帧为它们创建传统补间动画，如图10-60所示。

STEP 8 新建“图层2”，将“图层2”移动到“图层1”的下方，在“图层2”的第17帧插入关键帧，从“库”面板中将“底图.png”拖入到舞台中，在“属性”面板中设置“宽”为“650”。将底图移动到汽车图形元件的下方，如图10-61所示。

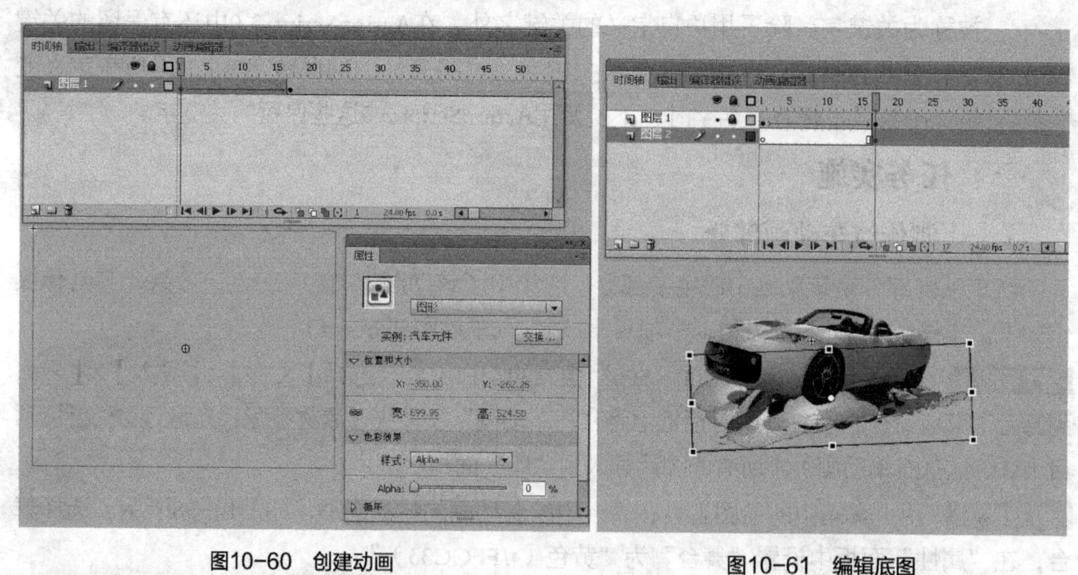

图10-60 创建动画　　图10-61 编辑底图

STEP 9 选择“底图.png”图像，按【F8】键，在打开的对话框中设置“名称、类型”为“底图1、图形”，单击 确定 按钮。

STEP 10 在“图层2”的上方新建“图层3”，在“图层3”的第17帧中插入关键帧，用绘图工具在舞台中绘制一个图形。选择绘制的图形，按【F8】键，在打开的对话框中设置“名称、类型”为“遮罩图形、图形元件”，效果如图10-62所示。

STEP 11 在“图层3”的第70帧插入关键帧，选择第17帧中的图形，打开“变形”面板将图形缩小到“1.5%”，并为17帧到70帧之间的关键帧创建传统补间动画，如图10-63所示。

STEP 12 使用鼠标右键单击“图层3”，在弹出的快捷菜单中选择“遮罩层”命令，将“图层3”变为遮罩层。

STEP 13 在“图层1”的上方新建“图层4”，在“图层4”的第70帧中插入关键帧。打开“库”面板，将“蓝色.png”图形拖入到汽车图形的左边，如图10-64所示并将其转化为名为“蓝色”的图形元件。

图10-62　创建用作遮罩的动画

图10-63　编辑动画

STEP 14 在“图层4”的第75帧插入关键帧，为第70~75帧创建传统补间动画，选择第75帧中的图形元件，在“变形”面板将其扩大到“200%”，如图10-65所示。

图10-64　编辑显示图形

图10-65　修改显示效果

STEP 15 在“图层4”的上方新建“图层5”，在“图层5”的第72帧插入关键帧，从“库”面板中将“蓝色”元件拖入到汽车图形的下方，在第77帧插入关键帧，选择第72帧中的图形元件，在“变形”面板中将其缩小到“10%”，并为第72~77帧创建传统补间动画，如图10-66所示。

STEP 16 在“图层5”的上方新建“图层6”，在“图层6”的第74帧中插入关键帧，从“库”面板中将“深红.png”图形拖入到汽车图形的右边，并将其转化为名为“深红”的图形元件。在第79帧中插入关键帧，为第74~79帧创建传统补间动画，选择第74帧中的图形元件，在“变形”面板中将其缩小到“10%”，效果如图10-67所示。

知识补充

在设置图形不透明度时，在“颜色”下拉列表中选择“色调”命令，可以设置图形的不同色彩倾向。

图10-66 重复编辑图形

图10-67 编辑多个显示效果

STEP 17 用相同的方法为“库”面板中其他颜色图形创建至少两个显示效果，在创建动画效果时每新建一个图层，其第1个关键帧必须在上一图层第1个关键帧的基础上后移两帧，且动画的显示过程都由5个帧表示，在创建动画时用户可根据需求调节颜色图形的大小，使显示出来的效果更具有层次，如图10-68所示。

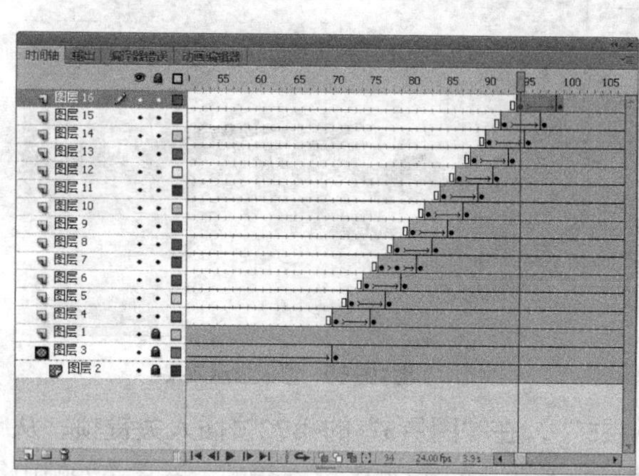

图10-68 编辑多个图形显示效果

STEP 18 在“图层16”的上方新建“图层17”，在“图层17”的第100帧中插入关键帧，从“库”面板中将“女性.png”图形拖入到汽车图形的右边，在“属性”面板中设置“宽”为“300”。将女性图像转化为名为“女性”的图形元件，如图10-69所示。

STEP 19 在“图层17”的第103帧中插入关键帧，将帧中的美女图形平移到汽车图形的旁边，然后分别在图层的第120、121、122、123、124、125和126帧中插入关键帧。为第100~102帧以及第103~119帧创建传统补间动画，如图10-70所示。

STEP 20 分别设置第100、103、121、123和125帧中图形的不透明度为“0%”“40%”“10%”“40%”“60%”，完成汽车动画部分的制作。

图10-69 编辑图片

图10-70 制作人物动画

（二）制作导航条部分

导航条是每个网站中必备的元素，在导航条中罗列了整个网站的主要内容，下面将制作一个横排的导航条，其具体操作如下。（微课：光盘\微课视频\项目九\制作导航条部分.swf）

STEP 1 返回主场景，选择【插入】/【新建元件】菜单命令，在打开的对话框中设置"名称、类型"为"菜单、图形"，进入元件编辑窗口。选择矩形工具，设置其矩形边角半径为"10"，在元件编辑窗口中绘制一个大小为"350×27"像素，颜色为"灰色（#CCCCCC）"的无边框图形，如图10-71所示。

STEP 2 新建"图层2"。选择文本工具，在"属性"面板中设置"系列、大小、颜色"为"华文琥珀、11、白色（#FFFFFF）"，在矩形上依次输入"酷车点评""新车预告""车友聚焦""各抒已见""互助中心"文本，并用"对齐"面板将文字居中对齐，如图10-72所示。

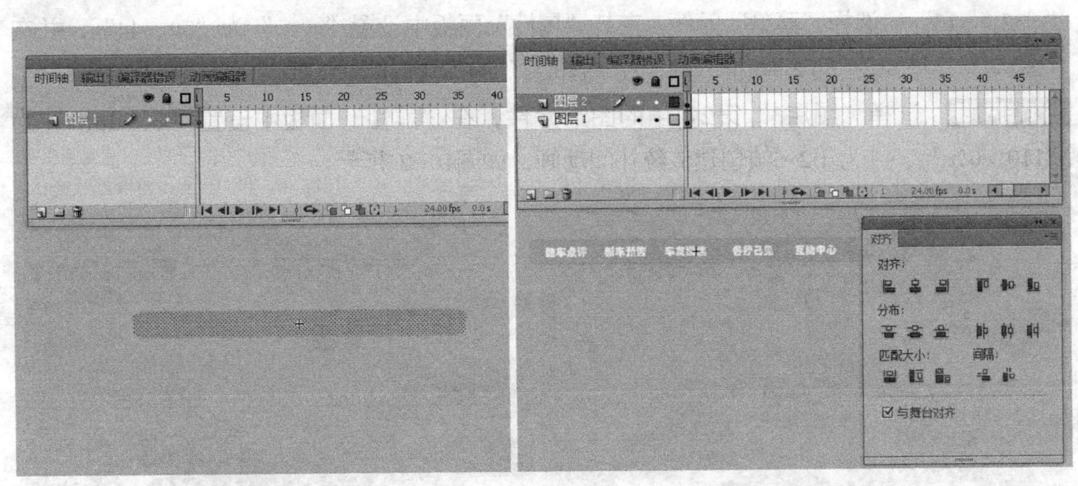

图10-71 绘制圆角长方形

图10-72 输入文本

STEP 3 用相同的方法创建"菜单1""菜单2""菜单3"图形元件，修改"菜单1"中的文本为"标志、大众、丰田、别克、福特"，"菜单2"中的文本为"经济型轿车、中级轿车、中高级轿车、高级轿车、其他车型”，“菜单3”中的文本为“车模靓照、名车风采、汽车广告、车模招聘”，并修改菜单调整图形元件中的图形长度和文字间的间距。

STEP 4 选择【插入】/【新建元件】菜单命令，在打开的对话框中设置“名称、类型”为“按钮、按钮”，打开元件编辑窗口。在“点击帧”中插入关键帧，用矩形工具在舞台中绘制一个大小为“62×25”像素的“红色（#FF0000）”长方形图形作为隐形按钮，如图10-73所示。

STEP 5 选择【插入】/【新建元件】菜单命令，在打开的对话框中设置“名称、类型”为“主菜单、影片剪辑”。选择文本工具，在“属性”面板中设置“系列、大小、颜色”为“汉真广标、14、白色（#FFFFFF）”，在舞台中间输入“车迷俱乐部”文本，如图10-74所示。

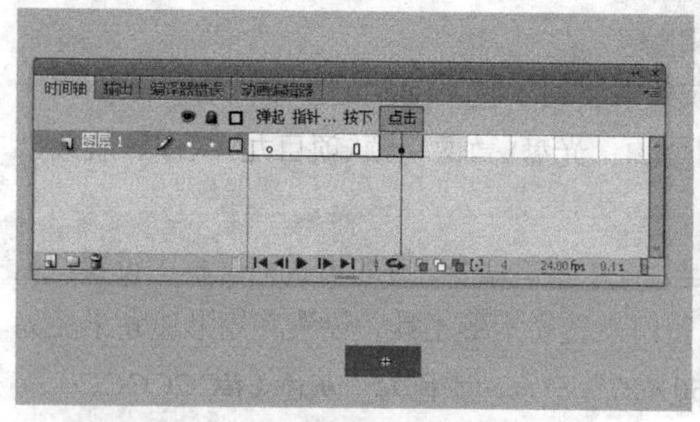
图10-73 编辑绘制隐形按钮

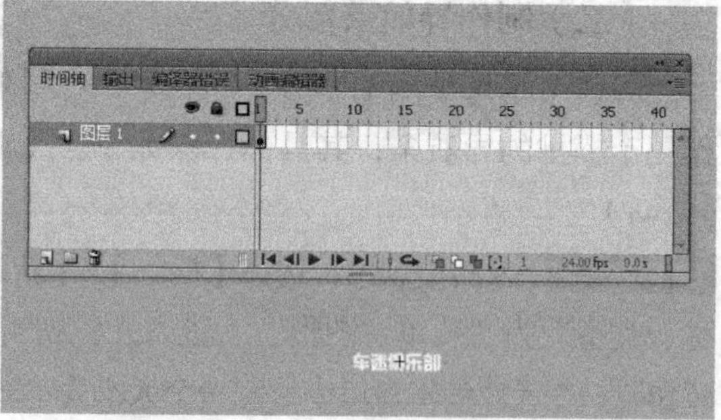
图10-74 输入文字

STEP 6 新建“图层2”，打开“库”面板，从该面板中将制作的“按钮”元件拖入到窗口中，调整并移动其位置，使按钮元件遮罩住文本并修改其名称为“btmenu1”。

STEP 7 在“图层2”的上方新建“图层3”，在第2帧插入关键帧，在“库”面板中选择“菜单”元件，将其拖到按钮的下方。选择按钮图形，在其“属性”面板中设置“x、y”为“-32，-13”，选择“菜单”元件，在其“属性”面板中设置“x、y”为“70、44”，并在“图层1”“图层2”的第5帧插入帧，在“图层3”的第5帧插入关键帧，如图10-75所示。

STEP 8 选择“图层3”第2帧中的图形元件，在“属性”面板中设置“x、alpha”为“110、0%”，并为第2~5帧创建传统补间动画，如图10-76所示。

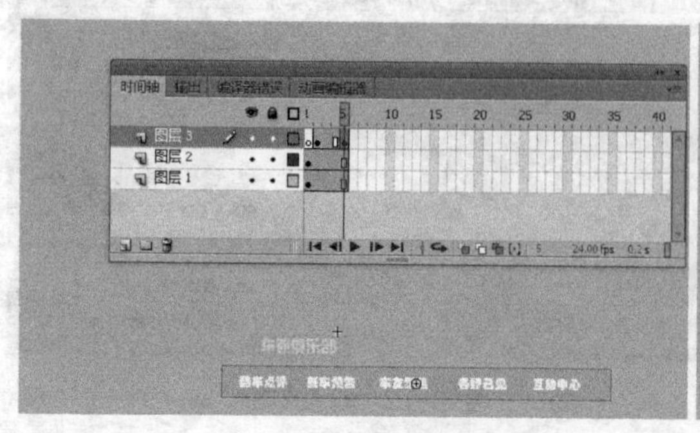
图10-75 移动元件位置

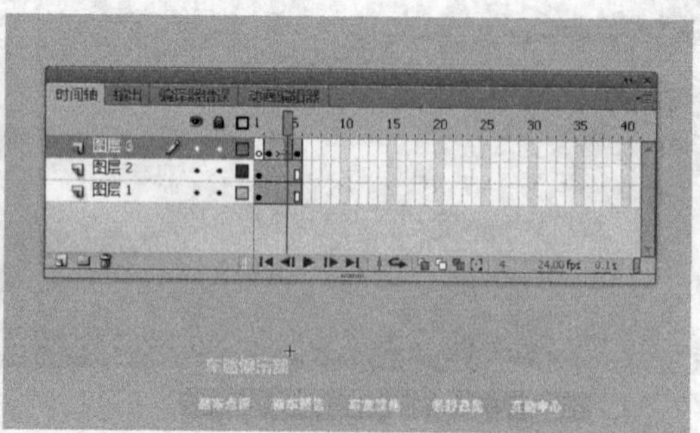
图10-76 创建传统补间动画

STEP 9 选择“图层3”的第5帧，打开“动作”面板，在面板中输入“stop();”语句。

在“图层2”的第5帧中插入关键帧，选择关键帧中的“按钮”元件，用任意变形工具将其拉大，直到按钮元件遮盖住整个影片剪辑中的对象。

STEP 10 新建“图层4”，打开“动作”面板，在其中输入如图10-77所示语句，为第1帧添加动作。

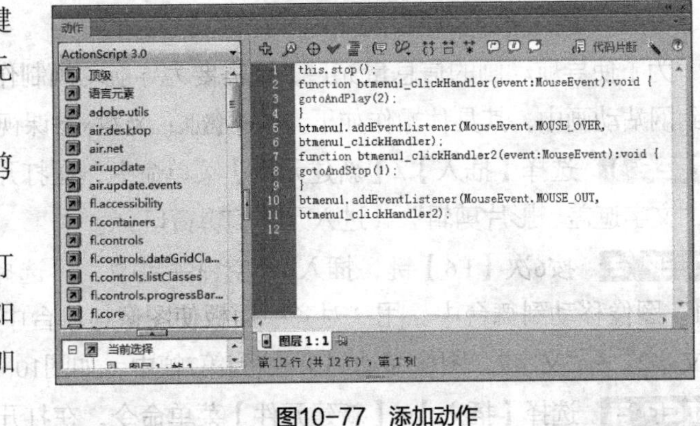

图10-77 添加动作

STEP 11 使用相同的方法编辑“主菜单1”“主菜单2”“主菜单3”，其对应的弹出菜单分别是“菜单1”、菜单2”“菜单3”。

STEP 12 选择【插入】/【新建元件】菜单命令，在打开的对话框中设置“名称、类型”为“导航菜单、影片剪辑”，在“图层1”的第130帧中插入一个关键帧，选择矩形工具，绘制一个大小为“700×25”像素，颜色为“灰色（#CCCCCC）”的无边框长方形，如图10-78所示。

STEP 13 在图层的第141、142、143、144和145帧插入关键帧，在第150帧中插入帧，选择第130帧中的图形，在“变形”面板中设置“缩放高度”为“10%”，并为第130~140帧创建形状补间动画，如图10-79所示。

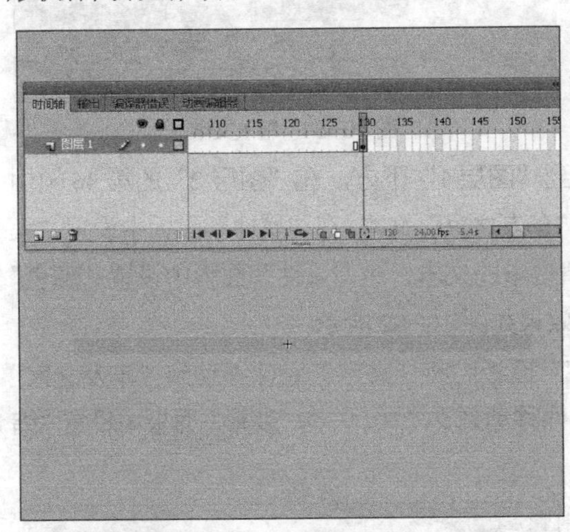

图 10-78 绘制长方形

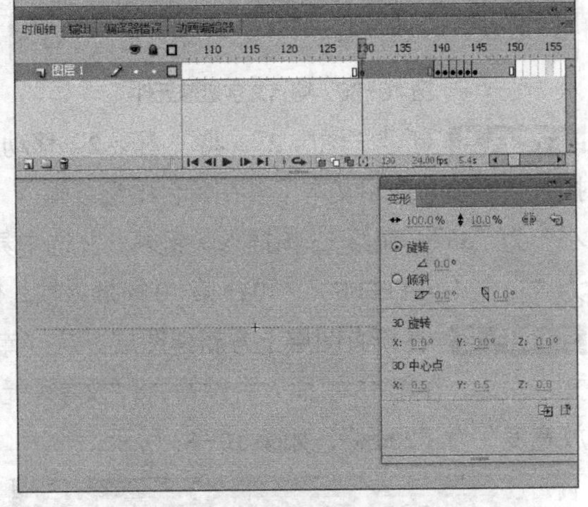

图 10-79 编辑图形效果

STEP 14 设置第130帧中图形的不透明度为“0%”，第141帧中图形的不透明度为“80%”，第143帧中图形的不透明度为“60%”，第145帧中图形的不透明度为“85%”。

STEP 15 新建“图层2”，在第150帧中插入关键帧，打开“库”面板，从该面板中将制作的几个主菜单拖入到舞台中，并移动拖入窗口中的主菜单到绘制图形的左端。用“对齐”面板将几个主菜单排列整齐，完成菜单部分的制作。按【F9】键打开“动作”面板，在其中输入“stop();”语句。返回主场景，完成导航条的制作。

（三）制作文字部分

为了使导航动画的信息量充足，还需要为导航动画制作文字效果，制作完成后再将其置入到网站动画中，其具体操作如下。（微课：光盘\微课视频\项目十\制作文字部分.swf）

STEP 1 选择【插入】/【新建元件】菜单命令，在打开的对话框中设置“名称、类型”为“文字遮盖、影片剪辑”，进入元件编辑窗口。

STEP 2 按6次【F6】键，插入6个空白关键帧。再选择第1帧，从“库”面板中将“文字1”图像移动到舞台中。用“对齐”面板使图像与舞台中间对齐。使用相同的方法分别将“文字2”~“文字7”图像移动到第2帧到第7帧中，如图10-80所示。

STEP 3 选择【插入】/【新建元件】菜单命令，在打开的对话框中设置“名称、类型”为“文字、影片剪辑”，进入元件编辑窗口。

STEP 4 选择文本工具，在“属性”面板中设置“系列、大小、颜色”为“汉仪竹节体简、53、灰黑色（#333333）”，在舞台中间输入“车友之家”文本。在第35帧插入关键帧，如图10-81所示。

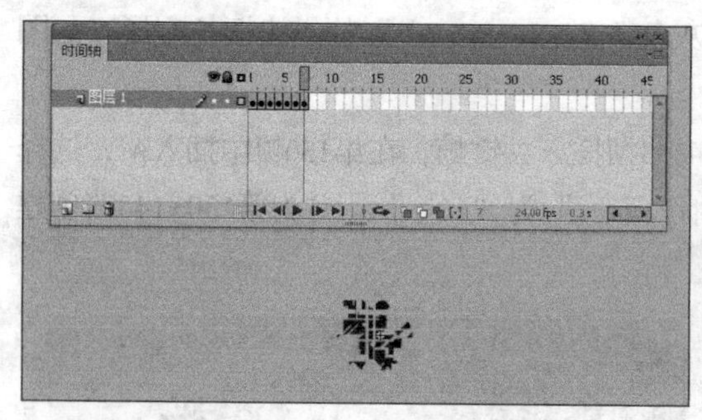

图 10-80　编辑文字遮盖元件

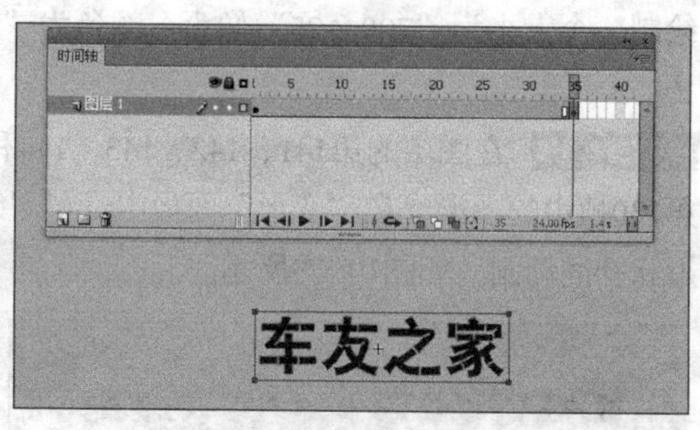

图 10-81　输入文字

STEP 5 新建“图层 2”，将“图层 2”移动到“图层 1”下方。在“图层 2”的第 36 帧中插入关键帧。使用文本工具在舞台中继续输入“车友之家”文本，在“属性”面板中设置“大小”为“85”。在第 55 帧插入关键帧，并选中舞台中的文本，在“属性”面板中设置“颜色”为“白色（#FFFFFF）”，再在第 70 帧插入帧，效果如图 10-82 所示。

STEP 6 在所有图层上方新建图层。从“库”面板中将“文字”元件移动到“车友之家”文本左边。在第 15 帧插入关键帧，将“文字”元件移动到文本中间，在“变形”面板中设置“缩放宽度”为“200%”，如图 10-83 所示。

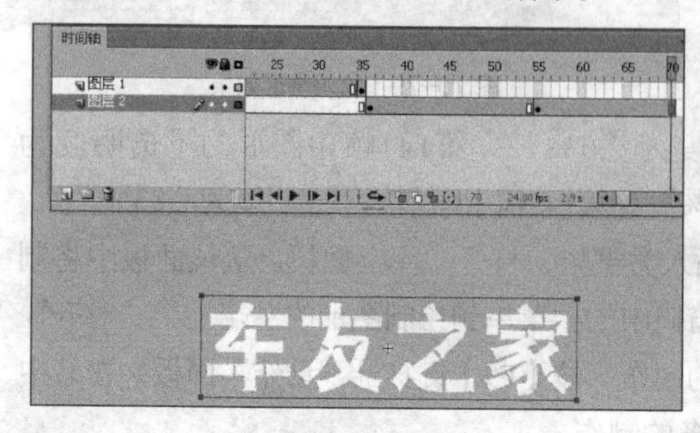

图 10-82　编辑“图层 2”

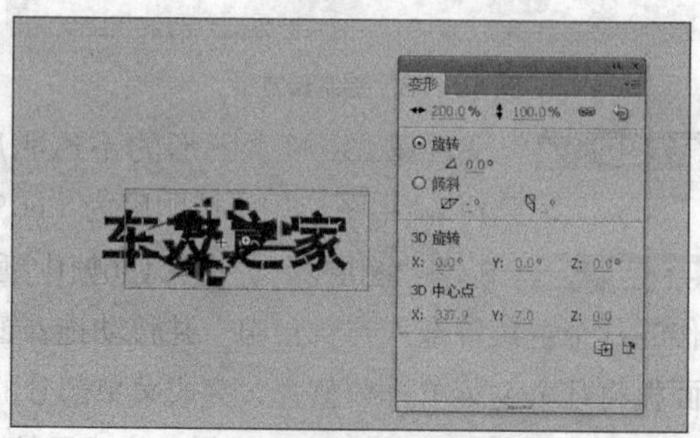

图 10-83　编辑元件宽度

STEP 7 在第1帧到第15帧之间创建传统补间动画。在第29帧插入关键帧，在“变形”面板中设置“缩放宽度”为“100%”，将“文字”元件移动到“车友之家”文本右边。在第32帧、第39帧中插入关键帧，将“文字”元件移动到文本右边，在第32帧到第39帧之间创建传统补间动画。

STEP 8 在第43帧、第48帧中插入关键帧。在第48帧中将图像移动到文字中间,在“变形”面板中设置“缩放宽度”为“250%”。在第43帧到第48帧之间创建传统补间动画，在第55帧插入关键帧，在“变形”面板中设置“缩放宽度”为“100%”，再将元件移动到文本左边。在第48帧和第55帧之间创建传统补间动画。

STEP 9 在第57帧插入关键帧，选择其中的元件，在“变形”面板中设置“缩放宽度”为“50”%。在第70帧中将元件移动到文本的右边。在第57帧和第70帧之间创建传统补间动画，如图10-84所示。

STEP 10 在所有图层上方新建图层，在第57帧插入关键帧。选择矩形工具，在文本左边绘制一个大小为“7×81”像素的无边黑色矩形。

STEP 11 在第70帧插入关键帧，选择绘制的矩形。用任意变形工具，使用鼠标将矩形右边拖动到文本右边，设置矩形的颜色为“黄色（#FFCC33）”，并在第57帧和第70帧之间创建形状补间动画，效果如图10-85所示。

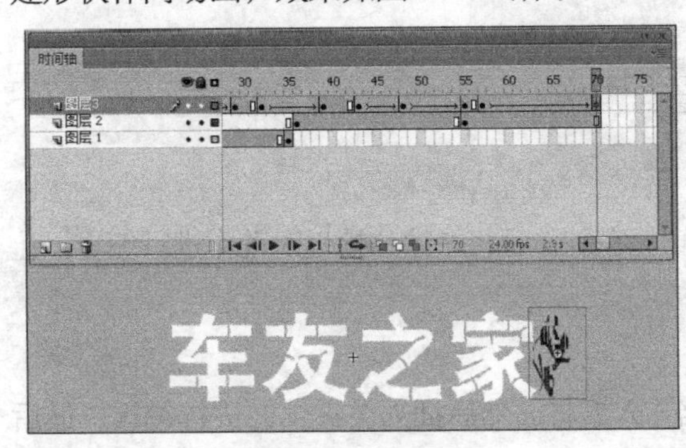

图10-84 编辑元件

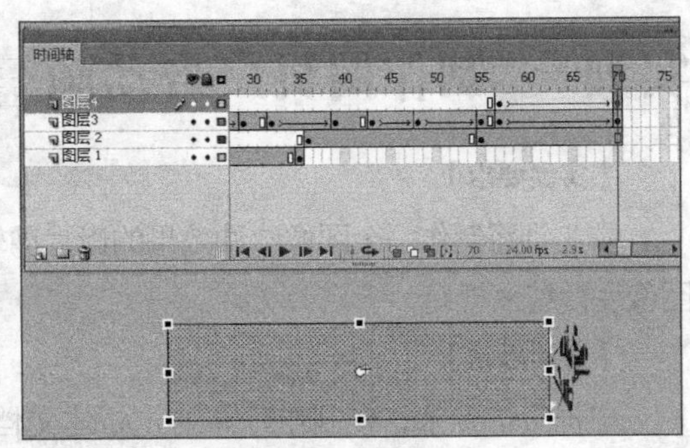

图10-85 创建补间动画

（四）制作载入动画部分

为了能让浏览者正常地观看该动画，在制作好动画后，需要给动画添加一个载入动画，其具体操作如下。（微课：光盘\微课视频\项目十\制作载入动画部分.swf）

STEP 1 返回主场景，选择“图层1”的第1帧，按住鼠标左键不放将其移动到第2帧的位置，并在第2帧插入帧，如图10-86所示。

STEP 2 选择“图层1”的第1帧，用矩形工具在场景中绘制一个“灰色（#999999）”的矩形将舞台遮盖。

STEP 3 新建“图层2”，在第2帧中插入空白关键帧。打开“库”面板将“汽车”元件拖入到舞台的中心靠上的位置，并将元件缩小。

STEP 4 新建“图层3”，在第2帧中插入关键帧，将“文字”元件拖入到舞台的左上角，并将元件缩小。新建“图层4”，在第2帧中插入关键帧，用相同的方法将“导航菜单”

元件拖入到舞台的顶端中间，如图10-87所示。

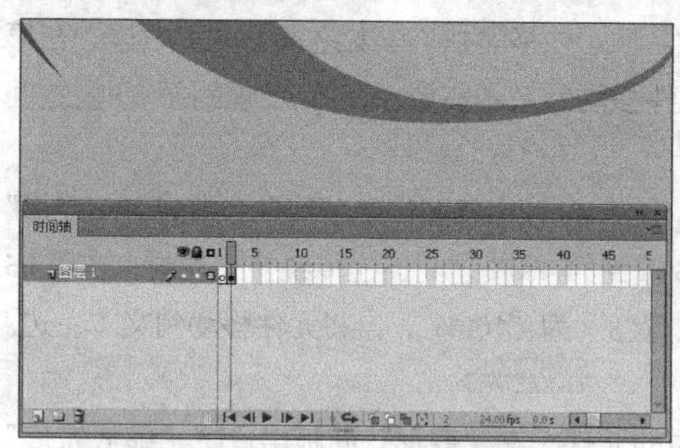

图 10-86　移动帧的位置

图 10-87　添加元件

STEP 5　为所有图层的第200帧插入帧，再为“图层2”的第200插入关键帧。按【F9】键，在打开的“动作”面板中输入“gotoAndPlay(2);”语句。

STEP 6　打开“汽车导航动画代码.txt”文档，复制所有代码。返回Flash窗口，新建“图层5”，选择第1帧，打开“动作”面板，将复制的代码粘贴到“动作”面板中。

STEP 7　完成动画制作，按【Ctrl+Enter】组合键测试动画效果（最终效果参见：光盘\效果文件\项目十\任务三\汽车导航动画.fla）。

实训一　制作网页广告动画

【实训要求】

本实训将制作一个图像脉冲效果的影片剪辑，在制作时将一帧一帧地对动作进行编辑，让图像变得越来越大。

【实训思路】

根据实训要求，在制作时需要先新建文档导入素材，然后插入关键帧并进行编辑，最后应用元件。本实训的参考效果如图10-88所示。

图10-88　广告动画效果

【步骤提示】

STEP 1　新建一个大小为“1024×680”像素的“灰色（#999999）”空白动画文档。新建一个元件，设置“名称、类型”均为“影片剪辑”。

STEP 2 导入“画面1.jpg”图像（素材参见：光盘\素材文件\项目十\实训一\画面1.jpg）到元件编辑窗口的舞台左边。

STEP 3 在“时间轴”面板中选择第10帧，按【F6】键插入关键帧。在场景第1张图右边导入“画面2.jpg”图像。

STEP 4 选择第20帧，按【F6】键插入关键帧。在场景第2张图右边导入“画面3.jpg”图像。使用相同的方法，将“实训一”文件夹中的剩余图像都导入到场景中。

STEP 5 返回主场景。从“库”面板中将“影片剪辑”元件移动到舞台左边。按【Ctrl+Enter】组合键测试动画，完成后保存即可（最终效果参见：光盘\效果文件\项目十\实训一\广告动画.fla）。

实训二 制作“蓉锦大学”百叶窗动画

【实训要求】

本实训将制作“蓉锦大学”百叶窗动画，主要用于学校首页的动画宣传，要求画面清晰，过渡自然。

【实训思路】

根据实训要求，制作时先通过库创建元件，然后使用工具绘制基本形状，并对元件进行编辑，最后调用元件制作百叶窗动画，并测试和导出动画。本实训的参考效果如图10-89所示。

图10-89 “蓉锦大学首页”百叶窗动画效果

【步骤提示】

STEP 1 新建一个动画文档，打开“文档设置”对话框，在其中设置尺寸为“746×324”像素。

STEP 2 打开“导入到库”对话框，在其中选择“建筑.jpg”和“人物.jpg”素材图片（素材参见：光盘\素材文件\项目十\实训二\建筑.jpg、人物.jpg），然后打开“创建新元件”对话框，在其中设置名称为“建筑”，类型为“影片剪辑”。

STEP 3 将“库”面板中的“建筑.jpg”和“人物.jpg”图片拖曳到舞台上，然后打开“对齐”面板进行设置。

STEP 4 在工具箱中选择矩形工具按钮，在“元件1”场景中拖曳鼠标绘制一个矩形图形，按【Q】键进入变换状态，然后将鼠标指针移动到图像右侧，按住【Ait】键的同时向左侧拖动鼠标，变形图形，使其宽度为2像素。

STEP 5 选择第1帧，在“属性”面板的“补间”栏中单击选中“同步”复选框，选择第10帧，打开“动作-帧”面板，然后在其中输入“this.stop();”语句。

STEP 6 在元件中创建多个图层和关键帧，然后选择所有图层中的图形，将其设置为垂直居中对齐。

STEP 7 在“图层3”上单击鼠标右键，在弹出的快捷菜单中选择“遮罩层”命令，创建遮罩动画。

STEP 8 对文档进行测试并保存（最终效果参见：光盘\效果文件\项目十\实训二\百叶窗.fla、百叶窗.swf）。

常见疑难解析

问：在使用图片素材时，发现部分图片素材并不完美，这时应该如何对这张图片进行修改呢？

答：Flash本身对位图素材的编辑作用比较有限，如果对Photoshop软件熟悉的用户，则可以使用Photoshop对位图图像进行处理。在Flash软件中，如果需要对位图素材进行编辑，可以在“库”面板中或场景中选择位图素材，然后单击鼠标右键，在弹出的快捷菜单中选择“使用Adobe Photoshop CS6编辑”命令，即可启动Photoshop，并打开所选择的位图图像。当在Photoshop中对位图编辑完成后，直接保存该位图，Flash中所对应的位图也会随之改变。

问：在制作动画的过程中，导入了许多素材和元件，但最后这些素材和元件都因为效果不好而未使用，这种情况应该怎么处理？

答：文档中大量未使用的素材和元件，不仅不利于在“库”面板中管理素材，也会增加文档的体积，不利于保存，这就需要删除这些未使用的素材和元件。在动画制作完成后，单击“库”面板右上角的按钮，在打开的下拉列表中选择“选择未用项目”选项，即可快速选出所有未使用的项目，然后按【Delete】键，便能直接将其删除。

问：在“时间轴”面板中可以新建多个文件夹，当不需要这些文件夹时，应该如何删除这些文件夹？

答：删除图层文件夹的操作和删除图层相同，都是在选择后通过右键菜单命令或单击“删除”按钮执行删除操作。在删除的过程中需要注意的是，如果在文件夹中包含了多个图层，则在删除文件夹的同时，将会删除文件夹中所包含的所有图层，如果只需要删除文件夹本身，而不需要删除图层，则需要事先将其中的图层移动至文件夹外。

问：在设置帧频时，为什么需要将其设置为12帧或24帧？

答：将帧频设置为12帧或24帧只是因为一个连贯的动画需要至少每秒12帧，而标准的运动图像速率为24帧。帧频的设置并不是一定要将其设置为多少，可以根据需求设置，如制作一个相册的动画，则可以设置帧频为“1”，这样将会得到一个每秒钟播放一张照片的效果。

问：在将元件拖曳到舞台上后，双击元件中心为什么不能进入元件编辑场景？

答：因为鼠标在工具箱中选择了任意变形工具，只能在直接选择工具下双击才能进入元件场景中进行编辑。

问：发布动画与按【Ctrl+Enter】组合键有什么区别？

答：按【Ctrl+Enter】组合键是测试动画，只会生成.swf影片文件，而发布动画则是根据发布设置一键生成多个文件，如在发布设置中同时选中了Flash影片及HTML网页，则发布时就会同时生成.swf文件及.html文件。

拓展知识

1. 删除帧与清除帧

删除帧后所选帧及帧中对应的图形等所有内容全部被删除。清除帧则只清除舞台中的内容而不删除帧。选择要删除或清除的帧（可按【Shift】键多选）后，单击鼠标右键，在弹出的快捷菜单中选择“删除帧”或“清除帧”命令即可。另外，选择帧后按【Delete】键也可以删除帧。

2. 复制帧、剪切帧、粘贴帧

灵活使用复制帧（或剪切帧）与粘贴帧可以减少制作动画的工作量。复制帧与剪切帧的区别是保留或不保留原始帧。粘贴帧后可得到与原始帧一模一样的帧。

3. 导出视频

在Flash CS6中，可将动画片段导出为Windows AVI和QuickTime两种视频格式。若要导出为QuickTime视频格式，需要在用户的计算机中安装QuickTime相关软件，其操作方法与导出声音相似。

4. 导出为GIF动画

选择【文件】/【导出】/【导出影片】菜单命令，在“保存在”下拉列表中指定文件路径，在“文件名”文本框中输入文件名称，在“保存类型”下拉列表中选择导出的文件格式“动画GIF”，然后单击 保存(S) 按钮。在打开的“导出GIF”对话框中，设置导出文件的尺寸、分辨率和颜色等参数，然后单击 确定 按钮，即可将动画中的内容按设定的参数导出为GIF动画。

课后练习

（1）根据对前面所学知识的理解，采用逐帧动画的方式制作网页横幅广告中的文字消失动画（素材参见：光盘\素材文件\项目十\课后练习\消失文字.fla），参考效果如图10-90所示（最终效果参见：光盘\效果文件\项目十\课后练习\消失文字.fla）。

图10-90　网页横幅广告文字消失动画

（2）本练习将制作玩具网站首页。首先，新建一个“1024×768”像素的“灰色（#999999）”文档，再制作飞机动画元件、导航条以及弹出菜单，编辑一个文字动画（素材参见：光盘\素材文件\项目十\课后练习\玩具网站\），最后返回主场景将各元件移动在舞台中合成动画效果，其最终效果如图10-91所示（最终效果参见：光盘\效果文件\项目十\课后练习\玩具网站首页.fla）。

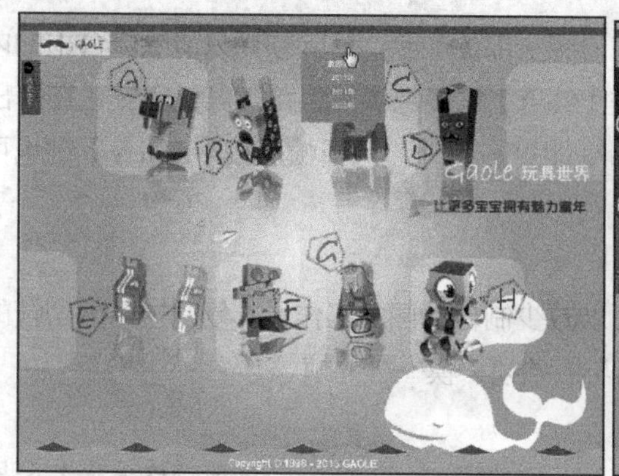

图10-91　玩具网站首页效果

PART 11

项目十一 综合网站建设

情景导入

阿秀：小白，我觉得你在制作网页这方面很有自己的见解，现在，网页制作的方法已经全部交给你了，接下来就看你自己的实践结果了。

小白：最近公司有没有这类的项目?

阿秀：正好需要建设一个关于多肉植物的网站，你可以实践一下。

小白：好的。

学习目标

- 熟悉网站前期规划的内容
- 掌握使用Photoshop CS6制作页面效果图的方法
- 掌握使用Flash CS6制作动画效果的方法
- 掌握使用Dreamweaver CS6进行页面编辑的方法

技能目标

- 掌握“订餐网”网页的制作方法
- 能够独立或组织完成一个完整网站的开发和制作

任务一 前期规划

“订餐网”网站是提供各种食物订购的商业网站。明确这一点后，首要任务就是对此站点进行定位，确定网站的主题，然后再进一步确定站点的主要内容和页面布局，接着根据站点规划，整理相关素材，并制作效果图和网站中需要的动画，最后有目的地制作网页。

（一） 分析网站需求

由于用户是网站页面的直接使用者，所以在进行网站的整体设计时，首先要对网站的用户进行分析。目前，各种互联网应用范围越来越广，用户范围也遍布各个领域，因此，设计者必须了解各类用户的习惯、技能、知识、经验，以便预测不同类别的用户对网站界面的需求和反应，使设计出来的网站更加符合各类用户的使用，为最终设计提供依据和参考。在网站设计前组织和计划，对网站需求进行分析是非常重要的工作步骤。

创建“订餐网”网站是为了方便更多的人能在任何地方、任何时候通过网络快捷订购食物，方便用户，节省时间。

（二）定位网站风格

了解了网站的类型和用户后，就可以确定网站的大致风格。不同的网站风格各不相同，设计者在设计前需要大致了解设计网站的相关行业，拟定几个大致的风格定位，选择好色调和笔触等相关内容。

订餐网站主要是用于各类人群订购食物，通常对于食物类的网站设计都会有刺激消费者消费欲望的设计，如色彩鲜艳等，因此网站整体可以采用橙色调。另外，为了突出网站的活跃氛围，在页面上可以运用红色点缀。

（三）规划草图

网站包含多个页面，在设计前，必须对网站的界面有一个规划工作。可以先画一个站点的草图，勾出所有客户需要看到的东西，然后对其进行详细地描述，使美工人员能够知道网站的每一块内容是什么。

（四）收集素材

网站素材收集可分为两部分，一部分主要由客户提供，如网站标志、网站文字内容、产品图片等，另一部分可以通过网络或其他途径获取。

任务二 使用Photoshop CS6设计网页界面效果图

网站前期规划完成后，就可以使用Photoshop等图像处理软件对网站界面效果图进行设计，设计效果图时需要注意网站页面的布局，通常是使用参考线来辅助页面布局；其次是注意网站的色彩搭配，具体可参考前面相关章节的讲解；最后还需要注意网站并不是由一个页面组成，不同的页面在网站中有不同的级别，应有所区别。

本任务制作的订餐网站主要根据草图来进行布局，采用三行三列的布局方式进行页面布局，色彩方面主要以橙色调为主色调，在通过调整不同明度的橙色给网站添加层次感，并以此体现出食物独有的颜色感觉。本任务完成后的参考效果如图11-1所示。

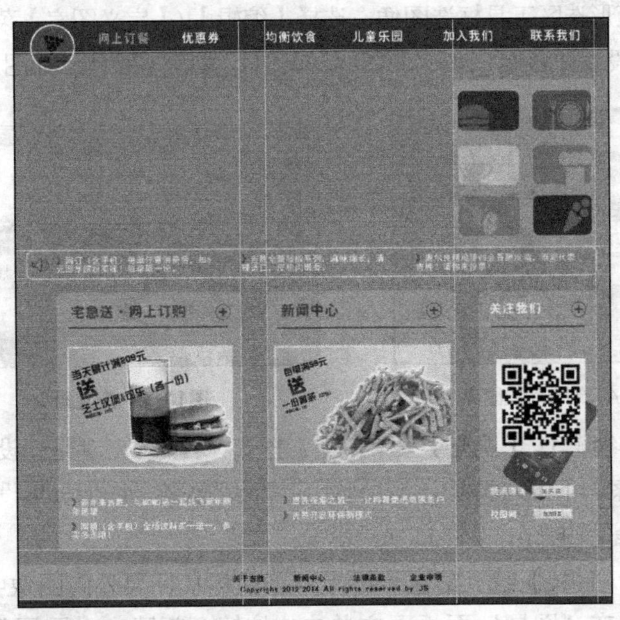

图11-1 “订餐网”效果图

（一）设计页面效果

素材收集完成后就可以开始进行页面效果设计，这一过程需要综合应用到Photoshop的相关知识来处理页面效果。下面先在Photoshop CS6中制作网页效果图，其具体操作如下。（微课：光盘\微课视频\项目十一\设计页面效果.swf）

STEP 1 启动Photoshop CS6，选择【文件】/【新建】菜单命令。打开“新建”对话框，在其中设置“名称、宽度、高度、分辨率”为“订餐网站首页、1024、980、96”，单击 确定 按钮，如图11-2所示。

STEP 2 将前景色设置为“黄色（G:255,G:215,B:77）”，按【Alt+Delete】组合键使用前景色填充背景，如图11-3所示。

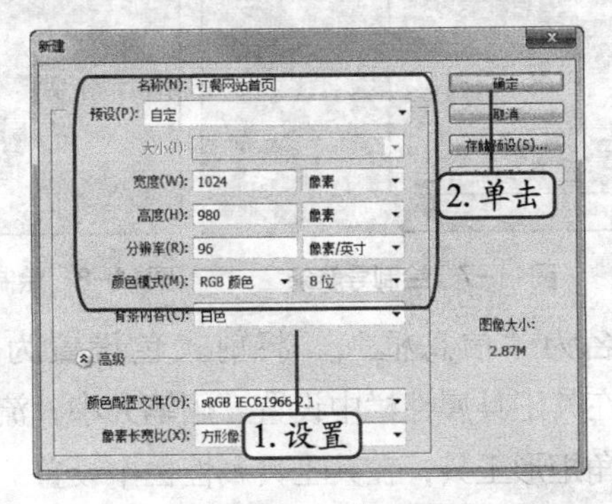

图11-2 新建图像

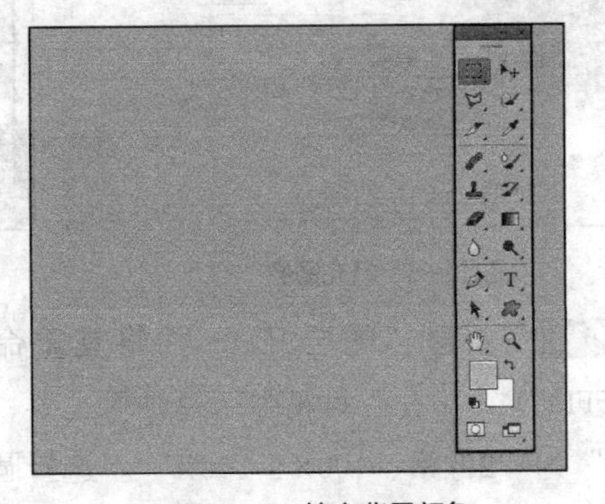

图11-3 填充背景颜色

STEP 3 新建一个“3×3”像素的图像文档，放大图像，将前景色设置为“黑色”，新建图层，并隐藏背景图层，在工具箱中选择铅笔工具，将画笔大小设置为“1像素”，使用鼠标在图像上拖动绘制图形，如图11-4所示。

STEP 4 使用矩形选区工具框选图像，选择【编辑】/【定义图案】菜单命令，打开“图案名称”对话框，设置“名称”为“底纹”，单击 确定 按钮，如图11-5所示。

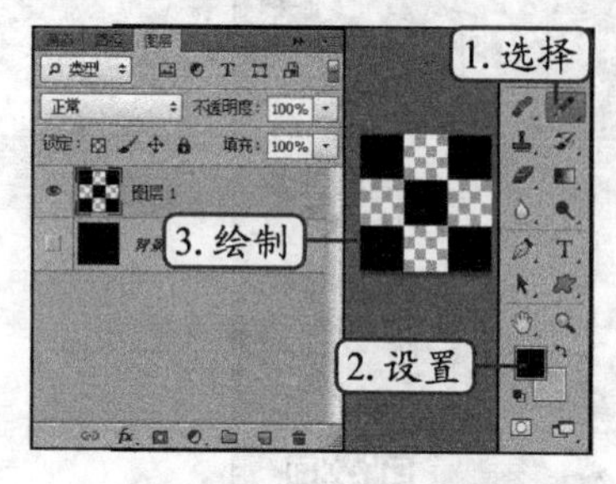

图11-4　制作底纹图像

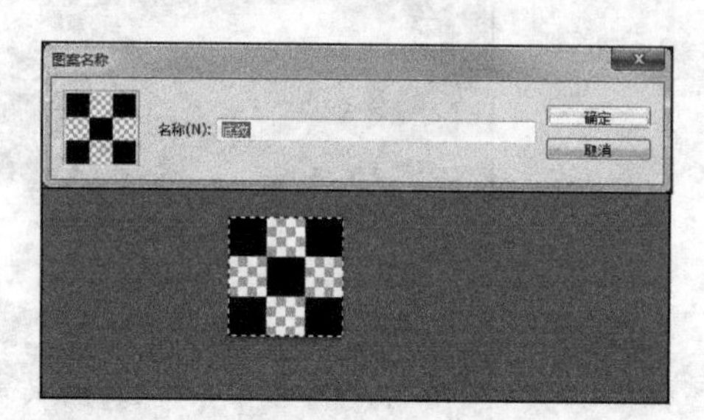
图11-5　定义图像

STEP 5 选择【编辑】/【填充】菜单命令，打开“填充”对话框，设置“使用”为“图案”，在“自定图案”下拉列表框中选择刚刚定义的“底纹”图像，再设置“不透明度”为“20”，单击 确定 按钮，如图11-6所示。

STEP 6 按【Ctrl+R】组合键显示标尺。将鼠标从标尺外向图像中拖动，以绘制垂直、水平参考线。在“图层”面板下方单击■按钮，新建一个图层组，并新建“图层1”，根据参考线的情况，使用矩形选区工具在页面上方和下方建立选区，并使用“红色（R:200,G:0,B:0）”填充选区，按【Ctrl+D】组合键取消选区，如图11-7所示。

STEP 7 在工具箱中选择圆角矩形工具。在工具属性栏中设置“工具模式”为“形状”。使用鼠标在图像上拖动绘制圆角矩形，并为其填充颜色为“白色（#FFFFFF）”，设置该图层的“不透明度”为“26%”，继续使用鼠标在图像上拖动绘制圆角矩形，并为其填充不同的颜色效果，如图11-8所示。

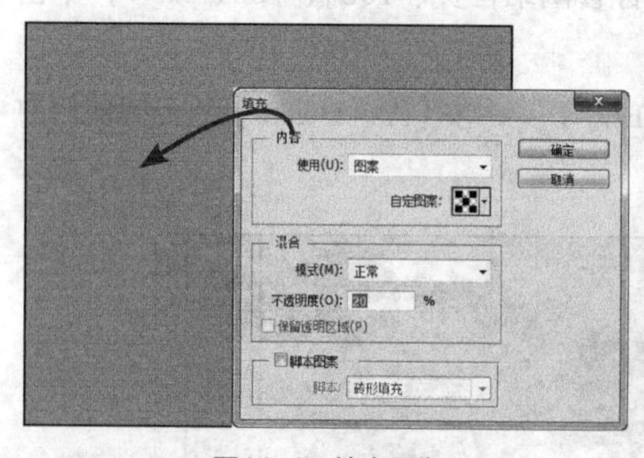
图11-6　填充图像

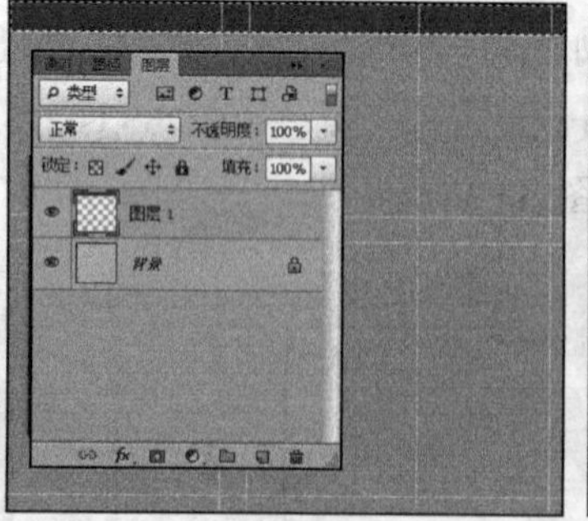
图11-7　绘制导航条

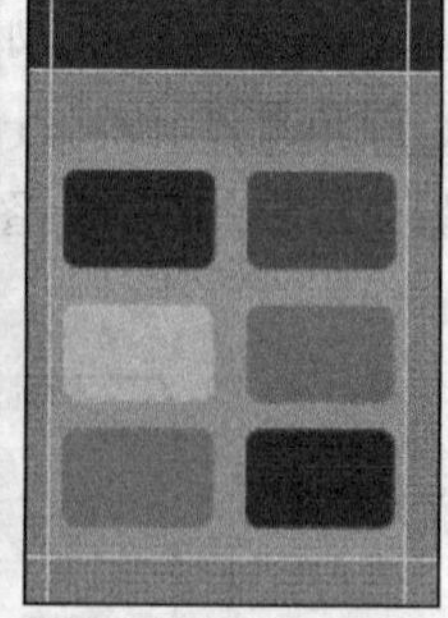
图11-8　绘制内容框

STEP 8 新建“图层2”，并将其重命名为“信息框”。将前景色设置为“白色（#FFFFFF）”。在工具箱中选择画笔工具，在其工具属性栏中设置“画笔大小、流量、不透明度”为“2像素、100%、100%”。选择圆角矩形工具，在其工具属性栏中设置“工具模式”为“路径”，使用鼠标在图像中绘制一个圆角矩形路径，打开“路径”面板，在其下方单击■按钮，使用画笔为路径描边，如图11-9所示。

STEP 9 新建图层，并将其重命名为“底纹”，将图层不透明度设置为“30%”，选择圆角矩形工具，在其工具属性栏中设置“工具模式”为“像素”。使用圆角矩形工具在图像下方绘制3个圆角矩形，再使用矩形选区工具，在图像下方绘制一个矩形选区，并使用白色进行填充，最后取消选区，如图11-10所示。

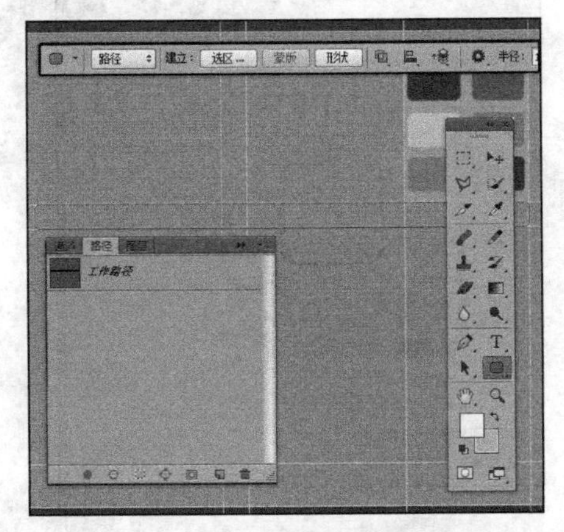

图11-9 绘制信息边框

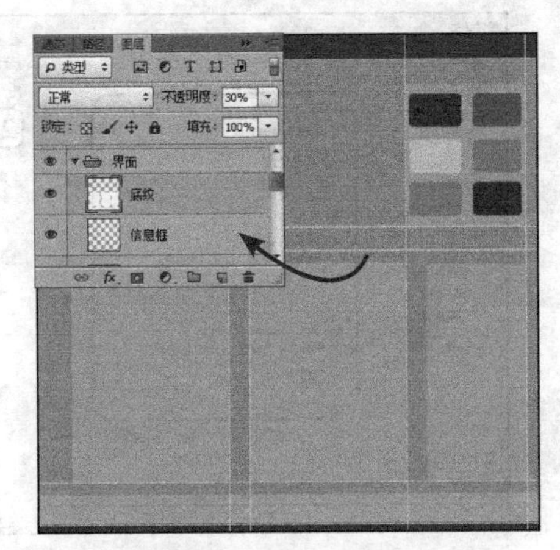

图11-10 制作底纹图层

STEP 10 在“图层”面板中，新建一个“文字”图层组，选择横排文字工具，在其工具属性栏中设置“字体系列、字体大小”为“汉仪醒示体简、16点”，使用鼠标在图像上方导航栏中单击输入导航文字。

STEP 11 选择横排文字工具，在其工具属性栏中设置“字体系列、字体大小”为“黑体、11点”，使用鼠标在图像中间和下方输入其他文字信息，在工具属性栏中设置“字体系列、字体大小”为“汉仪醒示体简、10点”，并将字体颜色设置为“黑色（#353535）”，使用鼠标在页面下方单击并输入网页版权等信息，如图11-11所示。

STEP 12 打开“薯条.jpg”图像（素材参见：光盘\素材文件\项目十一\薯条.jpg），双击背景图层将其转换为普通图层，选择魔棒工具，使用鼠标单击图像中白色的区域，建立选区。按【Delete】键删除选区中的图像，取消选区，如图10-12所示。

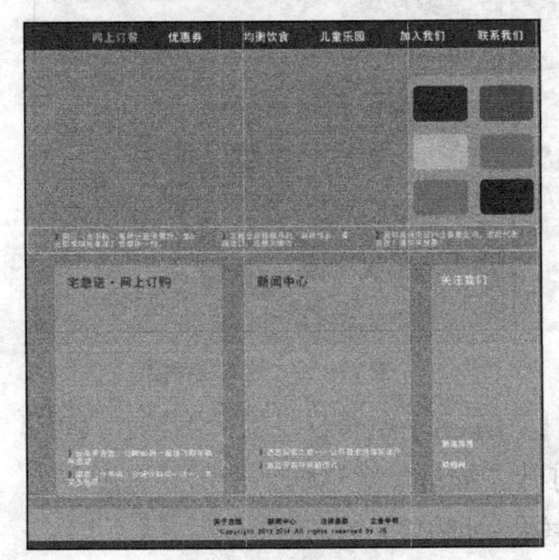

图11-11 输入文字

图11-12 抠取图像

STEP 13 选择【图层】/【图层样式】/【外发光】菜单命令，打开"图层样式"对话框，在其中设置"不透明度、扩展、大小"为"75、28、73"，单击 确定 按钮，如图11-13所示。

STEP 14 按【Ctrl+M】组合键，打开"曲线"对话框。使用鼠标在该对话框中调整曲线，单击 确定 按钮，如图11-14所示。

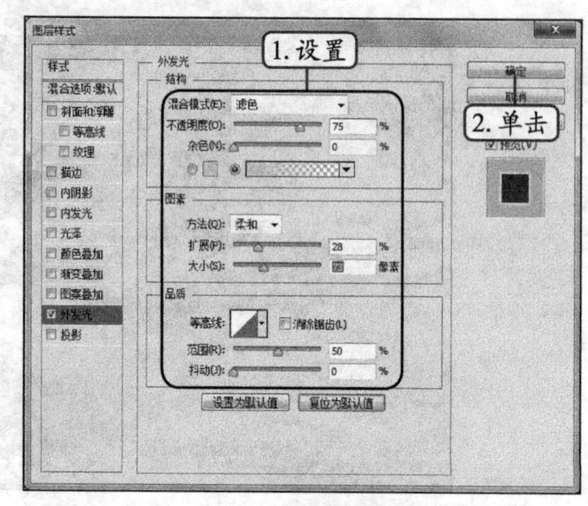

图11-13 设置图层样式

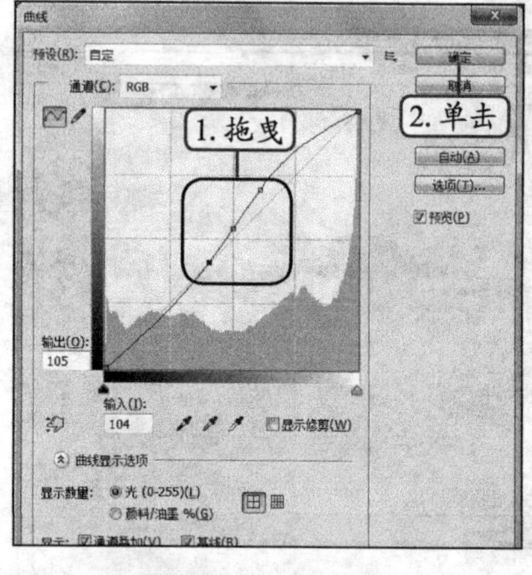

图11-14 设置曲线

STEP 15 在工具箱中选择渐变工具，在其工具属性栏中单击"渐变样式"，打开"渐变编辑器"对话框，在颜色编辑栏中设置颜色为"鹅黄色（#fec294）"和"粉色（#ffeadb）"，单击 确定 按钮。将"鼠标"图像旋转后放在图像右边。新建"图层1"，将其放置在"图层0"下方，使用鼠标从左下角向右上角拖动，填充渐变，如图11-15所示。

STEP 16 选择横排文本工具，使用鼠标在图像中单击输入文本。选择输入的"送"文字图层，为该文字图层添加"投影"和"渐变叠加"图层样式。设置"渐变叠加"样式的渐变样式为"红、绿渐变"，如图11-16所示。

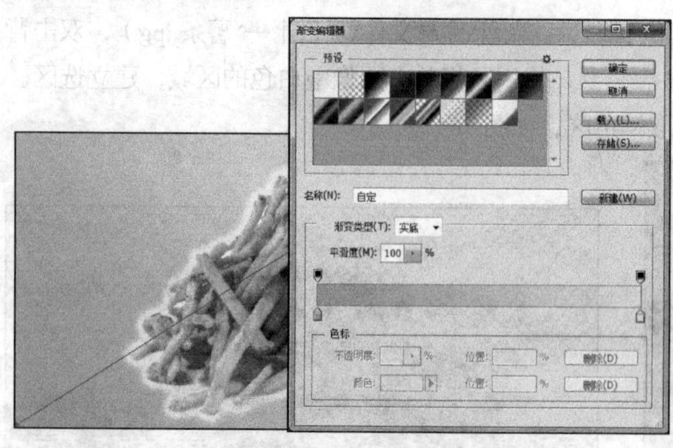

图11-15 渐变填充图像

图11-16 输入宣传语

STEP 17 在"图层"面板中选择"图层1"，按【Ctrl+A】组合键选择"图层1"的所有图像区域，选择【编辑】/【描边】菜单命令，打开"描边"对话框，设置"宽度"为"40"，单击选中 ◉内部(I) 单选项，单击 确定 按钮，如图11-17所示。

STEP 18 在"图层"面板中选择所有的图层，按【Ctrl+E】组合键合并所有的图层。

STEP 19 打开“汉堡.jpg”图像（素材参见：光盘\素材文件\项目十一\汉堡.jpg），使用制作“薯条”图像的方法编辑“汉堡”图像，如图11-18所示。

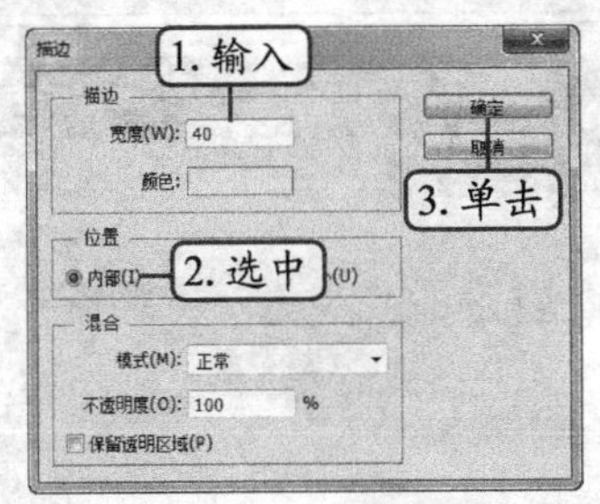

图11-17 添加描边效果

图11-18 编辑汉堡图像

STEP 20 新建“素材图像”图层组，使用移动工具将“汉堡”“薯条”图像移动到“订餐网站首页”图像中，并将它们缩小，将“订餐网站”图层组中的所有素材图像都移动到“订餐网站首页”中，并为部分图像设置不同的图层透明度，如图11-19所示。

STEP 21 新建“形状”图层组，新建图层，将前景色设置为“灰色（#717171）”，使用自定义形状工具，在图像上绘制形状。再使用直线工具，在图像上绘制分割线，并输入文本，如图11-20所示。

图11-19 添加素材图像

图11-20 绘制形状

（二）为网页切片

效果图完成后就可以对制作的效果图进行切片，然后将其导出，其具体操作如下。（微课：光盘\微课视频\项目十一\为网页切片.swf）

STEP 1 在工具箱中选择切片工具，使用鼠标在图像上拖曳，为网站创建切片，如图11-21所示。

STEP 2 选择【文件】/【存储为Web所用格式】菜单命令，打开“存储为Web所用格式（100%）”对话框。在“优化的文件格式”下拉列表中选择“GIF”选项，单击 存储... 按钮，在打开的对话框中选择需要保存的位置以及保存的名称即可，如图11-22所示（最终效果参见：光盘\效果文件\项目十一\订餐网论首页.psd）。

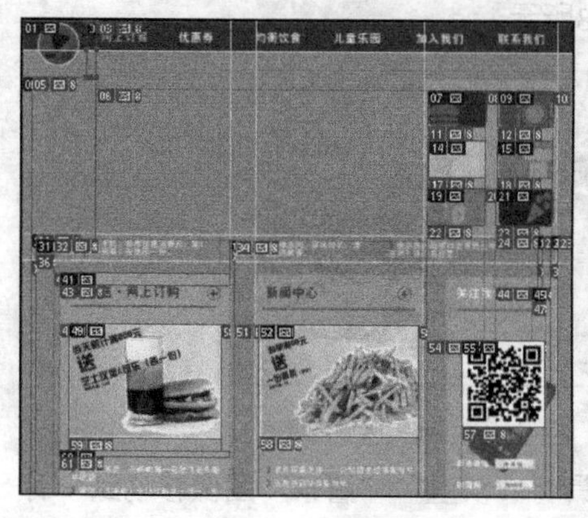

图11-21　为网站切片

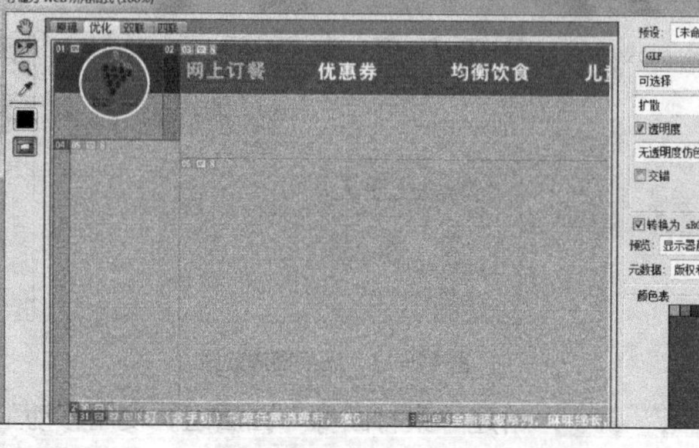

图11-22　存储切片

任务三　使用Flash CS6设计网页动画

在制作效果精美的网页时，通常都会进行动静结合的设计。下面讲解使用Flash CS6制作网页动画的方法。

（一）制作元件

首先启动Flash CS6，然后新建动画文档，创建元件并为元件创建补间动画等，其具体操作如下。（微课：光盘\微课视频\项目十一\制作元件.swf）

STEP 1 启动Flash CS6，选择【文件】/【新建】菜单命令，打开“新建文档”对话框，在其中设置“宽、高、背景颜色”为“1050、400、灰色（#999999）”，单击 确定 按钮。

STEP 2 选择【文件】/【导入】/【导入到库】菜单命令，打开“导入到库”对话框。将“订餐网站宣传动画”（素材参见：光盘\素材文件\项目十一\订餐网站宣传动画\）文件夹中的所有文件都导入到“库”面板中。选择【插入】/【新建元件】菜单命令，打开“创建新元件”对话框，在其中设置“名称、类型”为“广告1、图形”，单击 确定 按钮，进入元件编辑窗口。

STEP 3 从“库”面板中将“广告1.jpg”图像（素材参见：光盘\素材文件\项目十一\广告1.jpg）移动到舞台中，如图11-23所示。

STEP 4 创建一个名为“页1”的影片剪辑，从“库”面板中将“广告1”元件移动到舞台中。在第1帧上单击鼠标右键，在弹出的快捷菜单中选择“创建补间动画”命令，将补间动画的最后一帧移动到第15帧的位置。选择第15帧，按【F6】键插入关键帧，使用移动工具将图像向左平移，如图11-24所示。

图11-23　添加素材

图11-24　创建补间动画

STEP 5 选择第1帧，再选择“广告1”元件，在“属性”面板的“色彩效果”栏中设置“样式、Alpha”为“Alpha、10”。选择第15帧，并选择其中的元件，使用相同的方法设置元件的“Alpha”为“100”，制作渐现的效果，如图11-25所示。

STEP 6 新建“图层2”，在第15帧插入关键帧，按【F9】键打开“动作”面板，在其中输入脚本。使用相同的方法编辑制作“页2”“页3”元件，如图11-26所示。

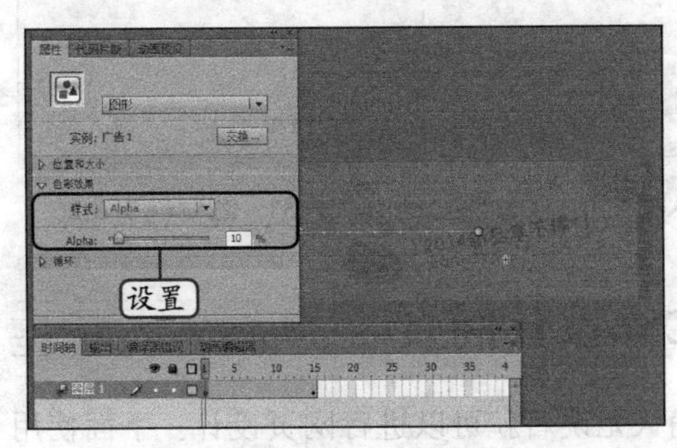

图11-25 设置元件属性

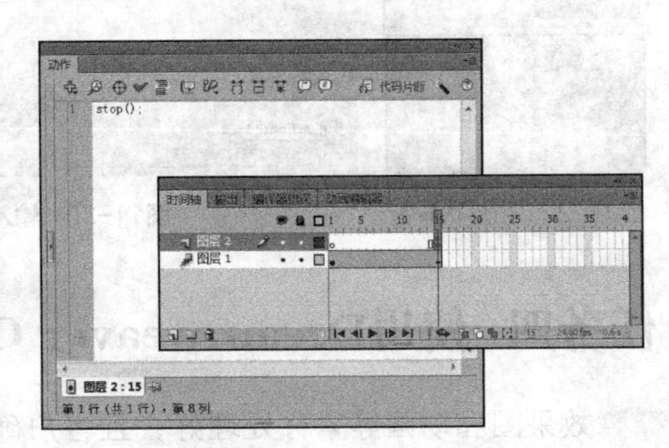

图11-26 输入脚本

（二）为元件输入脚本

在制作好元件后，用户就可以在场景中应用元件，并为元件输入脚本，以实现交互功能，其具体操作如下。（微课：光盘\微课视频\项目十一\为元件输入脚本.swf）

STEP 1 返回场景1，选择第1帧，从“库”面板中将“页1”图像移动到舞台外的右边并缩小，如图11-27所示。

STEP 2 新建“图层2”，使用椭圆选区工具和钢笔工具绘制一个按钮，并将按钮群组，在绘制的按钮旁边复制按钮，并将其水平翻转，选择左边的按钮，按【F8】键打开“转换为元件”对话框，在其中设置“类型”为“影片剪辑”，单击 确定 按钮，如图11-28所示。

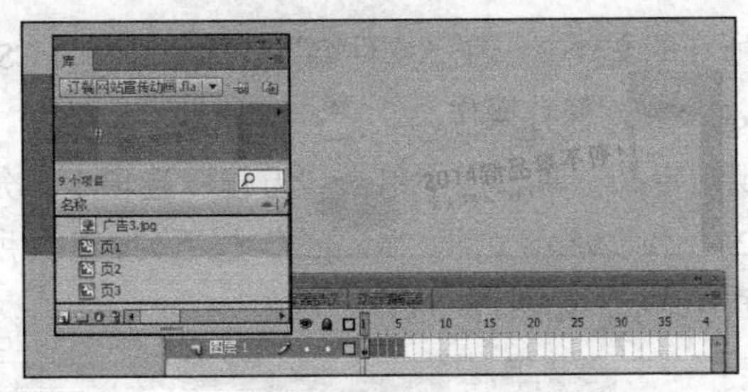

图11-27 编辑图像

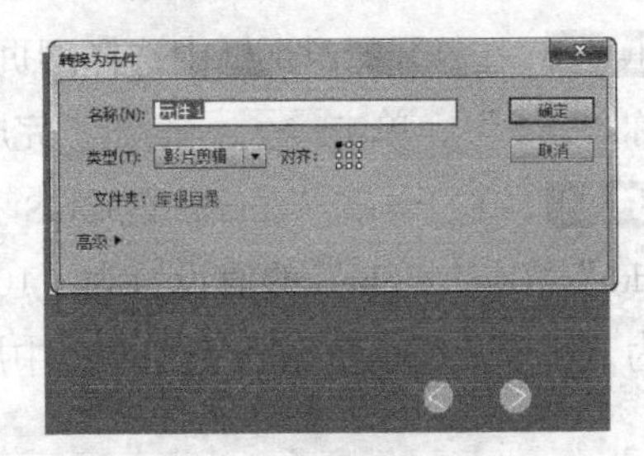

图11-28 绘制形状

STEP 3 选择“元件1”元件，在“属性”面板中设置“实例名称”为“p1”。使用相同的方法将“元件2”的“实例名称”设置为“p2”。在第3帧插入关键帧，如图11-29所示。

STEP 4 新建图层，将其重命名为“Actions”。选择第1帧，按【F9】键打开“动作”面板，在其中输入脚本，如图11-30所示。

STEP 5 在第3帧插入关键帧，在“动作”面板中输入脚本并按【Ctrl+Enter】组合键测试动画，如图11-31所示（最终效果参见：光盘\效果文件\项目十一\订餐网站宣传动画.fla）。

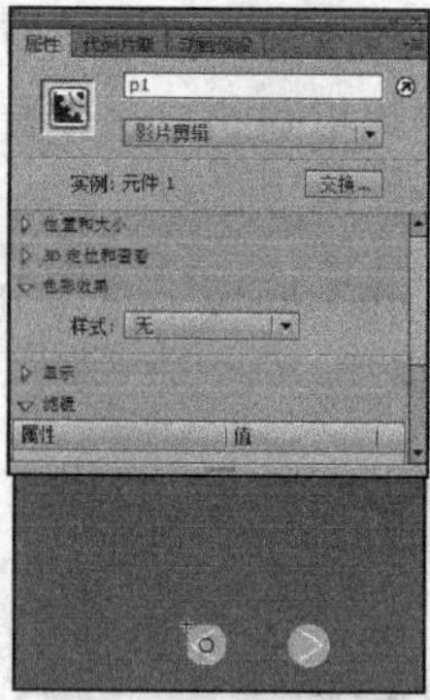

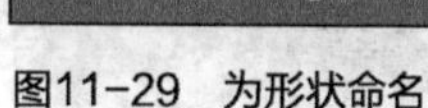

图11-29　为形状命名

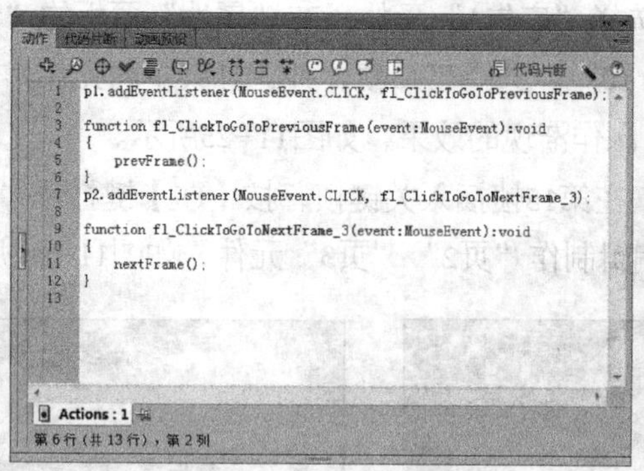

图11-30　输入脚本

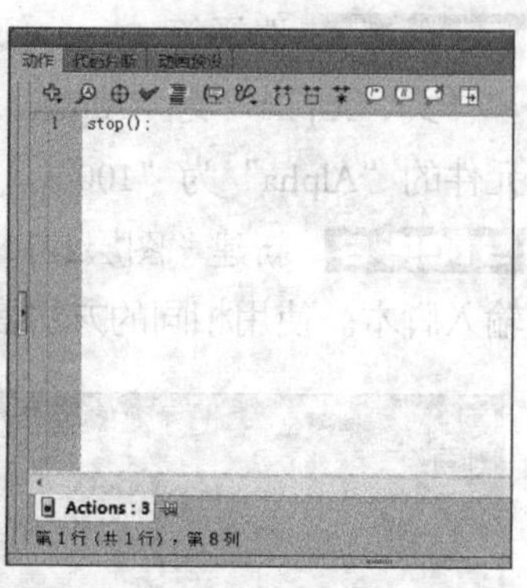

图11-31　输入脚本并测试

任务四　使用Dreamweaver CS6设计网页

效果图和动画等素材处理好，且客户确认无误后就可以进行网页设计。下面使用Dreamweaver CS6制作出订餐网站的首页效果。

（一）Div+CSS布局网页

下面将在Dreamweaver CS6中新建一个.html网页并命名为“index”，并对该网页进行整体布局，其具体操作如下。（微课：光盘\微课视频\项目十一\Div+CSS布局网页.swf）

STEP 1 在Dreamweaver CS6中新建一个网页，将其命令名“index”，将插入点定位到编辑区中，选择【插入】/【布局对象】/【Div标签】菜单命令，打开“插入Div标签”对话框。

STEP 2 在打开对话框的“类”下拉列表中输入插入Div标签的类名“main”，单击 新建 CSS 规则 按钮，在打开对话框的“规则定义”下拉列表中选择“新建样式表文件”选项。单击 确定 按钮，如图11-32所示。

STEP 3 在打开的对话框中选择网页所在的文件夹，在“文件名”文本框中输入CSS文件的名称“Style”，单击 保存(S) 按钮，完成CSS文件保存操作。

STEP 4 在打开的“.main 的CCS 规则定义”对话框中单击“方框”选项卡，分别将“Width”和“Height”的值设置为“1024”和“980”，将“Margin”栏下列表中的所有值设置为“auto”，让其Div标签在网页中居中显示，如图11-33所示。

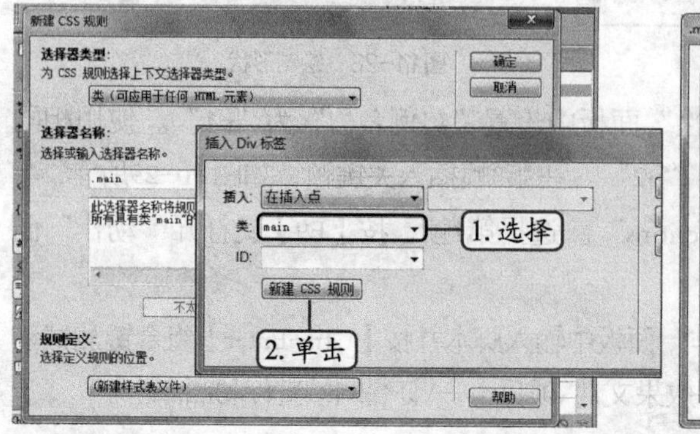

图11-32　添加素材

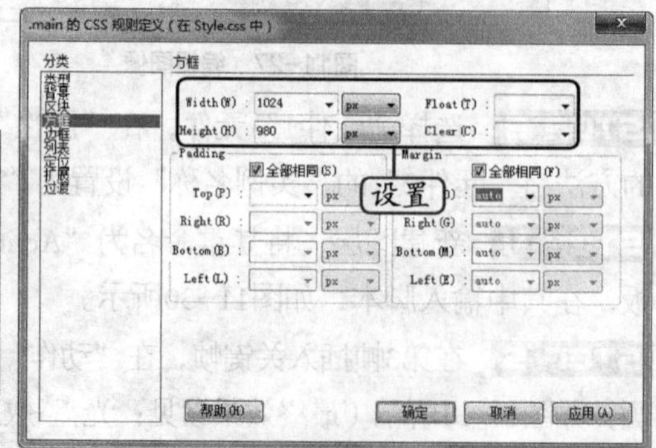

图11-33　设置方框属性

STEP 5 单击“边框”选项卡，将“Style”的属性值设置为“solid”，将“Width”设置为“1px”，将“Color”设置为“#F00”，依次单击确定按钮，完成“main”的CSS规则定义，如图11-34所示。

STEP 6 在编辑区中将插入的Div标签中的文本删除，将插入点定位到其中，分别插入3个Div标签，并分别命名为“top”“ceter”“bottom”，然后分别为其添加CSS规则，设置其“方框”和“边框”的属性值，打开CSS文件，查看设置的属性值，如图11-35所示。

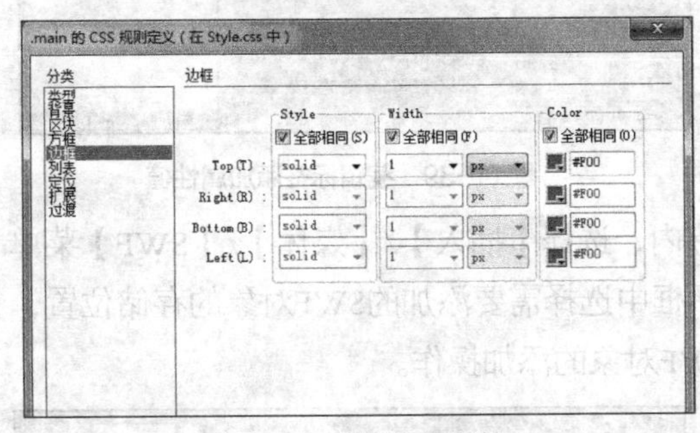

图11-34 设置边框属性

```
.top {
    float: left;
    height: 380px;
    width: 1022px;
    border: 1px solid #C90;
}
.ceter {
    float: left;
    height: 525px;
    width: 1022px;
    border: 1px solid #CC6;
}
.bottom {
    float: left;
    height: 75px;
    width: 1022px;
    border: 1px solid #F9C;
}
```

图11-35 插入其他Div标签

STEP 7 使用相同的方法，在不同的Div标签中添加其他Div标签，为其设置CSS规则。

（二）制作头部内容

下面将制作网页的头部，在头部添加链接SWF及图像，并对添加的内容的属性进行相应设置，其具体操作如下。（微课：光盘\微课视频\项目十一\制作头部内容.swf）

STEP 1 切换到“代码”视图中，将插入点定位到名为“top_dh_right”的Div标签之中，并输入代码<Div class="top_nav"></Div>插入名为“top_nav”的Div标签，如图11-36所示。

STEP 2 将插入点定位到刚插入的Div标签中，输入<ul></ul>标记，并在该标记内使用<li></li>标记，在<li></li>标记中使用<a></a>标记，添加href属性，设置其属性值为“#”表示添加空链接。然后在<a></a>标记之间添加文本，如图11-37所示。

```
<div class="main">
  <div class="top">
    <div class="top_dh">
        <div class="top_dh_left">
        </div>
        <div class="top_dh_right">
            <div class="top_nav"></div>
        </div>
    </div>
    <div class="top_banner">
      <div class="banner_left"> </div>
      <div class="banner_right">
        <div class="banner_right_top"></div>
        <div class="banner_right_ceter"></div>
        <div class="banner_right_bottom"></div>
```

图11-36 使用代码插入Div标签

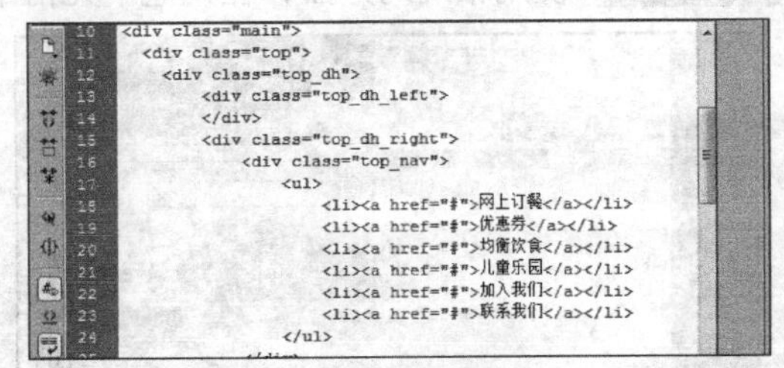

图11-37 使用代码添加文本超链接

STEP 3 新建一个CSS样式表文件，并命名为“link.css”，在其中添加CSS规则代码，将文本链接的字体设置为“16px”，设置链接的字体颜色为“#FFF”，设置链接后的字体颜色为“#ffc600”，如图11-38所示。

STEP 4 切换到“设计”视图中，在窗口左下角选择<a>标签，按【Ctrl+T】组合键打开“编辑标签”编辑器，在其中输入代码style="color:#ffc600"，设置所选文本链接的默认颜色为黄色，如图11-39所示。

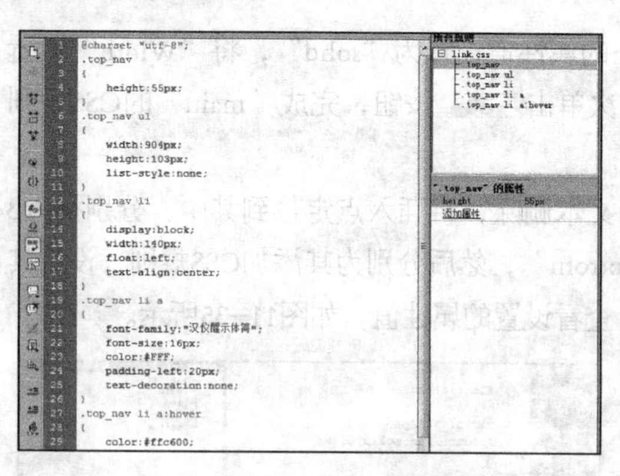

图11-38　添加CSS规则

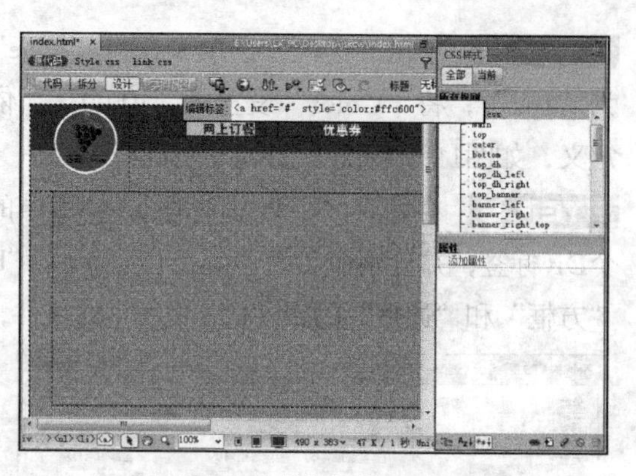

图11-39　编辑标签添加属性值

STEP 5　将插入点定位到图标下方的Div标签内，选择【插入】/【媒体】/【SWF】菜单命令，打开“选择SWF”对话框，在打开的对话框中选择需要添加的SWF对象的存储位置，选择添加的对象，依次单击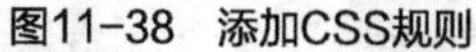按钮，完成SWF对象的添加操作。

STEP 6　将插入点定位到右侧的Div标签中，选择【插入】/【表格】菜单命令，打开“表格”对话框，将“行数”“列”“表格宽度”“边框粗细”“单元格间距”分别设置为“3”“2”“247”“0”“10”，单击确定按钮，完成表格的添加，如图11-40所示。

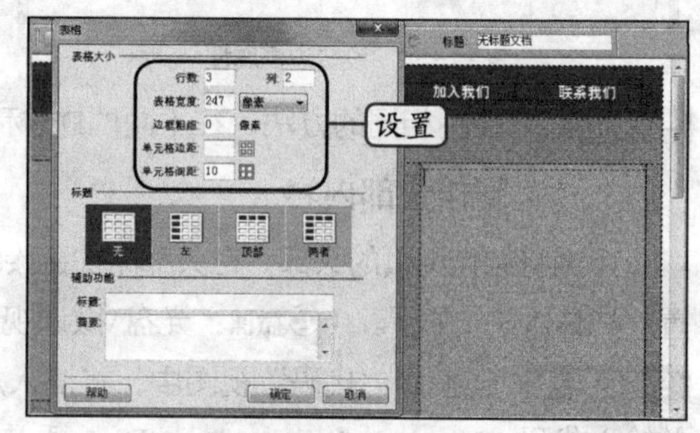

图11-40　添加表格

STEP 7　将插入点定位在第一个单元格中，切换到“拆分”视图，输入“早餐”，在<td></td>标记里添加属性“background=""”，单击浏览...按钮，在打开的对话框中选择图像文件“cdt_03.jpg”，单击确定按钮，完成表格的背景添加，如图11-41所示。

STEP 8　使用相同的方法，在其他单元格中添加图像，如图11-42所示。

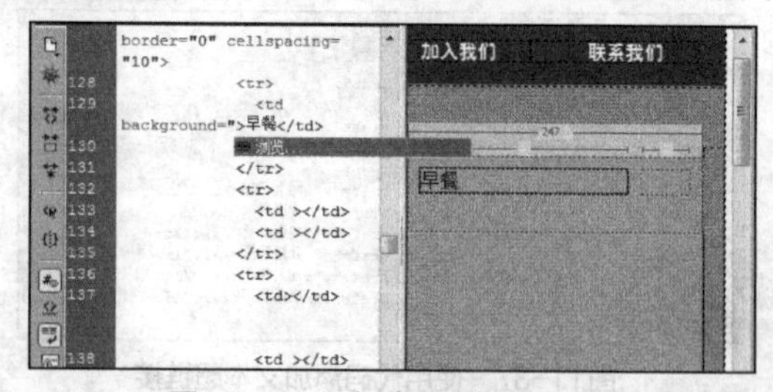

图11-41　添加背景图像及文本

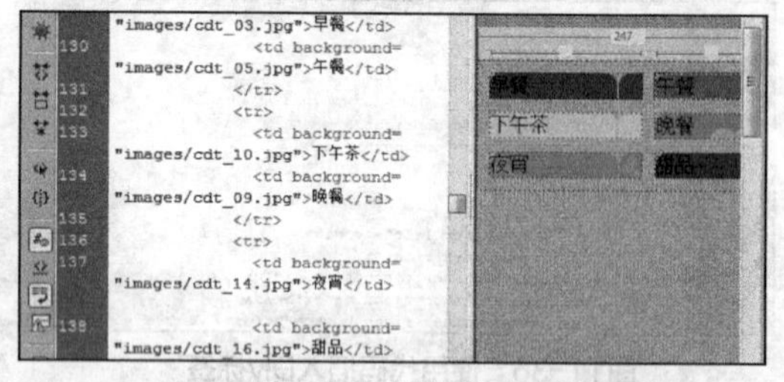

图11-42　添加其他背景图像及文本

STEP 9　在“拆分”视图中的<head></head>标记中添加CSS规则，即可在“拆分”视图右侧窗格中查看设置后的效果

（三）制作网页中间部分

下面将制作网页的中间部分，在分别布局的Div标签中添加相应的Div标签，输入相应的文本，添加相应的图片对象和CSS文件，对各对象进行设置，其具体操作如下。（微课：光盘\微课视频\项目十一\制作网页中间部分.swf）

STEP 1 将插入点定位到背景图中声音标志图右侧的Div标签内。依次添加3个Div标签，设置其“类”名为“ceter_text”，并在其中输入文本，选择输入文本的第一个Div标签，在“属性”面板中单击CSS 面板按钮，打开“CSS样式”面板，在“CSS样式”浮动面板中单击“新建CSS规则”按钮，打开“新建CSS规则”对话框，如图11-43所示。

STEP 2 在打开对话框中的“选择器类型”下拉列表框中选择“类”选项，在“选择器名称”下拉列表框中输入名称“ceter_text”，在“规则定义”下拉列表框中选择“新建样式表文件”选项，单击确定按钮。

STEP 3 在打开的对话框中选择样式文件所存储的位置，在“文件名”文本框中输入样式表文件的名称“Style_text”，单击保存(S)按钮，即可在新建的样式表文件中创建一个名为“ceter_text”的样式规则。

STEP 4 在打开的对话框中单击“类型”选项卡，分别将“Font_family”“Font-size”“Color”的属性值设置为“黑体”“11”“#FFF”，如图11-44所示。

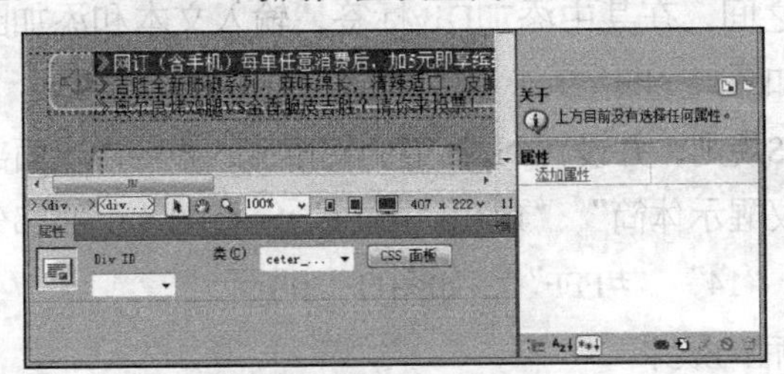

图11-43 新建CSS规则样式表

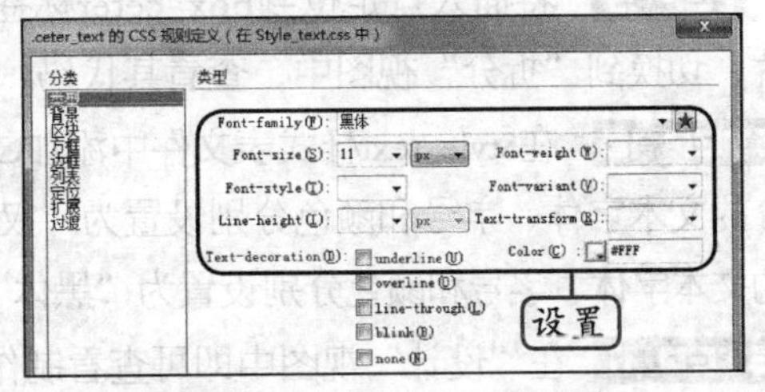

图11-44 设置CSS规则属性值

STEP 5 在打开对话框的“区块”选项卡下将“Text-align”设置为“center”居中显示。在“方框”选项卡下将“Width”“Heigth”“Float”分别设置为“280”“40”“left”。分别在“Padding”和“Margin”列表框中取消选中全部相同(S)复选框。分别将“Top”和“Left”的属性值设置为“10”和“15”。单击确定按钮，完成CSS规则属性的设置，如图11-45所示。

STEP 6 选择文本前的“》”符号，按【Ctrl+T】组合键打开“环绕”编辑器，在其中输入代码span style="color:#e56a00"，将所选符号设置为“深纯色”，在网页编辑区中选择“《”符号，使用相同的方法为其添加Span标记，并将其颜色设置为“#e56a00”，如图11-46所示。

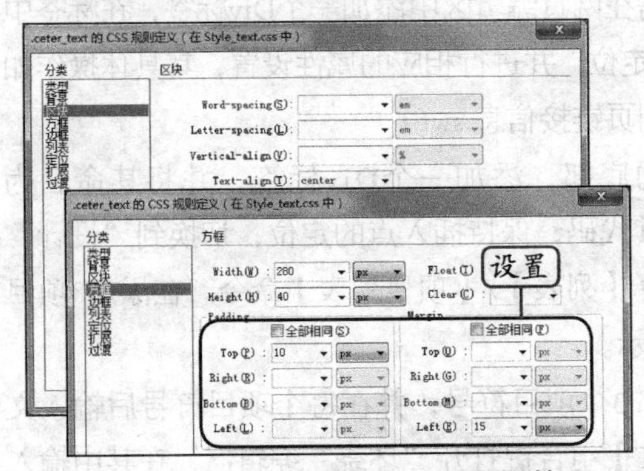

图11-45 设置其他CSS规则属性

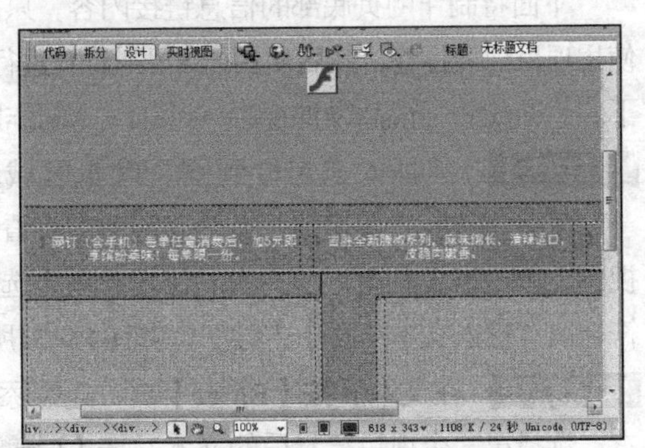

图11-46 添加Span标记

STEP 7 将插入点定位到box_ceter标签之间，在其中添加Div标签，输入文本和添加图片。切换到“拆分”视图中，查看其代码，如图11-47所示。

STEP 8 在Style_text样式表文件中添加CSS规则，设置Div标签的属性值，将图片上面部分的文本字体、字号和颜色分别设置为“汉仪醒示体简”“18”“#717171”。将图片下面部分的文本字体、字号和颜色分别设置为“黑体”“14”“#FFF”，如图1-48所示。

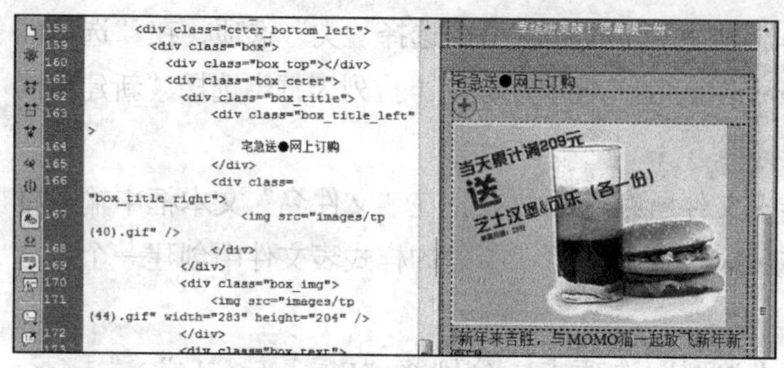

图11-47　制作box_ceter部分

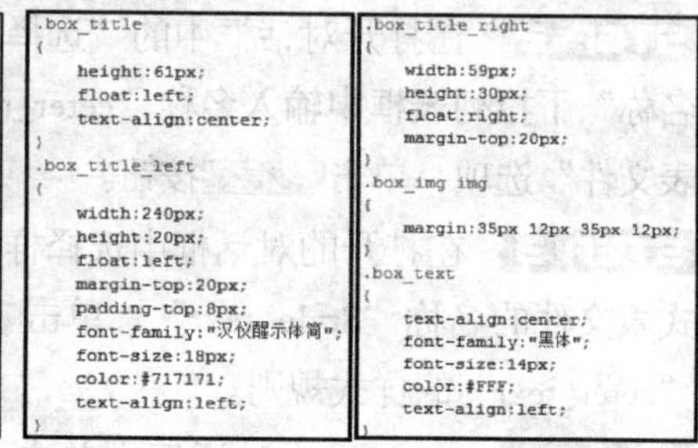

图11-48　添加CSS规则

STEP 9 将插入点定位到box_ceter标签之间，在其中添加Div标签，输入文本和添加图片，切换到“拆分”视图中，查看其代码，如图11-49所示。

STEP 10 在Style_text样式表文件中添加CSS规则，并设置Div标签的属性值，将图片上面部分的文本字体、字号和颜色分别设置为“汉仪醒示体简”“18”“#FFF”，将图片下面部分的文本字体、字号和颜色分别设置为“黑体”“14”“#FFF”，如图11-50所示。

STEP 11 在“设计”视图中即可查看制作后的效果。

图11-49　制作box_ceter11部分　　图11-50　添加CSS规则

（四）制作网页链接信息

下面将制作网页底部的信息链接内容，只需在网页编辑区中添加一个Div标签，在标签中使用项目列表标签，然后使用CSS规则对其进行定位，并进行相应的属性设置，其具体操作如下。（微课：光盘\微课视频\项目十一\制作网页链接信息.swf）

STEP 1 将插入点定位到网页编辑区域的底部，添加一个Div标签，并将其命名为“bottom_link”，切换到“拆分”视图中查看其代码，保持插入点的定位，切换到“设计”视图，单击鼠标右键，在弹出的快捷菜单中选择【列表】/【项目列表】命令。在添加3项目符号后，输入文本“关于吉胜”，如图11-51所示。

STEP 2 在文本后按【Enter】键，连续添加3个项目符号，并在每个项目符号后输入文本，选择第一个项目符号后的文本。按【Ctrl+T】组合键打开“环绕”编辑器，在其中输入代码<a href="#">，为所选择文本添加链接标记。

STEP 3 使用相同的方法，为其他几个项目符号所在的文本添加链接，如图11-52所示。

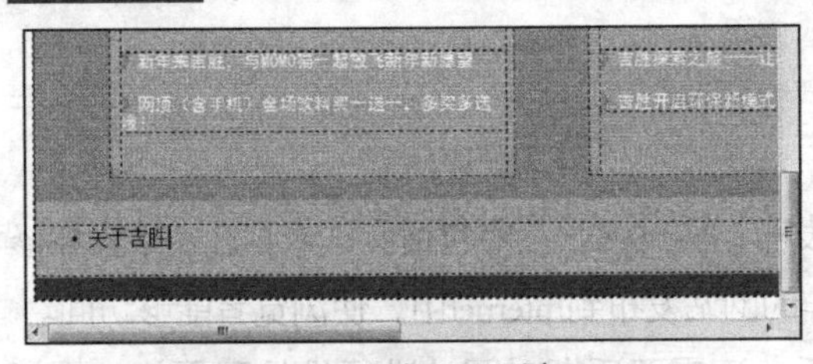

图11-51 添加项目列表

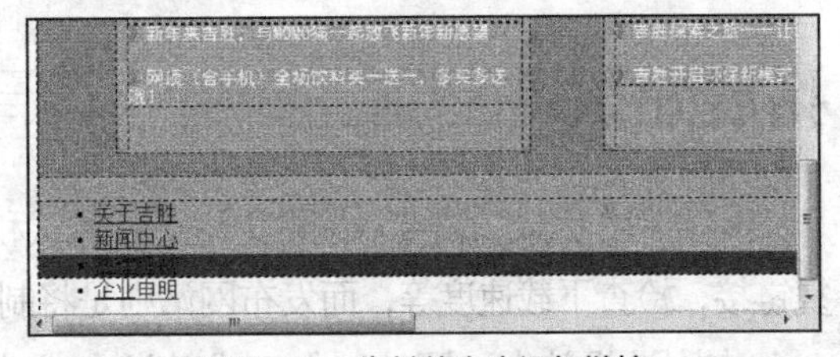

图11-52 为其他文本添加链接

STEP 4 在网页标题栏中选择"link.css"选项，切换到link样式文件表中。在该文档中添加CSS规则的属性及属性值，让未链接前的文本颜色为"#353535"，链接后的文本颜色为"#ffc600"，如图11-53所示。

STEP 5 将插入点定位在链接文本的下方，单击鼠标右键，在弹出的快捷菜单中选择"标题4"命令，插入<h4></h4>标记。在标记之间输入文本。在"CSS样式"面板中双击".bottom"规则名。

STEP 6 在打开的对话框单击"区块"选项卡，将"Text-align"属性设置为"center"居中显示。单击确定按钮，保存网页，完成整个例子的操作，如图11-54所示（最终效果参见：光盘\效果文件\项目十一\任务四\订餐网站首页）。

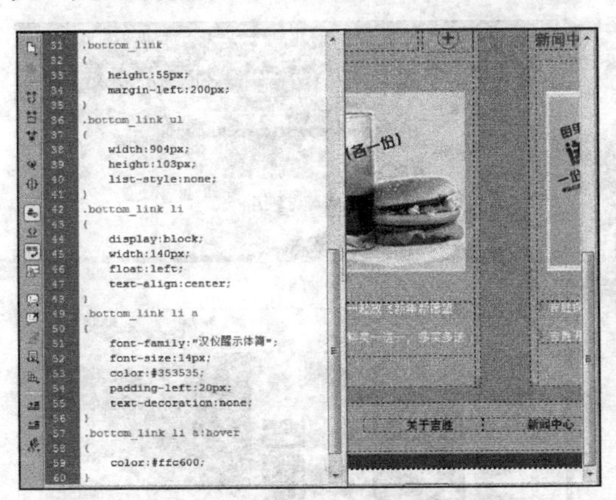

图11-53 添加CSS规则属性值

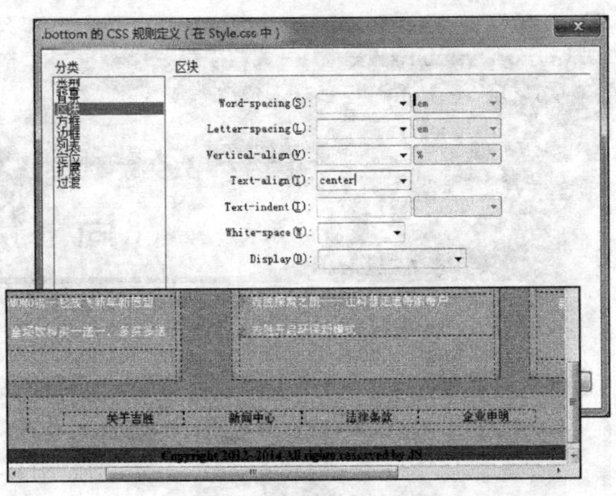

图11-54 设置显示位置

常见疑难解析

问：在制作网页的过程中，需要一边制作一边测试吗？

答：对于初学者来说，测试很有必要，并且最好在计算机中安装多个浏览器进行测试，以检测页面的兼容问题。在测试过程中，如发现一些Div标签位置不正确，可通过添加"float:left;"代码来调试；若还是不能解决，则可以显示边框，代码为"*{border：1px red solid;}"，将其复制到样式区域中，表示显示整个页面所有Div的边框。

问：前面案例中的网页布局都是使用Div+CSS布局，可以使用表格布局吗？

答：可以。但是建议设计者在进行布局时尽量使用Div+CSS来进行布局，这样避免了表格布局的局限性，并且将内容与形式分离，减小了文件大小，且便于修改。

拓展知识

网页制作完成后需要对网站进程进行测试和发布，测试网站主要包括测试兼容性，检查和修复链接，检查下载速度等，而发布网站则是将制作的网站发布到Internet中，使浏览者能够访问。

在网站设计中，网站制作完成并发布成功后，还需要后期对网站进行维护和更新。更新一些页面后可能出现本地站点和远程站点不一致的现象。这时可选择【站点】/【同步站点范围】菜命令，打开“同步文件”对话框，设置同步范围和方向即可。

课后练习

使用Photoshop处理图像，然后使用Flash处理网站动画（素材参见：光盘\素材文件\项目十一\课后练习\images\），最后使用Dreamweaver将Photoshop处理的图像和Flash制作的动画都添加到网页中，制作如图11-55所示的休闲旅游网站（最终效果参见：光盘\效果文件\项目十一\课后练习\mysite.html）。

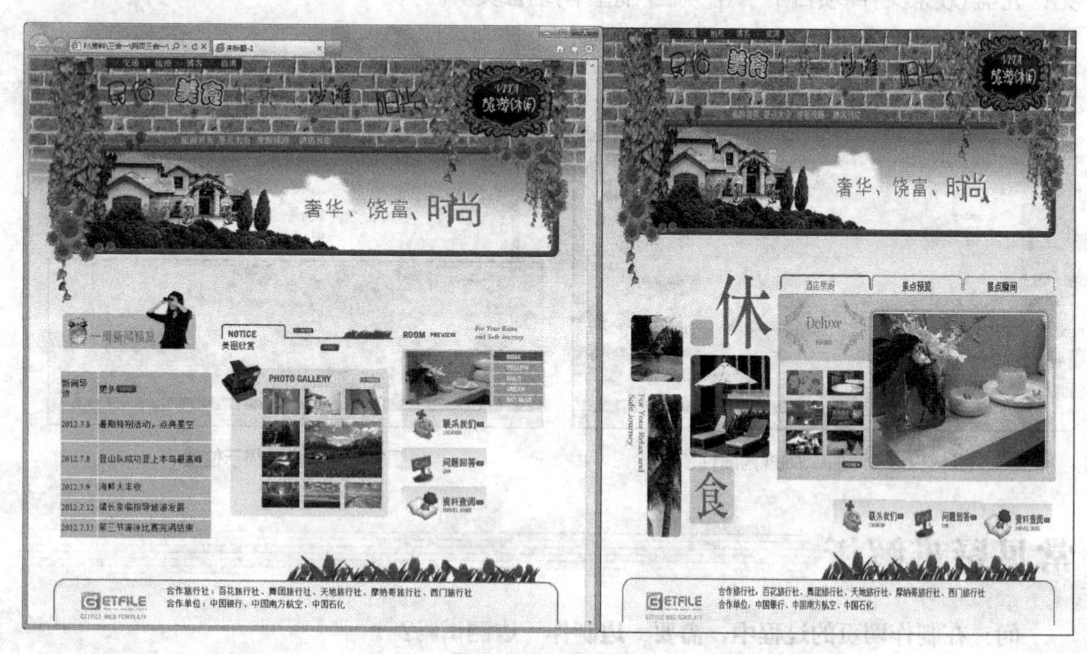

图11-55　网站效果